高等职业院校精品教材系列

电气制图技能训练

◎艾克木·尼牙孜 ◎葛跃田 主编

電子工業出版社
Publishing House of Electronics Industry
北京·BEIJING

内 容 简 介

本书根据职业岗位技能的要求，结合最新的高职院校职业教育课程改革经验，以生产实践中典型的电气工艺文件设计为项目，结合电气制图与识图实例，介绍电气图的设计过程和实现方法。全书共 6 个项目，包括电气制图基础、常用电气制图软件与使用、电气图的绘制、电气 CAD 软件绘制电气图、电气控制系统的工艺设计、车床电气控制电路的工艺设计等内容。本书根据作者多年的电气制图与识图课程教学实践及示范性建设项目成果，针对学生在电气图设计中出现的问题及解决问题时缺乏参考资料的实际情况进行编写。学生通过对电气制图设计实例的学习和研究，可以开拓思路，掌握电气图设计的一般规范和方法，使知识点融会贯通于电气制图设计技巧与方法中，为今后顺利走向工作岗位，满足社会需求奠定基础。

本书作为高等职业本专科院校相关专业电气制图课程的教材，对课程设计、毕业设计、工作资料查询、学术论文编写过程中技术工艺文件的设计和规范化具有较强的指导性，对从事电气产品开发与设计的工程技术人员有很好的参考性。本书配有免费的电子教学课件，详见前言。

图书在版编目（CIP）数据

电气制图技能训练/艾克木·尼牙孜，葛跃田主编. —北京：电子工业出版社，2010.7
全国高等职业院校规划教材. 精品与示范系列
ISBN 978-7-121-11037-5

Ⅰ. ①电…　Ⅱ. ①艾…②葛…　Ⅲ. ①电气工程—工程制图—高等学校：技术学校—教材　Ⅳ. ①TM02

中国版本图书馆 CIP 数据核字（2010）第 104146 号

策划编辑：陈健德（E-mail:chenjd@phei.com.cn）
责任编辑：贾晓峰
印　　刷：北京虎彩文化传播有限公司
装　　订：北京虎彩文化传播有限公司
出版发行：电子工业出版社
　　　　　北京市海淀区万寿路 173 信箱　邮编　100036
开　　本：787×1 092　1/16　印张：17.5　字数：448 千字
版　　次：2010 年 7 月第 1 版
印　　次：2022 年 6 月第10次印刷
定　　价：48.00 元

凡所购买电子工业出版社图书有缺损问题，请向购买书店调换。若书店售缺，请与本社发行部联系，联系及邮购电话：（010）88254888，88258888。

质量投诉请发邮件至 zlts@phei.com.cn，盗版侵权举报请发邮件至 dbqq@phei.com.cn。

本书咨询联系方式：chenjd@phei.com.cn。

职业教育 继往开来（序）

自我国经济在 21 世纪快速发展以来，各行各业都取得了前所未有的进步。随着我国工业生产规模的扩大和经济发展水平的提高，教育行业受到了各方面的重视。尤其对高等职业教育来说，近几年在教育部和财政部实施的国家示范性院校建设政策鼓舞下，高职院校以服务为宗旨、以就业为导向，开展工学结合与校企合作，进行了较大范围的专业建设和课程改革，涌现出一批示范专业和精品课程。高职教育在为区域经济建设服务的前提下，逐步加大校内生产性实训比例，引入企业参与教学过程和质量评价。在这种开放式人才培养模式下，教学以育人为目标，以掌握知识和技能为根本，克服了以学科体系进行教学的缺点和不足，为学生的顶岗实习和顺利就业创造了条件。

中国电子教育学会立足于电子行业企事业单位，为行业教育事业的改革和发展，为实施“科教兴国”战略做了许多工作。电子工业出版社作为职业教育教材出版大社，具有优秀的编辑人才队伍和丰富的职业教育教材出版经验，有义务和能力与广大的高职院校密切合作，参与创新职业教育的新方法，出版反映最新教学改革成果的新教材。中国电子教育学会经常与电子工业出版社开展交流与合作，在职业教育新的教学模式下，将共同为培养符合当今社会需要的、合格的职业技能人才而提供优质服务。

近期由电子工业出版社组织策划和编辑出版的“全国高职高专院校规划教材·精品与示范系列”，具有以下几个突出特点，特向全国的职业教育院校进行推荐。

（1）本系列教材的课程研究专家和作者主要来自于教育部和各省市评审通过的多所示范院校。他们对教育部倡导的职业教育教学改革精神理解得透彻准确，并且具有多年的职业教育教学经验及工学结合、校企合作经验，能够准确地对职业教育相关专业的知识点和技能点进行横向与纵向设计，能够把握创新型教材的出版方向。

（2）本系列教材的编写以多所示范院校的课程改革成果为基础，体现重点突出、实用为主、够用为度的原则，采用项目驱动的教学方式。学习任务主要以本行业工作岗位群中的典型实例提炼后进行设置，项目实例较多，应用范围较广，图片数量较大，还引入了一些经验性的公式、表格等，文字叙述浅显易懂。增强了教学过程的互动性与趣味性，对全国许多职业教育院校具有较大的适用性，同时对企业技术人员具有可参考性。

（3）根据职业教育的特点，本系列教材在全国独创性地提出“职业导航、教学导航、知识分布网络、知识梳理与总结”及“封面重点知识”等内容，有利于老师选择合适的教材并有重点地开展教学过程，也有利于学生了解该教材相关的职业特点和对教材内容进行高效率的学习与总结。

（4）根据每门课程的内容特点，为方便教学过程对教材配备相应的电子教学课件、习题答案与指导、教学素材资源、程序源代码、教学网站支持等立体化教学资源。

职业教育要不断进行改革，创新型教材建设是一项长期而艰巨的任务。为了使职业教育能够更好地为区域经济和企业服务，殷切希望高职高专院校的各位职教专家和老师提出建议和撰写精品教材（联系邮箱:chenjd@phei.com.cn,电话:010-88254585），共同为我国的职业教育发展尽自己的责任与义务！

中国电子教育学会

前　　言

电气图设计是培养学生电气工艺设计实践能力的重要环节，是工程技术应用型人才培养目标的重要组成部分，是把所学的理论知识综合运用于工程实践中必不可少的环节，它是对在校阶段所学知识进行的考核和总结，是学生课程设计、毕业设计中工艺过程的规范化的主要依据。

电气图设计的主要目标是培养学生综合运用所学的知识及技能分析和解决专业范围内的一般工程技术问题的能力，培养学生建立正确的设计思想，掌握工程设计的一般程序、规范化和方法。

1．课程的性质、目的和任务

电气图样是技术表达和思想交流的重要工具，是电气工程技术部门的一个重要技术文件。它可以用手工绘制，也可以用计算机绘制。《电气制图技能训练》是一门电气工程技术基础课程。学习它的目的是培养学生绘制和阅读电气工程图样的基本能力，培养学生使用计算机软件绘制电气图样的能力，以及培养学生电气工艺设计的能力和分析能力。

本课程的主要任务如下。

(1) 学习、研究电气图的基本知识及应用。

(2) 学习、贯彻电气制图的国家标准及有关规定。

(3) 掌握用图样表示电气的表达方法，熟练掌握电气图的基本理论和基本技能，重点在于培养制图和识图的能力。

(4) 培养理论联系实际的能力。

(5) 培养用计算机软件绘制电气图的能力。

(6) 培养科学、严谨、认真、细致的工作态度和工作作风。

2．课程内容介绍

《电气制图技能训练》是一门电气工程技术基础课程，它包括电气制图基础、常用电气制图软件与使用、电气图的绘制、电气 CAD 软件绘制电气图、电气控制系统的工艺设计、车床电气控制电路的工艺设计及实例。

电气制图基础：电气图的种类和特点、电气图中的符号、电气符号的组合使用、电气图的规范与标准。

常用电气制图软件与使用：常用电气制图软件及其使用、诚创电气 CAD 软件的使用、AutoCAD Electrical 软件的使用、SuperWORKS 软件的使用。

电气图的绘制：电气原理图的绘制、电气元件布置图的绘制、电气接线图的绘制、元件及材料清单的汇总、端子接线表的绘制、仿真电路的绘制。

电气控制系统的工艺设计：电气控制系统工艺设计要求、电气控制柜布置与柜体设计、电气图的绘制标准、常用电气控制电路的工艺文件设计实例。

车床电气控制电路的工艺设计：常用低压电气设备的选择、车床电气控制电路的工艺设计实例。

本书的核心是“电气控制系统的工艺设计”及“车床电气控制电路的工艺设计”，使学生熟练掌握电气制图过程及相关知识，同时把基本技能和能力的培养融入实践中，具有针对性强、实用性强等特点。

本书力求内容的编排具有可选性，使学时不同的电气、供电、电力专业都可以使用。同时实施教学的方式灵活，既可作为相应实践教学环节的配套教材，与《电气组装实训》、《维修电工实训》、《电气控制实训》等同步进行，又可以单独设课，还可用于学生课外科技活动。因学时少和实验室条件限制而不能实施的课题和内容可供学生自学或练习。在组织本教材的教学进度时，要重视理论和实践的紧密结合，选题要注意由浅入深、由易到难，这样才能取得教学的最佳效果。

本书由克拉玛依职业技术学院电子与电气工程系的艾克木·尼牙孜老师和葛跃田老师任主编，其他参与编写的人员有克拉玛依职业技术学院信息工程系的吐尔尼沙老师、克拉玛依职业技术学院电子与电气工程系的徐春霞及何银光老师、新疆交通职业技术学院的古丽博斯坦老师和阿克苏职业技术学院机电系的麦尔当·马木提老师。全书由艾克木·尼牙孜统稿。

在本书编写的过程中，参考了大量的教材及技术资料，在此一并表示衷心感谢！

为了方便教师教学，本书还配有免费的电子教学课件，请有此需要的教师登录华信教育资源网（www.hxedu.com.cn）免费注册后再进行下载，若有问题，请在网站留言板留言或与电子工业出版社联系（E-mail：gaozhi@phei.com.cn）。

由于编者水平有限，书中难免有疏漏和不妥之处，恳请读者批评指正。

编　者

2010年6月

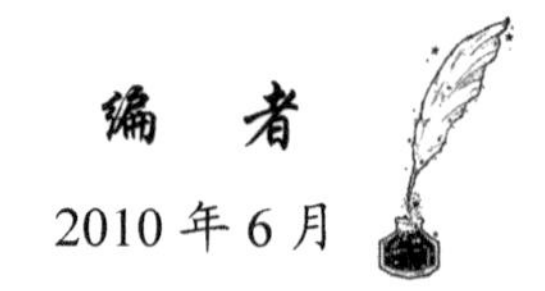

职业导航

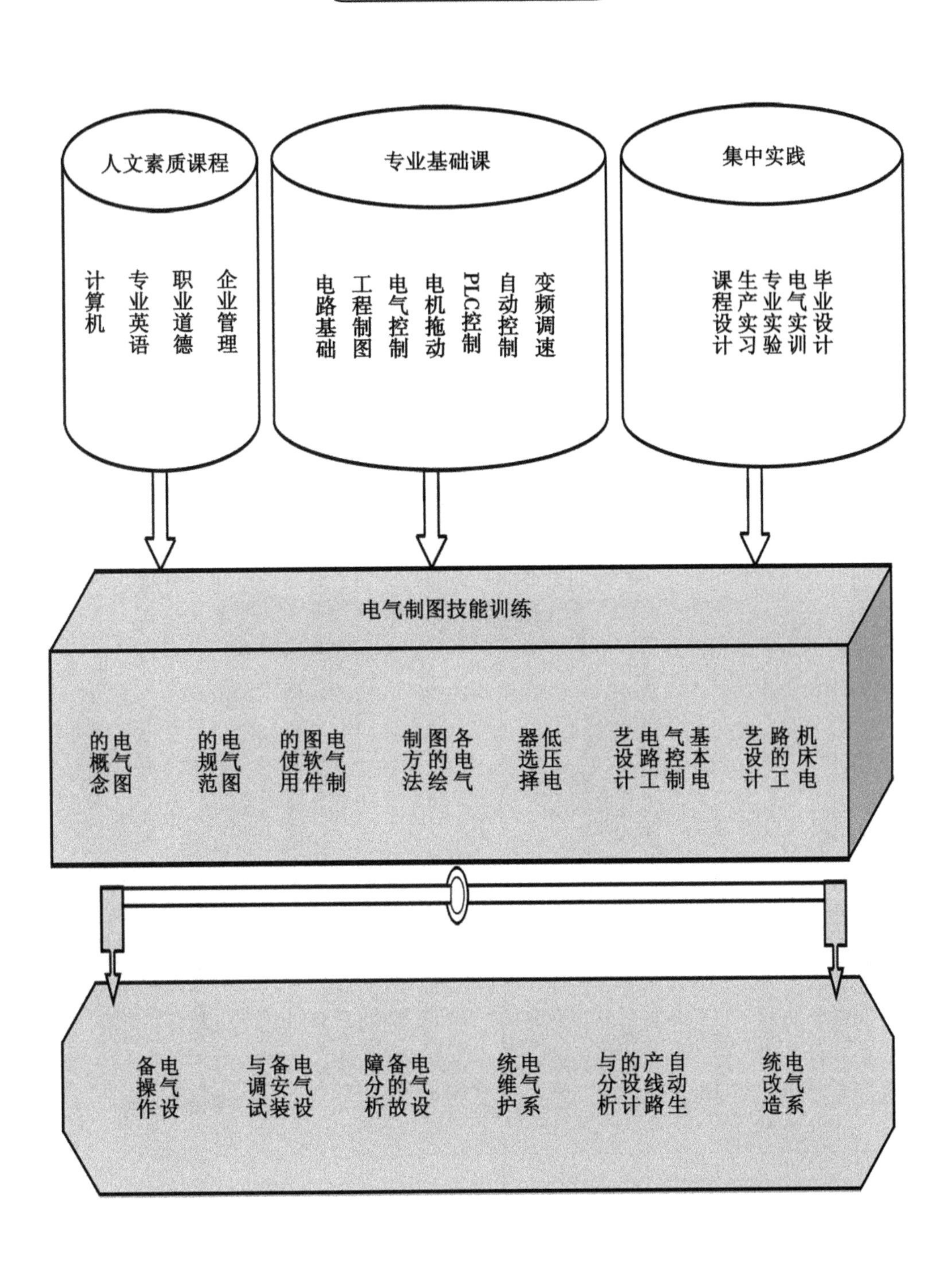

人文素质课程
计算机
专业英语
职业道德
企业管理
专业基础课
电路基础
工程制图
电气控制
电机拖动
PLC控制
自动控制
变频调速
集中实践
课程设计
生产实习
专业实验
电气实训
毕业设计
电气制图技能训练
电气图的概念
电气图的规范
电气制图软件的使用
各电气图的绘制方法
低压电器选择
基本电气控制电路工艺设计
机床电路的工艺设计
电气设备操作
电气设备安装与调试
电气设备的故障分析
电气系统维护
自动生产线路的设计与分析
电气系统改造

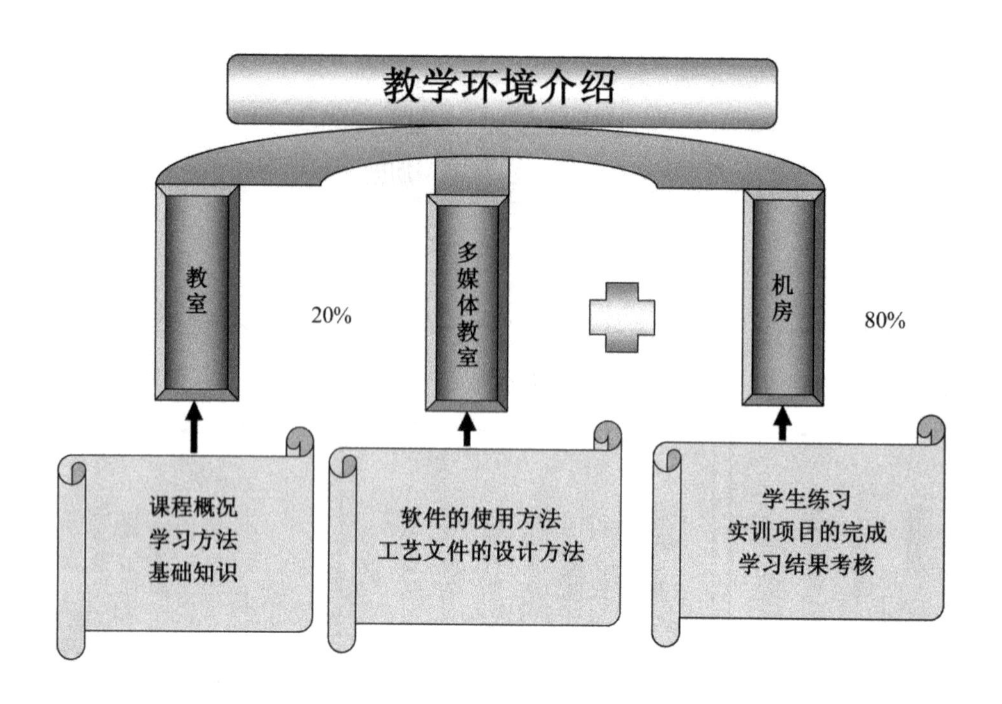
教学环境介绍
教室
多媒体教室
机房
20%
80%
课程概况
学习方法
基础知识
软件的使用方法
工艺文件的设计方法
学生练习
实训项目的完成
学习结果考核

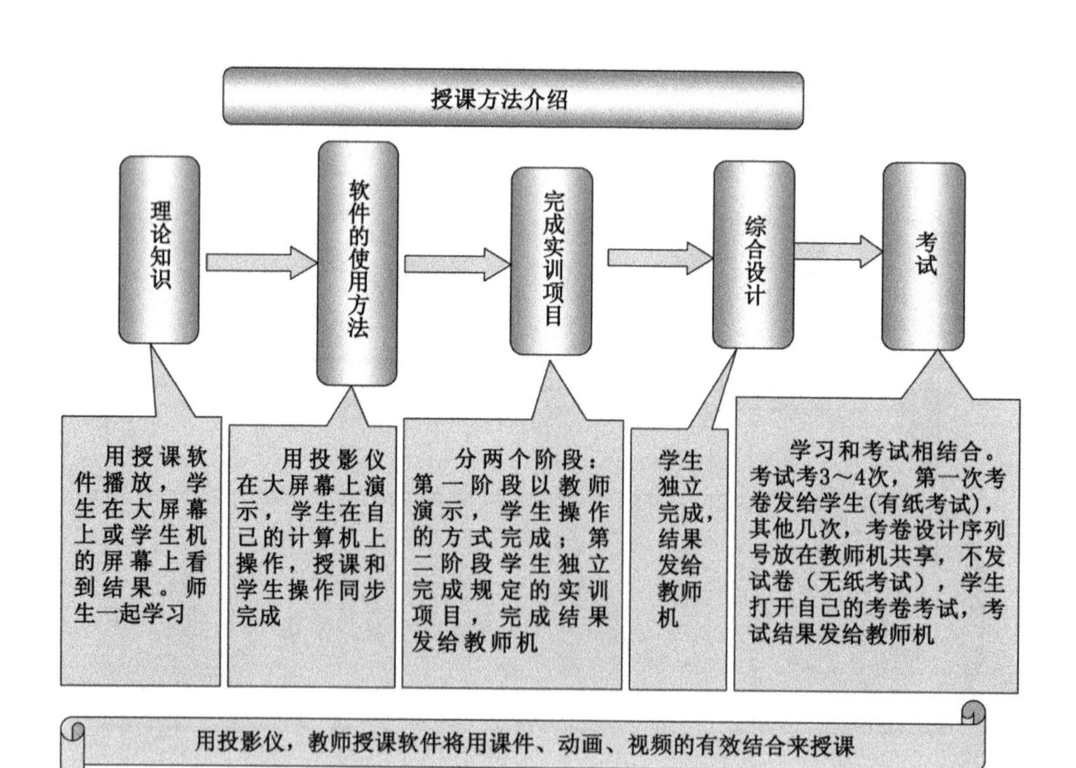
授课方法介绍
理论知识
软件的使用方法
完成实训项目
综合设计
考试
用授课软件播放，学生在大屏幕上或学生机的屏幕上看到结果。师生一起学习
用投影仪在大屏幕上演示，学生在自己的计算机上操作，授课和学生操作同步完成
分两个阶段：第一阶段以教师演示，学生操作的方式完成；第二阶段学生独立完成规定的实训项目，完成结果发给教师机
学生独立完成，结果发给教师机
学习和考试相结合。考试考3～4次，第一次考卷发给学生(有纸考试)，其他几次，考卷设计序列号放在教师机共享，不发试卷（无纸考试），学生打开自己的考卷考试，考试结果发给教师机
用投影仪，教师授课软件将用课件、动画、视频的有效结合来授课

目　录

项目1 电气制图基础

教学导航

建议学时	6
推荐教学方法	（1）多媒体教学。 （2）以介绍和课件演示的方法加深学生对电气图的认识
重点	（1）电气图的种类和特点，图形符号和文字符号，电气图形符号的国家标准，电气的符号表示法。 （2）电气图的标准与规范
难点	电气图形符号的理解
学习目标	（1）熟悉电气图的分类：系统图或框图，电路原理图，接线图（实物接线图、单线接线图、互连接线图、端子接线图），电气元件布置图、元件明细表，接线表的概念和作用。 （2）了解电气图图形符号的含义及文字符号和图形符号的组合使用。 （3）了解电气图的规范与标准：电气图幅面的构成、格式、尺寸、标题栏、区分，字体高度，电气图用的图线、箭头、指引线，电气图的比例，电气图中接线端子、导线，连接线表示方法，触头索引

本项目主要要求掌握电气图的基础知识，包括电气图的种类和特点，电气图中的符号、电气符号的组合使用，以及绘制电气工程图需要遵守的众多规范，但这些不应该被读者看成是学习绘制电气图的障碍。正是因为电气工程图是规范的，所以设计人员可以大量借鉴以往的工作成果，将旧图样中使用的标题栏、表格、元器件符号甚至经典线路搬到新图样中，将其稍加修改即可使用。电气制图应根据国家标准，用规定的图形符号、文字符号及规定的画法绘制，本项目中采用了 GB/T 4728—2000 标准。

任务 1.1　电气图的种类和特点

电气图是用电气图形符号、带注释的方框或简化外形表示电气系统或设备中组成部分之间相互关系及其连接关系的一种图。广义的说，表示两个或两个以上变量之间关系的曲线、用以说明系统、成套装置或设备中各组成部分的相互关系或连接关系，或者用以提供工作参数的表格、文字等，也属于电气图之列。

1.1.1　电气图分类

电气图既可以根据功能和使用场合分为不同类别，同时又具有某些共同的特点，这些都有别于建筑工程图、机械工程图。电气工程中常用的电气图有系统图或框图、电路原理图、等效电路图、接线图与接线表、元件明细表、电气元件布局图、仿真电路图等。

1．系统图或框图

系统图或框图是指用符号或带注释的方框，概略表示系统或分系统的基本组成、相互关系及其主要特征的一种简图。其用途是为进一步编制详细的技术文件提供依据，供操作和维修时参考。这里所说的技术文件包括电气图本身，因此系统图和框图是绘制层次较低的其他各种电气图（主要是指电路图）的主要依据。能反映若干图形符号间连接关系的系统图或框图如图 1-1 所示。

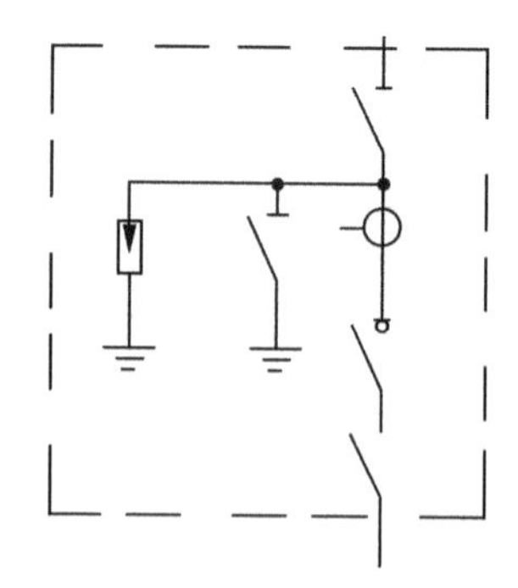

图 1-1　系统图或框图

2．电路原理图

电路原理图是指用图形符号绘制，并按工作顺序排列，详细表示电路、设备或成套装置的全部基本组成部分和连接关系，而不考虑其实际位置的一种简图，简称电路图。电路图的

用途很广，可以用于详细地理解电路、设备或组成安装装置及其组成部分的作用原理，分析和计算电路特性，为测试和寻找故障提供信息，并作为编制接线图的依据。简单的电路图还可以直接用于接线。因此，电路图是电气图中的一个大类，在各个不同专业领域内都得到广泛的应用。

电路图应突出表示功能的组合和性能。每个功能级都应以适当的方式加以区分，突出信息流及各级之间的功能关系。电路图中使用的图形符号，必须具有完整的形式。电路图在充分表达的前提下，可以灵活运用项目3中所介绍的各种画法，选择最适宜的表达方式。电路图中的某个部分若是属于常用的基础电路，则应按照国家标准所规定的模式绘制。电路图应根据使用对象的不同，增加相应的各种补充信息，特别是应该尽可能地考虑给出维修所需的各种详细资料。

电气控制电路的电路图在表达形式上有些地方与电子电路图不同，在读图方法上它们并没有实质的区别。图1-2是一个双重连锁正、反转控制电路的电路图。先看图的整体布局，图的下方标示出全图分为间隔不等的6个区，图的上方标示出主要设备的名称和功能，但并不与图下方的分区完全对应。三相交流电源以线条和端子符号表示，布置在图的左上方，按相序水平排列在图的左半侧。电路有1台交流电动机，在第2区。图的右半侧为控制电路，纵向排列，每个支电路各占一区。全图同类项目横向对齐或纵向对齐，排列整齐有序。图中的每个项目基本上都以双字母为其代号。注意1区内有1个自动开关，由于作用不同，双字母代号中的首字母也不同，首字母应为Q，起隔离开关作用，F代表自动开关或保护器件。控制电路共用两个接触器KM，分别位于第2区和第3区控制电动机的正转和反转。第5区上方的简表内已标示出有KM1的3组主触点在第2区内，3组间有机械连接关系；有两个常

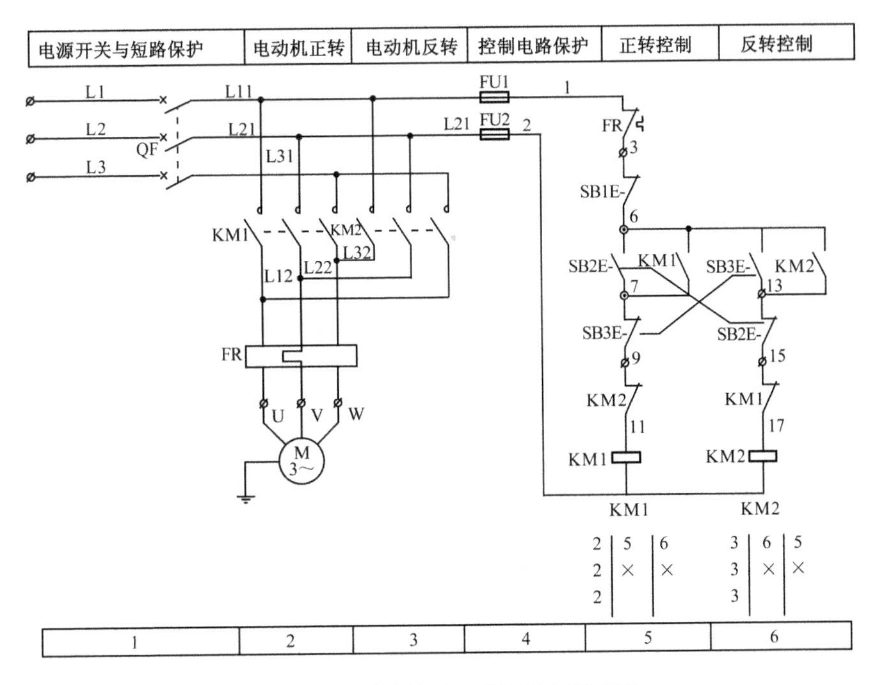

图1-2 双重连锁正、反转控制原理图

开触点组，第 5 区用了一组，另一组没用；另有两个常闭触点组，第 6 区用了一组，另一组没用。电动机接有热继电器 FR 做过载保护，它的常闭触点均串接在主控制电路内，能起有效保护的作用。控制电路用 FU1～FU2 短路保护，电动机接有保护接地线 PE。SB1 为停止按钮，SB2 为正转启动按钮，SB2 与 KM1 的常开触头并联后正转自锁回路电动机连续运行；SB3 为反转启动按钮，SB3 与 KM2 的常开触头并联后反转自锁回路电动机连续运行。

3. 等效电路图

等效电路图是指表示理论的或理想的元件及其连接关系的一种功能图，可以供分析和计算电路特性和状态用。等效电路图是电路图的一个小的分支或一部分。等效电路和原电路之间满足一定的等效关系时等效电路才能有效。等效电路如图 1-3 所示，在该图中，等效条件为：$U_{L1N}=U_{L2N}=U_{L3N}$；$1R1=2R1=3R1$；$1R2=2R2=3R2$。

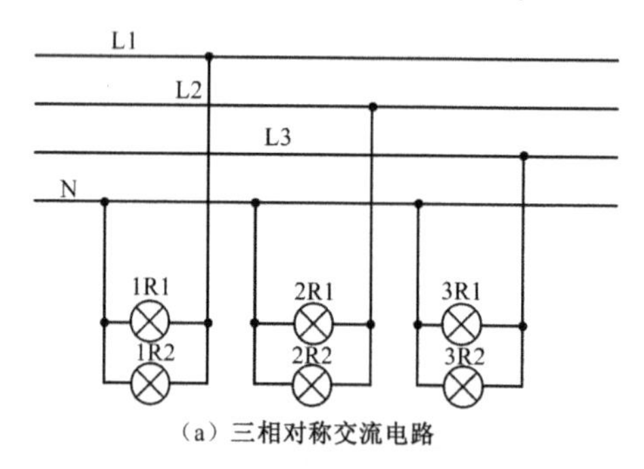

（a）三相对称交流电路

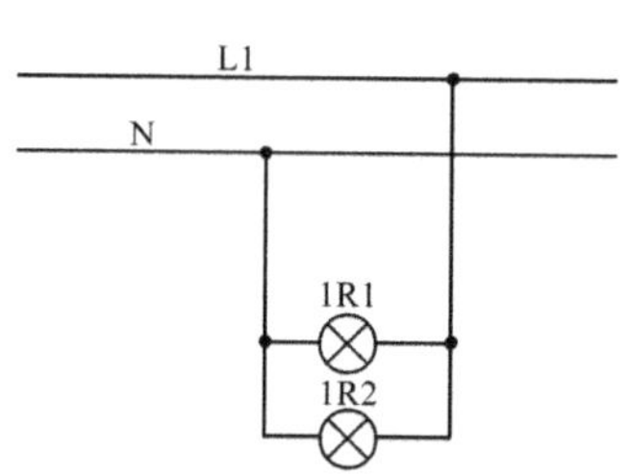

（b）三相对称交流电路的等效电路

图 1-3　等效电路图

绘制等效电路图之前，要对实际电路进行等效变换，把电路中的一部分变换成另一种结构形式。只要保持没有变换的各部分电路的电流和电压不变，这个新的结构形式与其所代替的电路部分便是等效电路。对等效电路图的具体画法而言，它与一般电路图的画法没有什么区别，其等效电路图的内容通常比等效前的电路简单。

4. 接线图与接线表

接线图与接线表是指用符号表示成套装置、设备或装置的内部、外部各种连接关系的一种简图。将简图的全部内容改用简表的形式表示，就成了接线表。接线图和接线表只是表达相同内容的两种不同形式，因而两者的功能完全相同，可以单独使用，也可以组合在一起使用。接线图和接线表主要用于安装接线、线路检查、线路维修和故障处理。在实际应用中，接线图通常要和电路图、位置图对照使用，以确保接线无误，或者可以通过电路图的分析，较快地寻找出故障点。

接线图中的各个项目，如基本件、部件、组件、设备、装置等应采用简化的外形表示（如正方形、矩形、圆形或它们的组合）。必要时，也可以用图形符号表示，如两个端子间连接一个电容器或半导体管等。符号旁应标注项目代号（种类代号），并与电路图中的标注一致。接线图中的每个端子都必须标注出端子代号，与交流相位有关的各种端子应使用专门的标记做端子代号。此外，接线图中的连接导线与电缆一般也应标注线号或线缆号。

接线图和接线表可以根据其表达的范围的不同进行分类，依次介绍如下。

1）实物接线图

实物接线图是指组成电气控制电路的各种电气元件按照实际位置和连接关系绘制的一种图样。它的特点是实物的位置和连接关系非常直观，这对没有学过电气制图与识图的初学者掌握电气安装接线工艺能起到很好的帮助作用，在不看端子编号和导线编号（或没有端子编号和导线编号）的情况下可以安装和接线。但是实物接线图的绘制难度较大，花费时间长，没有统一标准，不符合国标标准。如果绘制人员不熟悉电气元器件的结构及各触头、线圈、接线端子的位置、工作状态、电气控制电路的工作原理、接线工艺等方面的知识便很难绘出。实物接线图是老师给学生、师傅给徒弟绘制的一种图，可以通过照相或实物描绘等方法得到它。实物接线如图1-4所示。

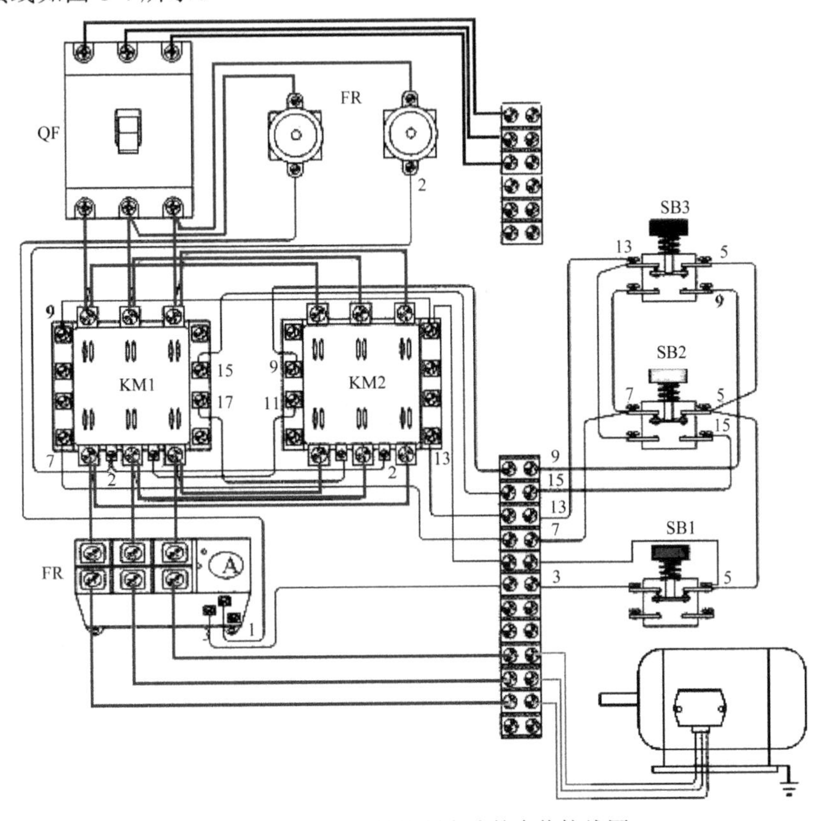

图1-4 正、反转控制电路的实物接线图

2）端子接线图或端子接线表

端子接线图或端子接线表是指表示成套装置或设备的端子，以及接在端子上的外部接线（必要时包括内部接线）的一种接线图或接线表。

端子接线图的图面内容比较简单，只须画出单元或设备与外部连接的端子板端子即可。为方便接线，端子的相对位置应与实际相符，所以端子接线图多以实际接线面的视图方式画图，因为端子接线图只画出连接线（电缆）的1个连接点，所以连接线的终端就有两种标记方式，一种是只做本端标记，另一种是只做远端标记。端子接线表的内容一般应包括电缆号、线号、端子代号等，端子接线图与端子接线表一致。正、反转控制电路的端子接线如图1-5所示。表1-1为端子接线表。

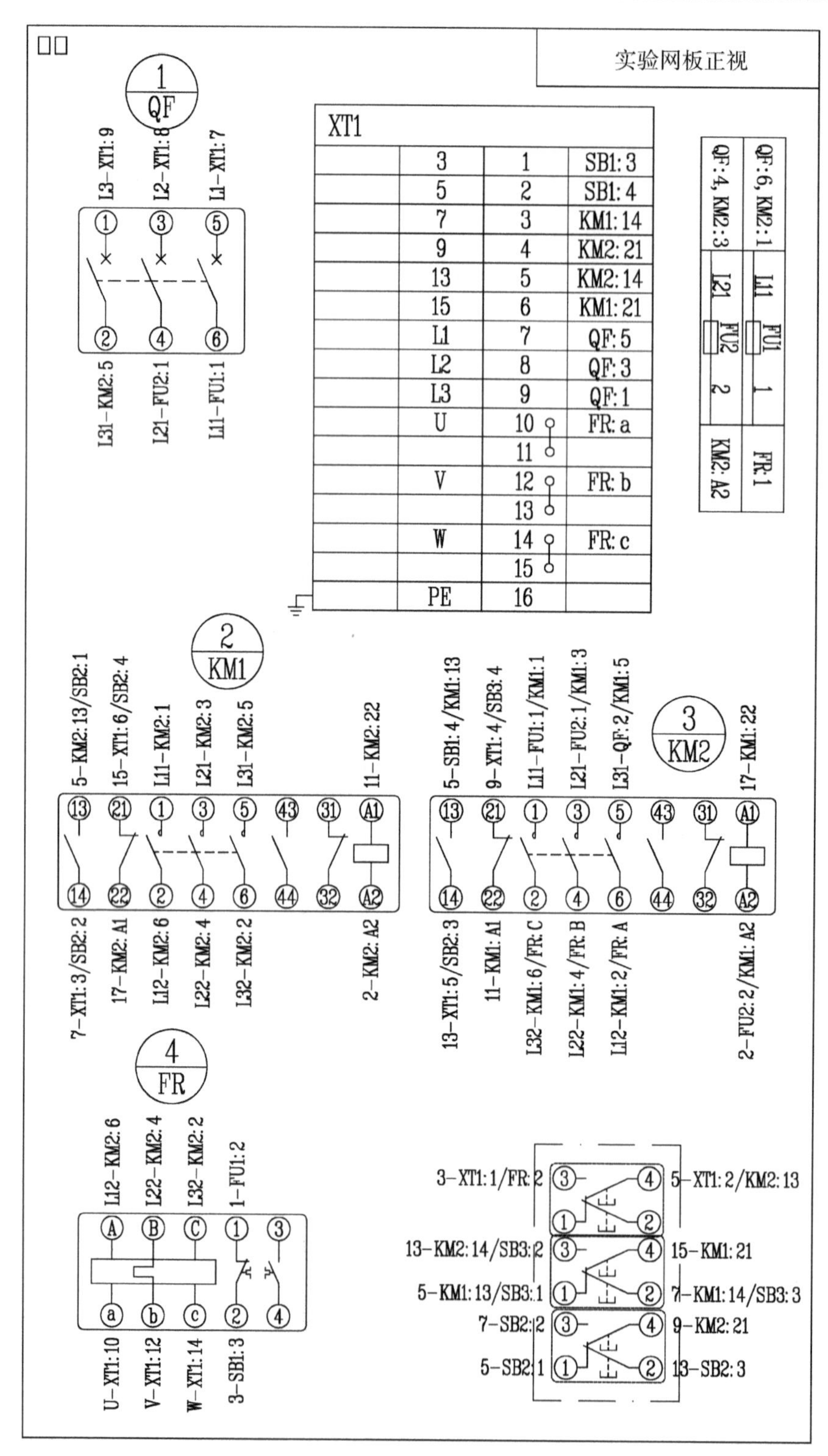

图 1-5　正、反转控制电路的端子接线图

表 1-1 双重连锁正、反转控制电路的端子接线表

序号	回路线号	起始端号	末端号	序号	回路线号	起始端号	末端号
1	L1	QF-5	XT1-7	22	11	KM1-A1	KM2-22
2	L2	QF-3	XT1-8	23	17	KM1-22	KM2-A1
3	L3	QF-1	XT1-9	24	L11	KM1-1	KM2-1
4	7	KM1-14	XT1-3	25	L12	KM1-2	KM2-6
5	15	KM1-21	XT1-6	26	L21	KM1-3	KM2-3
6	9	KM2-21	XT1-4	27	L22	KM1-4	KM2-4
7	13	KM2-14	XT1-5	28	L32	KM1-5	KM2-5
8	U	FR-a	XT1-10	29	L32	KM1-6	KM2-2
9	V	FR-b	XT1-12	30	5	KM1-13	SB2-1
10	W	FR-c	XT1-14	31	7	KM1-14	SB2-2
11	3	SB1-3	XT1-1	32	15	KM1-21	SB2-4
12	5	SB1-4	XT1-2	33	L12	KM2-6	FR-A
13	1	FR-1	FU1-2	34	L22	KM2-4	FR-B
14	L11	QF-6	FU1-1	35	L32	KM2-2	FR-C
15	L11	KM2-1	FU1-1	36	5	KM2-13	SB1-4
16	2	KM2-A2	FU2-2	37	13	KM2-14	SB2-3
17	L21	QF-4	FU2-1	38	9	KM2-21	SB3-4
18	L21	KM2-3	FU2-1	39	3	FR-2	SB1-3
19	L31	QF-2	KM2-5	40	5	SB2-1	SB3-1
20	2	KM1-A2	KM2-A2	41	7	SB2-2	SB3-3
21	5	KM1-13	KM2-13	42	13	SB2-3	SB3-2

3）单线接线图

单线接线图是指按照电气元器件的位置和连接导线走向绘制的一种图样。它的特点是电气元器件的位置关系很直观，但是连接关系不是非常直观。布线时靠导线编号和元件端子编号。没用的端子编号和导线编号很难确定各端子之间的连接关系。绘制单线接线图时各端子之间的导线不是一根一根地画出，除了引线端以外的其他线并列走线，并列走线用一根单线表示，所以称为单线接线图。单线接线图的绘制比实物接线图简单，省时间，所用的元件符号与原理图中的符号一致。单线接线图与原理图不同之处是一个电气设备的所有触头、线圈等都绘制在一起，用实线框围起来，然后按原理图绘制连线关系。用电气 CAD 绘制单线接线图时可以用软件自带的接线图符号和绘制导线功能来完成，如图 1-6 所示。

4）互连接线图或互连接线表

互连接线图或互连接线表用于表示成套装置或设备内各个不同单元与单元之间的连接情况，通常不包括所涉及单元内部的连接，但可以给出与其有关的电路图或单元接线图的图号。互连接线图的布图比较简单，不必强调各单元之间的相对位置。各单元要画出点划线方框。各单元间的连接可用单线法表示（表示电缆），也可用多线法表示，但应画出电缆的图形符号，同时均应加注线缆号和电缆规格（以“芯数×截面”表示）。单线表示法可以用连续线，也可以用中断线，并局部加粗。图 1-7 为双重连锁正、反转控制电路的互连接线图。

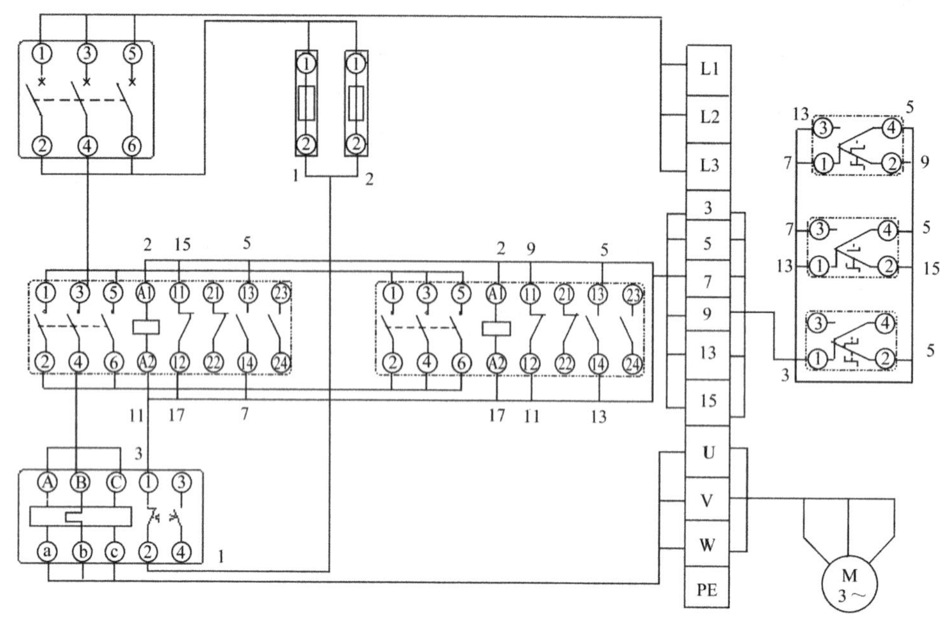

图 1-6　双重连锁正、反转控制电路的单线接线图

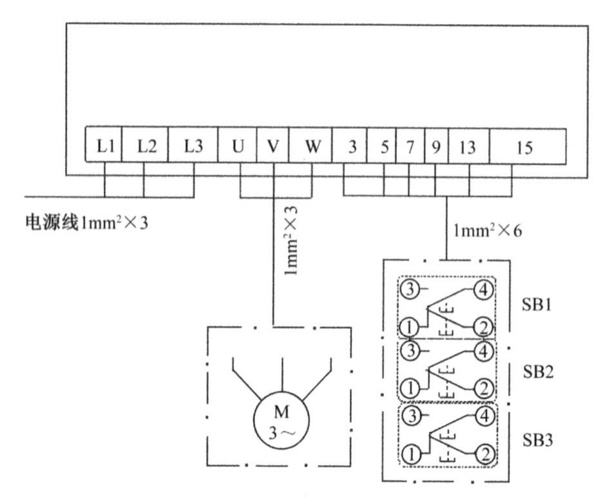

图 1-7　双重连锁正、反转控制电路的互连接线图

5. 元件明细表

元件明细表是指对特定项目给出详细信息的表格，它包括元件序号、元件名称、元件代号、元件型号、元件规格、元件价格、元件数量等信息。表 1-2 为双重连锁正、反转控制电路的元件明细表。

表 1-2　双重连锁正、反转控制电路的元件明细表

序号	代号	元件名称	型号规格	数量
1	FR	热继电器	JR20-10 0.1～0.15A	1
2	FU1,FU2	熔断器	RS	2
3	KM1,KM2	交流接触器	CJ20-10-AC380 辅助 2 开 2 闭;线圈电压 380V	2

续表

序号	代号	元件名称	型号规格	数量
4	QF	微型断路器	C45AD/3P 10A	1
5	SB1,SB2,SB3	按钮	LAY3-11 红/绿/黑/白	3
6	M	三相电动机	2.2kW/1430r/min	1

6．布局图或位置图

布局图或位置图是指表示成套装置、设备或装置中各个项目的位置的一种简图。它用来表示一个区域或一个成套电气装置中的元件位置关系。图1-8是双重连锁正、反转控制电路的布局图，它是按照学生电气安装工艺实训时所有在实验网板上的电气安装位置绘制的，每个电气装置用一个实线框表示，线框内标注元件代号。

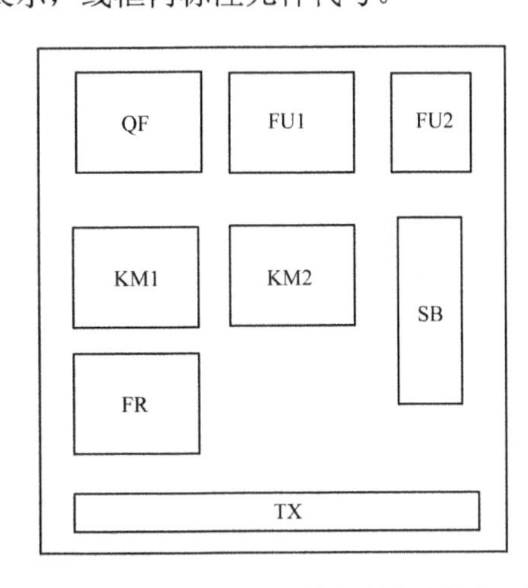

图1-8　双重连锁正、反转控制电路的布局图

7．仿真电路图

仿真电路图是用专用电气仿真软件绘制的可以在计算机上运行、演示控制电路的结构、工作原理、操作过程、连线方式、元件布局等的特殊电路图，类似实物接线图，与实物接线图的不同之处是实物接线图只能看不能运行，仿真电路图可以在绘制的软件环境中运行。用仿真电路图介绍电气控制电路的结构、连接关系、工作原理、端子连接关系，学生非常容易理解。图1-9是双重连锁正、反转控制电路的仿真电路图。

8．其他电气图

电气系统图、原理图、接线图、接线表、电气元件布局图是最主要的电气工程图。但在一些较复杂的电气工程中，为了补充、详细说明某一局部工程，还需要使用一些特殊的电气图。

1）目录和前言

目录便于检索图样，由序号、图样名称、编号、页数等构成。

前言包括设计说明、图例、设备材料明细表、工程经费概算等。

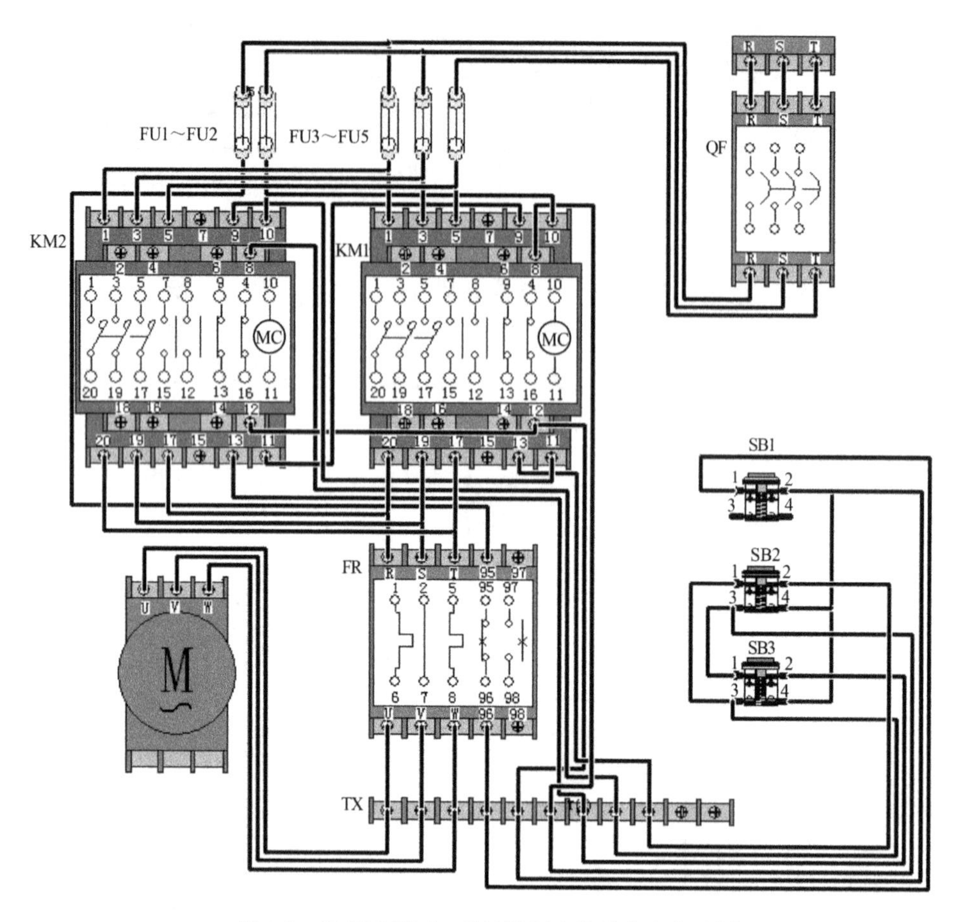

图 1-9　双重连锁正、反转控制电路的仿真电路图

2）大图样

大图样用于表示电气工程某一部件、构件的结构，用于指导加工与安装，部分大图样为国家标准图。

3）产品使用说明书

产品使用说明书的主要目的在于阐述电气工程设计的依据、基本指导思想与原则，图样中有能清楚表明工程特点、安装方法、工艺要求、特殊设备的安装使用说明，以及有关的备注事项等的补充说明。

1.1.2　电气图的特点

1. 电气图的基本要素

图形符号、文字符号、导线和项目代号是构成电气图的基本要素，一些技术数据也是电气图的主要内容。电气系统、设备或装置通常由许多部件、组件、功能单元等组成。一般是用一种图形符号描述和区别这些项目的名称、功能、状态、特征、相互关系、安装位置、电气连接等，不必画出它们的外形结构。

在一张图上，一类设备只用一种图形符号，如各种熔断器都用同一个符号表示。为了区别同一类设备中不同元器件的名称、功能、状态、特征及安装位置，还必须在符号旁边标注文字符号。

2. 简图是电气工程图的主要形式

电气图是阐述电路的工作原理、描述产品的构成和功能及提供装接和使用信息的重要工具和手段。简图是用图形符号、带注释的方框或简化外形表示系统或设备中各种组成之间的相互关系的一种图。电气工程图大多数采用简图这种形式。

简图并不是指内容“简单”，而是指形式的“简化”，它是相对于严格按照几何尺寸、绝对位置等绘制的机械图而言的。电气图中的系统图、电路图、接线图、平面布局图等都是简图。

3. 元件和连接线是电气图的主要表达内容

一个电路通常由电源、开关设备、用电设备和连接线4部分组成，如果将电源设备、开关设备和用电设备看成元件，则电路由元件与连接线组成，或者说各种元件按照一定的次序用导线连接线起来就构成一个电路。元件用于电路图中时有集中表示法、分开表示法、半集中表示法。原理图中的元件是分开表示的，接线图中的元件是集中表示的。元件用于布局图中时有位置布局法和功能布局法。连接线用于电路图中时有单线表示法和多线表示法。连接线用于接线图及其他图中时有连续线表示法和中断线表示法。

任务 1.2 电气图中的符号

电气图主要是由符号和导线组成，符号有图形符号和文字符号两种。学习电气制图与识图时了解电气符号的表示法和电气符号的含义是非常重要的。

1.2.1 电气图中的图形符号

1. 图形符号的含义

图形符号是用于图样或其他文件以表示一个设备或概念的图形、标记或字符。图形符号是通过书写、绘制、印刷或其他方法产生的可视图形，是一种以简明易懂的方式来传递一种信息，表示一个实物或概念，并可提供有关条件、相关性及动作信息的工业语言。

在按简图形式绘制的电气图中，元器件、设备、装置、线路及其安装方法等都是借助图形符号、文字符号、项目代号来表示的；分析电气图，首先要说明这些符号的形式、内容、含义及它们之间的相互关系。

2. 图形符号的组成

图形符号由一般符号、符号要素、限定符号和方框符号等组成。

1）一般符号

表示一类产品或此类产品特性的一种通常很简单的符号，如电阻、开关、电感、电容等。

2）符号要素

它是具有确定意义的简单图形，必须同其他图形组合以构成一个设备或概念的完整符号。例如，三极管由外壳、基极、集电极、发射极、PN 结等要素组成。符号要素一般不能单独使用，只有按照一定方式组合起来才能构成完整的符号。符号要素的不同组合可以构成不同的符号。

3）限定符号

限定符号是用以提供附加信息的一种加在其他符号上的符号。限定符号一般不代表独立设备、器件和元件，仅用来说明某些特征、功能和作用等，它一般不能单独使用，但一般符号有时也可用做限定符号。

限定符号的类型有以下几种。

（1）电流和电压的种类。如交、直流电，交流电中频率的范围，直流电正、负极，中心线、中性线等。

（2）可变性。可变性分为内在的和非内在的两种。内在的可变性指可变量决定元器件自身的性质，如压敏电阻的阻值随电压变化而变化。非内在的可变性指可变量由外部元器件控制，如滑动变阻器的阻值是借外部手段来调节的。

（3）力和运动的方向。用实心箭头符号表示力和运动的方向。

（4）流动方向。用开口箭头符号表示能量、信号的流动方向。

（5）特性量的动作相关性。它是指设备、元件与测试值或正常值等相比较的动作特性，通常的限定符号是>、<、＝、≈ 等。

（6）材料的类型。可用化学元素符号或图形作为限定符号。

（7）效应或相关性。指热效应、电磁效应、磁致伸缩效应、磁场效应、延时和延迟性等。分别采用不同的附加符号加在元器件的一般符号上，表示被加符号的功能和特性。限定符号的应用使得图形符号更具有多样性。

4）方框符号

表示元件、设备等的组合及其功能，是一种既不给出元件、设备的细节，也不考虑所有连接的简单图形符号。

3. 图形符号的分类

新的《电气图形符号总则》国家标准代号为 GB/T 4728－2000，采用国际电工委员会（IEC）标准，在国际上具有通用性，有利于对外进行技术交流。GB/T 4728 电气图形符号共分 13 部分。

1）总则

具有本标准的内容提要、名词术语、符号的绘制、编号使用及其他规定。

2）符号要素、限定符号和其他常用符号

包括轮廓外壳、电流和电压表种类、可变性、力或运动方向、流动方向、材料的类型、效应或相关性、辐射、信号波形、机械控制、操作件和操作方法、非电量控制、接地、接机壳和等电位、理想电路元器件等。

3）导线和连接器件

包括各种导线、屏蔽和胶合线、同轴电缆、接线端子和导线的连接、插头和插座连接器件、电缆附件等。

4）基本无源元件

包括电阻器、电容器、电感器、铁磁体磁芯、压电晶体等。

5）半导体管和电子管

包括二极管、三极管、晶闸管、电子管、辐射探测器等。

6）电能的发生和转换

包括绕组、发电机、电动机、变压器、变流器等。

7）开关、控制和保护装置

包括触点（触头）、开关、开关装置、控制装置、启动器、继电器、熔断器、避雷器等。

8）测量仪表、灯和信号器件

包括指示仪表、记录仪表、热电偶、遥测装置、电铃、传感器、灯、蜂鸣器、喇叭等。

9）电信：交换和外围设备

包括交换系统、选择器、电话机、电报和数据处理设备、传真机、换能器、记录和播放等。

10）电信：传输

包括通信电路、天线、波导管器件、信号发生器、激光器、调制器、光纤传输设备等。

11）电力、照明和电信布置

包括发电站、变电站、网络、音响和电视的电缆配电系统、开关、插座引出线、电灯引出线、安装符号等。适用于电力、照明和电信系统和平面图。

12）二进制逻辑单元

包括组合和时序单元、运算器单元、延时单元、双稳、单稳和非稳单元、位移寄存器、计数器和存储器等。

13）模拟单元

包括放大器、函数器、坐标转换器、电子开关等。

4．图形符号的含义及其应用说明

1）常用图形符号

电气图形符号比较多，表1-3列出了电气控制系统中常用的一些符号和它们的含义，供参考。

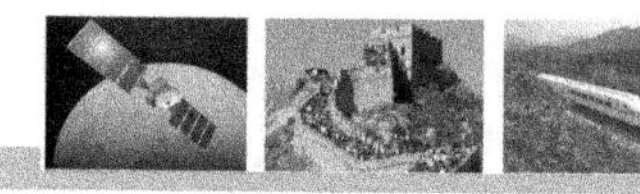

表 1-3　电气制图中常用的图形符号

图形符号（GB/T 4728—1996～2000）	说明	图形符号（GB/T 4728—1996～2000）	说明
	动合触点		动断触点
	延时闭合的动合触点		延时闭合的动断触点
	热继电器的动断触点		动合按钮开关
	动断按钮开关		继电器或接触器的线圈
	热继电器线圈		熔断器
	电流互感器		普通接地
	仪表的一般符号		灯的一般符号
	电阻一般符号		插接件
	插头		插座
	普通连接片		断路器
	隔离开关		负荷开关
	接触器的动合主触点		接触器的动断主触点
	半导体二极管		电容器一般符号
	熔断器式隔离开关		熔断器式负荷开关
	避雷器		电缆头
	跨接进线		插接件
	熔断器式开关		跌开式熔断器
	旋转开关		三相变压器

续表

图形符号（GB/T 4728—1996～2000）	说明	图形符号（GB/T 4728—1996～2000）	说明
	接地开关		电容器组
	双绕组变压器		三绕组变压器
	电抗器		电流互感器
	电流互感器		电流互感器
	电流互感器		电流互感器
	电流互感器		电流互感器
	电流互感器		电流互感器
	电流互感器	Wh	电度表
varh	无功电度表	W	功率表
Hz	频率表		蜂鸣器
	电铃		电喇叭
	电警笛		可变电阻
var	无功功率表	cosφ	功率因数表
	桥式整流器		零序、电流互感器

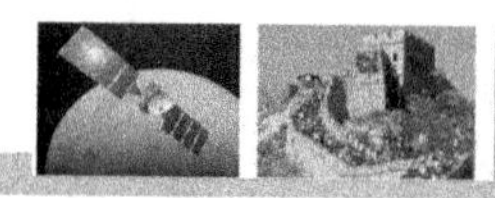

2）符号应用说明

（1）所有的图形符号，均按无电压、无外力作用的正常状态标示出。

（2）在图形符号中，某些设备元件有多个图形符号，有优选形、其他形、形式 1、形式 2 等。选用符号遵循的原则为：尽可能采用优选形；在满足需要的前提下，尽量采用最简单的形式；在同一图号的图中使用同一种形式。

（3）符号的大小和图线的宽度一般不影响符号的含义，在有些情况下，为了强调某些方面或者为了便于补充信息，或者为了区别不同的用途，允许采用大小不同的符号和宽度不同的图线。

（4）为了保持图面清晰，避免导线弯折或交叉，在不致引起误解的情况下，可以将符号旋转或成镜像放置，但此时图形符号的文字标注和指示方向不得倒置。

（5）图形符号一般都画有引线，但在绝大多数情况下引线位置仅用做示例，在不改变符号含义的前提下，引线可取不同的方向。若引线符号的位置影响到符号的含义，则不能随意改变，否则引起歧义。

（6）在 GB/T 4728 中比较完整地列出了符号要素、限定符号和一般符号，但组合符号是有限的。若某些特定装置或概念的图形符号在标准中未列出，允许通过已规定的一般符号、限定符号和符号要素进行适当的组合，派生出新的符号。

（7）电气图用图形符号是按网格绘制出来的，但网格不能随符号标示出。

1.2.2 电气图中的文字符号

文字符号是指表示电气设备、装置、元件和线路功能、状态特性的字母。图形符号和文字符号是不可分离的一个整体。不能只用文字符号绘制电气图；可以只用图形符号绘制电气图，但无法说明问题。

1. 文字符号的分类

电气技术中的文字符号可以分为基本文字符号和辅助文字符号两种。基本文字符号也分为单字母符号和双字母符号。

1）基本文字符号

（1）单字母符号。用拉丁字母将各种电气设备、装置和元器件划分为 23 大类，每一大类用一个专用单字母符号表示，如 R 表示为电阻器类，Q 表示为电力电路的开关器件类等。

（2）双字母符号。表示种类的单字母与另一字母组合而成，其组合形式以单字母符号在前另一个字母在后的次序列出。双字母符号中的另一个字母通常选用该类设备、装置和元器件的英文名词的首字母，或常用缩略语，或约定俗成的习惯用字母。常用基本文字符号（GB/T 7159—1987）如表 1-4 所示。

表 1-4　常用基本文字符号

名　称	文字符号	名　称	文字符号
电桥	AB	电流表	PA
晶体管放大器	AD	电压表	PV
集成电路放大器	AJ	电能表	PJ
印制电路板	AP	断路器	QF
抽屉柜	AT	电动机保护开关	QM
旋转变压器（测速发电机）	TG	隔离开关	QS
电容器	C	电阻器	R
发热器件	EH	电位器	RP
照明灯	EL	控制开关	SA
空气调节器	EV	选择开关	SA
过电压放电器件避雷器	F	按钮开关	SB
具有瞬时动作的限流保护器件	FA	电流互感器	TA
具有延时动作的限流保护器件	FR	控制变压器	TC
具有延时和瞬时动作的限流保护器件	FS	电力变压器	TM
熔断器	FU	电压互感器	TV
限压保护器件	FV	整流器	U
同步发电机	GS	二极管	V
异步发电机	GA	晶体管	V
蓄电池	GB	晶闸管	V
声响指示器	HA	电子管	VE
光指示器	HL	控制电路用电源的整流器	VC
指示灯	HL	连接片	XB
瞬时有或无继电器，交流继电器	KA	测试插孔	XJ
接触器	KM	插头	XP
极化继电器	KP	插座	XS
簧片继电器	KP	端子板	XT
延时有或无继电器	KT	电磁铁	YA
电感器	L	电磁制动器	YB
电抗器	L	电磁离合器	YV
电动机	M	电磁吸盘	YH
同步电动机	MS	电动阀	YM
异步电动机	MA	电磁阀	YV

2）辅助文字符号

表示电气设备、装置和元器件及线路的功能、状态和特性，通常也是由英文单词的前一或两个字母构成。它一般放在基本文字符号后边，构成组合文字符号。常用辅助文字符号如表 1-5 所示。

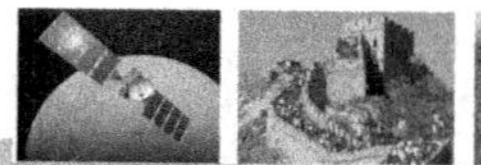

表 1-5　常用辅助文字符号

名　称	文字符号	名　称	文字符号
电流	A	主，中	M
交流	AC	手动	M 或 MAN
自动	A 或 AUT	断开	OFF
加速	ACC	闭合	ON
附加	ADD	输出	OUT
可调	ADJ	记录	R
辅助	AUX	右	R
异步	ASY	反	R
制动	B 或 BRK	红	RD
黑	BK	复位	R 或 RST
蓝	BL	备用	RES
向后	BW	信号	S
控制	C	启动	ST
直流	DC	停止	STP
紧急	EM	同步	SYN
低	L	温度	T
正，向前	FW	时间	T
绿	GN	速度	V
高	H	电压速度	V
输入	IN	白	WH
感应	IND	黄	YE
左	L		

2. 使用文字编号的补充说明

（1）在不违背前面所述原则的基础上，可采用国际标准中规定的电气技术文字符号。

（2）在优先采用规定的单字母符号、双字母符号和辅助文字符号的前提下，可补充有关的双字母符号和辅助文字符号。

（3）文字符号应按国家有关电气名词术语标准或专业标准中规定的英文术语缩写而成。同一设备若有几个名称，应选用其中一个名称。当设备名称、功能、状态或特征为一个英文单词时，一般采用该单词的首字母构成文字符号，需要时也可用前两位字母，或前两个音节的首字母，或采用常用缩略语或约定俗成的习惯用法构成；当设备名称、功能、状态为两个或 3 个英文单词时，一般采用该两个或 3 个英文单词的首字母，或采用常用缩略语或约定俗成的习惯用法构成文字符号。

（4）因 I 和 O 易与 1 和 0 混淆，因此，不允许它们单独作为文字符号使用。

任务1.3　电气符号的组合使用

以上简要介绍了电气图中的图形符号和文字符号。按简图形式绘制电气图时，元件、设备、装置、线路及其安装方法等都是借用这些基本图形符号、文字符号来表达的。而基本的图形符号、文字符号只是图样的组成部分，很多复杂的元器件、设备、装置、线路及安装方法要由这些基本符号组合而成。分析电气图时，要先明白这些符号的形式、内容、含义及它们的相互关系。下面介绍这些基本符号的组合使用。

1.3.1　电气图形符号的组合

复杂电气图形符号是由基本电气图形符号组合而成的。

1. 由同一类基本图形符号组合形成的复杂图形符号

【电气图形符号组合示例】　常用的断路器、隔离开关、负荷开关、刀熔开关、手动开关、旋钮开关等有单相、双极、三相及四极之分。每一个都可以用单相符号稍加改变就可以表示。双相、三相、四极之间靠点画线连接，表示一个整体的元器件。

【例1】　断路的组合，如图1-10所示。

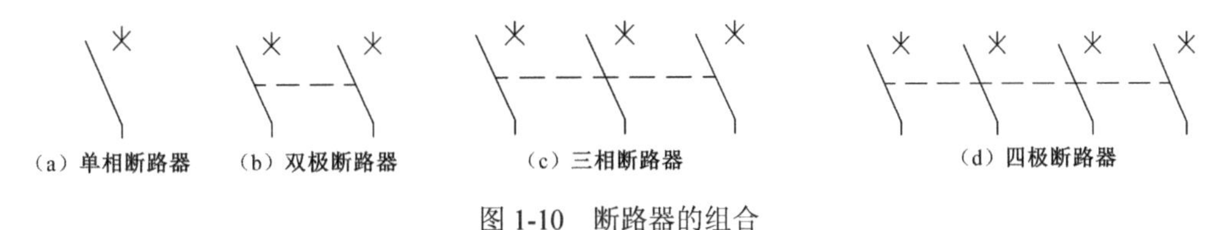

图1-10　断路器的组合

【例2】　隔离开关的组合，如图1-11所示。

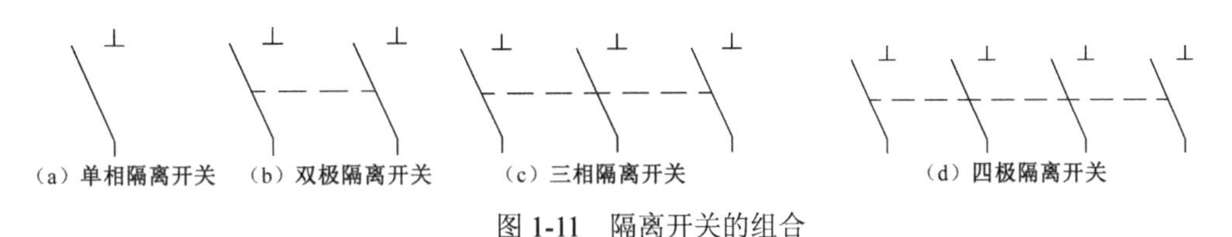

图1-11　隔离开关的组合

【例3】　负荷开关的组合，如图1-12所示。

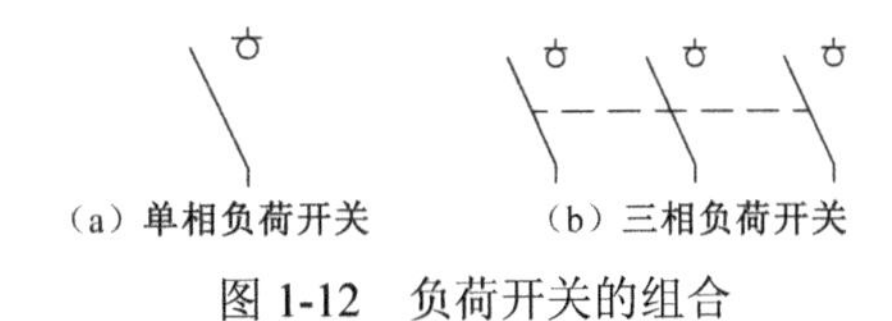

图1-12　负荷开关的组合

2. 由不同基本图形符号组合形成的复杂基本图形符号

常用接触器、热继电器、时间继电器等就是由不同基本图形符号组合而成的。方框表示

逻辑符号（接线图符号），它们的组合可能有以下几种情况。

（1）只含有动作线圈和主触头。

（2）含有动作线圈、主触头和辅助触头。

【例 1】 接触器的组合：动合辅助触头、动断辅助触头、动作线圈、动合主触头可以组合为一个完整的接触器符号，如图 1-13 所示。

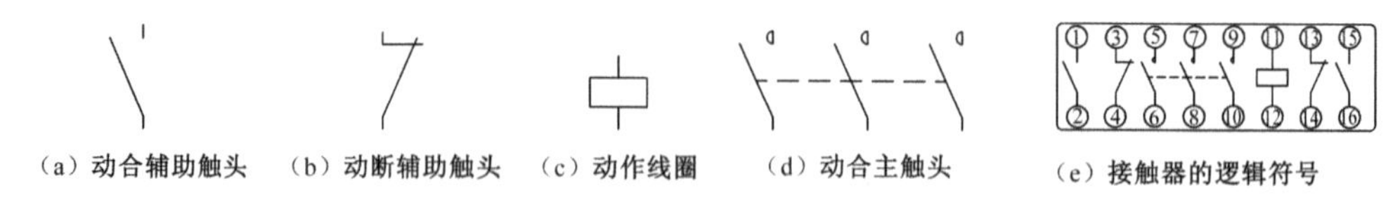

图 1-13　接触器的组合

【例 2】 热继电器的组合：热继电器的线圈、热继电器的常闭触头可以组合为一个完整的热继电器符号，如图 1-14 所示。

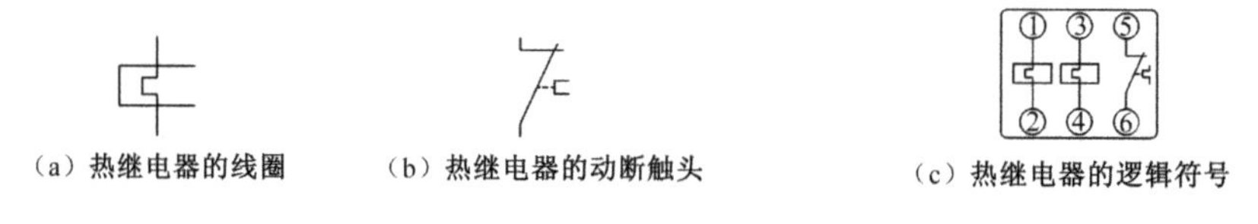

(a) 热继电器的线圈
(b) 热继电器的动断触头
(c) 热继电器的逻辑符号

图 1-14　热继电器的组合

【例 3】 时间继电器的组合：延时开启的动合触头、延时闭合的动断触头、瞬时动断触头、瞬时动合触头、动作线圈可以组合成一个完整的时间继电器，如图 1-15 所示。

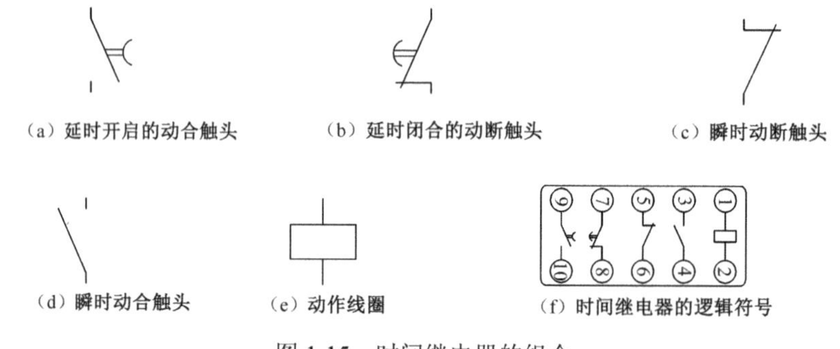

图 1-15　时间继电器的组合

1.3.2　图形符号和文字符号的结合

在电气图中，文字符号是一种以提供附加信息的加在其他符号上的符号。文字符号一般不代表独立的设备、器件和元件，仅用来说明名称、特征、功能和作用等。文字符号一般不能单独使用，文字符号和图形符号配合使用，可得到相应信息。

【电气图形符号和文字符号组合示例】　常用接触器文字符号与图形符号组合表示。KM 表示接触器，电路原理图中同一电气设备的每个触头和线圈用一样的文字符号表示，都位于图形符号的旁边，A1 和 A2 位于线圈的上方和下方，表示线圈的接线触头。1、3、5 和 2、4、6 位于接触器主触头的上方和下方，分别表示接触器主触头的进线端和出线端。13、14 和 43、

44 表示接触器动合辅助触点。21、22 和 31、33 表示接触器动断辅助触点。13、14、21、22、31、33、43、44 都是由两位数字组成，其中前一位为 1 表示辅助触点的第一组，前一位为 2 表示第二组辅助触点，后面的 1、2 表示动合触点，3、4 表示动断触点，如图 1-16 所示。

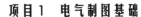

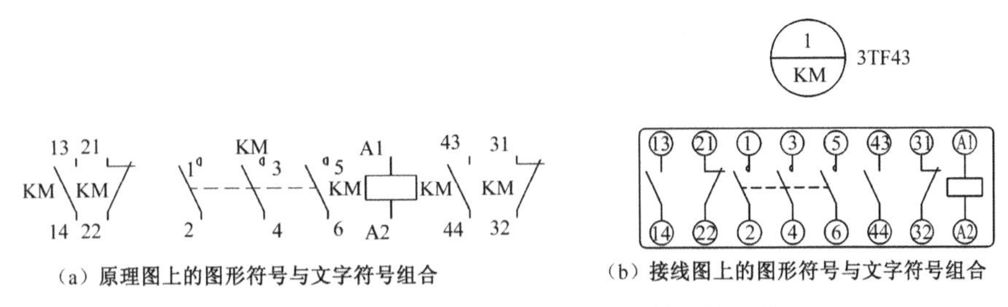

（a）原理图上的图形符号与文字符号组合　（b）接线图上的图形符号与文字符号组合

图 1-16　接触器的图形符号和文字符号的组合

任务 1.4　结合具体电路简述图形符号、文字符号的使用

电气控制电路是基本的动力供电电路，下面结合具体的电气控制电路说明电气图形符号、文字符号的使用情况。图 1-17 为三相电动机双重连锁正、反转控制电路的原理图。

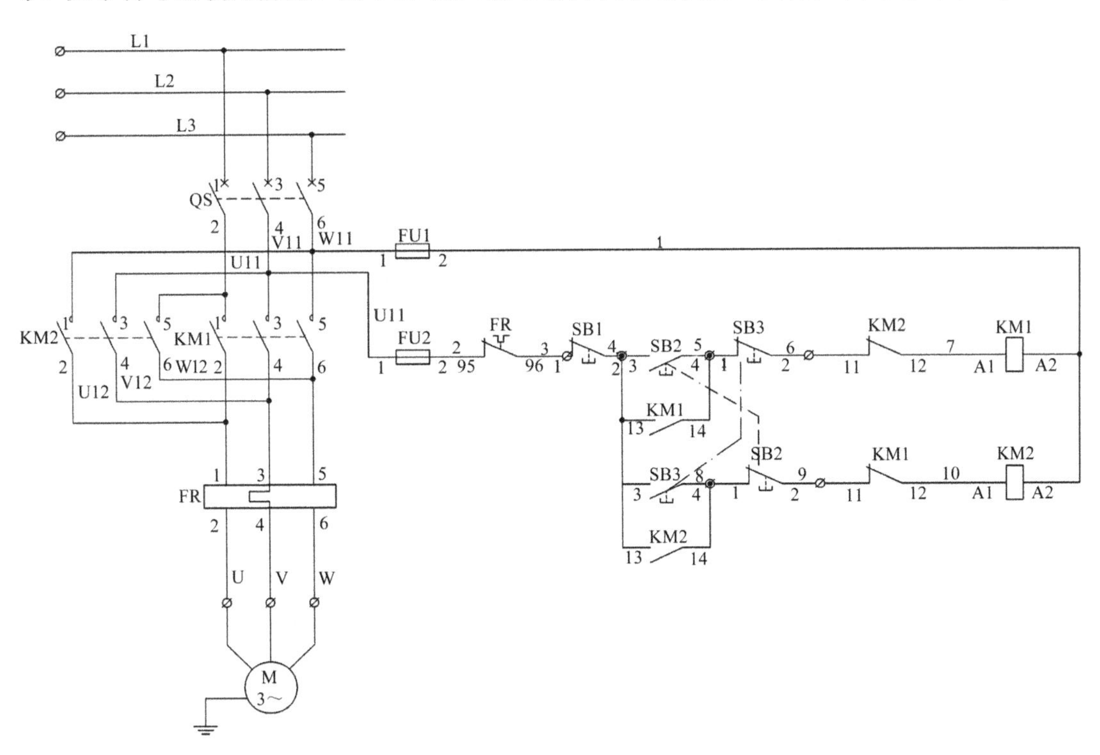

图 1-17　图形符号与文字符号的组合使用

电路是由三相断路器、两个接触器、一个热继电器、停止按钮、正转启动按钮、反转启动按钮、三相异步电动机组成的。图 1-17 中 QS、FU1、FU2、KM1、KM2、FR、SB1、SB2、SB3 代表器件号，即 QS 表示断路器，FU1、FU2 表示熔断器，KM1 表示正转接触器，KM2 表示反转接触器，FR 表示热继电器，SB1 表示停止按钮，SB2 表示正转启动按钮，SB3 表示

反转启动按钮。L1、L2、L3 表示电源的进线端子号；U、V、W 表示电动机接线端子，按相序来表示；U11、V11、W11、U12、V12、W12 表示主电路中的各器件之间的连接导线号；1～10 为控制电路的导线代号；元件两边的数字代表接线端子号。图形符号与文字符号的组合使用见图 1-17。

通常情况下，元件代号的字号最大，连接线号次之，端子编号字号最小。

任务 1.5　电气图的规范与标准

绘制电气图时使用国家规定的标准符号的同时要对电气图样进行规范化，电气工程图和其他工程图有相同之处也有不同之处，它们所表达的内容是不一样的。电气工程图按电气图的规范和标准绘制。

1. 电气图面的构成与格式

电气图由边框线、图框线、标题栏、会签栏组成。电气图有横向和纵向两种格式，如图 1-18 所示。

2. 幅面及尺寸

边框线围成的图面称为图纸的幅面。

（1）幅面尺寸分五类：A0～A4，具体尺寸见表 1-6。

A0～A2 号图纸一般不得加长。

A3、A4 号图纸可根据需要，沿短边加长（见表 1-7）。

表 1-6　幅面尺寸及代号（单位：mm）

幅面代号	A0	A1	A2	A3	A4
宽×长（B×L）	841×1189	594×841	420×594	297×420	210×297
留装订边的宽度（c）	10			5	
不留装订边的宽度（c）	20				
装订侧边宽（a）	25				

表 1-7　加长图幅尺寸（单位：mm）

代　号	A3×3	A3×4	A4×3	A4×4	A4×5
尺　寸	420×891	420×1189	287×630	297×841	297×1051

（2）选择幅面尺寸的基本前提：保证幅面布局紧凑、清晰和使用方便。

（3）幅面选择时考虑的因素如下。

① 所设计对象的规模和复杂程度。

② 由简图种类所确定的资料的详细程度。

③ 尽量选用较小的幅面。

④ 便于图纸的装订和管理。

⑤ 复印和缩微的要求。

⑥ 计算机辅助设计的要求。

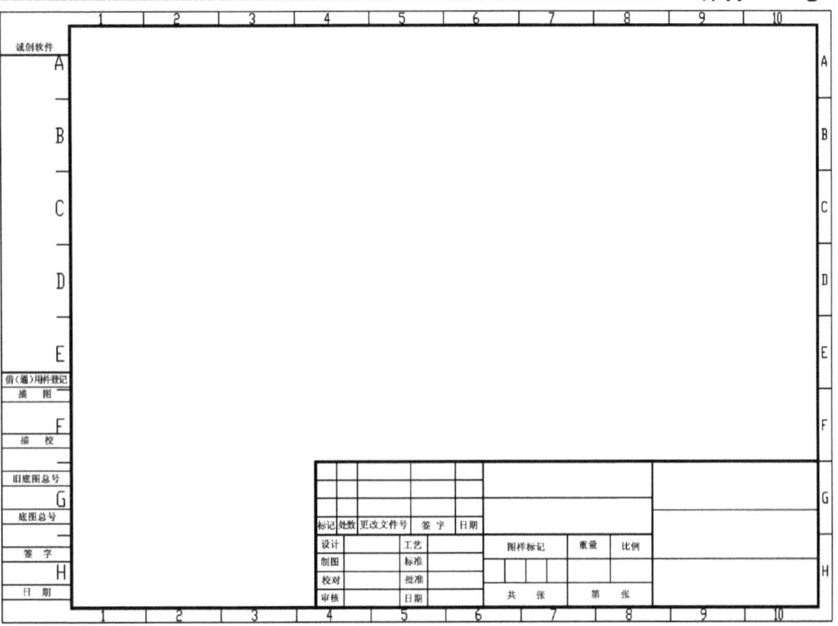

（a）

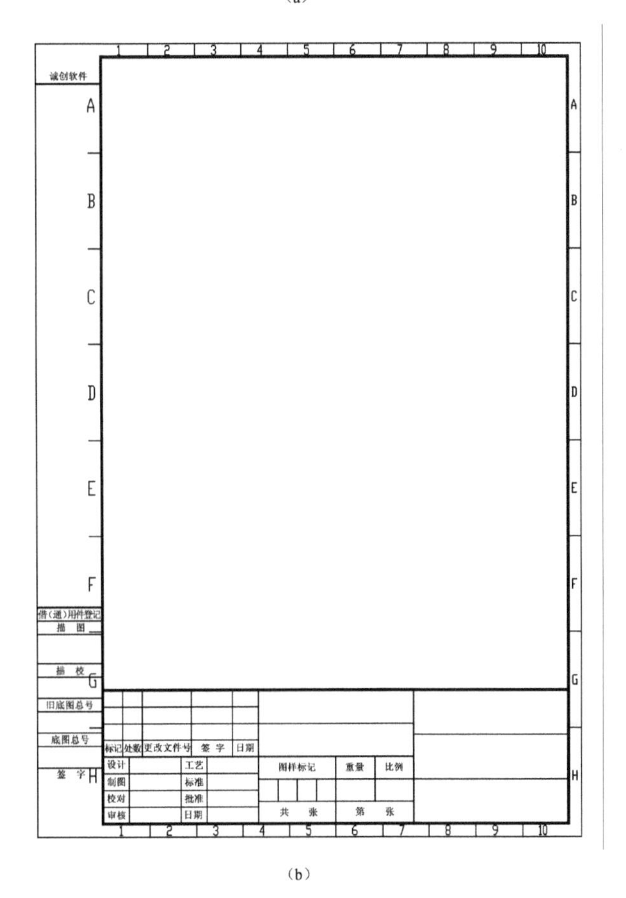

（b）

图 1-18 电气图有横向和纵向两种格式

3. 电气图的标题栏

标题栏是用以确定图样名称、图号、张次、更改项和有关人员签名等内容的栏目，相当于图样的“铭牌”。标题栏的位置一般在图纸的右下方或下方。标题栏中的文字方向为看图方向，会签栏是供各相关专业的设计人员会审图样时签名和标注日期用。电气图的标题栏见表 1-8。

表 1-8　电气图的标题栏

<table>
<tr><td>标记</td><td>处数</td><td>更改文件号</td><td>签字</td><td>日期</td><td colspan="6">电动机的连续运转控制电路</td><td rowspan="2"></td></tr>
<tr><td>设计</td><td></td><td>工艺</td><td></td><td></td><td colspan="4">图样标记</td><td>重量</td><td>比例</td></tr>
<tr><td>制图</td><td></td><td>工艺</td><td></td><td></td><td rowspan="2"></td><td rowspan="2"></td><td rowspan="2"></td><td rowspan="2"></td><td rowspan="2"></td><td rowspan="2"></td><td></td></tr>
<tr><td>校对</td><td></td><td>批准</td><td></td><td></td><td></td></tr>
<tr><td>审核</td><td></td><td>日期</td><td></td><td></td><td colspan="4">共　张</td><td colspan="2">第 1 张</td><td></td></tr>
</table>

4. 图幅的分区

图幅的分区有两种：一种是在图的边框处自动分区，竖边框方向用大写拉丁字母，横边框方向用阿拉伯数字，编号的顺序从标题栏相对的左上角开始，分区数是偶数，如 8 行 10 列的分区竖边框方向用大写拉丁字母 A、B、C、D、E、F、G、H，横边框方向用阿拉伯数字 1、2、3、4、5、6、7、8、9、10；另一种是手工分区，在上方的一行表格内写电路各部分的功能，下方的表格内写分区序号。按分区来确定接触器、继电器等电气设备的触头位置。图幅的分区如图 1-19 所示。

图 1-19　图幅的分区

5. 字体高度

字体高度如表 1-9 所示。

表 1-9　字体高度表

图纸幅面代号	A0	A1	A2	A3	A4
字体最小高度(mm)	5	3.5	2.5	2.5	2.5

6. 电气图用的图线

电气图用的图线如表 1-10 所示。

表 1-10　电气图用的图线

图线名称	线形与画法	意　义
实线	——————————	基本线、简图主要内容（图形符号和连接）用线、可见轮廓线、可见导线、导线、导线组、电线、电缆、电路、传输、通路（如微波技术）线路、母线（总线）等的一般符号
点画线	— · — · — · — · — · —	边界线、分界线（表示结构、功能分组用的）、方框线、控制及信号线路（电力及照明用）
虚线	— — — — — — — — —	辅助线、不可见轮廓线、不可见导线、计划扩展内容线、屏蔽线、护罩线、机械（液压、气动等）连接线、事故照明线
双点画线	—— ·· —— ·· ——	辅助方框线、50V 及以下电力及照明线路

7．电气图用的箭头

电气图中的箭头如表 1-11 所示。

表 1-11　电气图用的箭头

箭头名称	箭头与画法	意　义
开口箭头	——→	用于电气能量、电气信号的传递方向（能量流、信息流流向）
实心箭头	——►	用于可变性、力或运动方向，以及指引线方向

8．电气图用的指引线

指引线：指示注释的对象，应为细实线。

指引线用于将文字或符号引注至被注释的部位，用细的实线画成，必要时可以弯折一次。指引线的末端有 3 种标记形式，应该根据被注释对象在图中的不同表示方法选定。当指引线末端须伸入被注释对象的轮廓线时，指引线的末端应画一个小的黑圆点；当指引线末端恰好指在被注释对象的轮廓线上时，指引线末端应画成普通箭头，指向轮廓线；当指引线末端指在不用轮廓图形表示的对象上时，如导线、各种连接线、线组等，指引线末端应该用一短斜线标示出。电气图用的指引线如图 1-20 所示。

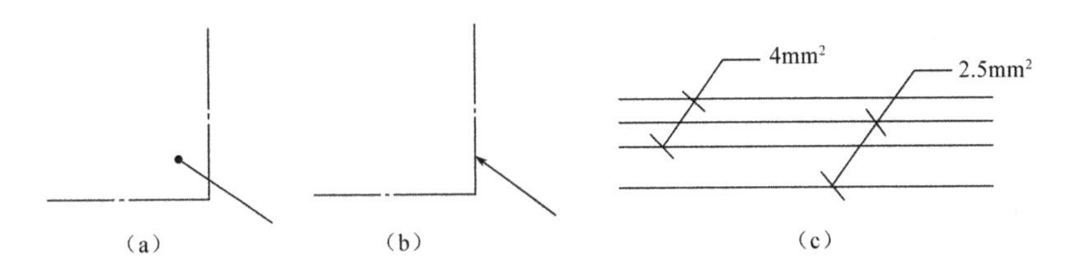

图 1-20　电气图用的指引线

9．电气图的比例

比例：图面上图形尺寸与实物尺寸的比值。通常采用的缩小比例有 1∶10、1∶20、1∶50、1∶100、1∶200、1∶500。

10. 电气图中接线端子与表示方法

1）端子

端子是指在电气元件中，用以连接外部导线的导电元件。端子有固定端子、普通端子、可拆卸端子、装置端子、方形端子几种。电气图中接线端子如表 1-12 所示。

表 1-12　电气图中的接线端子

序号	端子类型	形状	形成方式
1	固定端子		自动形成
2	普通端子		绘图者绘制
3	可拆卸端子		绘图者绘制
4	装置端子		绘图者绘制
5	方形端子		绘图者绘制

2）以字母数字符号标示接线端子的原则和方法

（1）单个元件的两个端子用连续的两个数字表示。单个元件的中间各端子用自然递增的数字表示。

（2）在数字前加字母，如标示三相交流系统的字母 U1、V1、W1 等。

（3）若不需要区别相别时，可用数字 11、12、13 标示。

（4）同类的元件组可以用相同的文字编号表示。

（5）与特定导线相连的电气设备的接线端子的标记如表 1-13 所示。

表 1-13　特定电气设备的接线端子的标记符号

序号	电气接线端子名称		标记符号	序号	电气接线端子的名称	标记符号
1	交流系统	1 相	U	2	保护接地	PE
		2 相	V	3	接地	E
		3 相	W	4	无噪声接地	TE
		中性线	N	5	机壳或机架	MM
				6	等电位	OC

以字母数字符号标示接线端子的原则和方法可以参考项目 1 中的正、反转控制电路的原理图 1-2。

3）元件端子代号的标注方法

（1）电阻器、继电器、模拟和数字硬件的端子代号应标在其图形符号的轮廓外面。零件的功能和注解标注在符号轮廓线内。

（2）对用于现场连接、试验和故障查找的连接器件的每一连接点都应标注端子代号。

（3）在画有方框的功能单元或结构单元中，端子代号必须标注在方框内，以免被误解。接线图元件上的端子如图 1-21（a）所示，原理图元件上的端子如图 1-21（b）所示。为了更好地理解元件端子代号的标注方法，原理图元件按接线图符号上的位置拼在一起。

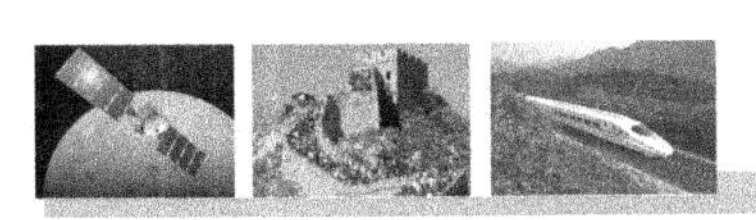

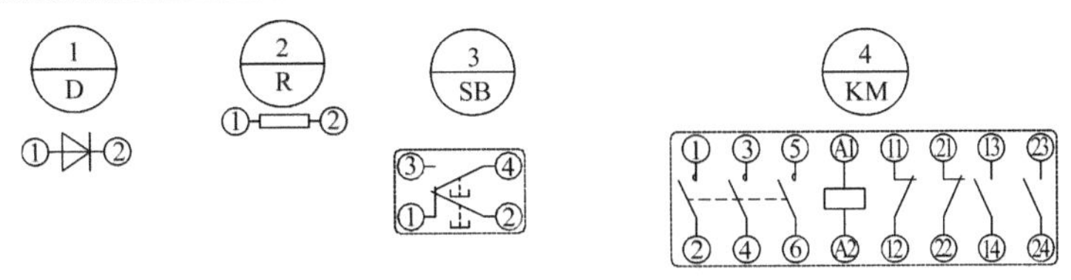

（a）接线图元件上的端子

（b）原理图元件上的端子

图 1-21 接线图元件和原理图元件上的端子

11. 导线

导线是指在电气图上，各种图形符号间的相互连线。导线可以用连续实线表示。

（1）导线的表示方法如表 1-14 所示。

（2）导线的粗细。电源主电路、一次电路、主信号通路等采用粗线，与其相关的其余部分用细线。

表 1-14 导线的表示方法

序号	导线符号	导线说明
1		导线的一般符号
2		导线根数的表示方法（表示 4 根线）
3	3	导线根数的表示方法（表示 3 根线）
4	3N～50Hz, 380V 1×4	线路特征的表示方法，表示（三相四线制）频率为 50Hz，电压为 380V
5	L1 L3	导线换位

（3）连接线的分组。母线、总线、配电线束、多芯电线电缆等可视为平行连接线。对多条平行连接线，应按功能分组，不能按功能分组的，可以任意分组，每组不多于 3 条，组间距大于线间距离。连接线标记一般置于连接线上方，也可置于连接线的中断处，必要时，还可在连接线上标出信号特征的信息。

（4）导线连接点的表示方法。

① T 形连接点可加实心圆点（·）。

② 对交叉而不连接的两条连接线，在交叉处不能加实心圆点，并应避免在交叉处改变方向，同时还应避免穿过其他连接线的连接点。导线连接点的表示方法如图 1-22 所示。

12. 连接线的连续表示法和中断表示法

1）用单线表示的连接线的连续表示法

用连续线表示的方法用在原理图和接线图上。按连线关系将两个元件的端子用一根连续线连接在一起，导线上标注导线编号。连接线的连续表示法如图 1-23 所示。

连接

没有连接

图 1-22 导线连接点的表示方法

2）连接线的中断表示方法

中断表示方法主要用于端子接线。穿越图面的连接线较长或穿越稠密区域时，允许将连接线中断，在中断处加相应的标记。中断表示方法如图 1-24 所示。

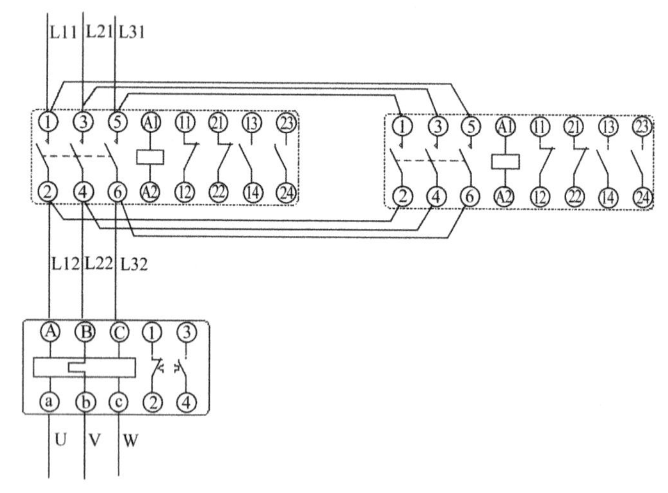

图 1-23 连接线的连续表示法

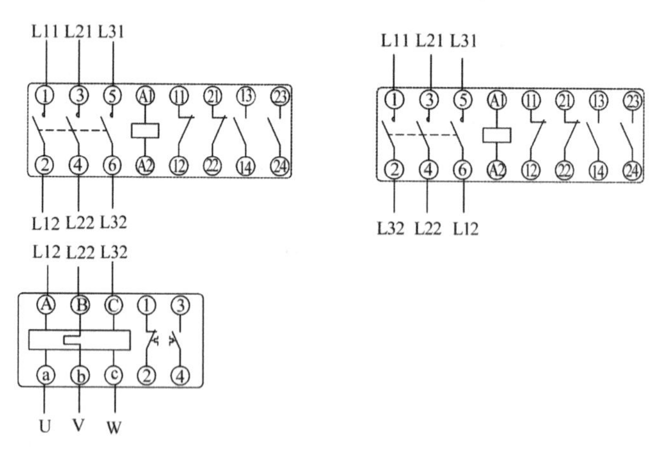

图 1-24 中断表示方法

13. 触头索引

触头索引也可以称为电气原理图符号位置的索引。在较复杂的电气原理图中，在继电器、接触器线圈的文字符号下方要标注其触点位置的索引；而在其触点的文字符号下方要标注其线圈位置的索引。符号位置的索引，用图号、页次和图区编号的组合索引法表示，索引代号的组成如图 1-25 所示。

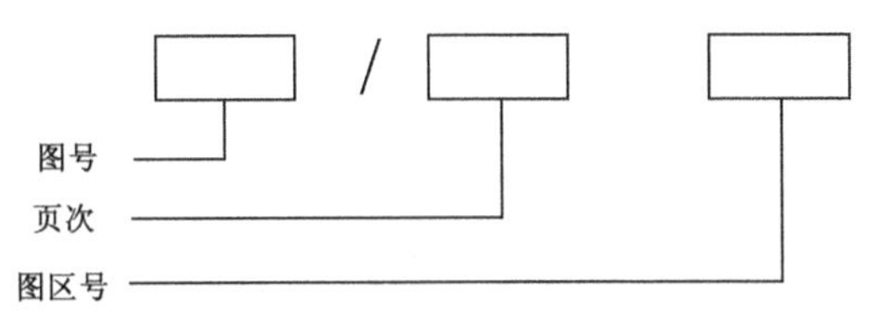

图 1-25　索引代号的组成

当与某一元件相关的各符号元素出现在不同图号的图样上，而每个图号仅有一页图样时，索引代号可以省去页次；当与某一元件相关的各符号元素出现在同一图号的图样上，而该图号有几张图样时，索引代号可省去图号，以此类推。当与某一元件相关的各符号元素出现在只有一张图样的不同图区时，索引代号只用图区号表示。

在电气原理图中，接触器和继电器的线圈与触点的从属关系应当用附图表示，即在原理图中相应线圈的下方，给出触点的图形符号，并在其下面注明相应触点的索引代号，未使用的触点用“×”标明。有时也可采用省去触点图形符号的表示法。触头索引的含义如图 1-26 所示。

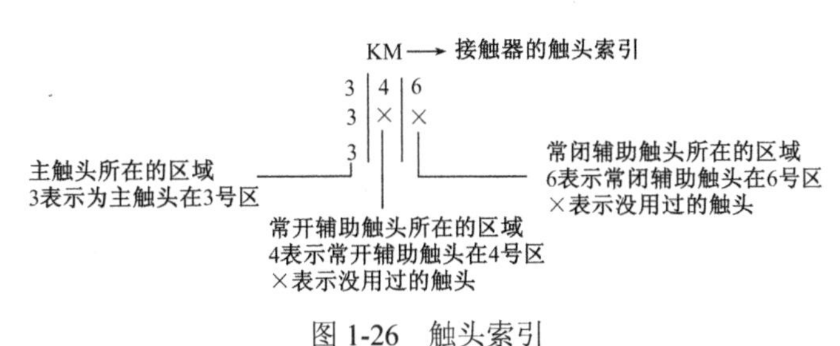

图 1-26　触头索引

注：本索引表示有 3 对动合主触头、1 对动合辅助触头和 1 对动断辅助触头的接触器的触头索引。3 个“3”表示 3 对动合主触头都用了，触头位置都在 3 号区；1 对动合触头中用了 1 个，位置在 4 号区，还有一个触头没有使用；1 对动断触头中用了 1 个，位置在 6 号区，还有 1 个触头没有使用。

实训 1　电气图的认识

1. 实训目的

（1）熟悉电气图中常用电气设备的图形符号、文字符号、接线图符号。
（2）了解电气原理图、材料表、端子接线图、端子接线表的组成。
（3）了解电气图中 4 个图之间的关系及绘图原则。

2. 实训要求

（1）熟记电气图中常用电气设备的图形符号、文字符号、接线图符号（逻辑符号）。

（2）熟悉电气原理图、材料表、端子接线图、端子接线表的组成。

3. 实训内容

（1）电气图的符号。

① 将两种时间继电器的符号填入表 1-15。

表 1-15　两种时间继电器的符号

电气设备的名称	线圈	瞬时触点	延时触点	接线图符号	文字符号
通电延时 时间继电器					
断电延时 时间继电器					

② 将热继电器的符号填入表 1-16。

表 1-16　热继电器的符号

电气设备的名称	热元件	常闭触点	接线图符号	文字符号
热继电器				

③ 将交流接触器符号填入表 1-17。

表 1-17　交流接触器符号

电气设备的名称	线圈	主触点	辅助触点	接线图符号	文字符号
接触器					

④ 将开关的符号填入表 1-18。

表 1-18　开关的符号

电气设备的名称	文字符号	图形符号	接线图符号
三极刀开关			
三极刀熔开关			
三极隔离开关			
三极断路器			

⑤ 将按钮的符号填入表 1-19。

表 1-19　按钮的符号

电气设备的名称	常开按钮	常闭按钮	文字符号	接线图符号
按钮				

（2）图 1-27 为某机床的电气原理图，要求如下。

① 解析该图中的图幅分区的含义。

② 解析触头索引的含义。

③ 解析指引标注的含义。

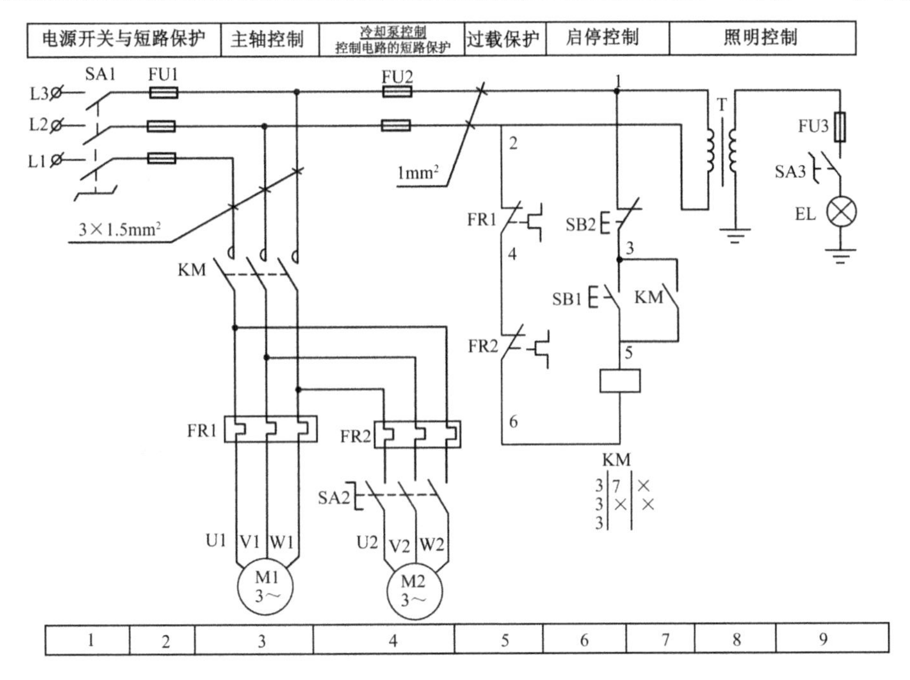

图 1-27　某机床的电气原理图

（3）列出该电路的元件材料表。

（4）若绘制该电路的端子接线图，下列问题如何解决。

① 哪些电气设备布置在电气板上，哪些电气设备布置在控制板上。

② 端子排如何设计。画出端子排图。

（5）绘制电路中的接触器端子接线图。

（6）解析端子接线图。

知识梳理与总结

本项目的主要任务是介绍电气图的概念、特点、分类、标准图形符号、电气图标准、电气图规范。在上机操作和工程制图的基础上，使学生掌握电气制图中的原理图、材料表、布置图、接线图、接线表的基本理论与设计的基础知识，为进一步培养学生的设计和绘图技能打下坚实的基础。

项目2 常用电气制图软件与使用

教学导航

建议学时	6
推荐教学方法	（1）多媒体教学。 （2）以介绍和操作演示的方法加深学生对电气制图软件的理解
教学重点	（1）常用电气制图软件的适用范围和优缺点。 （2）电气制图软件的使用方法
教学难点	电气制图软件的使用方法
推荐学习方法	方法1：在机房上课，老师讲两个小时，学生上机练习两个小时。 方法2：老师用投影仪讲解和操作演示，学生边听边操作练习。 注：以上方法中选一种；软件的使用方法只练习一次是不够的；遇到问题时要结合对其他项目的学习去解决
学习目标	（1）常用电气制图软件的适用范围和优缺点。 （2）电气制图软件［AutoCAD Electrical，SuperWORKS，诚创电气CAD（CCES）］的使用方法。 注：这里分别介绍了3种电气制图软件的使用方法，按照现有的软件情况选择一种

电气项目一般包括一次方案图、二次原理系统图、布局图、二次接线图、各种器件清单、端子排的接线表等类别的图纸表单信息。通常在使用 CAD 类软件做电气设计时，你无法对这么多种类图纸图表的信息做统一的管理和集中式的更新，所以在修改或者创建一个电气项目时必定会耗费很多的时间，经常需要做一些毫无意义的重复性的工作，而且差错也难以避免，工作效率无法提高。使用非专业类的软件给你的印象就是整天把头埋在图纸堆里，满脑子都是改线号、改原理等，这些乏味的重复性工作对于你的身心也会造成一定的影响。CAD 并不是专业的电气设计软件，它的优势仅体现在绘图方面，特别是绘制平面图、结构图、建筑图方面。但在用 CAD 来做电气设计时，电气工程师一般都会觉得它不专业，更不具有智能化、人性化的特点。所以很多电气工程师都向往能够拥有一种智能化的专业电气设计软件来帮助自己更好地完成设计工作。电气 CAD 设计软件较多，功能和使用方法上有一定的区别。下面介绍几种电气制图软件，使用者根据自己的需要选择合适的软件来进行电气设计。

任务 2.1 常用电气制图软件

1. AutoCAD Electrical

AutoCAD Electrical 是面向电气控制设计师的一款 AutoCAD 软件，可帮助用户创建和优化电气控制系统的设计。AutoCAD Electrical 包含了 AutoCAD 的全部功能，同时添加了一系列通用的电气专业设计特性与功能，能够极大提高工作效率。AutoCAD Electrical 可以自动完成建立电路、线缆编号与创建 BOM 表等普通任务，并且支持众多的通用绘图标准，包含全面的元器件库。AutoCAD Electrical 通过与 Autodesk Inventor 软件共用线缆连接情况等数据，使电气设计与机械设计团队能基于数字样机进行高效的协同工作。AutoCAD Electrical 能够帮助你快速、精确地设计电气控制系统，同时节省大量成本。AutoCAD Electrical 的主要功能包括元器件库管理、自动导线编号和零部件标记、自动生成工程报告、实时错误核查、实时导线连接、智能面板布局、面向电气专业的绘图、从电子表格自动创建 PLC I/O 图纸、与客户及供应商共享图纸并跟踪图纸变化等。

2. SuperWORKS

SuperWORKS 系列软件产品是上海利驰软件公司以 AutoCAD 为平台二次开发的专门用于工厂版设计的软件，因其具有完善的解决方案和便捷的实现方法而深受众多工程技术人员的青睐，并使利驰公司在此领域独领风骚，在技术水平及市场占有率两方面始终遥遥领先。

SuperWORKS 的适用范围包括冶金、机床、船泊、物流、石化等行业电气及自动化控制系统的设计。成套电气 CAD SuperWORKS 的主要功能包括原理图绘制、明细表、端子表、接线图、接线表自动生成等。

3. 诚创电气 CAD（CCES）

诚创电气 CAD（CCES）是运行于 Windows 98/2000/XP 和 AutoCAD 环境下的大型智能化电气设计软件。它的主要特点是：具有全部图形化的操作界面，鼠标操作，迅速上手。操作之简便，出图之高效，绝对出人意料。从绘制原理到自动生成端子排、自动生成施工接线

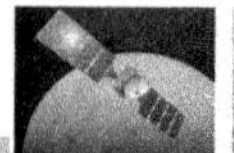

图，最终对设计进行检查。诚创电气 CAD 会帮你把设计做得尽量完美。它的主要功能包括：快速、高效地完成主回路和控制回路的设计；方便地完成符号的插入、删除、替换及端子的插入和功能单元的定义；快速完成设备和线号的标注；自动生成元件材料表；自动生成元件端子号；提供断点检查、回路检查、回路查找和元件匹配检查；根据原理图自动生成接线图；提供接线图块的绘制模块，快速绘制接线逻辑图，生成号码管文件直接打号，自动生成接线表；端子排转换功能提取用户端子排。

4．PCSchematic

PCSchematic 是一个基于 Windows 环境的 CAD 程序，其目的是用于生成电子和电气类安装项目规划和设计。它是一个面向项目的程序，这就意味着有关这个项目的所有零部件（Parts）都包含在同一个文件中：电气框图（Electrical Diagrams）、布线图（Mechanical Layouts）、目录表（Tables of Contents）、零部件清单（Parts Lists）、终端设备清单（Terminals Lists）、可编程逻辑单元清单（PLC Lists）及其他各种类型的清单等。如果同时有几个项目存在，可以在各个项目之间进行相互复制。

5．理正电气 CAD

理正电气 CAD 主要用于绘制电气施工图、线路图及各种常用电气计算。主要功能包括：电气平面图、系统图和电路图的绘制；负荷、照度、短路、避雷等的计算；文字、表格的操作；建筑绘图；图库管理和图面布置等。平面图中导线绘制采用设置多种导线宽度和以线色代线宽的方式；自动布灯命令可以一次完成布灯、以照度确定灯具功率和对灯具进行标注等多项任务；房间复制命令可以将一个房间中已布好的设备、导线等复制到另外一些形状相似但大小不同的房间；在平面图中能够利用设备和导线的标注信息自动生成设备材料统计表；设置专用的制造设备和元件图块的功能，供用户自制图块入库；系统图的绘制、标注与系统负荷计算有机结合；在系统图绘制时嵌入默认数据；对系统图标注、修改、嵌入的数据，进行负荷计算时可自动搜索这些数据进行计算；生成的表格由一些独立的线条组成，便于编辑，同时又能在这样的表格中方便地写入和编辑文字；搜索到的材料信息不仅能写入程序预制的表格，也能写入用户自制的表中。

6．MagiCAD

MagiCAD 是一款理想的辅助工程技术人员进行快速、高效绘图和设计的工具，它具有强大的平面和立体设计功能，可以被广泛应用于电力、照明、通信及数据系统的二维、三维绘制和设计中。MagiCAD 的主要功能包括：自动生成并更新配电箱系统图；自动生成准确的材料统计表；自动连接设备；将简单的二维图块和图标转换为智能化的“对象”；可将常用的功能键编辑到个性化的“收藏夹”内，从而简化操作、节省时间；自动搜寻并替换；快速自动生成并根据需要随意更新剖面图；检测电气设备及其他设备与维护结构的碰撞；智能的配电箱边界与区域；具有与 Dialux 软件的接口，可以从 Dialux 中读取有关照明计算的信息；IFC 输出等。

7. EngineeringBase

EngineeringBase 是一款专业智能化的电气设计软件，其强大优势主要体现在如下几方面。

（1）关联参照性。因为有 SQLServer 数据库，所以可以非常方便地管理项目，使修改项目和图纸变得非常方便和轻松。当在任意一张图纸或表单上修改器件对象信息时，其他图纸或表单等有关联的信息都会自动刷新，重复的工作不再出现，并且差错率降为零。同时设计工作和审核工作也变得非常轻松。

（2）器件清单及在线表单自动生成。器件清单可以自动生成，并且清单格式可以按照要求任意定制；同时可以产生采购清单，方便采购部门提前采购元器件。器件清单还可以插入图纸中，在线表单和项目中图纸信息关联，保持同步更新。

（3）自动器件编号和自动结点编号。元器件放到图纸上以后，编号可以按照定制的编号方式自动编制，且在增加或减少器件时，编号会自动调整。原理图的结点号可以自动编制，且随着回路的更改发生自动变化，方便原理设计和图纸设计。

（4）端子排端子接线表单的自动生成。在做好设计工作以后，端子排各个端子的接线信息可以自动生成清单，详细显示每个端子的接线信息、信号定义等多种信息，且格式可以定制。

（5）VBA 开发环境编制宏。便于快速创建端子排、继电器接触器、电缆等器件。

（6）与其他格式文件间的转换。图纸可以转换成 dwg、pdf、网页、图片等格式，方便与其他软件之间的交流，且可以批处理文件。打印时也可以一个命令完成多张图纸的打印工作。

任务 2.2　电气制图软件的使用

下面介绍几种电气 CAD 软件的使用方法。无论使用哪一种软件，最后要得到的工艺文件都是原理图、接线图、接线表、元件明细表、端子表等。读者可根据自己的需要选择一种软件进行学习。

2.2.1　诚创电气 CAD 软件的使用

诚创电气 CAD 的电气制图过程包括：运行软件，新建文件并保存，绘制边框，绘制导线，插入元件，元件代号标注，线号标注，绘制端子，填写标题栏，输入文本，型规选择，材料表形成，柜体设计，端子排设计，元件布局，形成接线图，检查接线图并补缺线，形成接线表等。下面以“三相异步电动机的单向连续运行控制电路”为例介绍以上所提到的操作过程，仅供参考。

1. 运行“诚创电气 CAD”软件

该软件与其他软件的运行方法一样，双击桌面上的“诚创电气 CAD 2004”图标即可。“诚创电气 CAD 2004”软件需要“AutoCAD 2004 或 AutoCAD 2005”软件的支持，双击桌面上的图标“AutoCAD 2005”与“诚创电气 CAD 2004”一起运行。“诚创电气 CAD 2004”与“AutoCAD 2005”的绘图界面如图 2-1 所示。

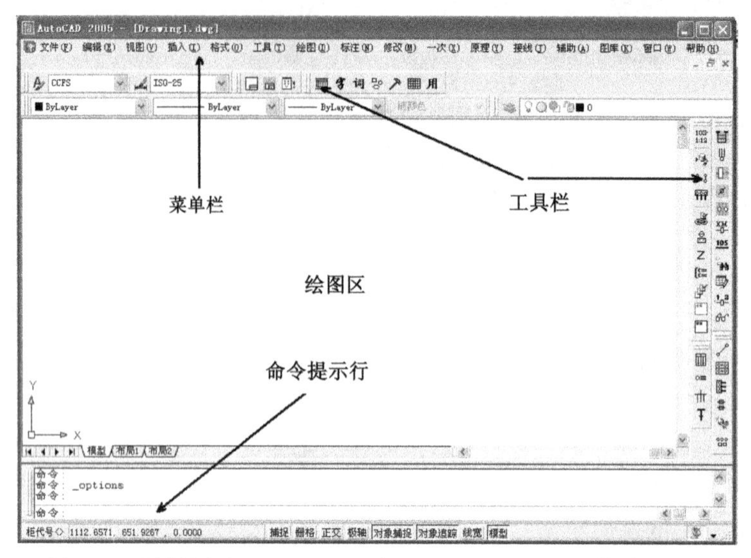

图 2-1 “诚创电气 CAD 2004”与“AutoCAD 2005”的绘图界面

2．新建文件并保存

（1）选择“文件”菜单，单击“新建”菜单命令，在“选择样板”对话框中选择“Gb_a3-Color Dependent...”图形样板，如图 2-2 所示。

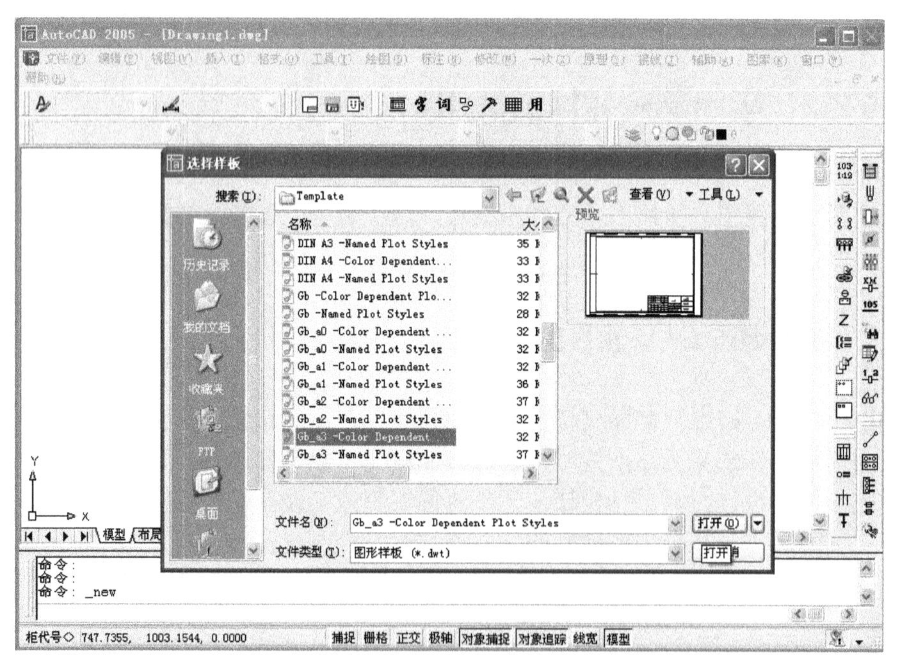

图 2-2 选择图形样板

（2）单击“打开”按钮打开一个图形样板，这时还没有图形边框，如图 2-3 所示。

（3）打开图形样板后选择“辅助”菜单，单击“图框绘制”菜单命令，在“图框绘制”对话框中选择“A4”，其他默认，单击“绘制”按钮，确认边框位置，单击鼠标左键，如

图 2-4 所示。

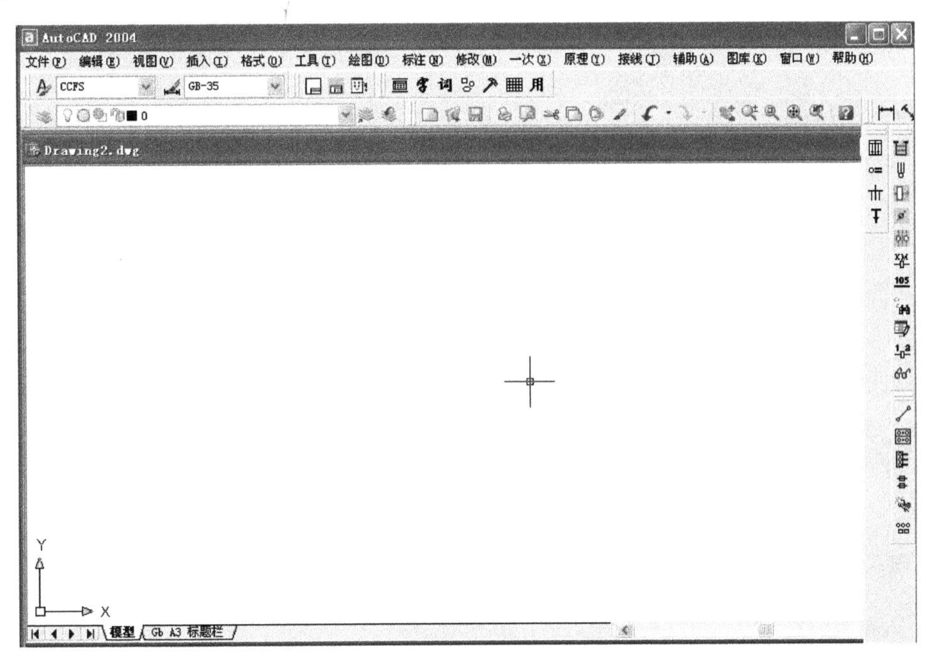

图 2-3　图形样板

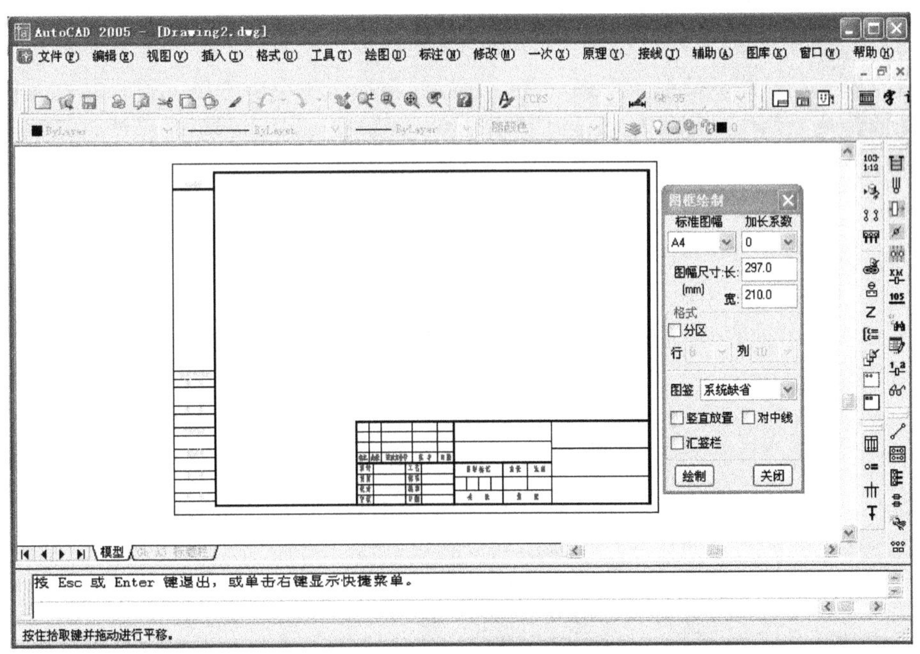

图 2-4　“图框绘制”对话框

（4）选择“文件”菜单，单击“保存”菜单命令，会出现“图形另存为”对话框，如图 2-5 所示。

选择所要保存的文件夹，输入文件名保存。绘图过程中为了避免丢失文件应该养成“边画边保存”的习惯。

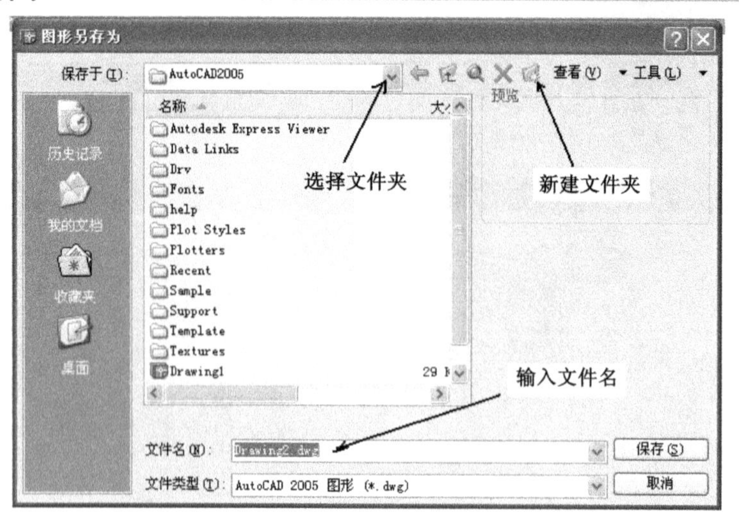

图 2-5 “图形另存为”对话框

3. 绘制原理图

1）绘制主电路

（1）绘制导线。组成电路的主要元素是元件和导线，绘图方法有两种。一种是先绘制导线，再插入元件。另一种是先布置元件再连接导线。电气图适合用第一种方法绘制。电子电路适合用第二种方法绘制。电气控制电路是由主电路和控制电路两个部分组成的，先绘制主电路，再绘制控制电路。绘制主电路时先绘制导线再插入主电路中的元件，插入元件时注意元件之间的距离要均匀，元件与元件之间用导线连接，如果引脚和引脚连接将无法进行导线编号，这一点特别注意。绘制好主电路后可以绘制控制电路，绘制方法与主电路的绘制方法类似，不同之处是导线是单相导线，元件是单极元件。

绘制主电路的三相导线的方法为：选择“原理”菜单，单击“主回路（Z）...”菜单命令，单击“三线”按钮，在画图区的合适位置横向拖动鼠标可以绘制横方向的三相线；采用同样的方法纵向拖动鼠标可以绘制纵向三相导线。导线是自动连接的，连接处会出现黑色圆点，如图 2-6 所示。

（2）插入元件。插入元件时要先定位后放置元件，否则元件将插入到导线的始端，无法插入到需要的位置。这是初学者特别注意的问题。定位方法是将元件放在导线上时导线的始端出现一个黄色方框，在用鼠标拖动黄色方框时导线的上端变成虚线的同时出现一个“×”，这就是插入元件的位置。插入元件的方法如下。

① 选择“原理”菜单，单击“主回路（Z）...”菜单命令，在“主回路绘制”对话框中单击第二行的第二列（隔离开关），将元件插入到三相导线上。

② 选择“原理”菜单中“通用设计（T）”菜单命令，在“原理图通用设计”对话框上单击“旋转”按钮把元件旋转到 270°（或 90°），选择第三行的第二列（熔断器），将元件插入到隔离开关下方的适当位置。

③ 选择“原理”菜单，单击“主回路（Z）...”菜单命令，在“主回路绘制”对话框中单击第一行的第四列（接触器的主触头），将元件插入到三相导线上。

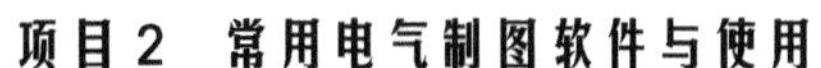

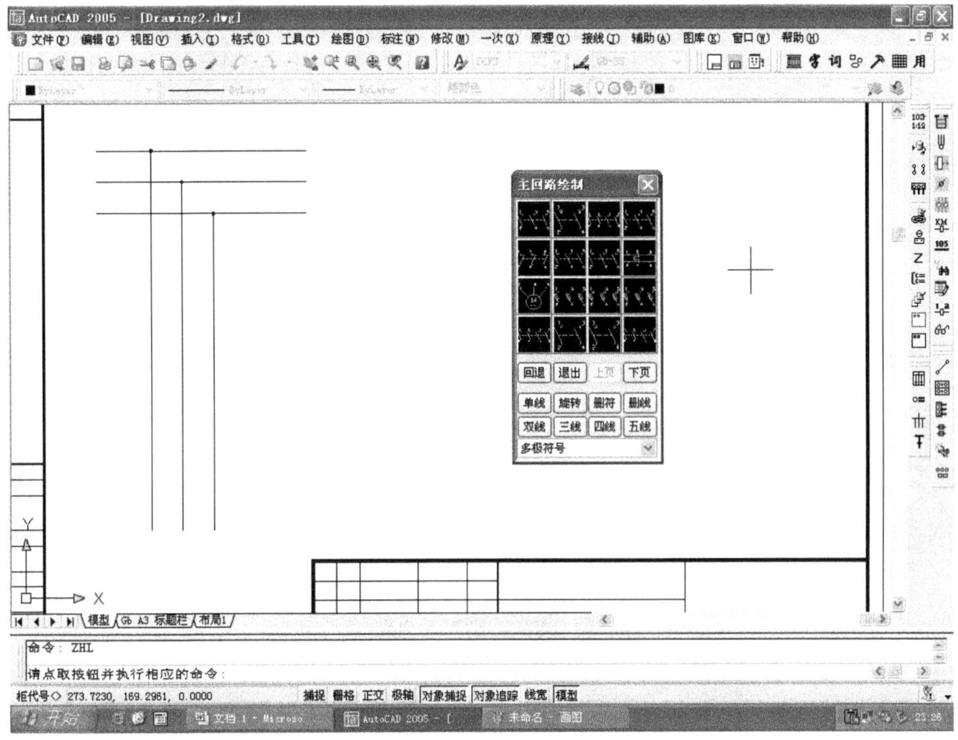

图 2-6 三相导线的绘制

④ 选择“原理”菜单，单击“主回路（Z）…”菜单命令，在“主回路绘制”对话框中单击第二行的第四列（热继电器的热元件），将元件插入到三相导线上。

⑤ 选择“原理”菜单，单击“主回路（Z）…”菜单命令，在“主回路绘制”对话框中单击第三行的第一列（三相电动机），将元件插入到三相导线上，如图 2-7 所示。

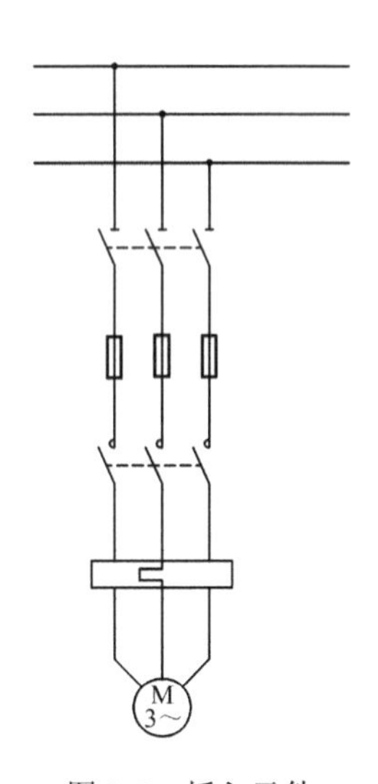

图 2-7 插入元件

2）绘制控制电路

（1）绘制控制电路的单相线。选择“原理”菜单，单击“主回路（Z）…”菜单命令，单击“单线”按钮，在画图区的合适位置横向拖动鼠标可以绘制横方向的单相导线，用同样的方法纵向拖动鼠标可以绘制纵向单相导线，如图 2-8 所示。

（2）插入控制电路的元件。插入控制电路的元件的方法与主电路上元件的插入方法相同。选择“原理”菜单中“通用设计（T）…”菜单命令，在“原理图通用设计”对话框上单击“旋转”按钮把元件旋转 0°（或 180°）。选择第三行的第二列为“熔断器”；第一行的第一列为“热继电器的常闭触头”；第二行的第二列为“常开按钮”；第二行的第三列为“常闭按钮”；第二行的第四列为“接触器的线圈”；第一行的第一列为“接触器的常开辅助触头”。将它们分别插入到控制电路导线的适当位置。“主回路（Z）…”对话框中的元件和元件的位置与“通用设计（T）”对话框中的一样。“主回路（Z）…”菜单命令适合绘制主电路，元件一般“竖方向”绘制。

"通用设计（T）"菜单命令适合绘制控制电路，元件按绘制需要可以旋转。具体如图 2-9 所示。

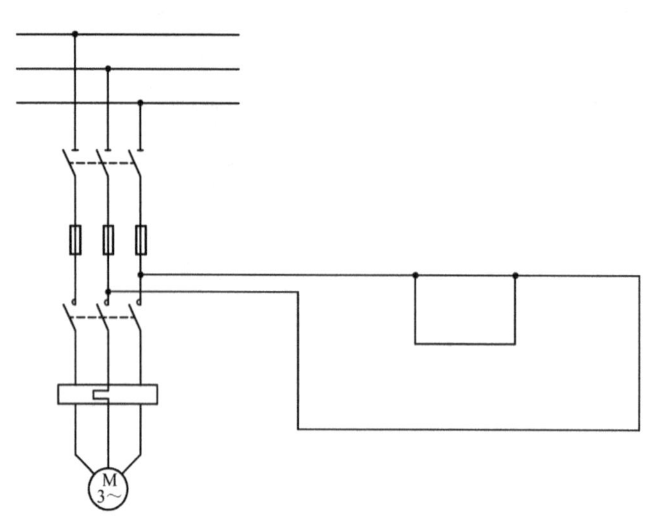

图 2-8　绘制控制电路

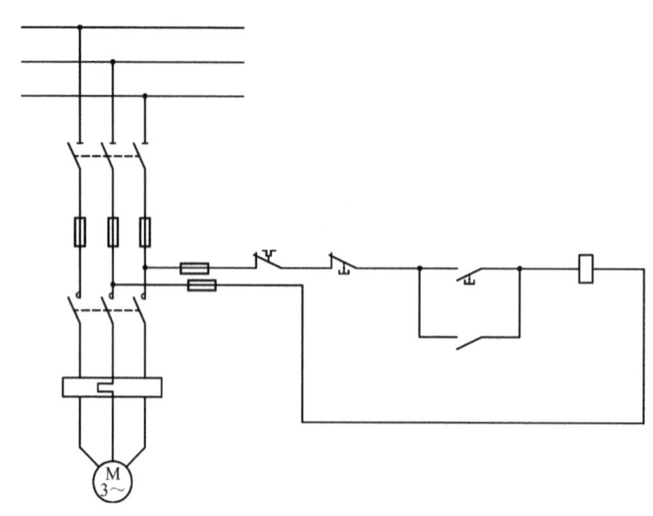

图 2-9　插入控制电路的元件

3）代号标注

元件代号也可以称为元件的文字符号，它是元件符号不可分割的一部分，有图形符号没有文字符号无法说明具体电气元件。在图形符号一样的情况下需要看文字符号来区分电气元件。一个电气设备中的各部分用相同的文字符号表示，如接触器用 KM 表示，那么接触器的线圈、主触头、常开辅助触头、常闭辅助触头都用 KM 表示。电气元件的文字符号在不同的书中有不同的表示方法，如用英文符号表示、用汉字拼音表示等。无论用哪一种方法表示，文字符号都是唯一的，不能重复，否则将无法选择元件型号，导致元件材料表、接线图、接线表等都会出错。这里给出一些常用元件的文字符号供参考：交流接触器用 KM 表示，转换开关、隔离开关、闸刀开关用 QS 表示，断路器（自动开关）用 QF 表示，热继电器用 FR 表示，熔断器用 FU 表示，变压器用 TC 表示，中间继电器用 KA 表示，时间继电器用 KT 表示，速

度继电器用 KV 表示，行程开关（限位开关）用 QS 表示。同一个电路上出现多个相同的电气元件时要在文字符号后加数字来区分，如一个电路上有 3 个接触器则表示为 KM1、KM2、KM3 等。

使用代号标注方法时要选择“原理”菜单，单击“代号标注（B）”菜单命令，屏幕上出现“设备代号标注”对话框，如图 2-10 所示。

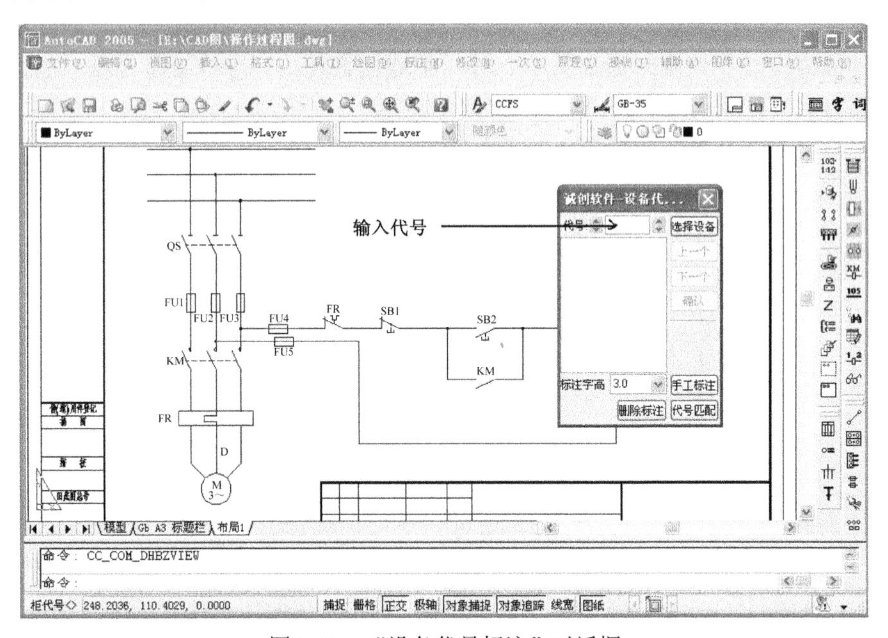

图 2-10　“设备代号标注”对话框

在“设备代号标注”对话框中单击“选择设备”按钮，单击元件（元件显示为虚线），按空格建（元件周围显示为红色圈），输入元件代号，单击“确认”按钮。按以上方法输入以下几个元件的文字符号：隔离开关的文字编号为 QS；接触的文字编号为 KM；熔断器的文字编号为 FU；热继电器的文字编号为 FR；电动机的文字编号为 D。具体如图 2-11 所示。

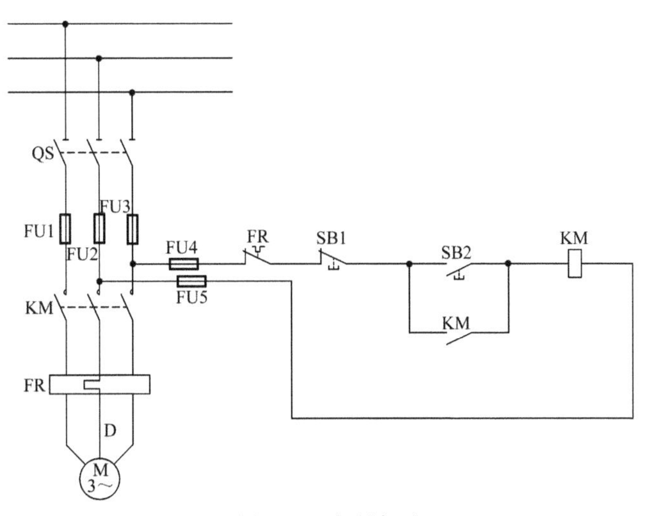

图 2-11　代号标注

4）线号标注

线号标注也可以称为导线编号或回路编号。导线编号在电气主图中，特别是在自动形成端子接线图、接线表、端子排时非常重要。如果导线符号错误，接线图、接线表、端子排都会出问题，比如缺导线编号、接线图上缺导线、接线表上缺连接信息等。若出现相同编号，接线图上会出现短路错误，这个问题不可忽视。控制电路上的导线编号用阿拉伯数字表示，如 1、2、3、5 等。主电路的导线编号用字母和数字表示，目前市面的图书中一般使用如图 2-12 所示的几种标号方式。使用时选择其中一种，不能混合使用。导线编号是唯一的，一个导线只有一个编号。

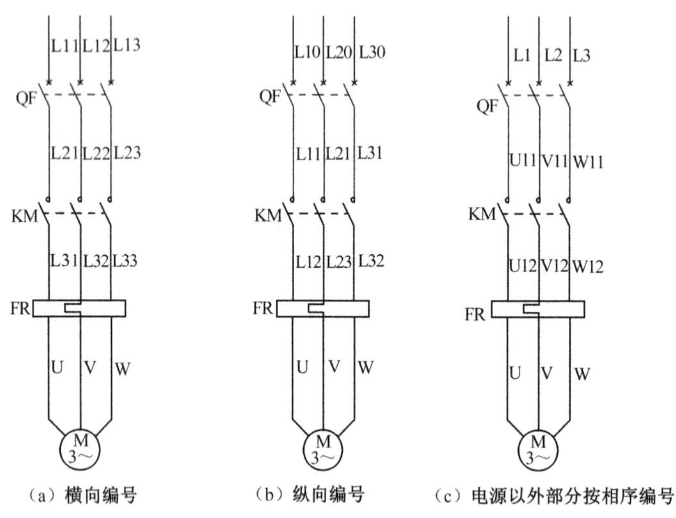

（a）横向编号　（b）纵向编号　（c）电源以外部分按相序编号

图 2-12　线号标注的不同方式

选择“原理”菜单，单击“线号标注（L）”菜单命令，屏幕上会出现“线号标注”对话框，如图 2-13 所示。

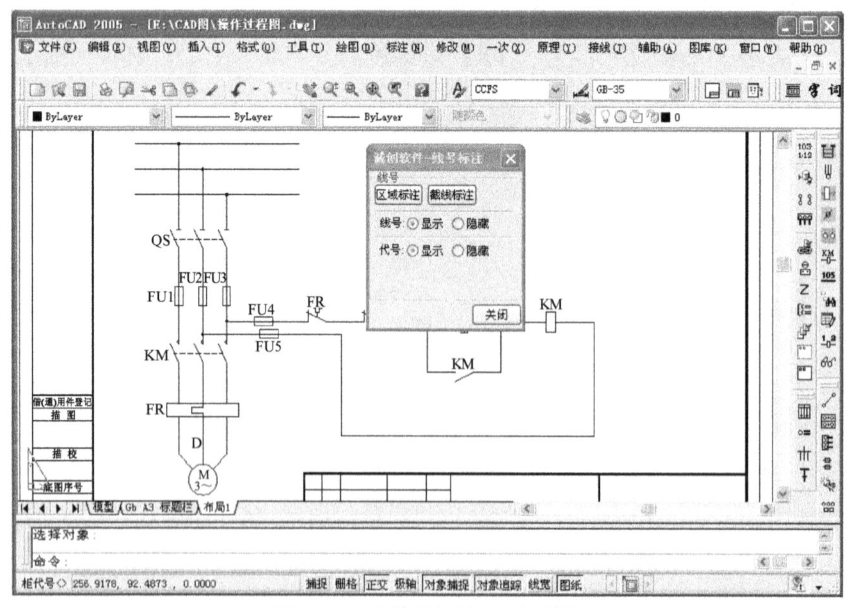

图 2-13　“线号标注”对话框

在“线号标注”对话框中单击“区域标注”按钮，选择线号标注区域，按空格键，要编号的导线变为红色，命令提示行提示为“输入线号”。输入线号并按空格键，线号显示在导线上的同时第2根需要编号的导线变为红色，按以上方法输入第2根导线的编号，继续输入其他导线的编号直至导线区域内的所有编号输入完为止。本例中主电路的导线编号为：L11，L12，L13；L21，L22，L23；L31，L32，L33；L41，L42，L43；U，V，W。控制电路的导线编号为：0，1，2，3，4。具体如图2-14所示。

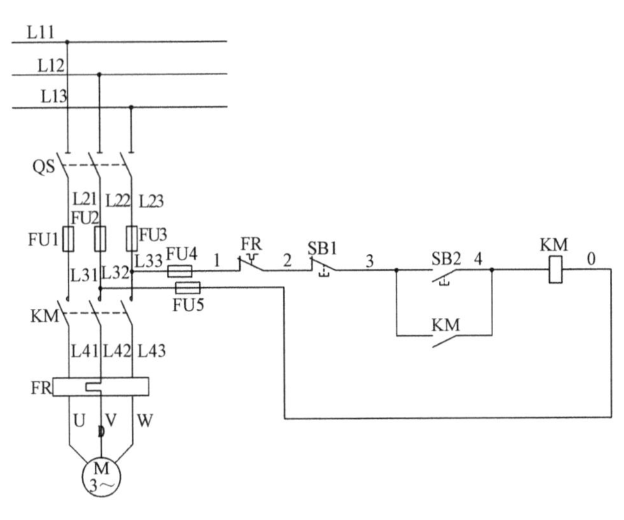

图2-14 导线编号

5）绘制端子

在电气控制电路的接线工艺中，按钮、信号、仪表等布置在控制板上，接触器、热继电器、时间继电器等布置在电气板上。速度继电器等安装在转轴上。控制板和电气板之间通过端子排连接。自己绘制的元件、无法选择信号的元件也是通过端子排连接在电路上，所以要在连接端子排的位置插入“端子”。插入的端子会出现在端子排上。绘制端子的方法为：选择“原理”菜单，单击“绘制端子（D）”菜单命令，在“端子设计”对话框中，选择“拆卸端子”，选择“单点方式”，如图2-15所示。然后分别单击插入端子的位置，如图2-16所示。

4. 生成元件明细表

1）型规选择

如果只绘制原理图不需要形成材料表、接线图、接线表等文件，上述绘制原理图过程中的1）～5）就够了。如果需要继续做其他操作，型规选择是关键，没有型号无法进行柜体设计，更不能形成材料表、接线图和接线表。型规选择时在右边的“图像”窗口中可以看到接线图符号，注意元件极数和触头数量。型规选择方法为：选择“原理”菜单，单击“型规选择（X）”菜单命令，会出现如图2-17所示的“二次元件列表”对话框，在“二次元件列表”对话框中选择“QS”，单击左下方的“选型”按钮，在“元件选择”对话框的“索引”下拉列表中选择“低压”，“小类”下拉列表中选择“刀开关”，表格内选择“隔离开关”后单击“元件选择”按钮可以选择用QS表示的开关的型号；用同样方法可以选择其他电气设备的型号和规格，最后单击“确定”按钮完成型规选择。选好的型号和规格如图2-18所示。

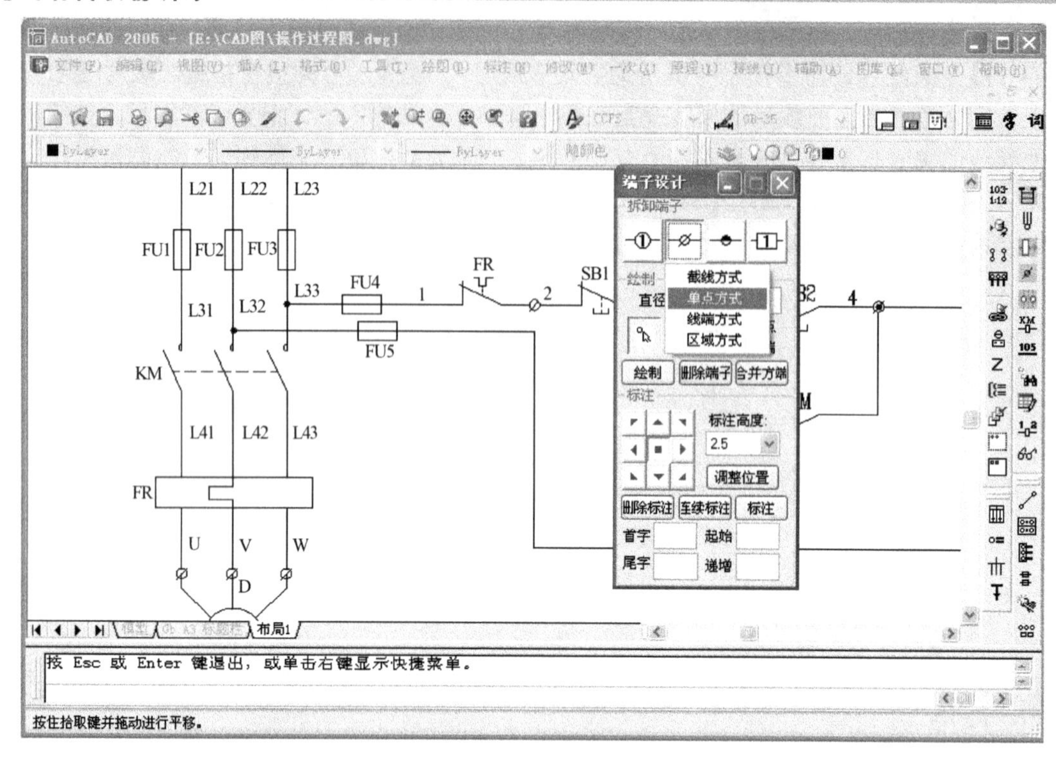

图 2-15　绘制端子

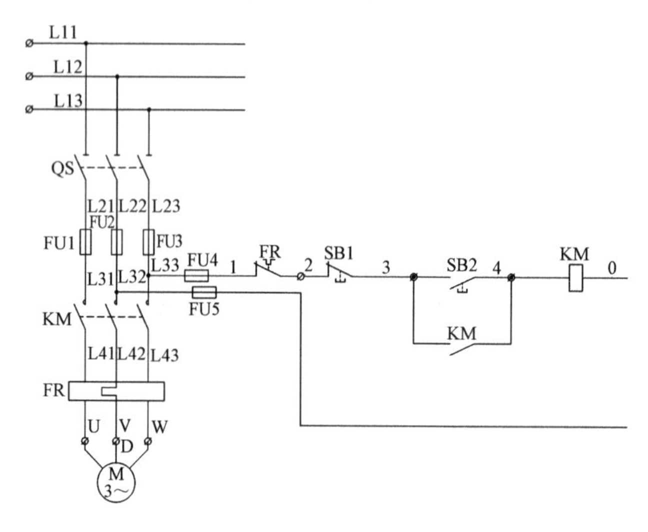

图 2-16　插入端子的位置

2）材料表的生成

材料表也可以称为元件明细表，它是由元件序号、型号、规格、数量等信息组成的一个表格，它是电气图中的主要技术文件之一，表格生成的设备代号就是“代号标注”中所输入的元件代号。形成材料表的方法为：选择“原理”菜单，单击“材料表 C”菜单命令。具体有两种方法。

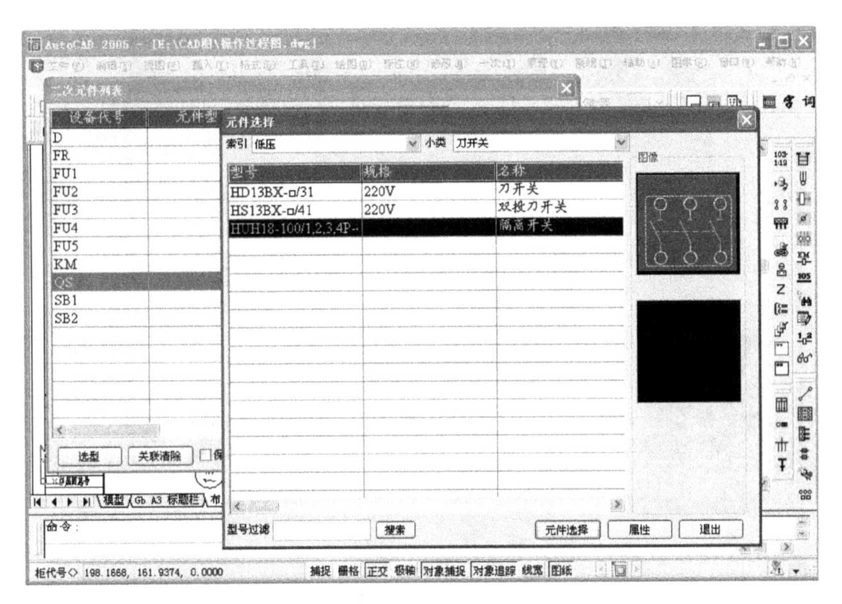

图 2-17　型规选择

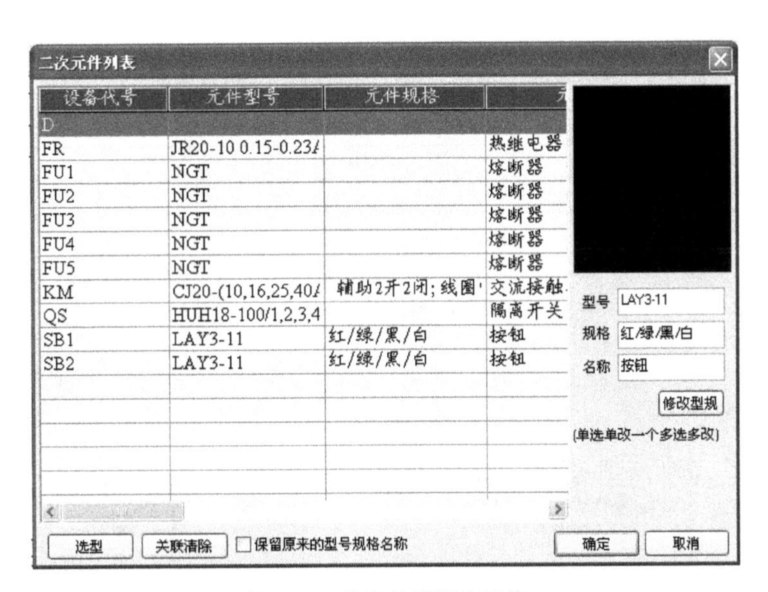

图 2-18　选好的型号和规格

（1）单击“导出”按钮，选择导出类型为“Excel 2000”，在“另存为”对话框中输入名称为“连续运转控制电路的材料表”，单击“保存”按钮即可。这种方法的优点是形成的材料表可以在“Excel 2000”中打开进行编辑，如图 2-19 所示。用 Excel 软件打开并编辑过的材料表如表 2-1 所示。

（2）在“元件材料表”对话框中，单击“确定”按钮，然后在绘图区的合适位置单击，可以绘制材料表。默认模式形成的材料表是不能编辑的，需要编辑时要重新形成，如图 2-20 所示。

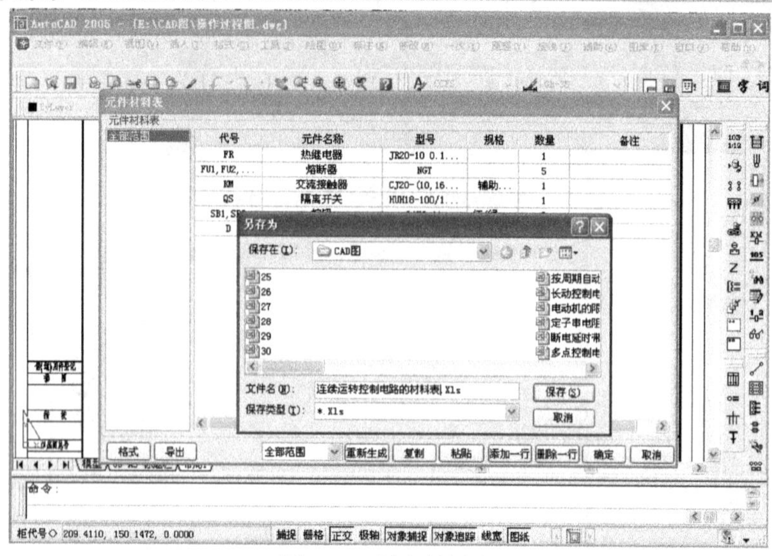

图 2-19　导出材料表

表 2-1　电气设备材料表

序号	代号	元件名称	型号规格	数量	备注
1	FR	热继电器	JR20-10 0.1～0.15A	1	
2	FU1～FU5	熔断器	RT14-20/□A 2,4,6,10,20A	5	
3	KM	交流接触器	CJ20-（10,16,25,40A）-AC 220V　辅助 2 开 2 闭；线圈电压 AC 36,127,220,380V,DC 48,110,220V	1	
4	QS	隔离开关	HUH18-100/1,2,3,4P-40,63,80,100A	1	
5	SB1,SB2	按钮	LAY3-11 红/绿/黑/白	2	

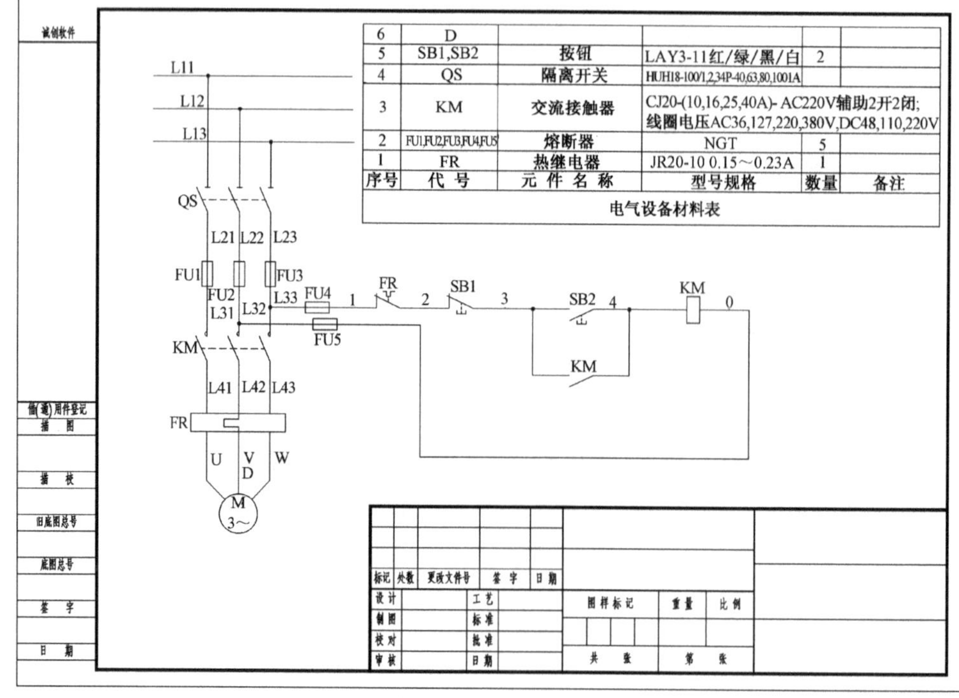

图 2-20　绘制材料表

5．设计标注形式

标注形式就是端子接线图上的元件端子与导线、端子排与元件端子之间的标注形式，是接线图和接线表的主要组成部分。没有接线标注无法确定元件端子之间的连接关系。

选择“接线”菜单，单击“标注形式（B）”菜单命令，在“标注形式”对话框中选择合适的标注形式，如图 2-21 所示。

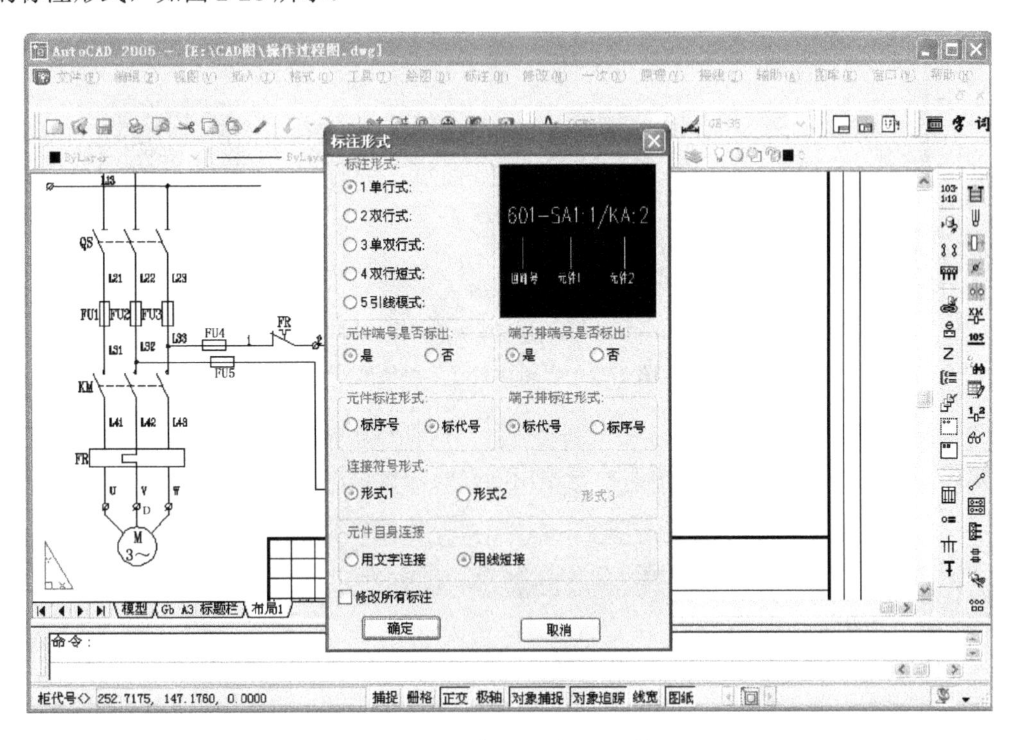

图 2-21　“标注形式”对话框

6．柜体设计

柜体设计就是元件布局设计，电气接线工艺中元件布局的好坏直接影响到布线。如果布局不合理，交叉线就会太多，元件之间的距离不合理，接线板就会不够用，元件太近又会互相干扰。布局指按钮、仪表、信号等布置在直接看到的位置（最好在门板上），接触器、继电器、自动开关等布置在接线板上，电源线、电动机、按钮等通过端子排连接，电源开关、熔断器等布置在板子上方，接触器、继电器布置在板子的中间，端子排在下方，按钮在右边等。每行或每列中的电气设备数量根据接线板的大小而定。电动机、变压器等因为体积大不适合布置在接线板上。以上是根据在实验室进行电气安装工艺实训的总结和实际开关柜内的观察得到的，仅供参考。具体设计方法如下。

（1）选择“接线”菜单，单击“柜体设计（G）”菜单命令，出现“柜体设计”对话框，如图 2-22 所示。

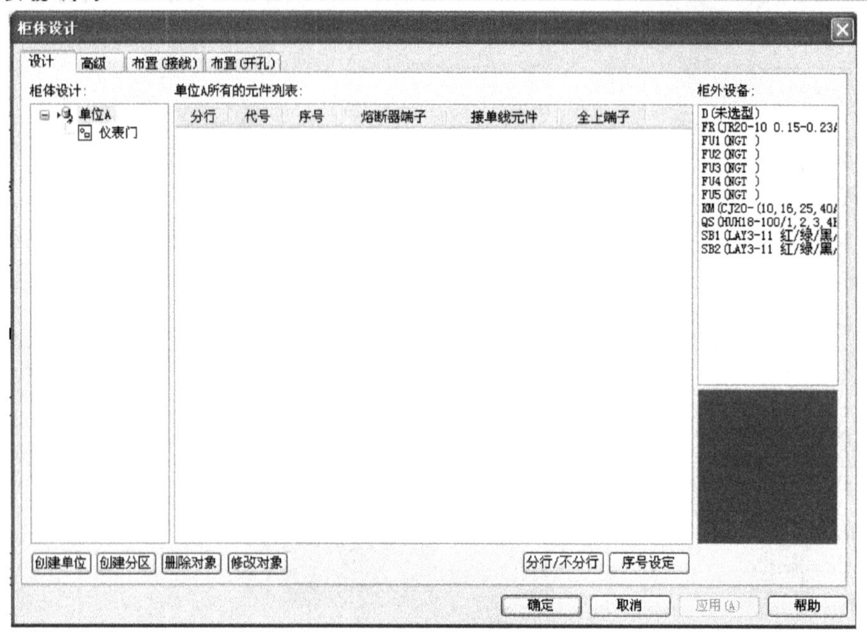

图 2-22　“柜体设计”对话框

（2）单击“创建分区”按钮，在“创建分区”对话框中输入分区名称，单击“确定”按钮，如图 2-23 所示。（本例是按照实验室使用的接线网板情况来设计的。）

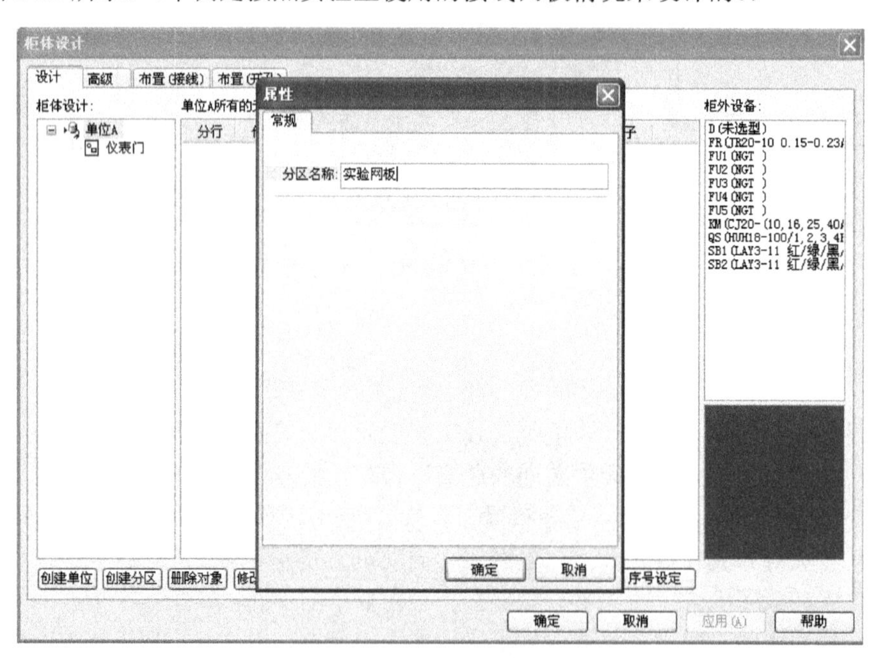

图 2-23　创建分区

（3）选择新建的分区名称“实验网板”，逐个双击“柜外设备”列表上的元件，将其布置在实验网板内，输入序号，双击元件所在的行来进行“分行”，选择熔断器端子，如图 2-24 所示。

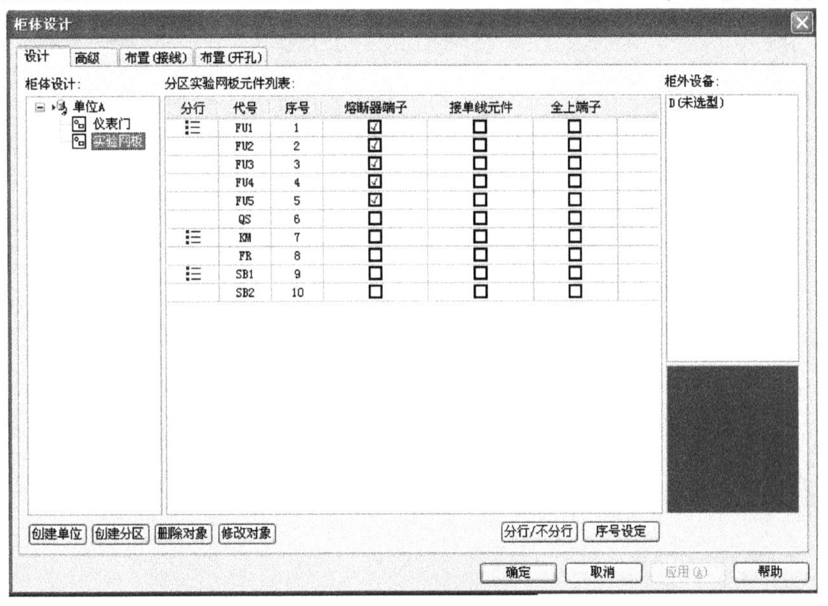

图 2-24　分行

（4）单击“布置（接线）”选项卡观察元件布局情况，如图 2-25 所示。

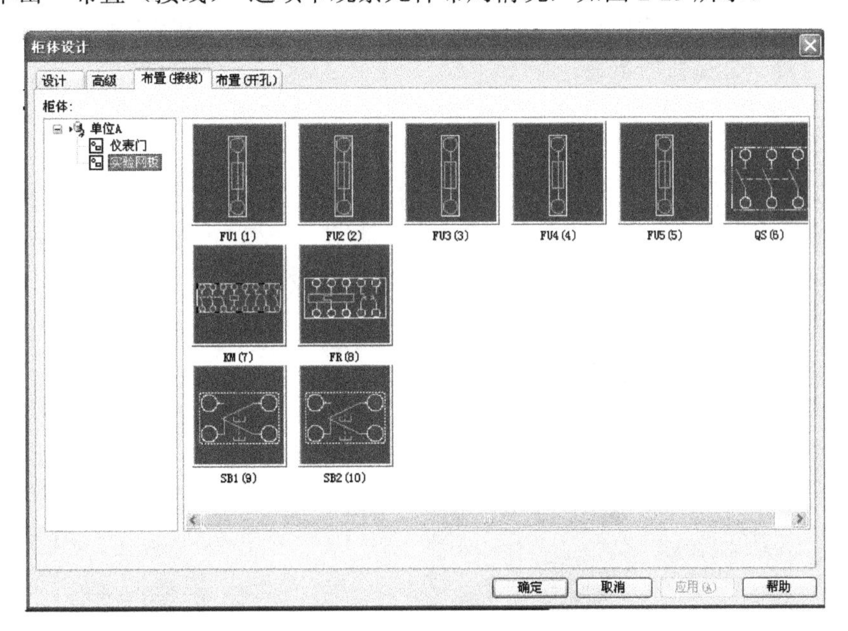

图 2-25　观察元件布局情况

7. 端子排设计

端子排也可以称为端子板，它是板子与板子之间、控制板与按钮之间、控制板与电动机之间、控制板与电源之间的连接器。端子排的设计会影响布线质量。

选择“接线”菜单，单击“端子排设定(D)”菜单命令，出现“端子排设定”对话框，如图 2-26 所示。

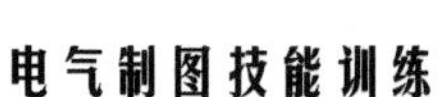
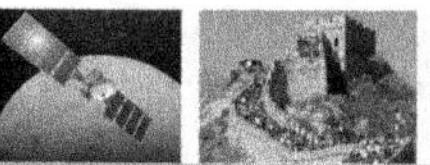

图 2-26 “端子排设定”对话框

在“端子排设定”对话框中没有接地端子，所以单击“插入端子”按钮插入接地端子为“PE”，单击“确定”按钮结束设计。

8．元件布局

元件布局是形成接线图的前提条件，布局情况就是柜体设计设定的结果，布局中的 5 个熔断器在布局中看不到，它是在形成接线图时自动形成熔断器的。具体操作方法为：选择“接线”菜单，单击“元件放置(Y)”菜单命令，出现“元件放置”对话框，如图 2-27 所示。

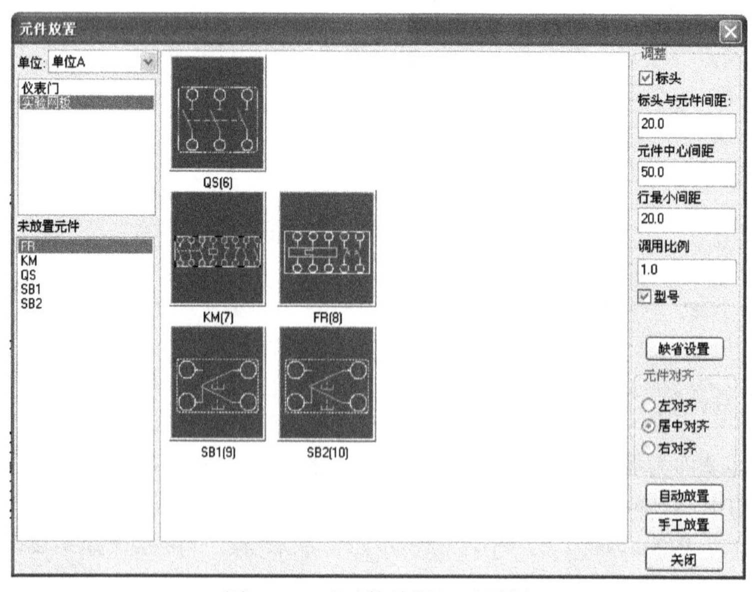

图 2-27 “元件放置”对话框

布局图中的元件型号太长以致接线编号和型号重在一起无法看清编号，如果不需要型号，可以取消型号，方法是取消“型号”前的“√”，单击“自动放置”按钮，将元件布置在屏幕的合适位置，并手工进行适当调整，结果如图2-28所示。

有时自动布局不一定满足我们的需要，如果不合适还可以手工调整元件的位置。

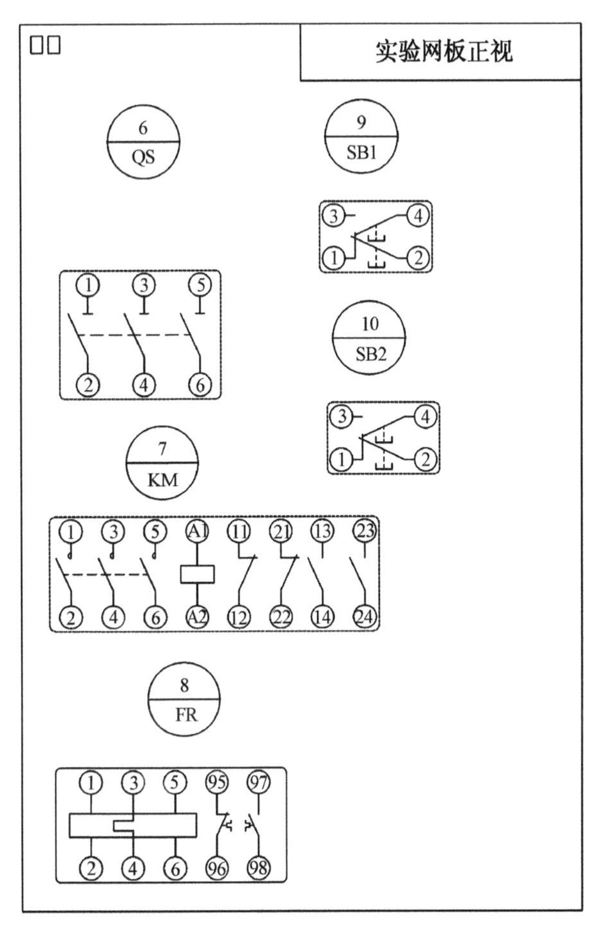

图2-28　元件布局图

9. 形成接线图

接线图是表示元件的位置和元件端子之间连接关系的在布线工艺中占有主导地位的技术图样。如果接线人员看懂接线图，无论电气设备多么复杂都会接线。手工绘制接线图会花费大量的时间、出错率高、没有统一标准。目前我国自主研发的SuperWorks、诚创电气CAD等软件使用非常方便，它们都可以自动形成接线图，而且速度非常快，只要好好学习就可以绘制出符合国家标准的高质量的电气图，而且出错率非常低。形成接线图的方法为：选择“接线”菜单，单击“自动形成（Z）”菜单命令，形成的端子排和熔断器排布置在适当位置后自动形成接线图，如图2-29所示。

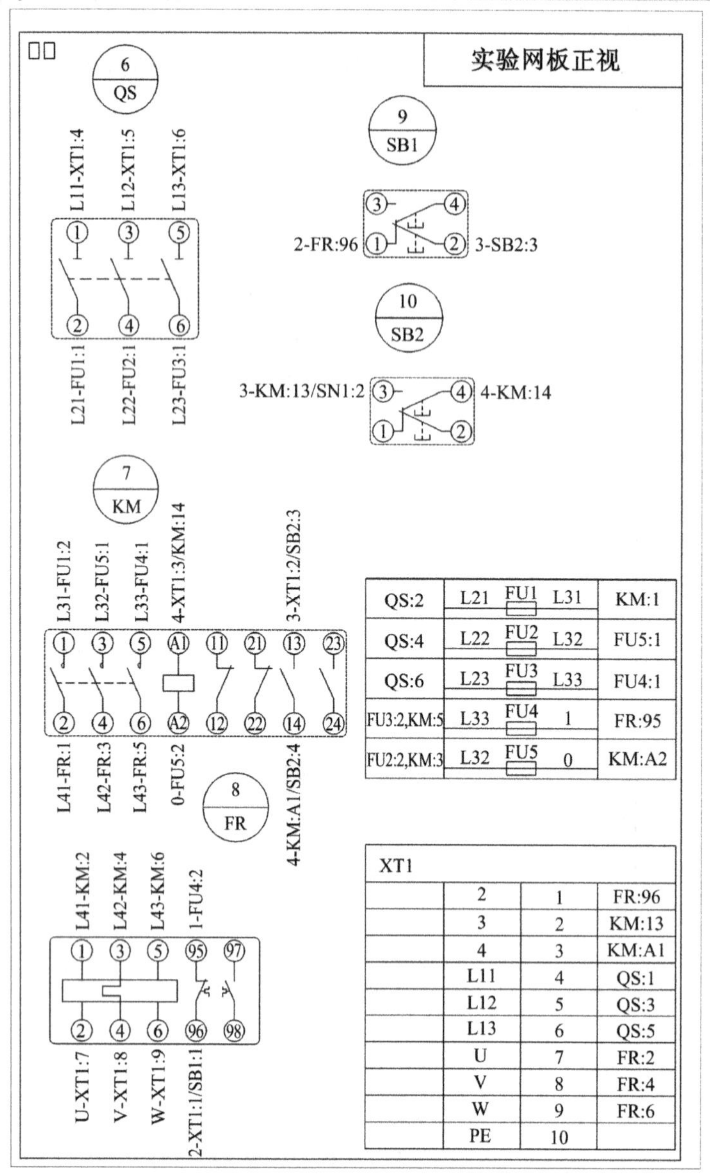

图 2-29　自动形成接线图

10．形成接线表

接线表是电气图中与接线图地位同等的技术文件，没有接线图只有接线表也可以接线。接线表的形成有按原理图形成接线表和按接线图形成接线表两种途径。如果没有补缺的导线等，那么两种途径形成的接线表的内容一样，否则不一样。可以根据实际情况合理选择接线表的形成方式。方法为：选择“接线”菜单，单击“接线表（J）…”菜单命令，出现“接线表管理”对话框，如图 2-30 所示；选择接线图形成方式，单击“形成接线表”按钮来形成接线表，如图 2-31 所示；单击“绘制”按钮，并在命令提示行输入行数，选择屏幕的合适位置可以绘制如表 2-2 所示的接线表。

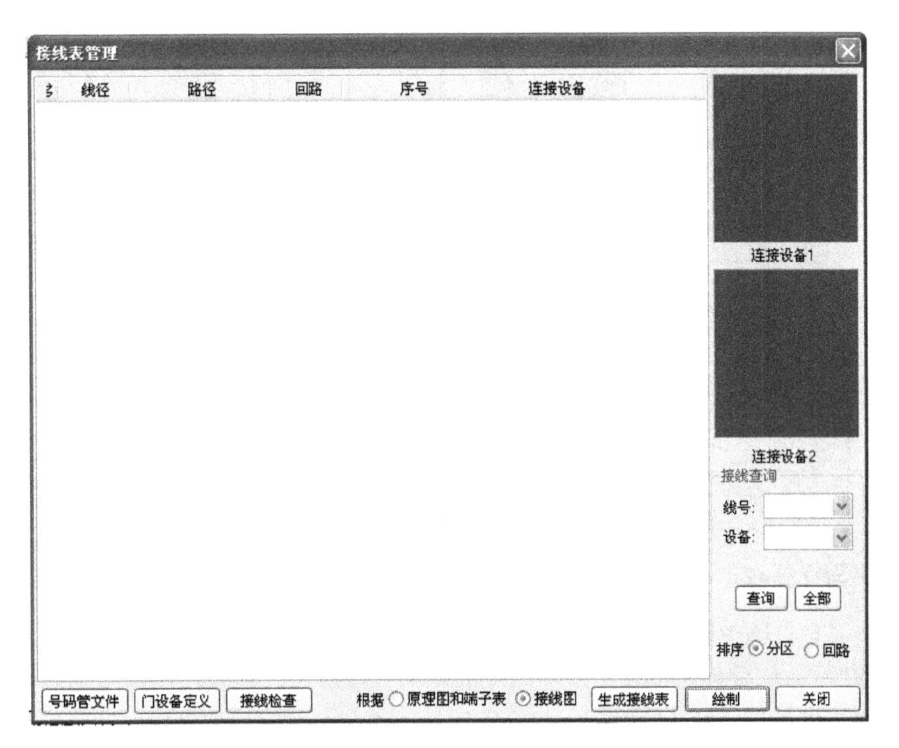

图 2-30　“接线表管理”对话框

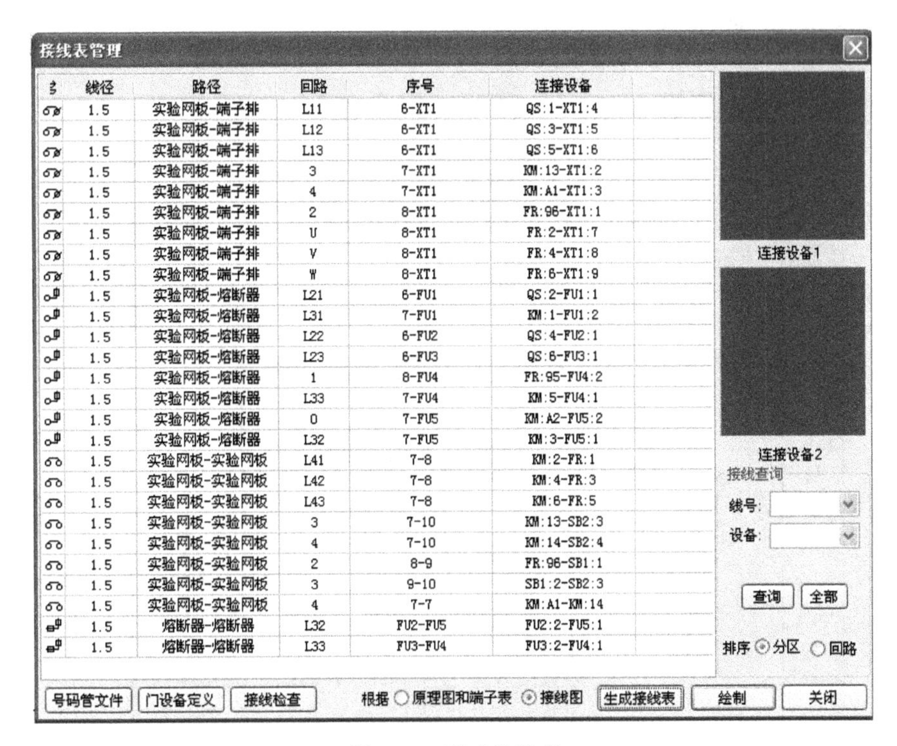

线径	路径	回路	序号	连接设备
1.5	实验网板-端子排	L11	6-XT1	QS:1-XT1:4
1.5	实验网板-端子排	L12	6-XT1	QS:3-XT1:5
1.5	实验网板-端子排	L13	6-XT1	QS:5-XT1:6
1.5	实验网板-端子排	3	7-XT1	KM:13-XT1:2
1.5	实验网板-端子排	4	7-XT1	KM:A1-XT1:3
1.5	实验网板-端子排	2	8-XT1	FR:96-XT1:1
1.5	实验网板-端子排	U	8-XT1	FR:2-XT1:7
1.5	实验网板-端子排	V	8-XT1	FR:4-XT1:8
1.5	实验网板-端子排	W	8-XT1	FR:6-XT1:9
1.5	实验网板-熔断器	L21	6-FU1	QS:2-FU1:1
1.5	实验网板-熔断器	L31	7-FU1	KM:1-FU1:2
1.5	实验网板-熔断器	L22	6-FU2	QS:4-FU2:1
1.5	实验网板-熔断器	L23	6-FU3	QS:6-FU3:1
1.5	实验网板-熔断器	1	8-FU4	FR:95-FU4:2
1.5	实验网板-熔断器	L33	7-FU4	KM:5-FU4:1
1.5	实验网板-熔断器	0	7-FU5	KM:A2-FU5:2
1.5	实验网板-熔断器	L32	7-FU5	KM:3-FU5:1
1.5	实验网板-实验网板	L41	7-8	KM:2-FR:1
1.5	实验网板-实验网板	L42	7-8	KM:4-FR:3
1.5	实验网板-实验网板	L43	7-8	KM:6-FR:5
1.5	实验网板-实验网板	3	7-10	KM:13-SB2:3
1.5	实验网板-实验网板	4	7-10	KM:14-SB2:4
1.5	实验网板-实验网板	2	8-9	FR:96-SB1:1
1.5	实验网板-实验网板	3	9-10	SB1:2-SB2:3
1.5	实验网板-实验网板	4	7-7	KM:A1-KM:14
1.5	熔断器-熔断器	L32	FU2-FU5	FU2:2-FU5:1
1.5	熔断器-熔断器	L33	FU3-FU4	FU3:2-FU4:1

图 2-31　形成接线表

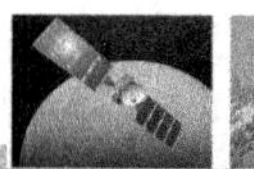

表 2-2　形成的接线表

序号	回路线号	起始端号	末端号	序号	回路线号	起始端号	末端号
1	L11	QS-1	XT1-4	15	L33	KM-5	FU4-1
2	L12	QS-3	XT1-5	16	0	KM-A2	FU5-2
3	L13	QS-5	XT1-6	17	L32	KM-3	FU5-1
4	3	KM-13	XT1-2	18	L41	KM-2	FR-1
5	4	KM-A1	XT1-3	19	L42	KM-4	FR-3
6	2	FR-96	XT1-1	20	L43	KM-6	FR-5
7	U	FR-2	XT1-7	21	3	KM-13	SB2-3
8	V	FR-4	XT1-8	22	4	KM-14	SB2-4
9	W	FR-6	XT1-9	23	2	FR-96	SB1-1
10	L21	QS-2	FU1-1	24	3	SB1-2	SB2-3
11	L31	KM-1	FU1-2	25	4	KM-A1	KM-14
12	L22	QS-4	FU2-1	26	L32	FU2-2	FU5-1
13	L23	QS-6	FU3-1	27	L33	FU3-2	FU4-1
14	1	FR-95	FU4-2				

11．填写标题栏

标题栏是用以确定图样名称、图号、张次、更改和有关人员签名等内容的栏目，相当于图样的“铭牌”。标题栏的位置一般在图纸的右下方或右方。标题栏中的文字方向为看图方向，会签栏是供各相关专业的设计人员会审图样时签名和标注日期之用。

填写标题栏有两种方法，一种是用鼠标左键双击标题栏的边框以打开标题栏填写窗口，还一种方法是选择“辅助”菜单，选择“标签填写 X”菜单命令，鼠标箭头变成一个小方框，然后单击标题栏边框，结果如图 2-32 所示。

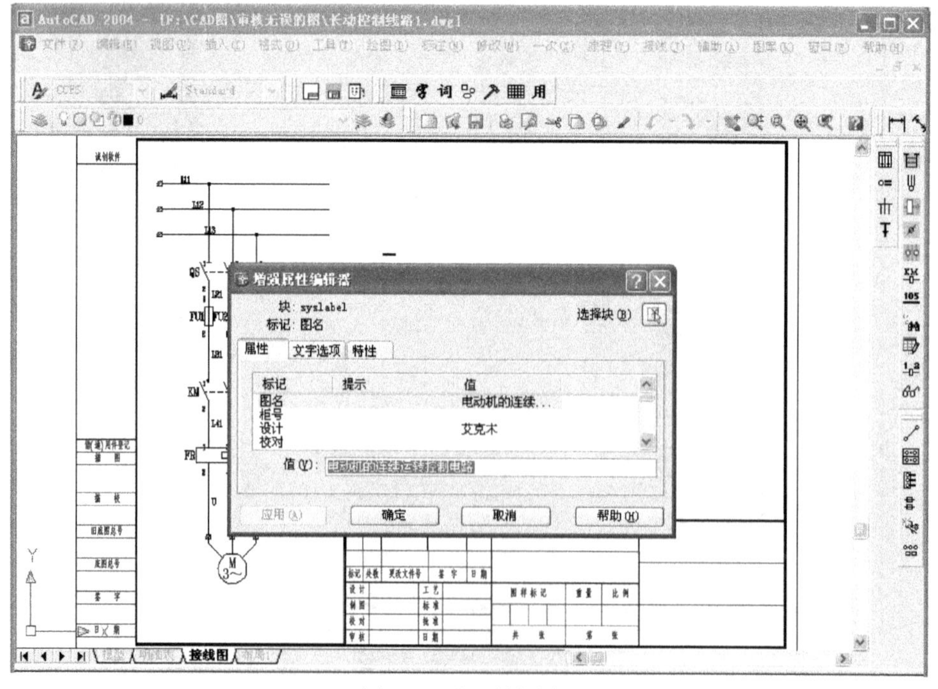

图 2-32　标题栏边框

12．输入文本

有时会在电路图上的适当位置输入电路的一些说明、工作原理及各部分的功能等。这时可以借助 CAD 的文字输入功能输入文本。输入方法为：选择“绘图（D）”菜单中的“文字（X）”命令，再选择“多行文字”菜单命令，如图 2-33 所示；在画图区的适当位置拖出一个文本区时会出现文本编辑窗口，在窗口中输入文本，选择字体，输入字号，如图 2-34 所示；单击“确定”按钮，结果如图 2-35 所示。

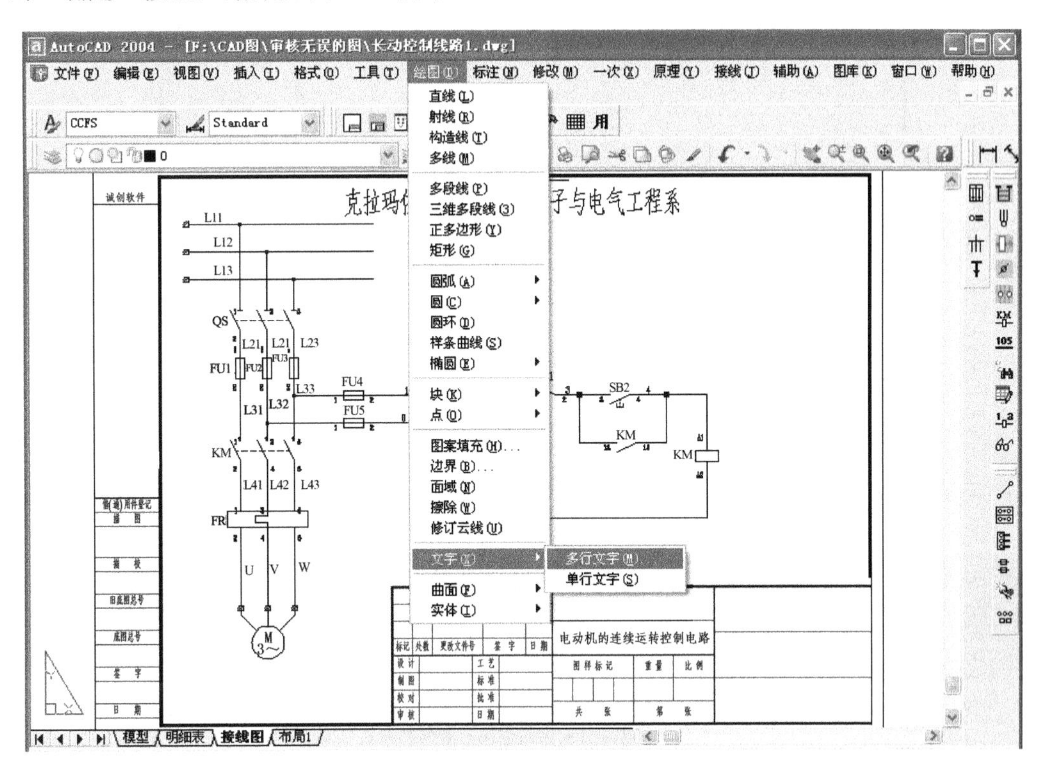

图 2-33　输入文本

以上详细介绍了电气原理图、材料表、端子排、接线图、接线表等主要电气图的绘制过程。如果进一步学习，多绘制几种不同的电气图并从中总结经验，多观察电气控制电路的实际接线工艺，参考不同书上绘制电气图的方法和电气图，最终可以绘制出符合国家标准的电气图。

2.2.2　AutoCAD Electrical 软件的使用

AutoCAD Electrical 是一个功能非常强大的电气制图软件。它的绘图界面非常友好。使用这个软件的前提是你的计算机上要安装此软件并能正常运行，且硬盘上要有不小于 1GB 的硬盘空间。

1．运行 AutoCAD Electrical

运行 AutoCAD Electrical 有两种方法，一种是双击屏幕上的快捷方式“AutoCAD Electrical”；

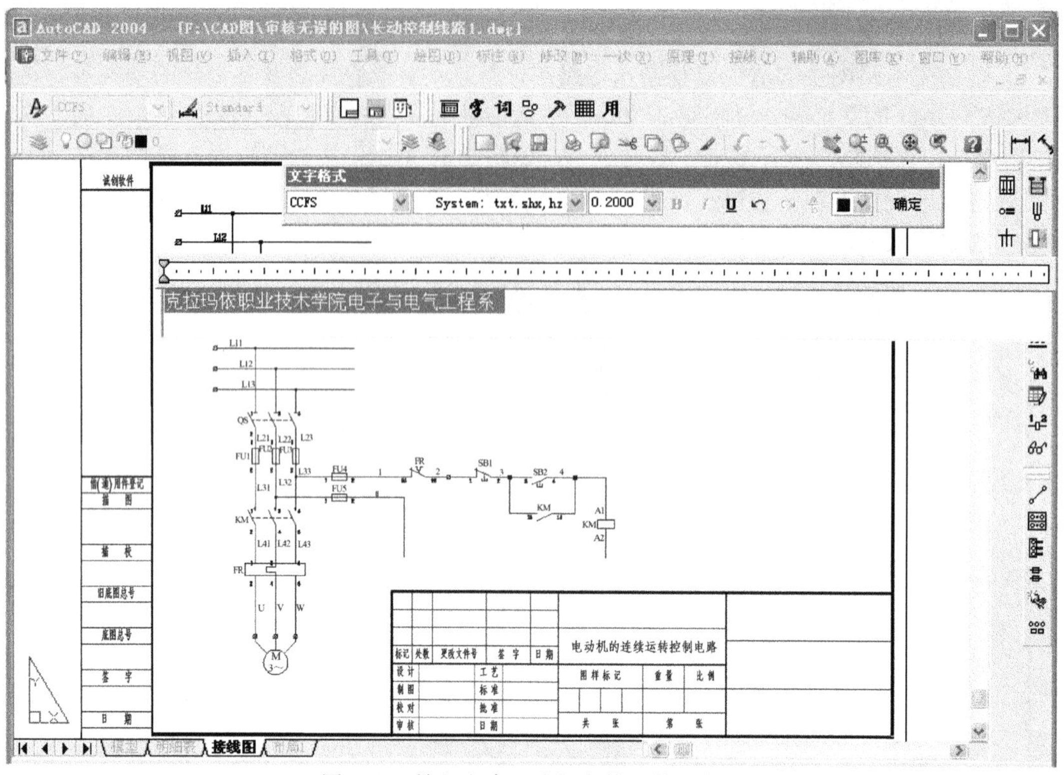

图 2-34　输入文本、选择字体、输入字号

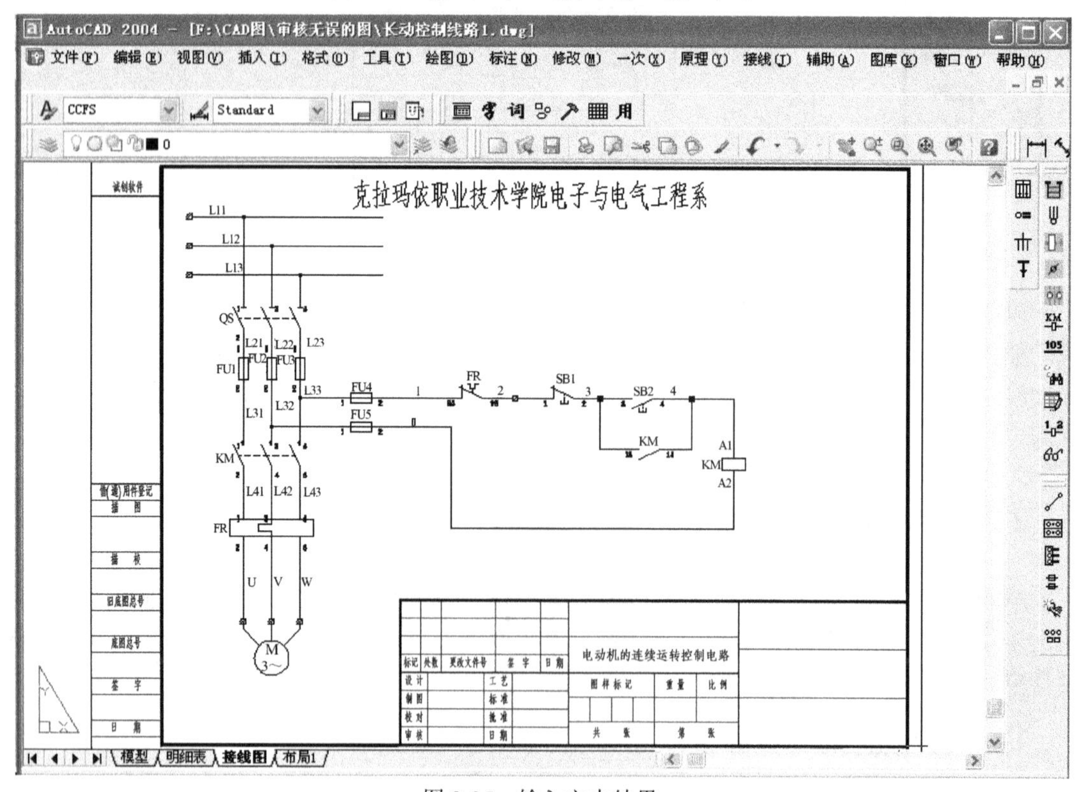

图 2-35　输入文本结果

另一种方法是单击“开始”菜单，选择“程序”命令中的“AutoDesk”命令，再选择“AutoCAD Electrical”运行“AutoCAD Electrical”。因该软件较大，运行速度会慢些，要耐心等待。运行后的绘图界面如图 2-36 所示。

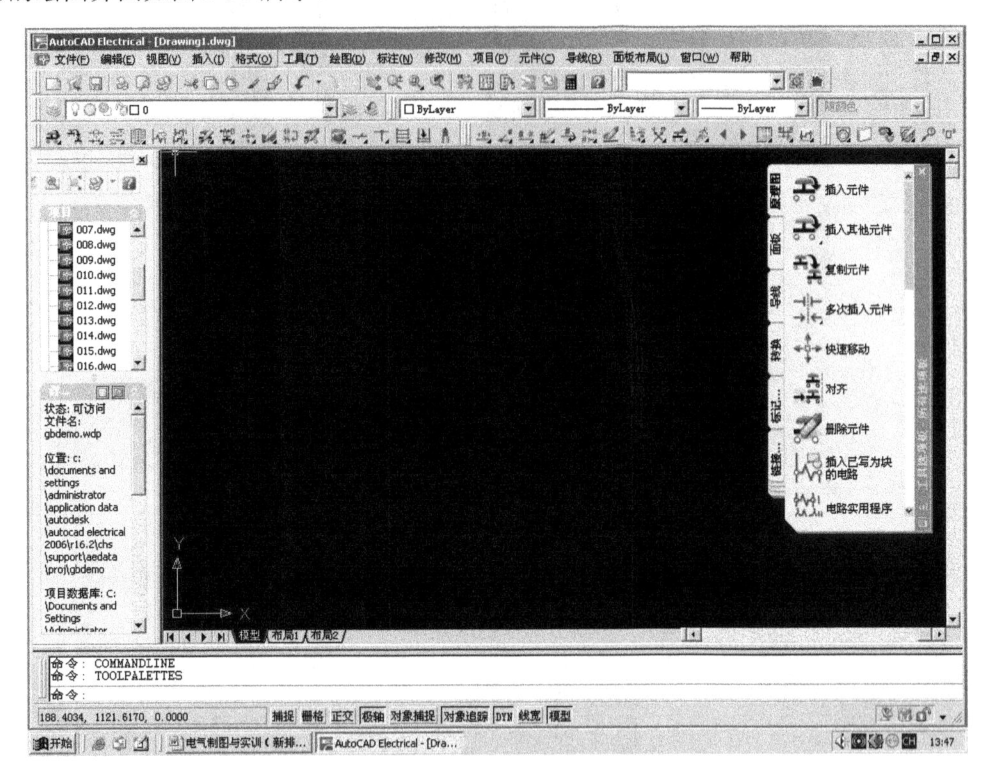

图 2-36　AutoCAD Electrical 的绘图界面

AutoCAD Electrical 的绘图界面包括以下几部分：绘图区，菜单栏，常用工具栏，项目管理与项目信息窗口，工具面板窗口，命令输入窗口等。

2．绘图环境设计

1）更改绘图区底色

通常，绘图区底色是黑色，为了在绘图过程中看得清楚些，可以将绘图区的底色改成白色。操作方法为：在绘图区域的任意位置上单击鼠标右键，屏幕上会出现快捷菜单，如图 2-37 所示；在此菜单中选择“选项（O）…”命令，出现“选项”对话框，如图 2-38 所示；在出现的“选项”对话框中单击“显示”选项卡，屏幕上出现“当前配置”选项卡，如图 2-39 所示；单击“颜色（C）…”按钮时，出现“颜色选项”对话框，在“颜色（C）”下拉列表中选择合适的颜色，单击“应用并关闭”按钮，再单击“确定”按钮可以更改底色，如图 2-40 所示。

按照上面的方法可以更改绘图区的底色，更改底色后的绘图界面如图 2-41 所示。

2）使用模板

在与 AutoCAD Electrical 一同安装的模板集（*.dwt 文件）中包括适用于各种图形（如 acad.dwt 和 ACAD_ELECTRICAL.dwt）的设置。

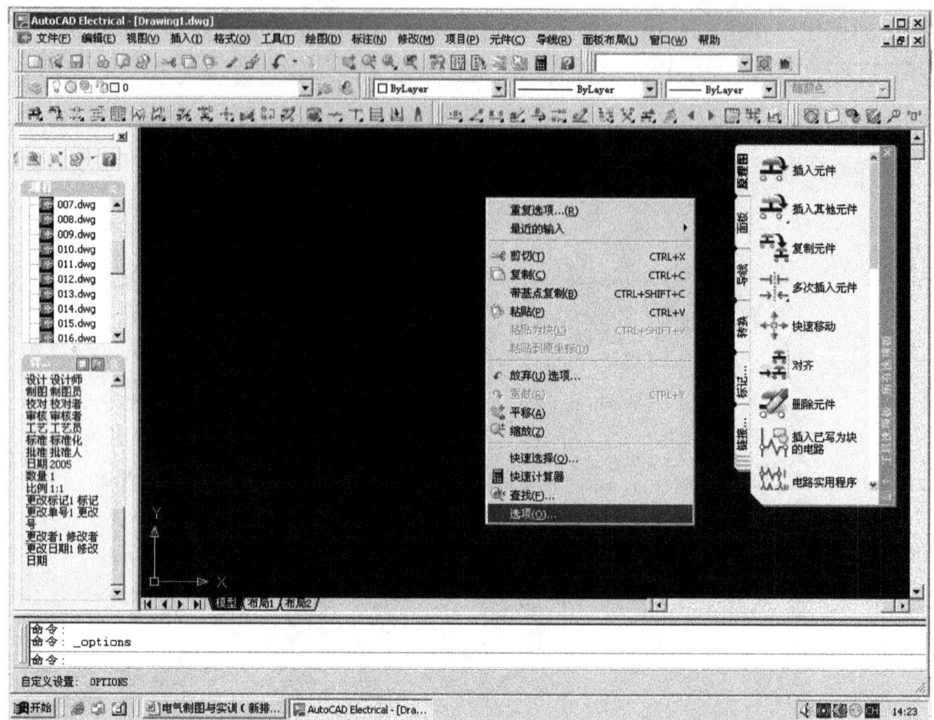

图 2-37　快捷菜单

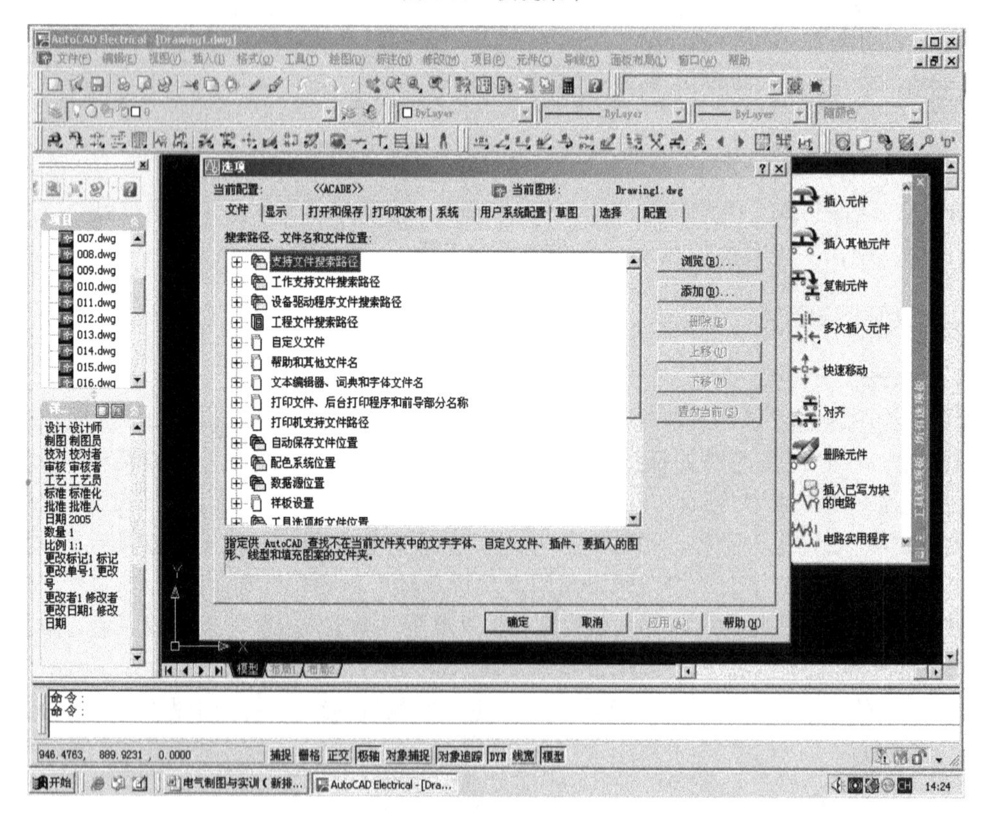

图 2-38　“选项”对话框

图 2-39　“当前配置”选项卡

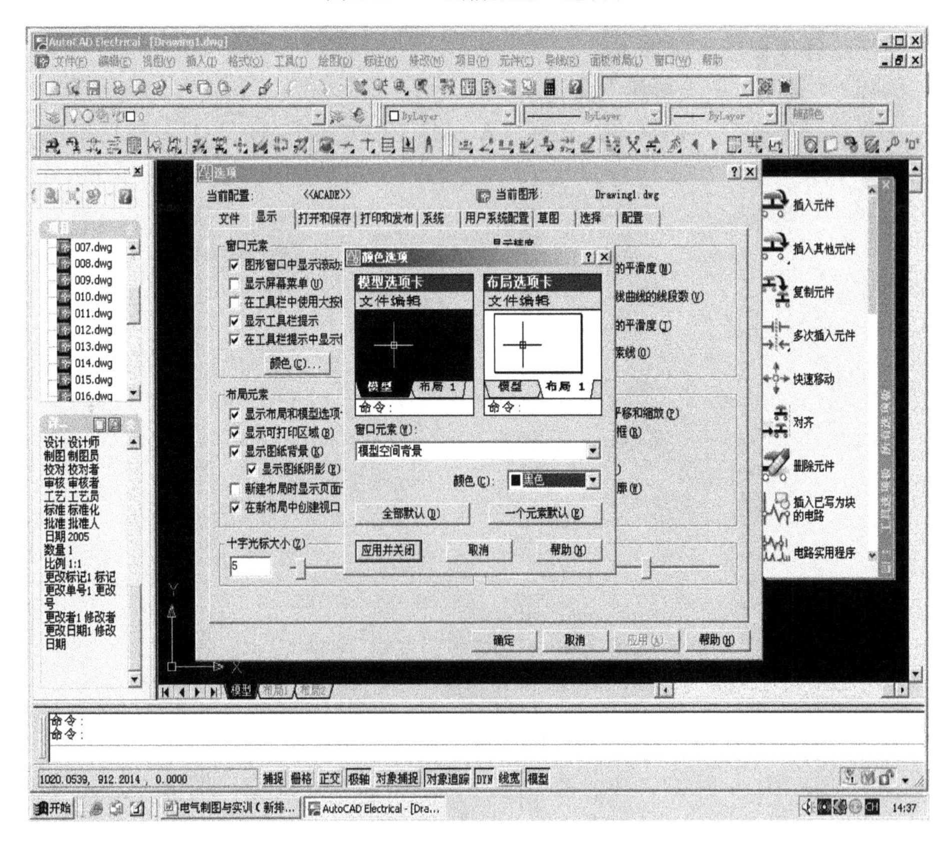

图 2-40　“颜色选项”对话框

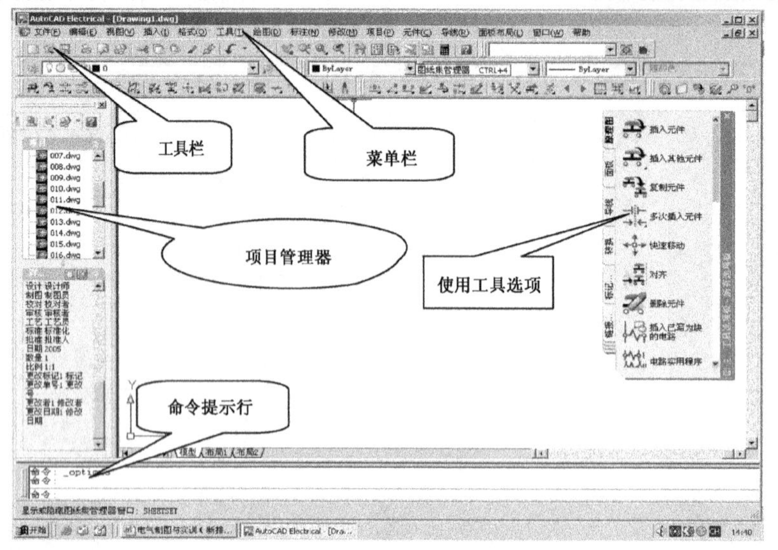

图 2-41　更改底色后的绘图界面

你可以创建自己的模板，也可以将任何图形用做模板。将图形用做模板时，该图形中的设置将被应用于新图形中。

要使 AutoCAD 图形与 AutoCAD Electrical 兼容，须使用 AutoCAD Electrical 命令修改 AutoCAD 图形。

为新图形选择模板的步骤如下。

（1）选择 “文件”→“新建”命令。

（2）在“选择样板”对话框中，选择“ACAD_ELECTRICAL.dwt”，然后单击“打开”按钮，如图 2-42 所示。

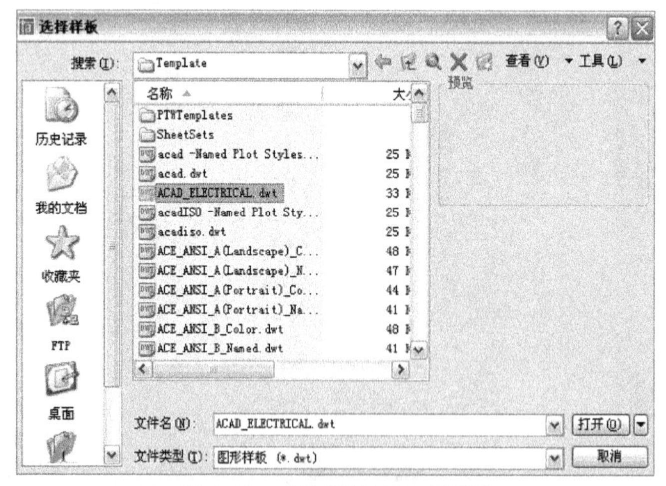

图 2-42　“选择样板”对话框

（3）单击“图形配置”工具，选择“项目”→“图形配置”命令。

AutoCAD Electrical 警告你必须将 WD_M 块添加到你的空白图形中，此智能块包括 AutoCAD Electrical 图形的所有配置设置。

（4）单击“确定”按钮后在（0,0）处插入不可见的 WD_M 块，此时将显示 AutoCAD Electrical

配置对话框。

（5）检查“图形配置和默认值”对话框中的各个选项，单击“确定”按钮。

（6）选择“文件”→“另存为”命令。

（7）导航到“Documents and Settings”目录中的 “Aegs”文件夹（Application Data\Autodesk\AutoCAD Electrical\R16.2\chs\Support\AeData\Proj）。

保存位置：Aegs。

文件名：输入 DEMO10.DWG，如图 2-43 所示。

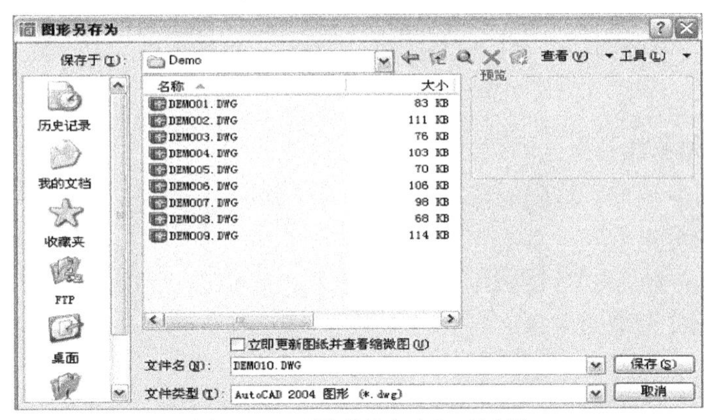

图 2-43　“图形另存为”对话框

（8）单击“保存”按钮。

3）使用项目

为了方便，你可以为本书中的练习选择一个项目文件，方法如下。

（1）选择“项目”→“项目管理器”命令。

（2）在“项目管理器”增强的辅助窗口（ESW）中，单击项目选择箭头并选择 “打开项目”命令。

（3）在“选择项目文件”对话框中，从 AeData/Proj/Aegs 目录中选择 AEGS.wdp 文件，如图 2-44 所示。

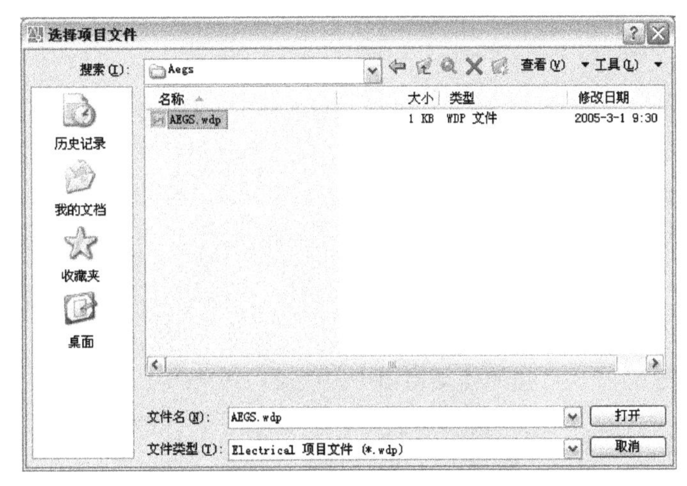

图 2-44　“选择项目文件”对话框

（4）单击“打开”按钮。

4）向项目中添加图形

任何时候都可以将新图形添加到项目中。

（1）在“项目管理器”增强的辅助窗口中，在 AEGS 上单击鼠标右键，然后选择 “添加图形”命令。

（2）在“选择要添加的文件”对话框中，选择 DEMO01.dwg～DEMO10.dwg 文件，然后单击“添加”按钮。

“项目管理器”增强的辅助窗口中将列出 AEGS 文件夹下的文件。此时可访问完成本书练习所需的文件。

5）为添加的图形添加描述

（1）在“项目管理器”增强的辅助窗口中，在 DEMO10.dwg 文件上单击鼠标右键，然后选择“特性”命令。

（2）在“特性：分区/子分区代号和图形描述”对话框中，指定“此图形的可选描述”为“Reporting”，如图 2-45 所示。

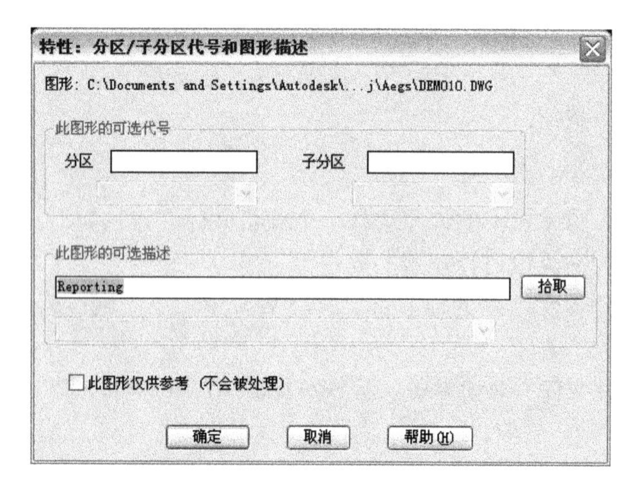

图 2-45　为添加的图形添加描述

（3）单击“确定”按钮，在“项目管理器”增强的辅助窗口中，亮显 DEMO10.dwg 文件。

（4）在“项目管理器”增强的辅助窗口的“详细信息”区域，查看图形描述。亮显图形文件时，图形的详细信息将更新并一直可见，直到选择新的图形文件为止。

显示的信息包括状态、文件名、文件位置、文件大小、上次保存日期及上次修改该文件的用户的姓名。

6）查看项目中的图形

（1）在“项目管理器”增强的辅助窗口中，亮显 DEMO04.dwg 文件。

（2）在“项目管理器”增强的辅助窗口的“详细信息”区域，单击“预览”按钮。

（3）继续单击要预览的图形的名称，或使用上、下箭头键滚动图形文件。

（4）查看完图形后，单击“详细信息”以返回到图形的详细信息视图。

7）在打开图形时查看项目图形

（1）在“项目管理器”增强的辅助窗口中，双击 DEMO04.dwg 文件。

（2）要查看图形，须单击“上一个项目图形”按钮和“下一个项目图形”按钮。单击“导航”工具时，将打开一个新窗口并关闭原来的窗口，除非单击“导航”工具时按住了“Shift”键。

注意：不能在与活动项目不相关的图形之间移动。

3. 电气控制原理图的绘制

在“项目管理器”增强的辅助窗口中，双击 DEMO04.dwg 文件可以打开 DEMO04 模板。绘制原理图有两种方法供参考：一种是先布置元件再连接导线（在 Protel 99 SE 中绘制电子电路时特别适合用此方法）；另一种是先绘制导线再插入元件（在 AutoCAD Electrical 中绘制电气图时特别适合用此类方法）。先绘制导线再插入元件时元件方向自动调整，导线自动连接，绘图快些。

1）绘制导线

对于三相无中性线（零线）的导线，绘图时用 3 根平行线来表示，文字符号为 L1,L2,L3。对于三相有中性线（零线）的导线，绘图时用 4 根平行线来表示，文字符号为 L1,L2,L3,N。

单相导线，绘图时用单根线表示。图 2-46 中主电路的 3 根线为三相导线，辅助控制电路中的线为单相线。

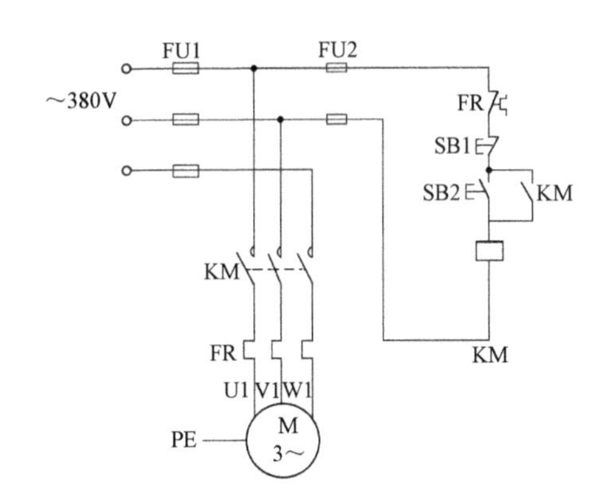

图 2-46　三相异步电动机的单向运行控制电路

（1）绘制三相导线。这里以图 2-46 中水平方向的三相线的绘制方法为例进行说明。

选择“导线”菜单，在其下拉菜单中选择“插入三相线”菜单命令，如图 2-47 所示。

选择“插入三相母线”命令，屏幕上会出现“三相线母线”对话框，如图 2-48 所示。

选择导线的绘制方向，更改间距，默认值是水平间距为 40，垂直间距为 20。

选择“空白区域、水平走线”，间距设为“30”并单击“确定”按钮。

在绘图区中选择合适的位置，向右拖动鼠标可以绘制水平三相线；向下拖动鼠标可以绘制连续的垂直三相线，如图 2-49 所示。

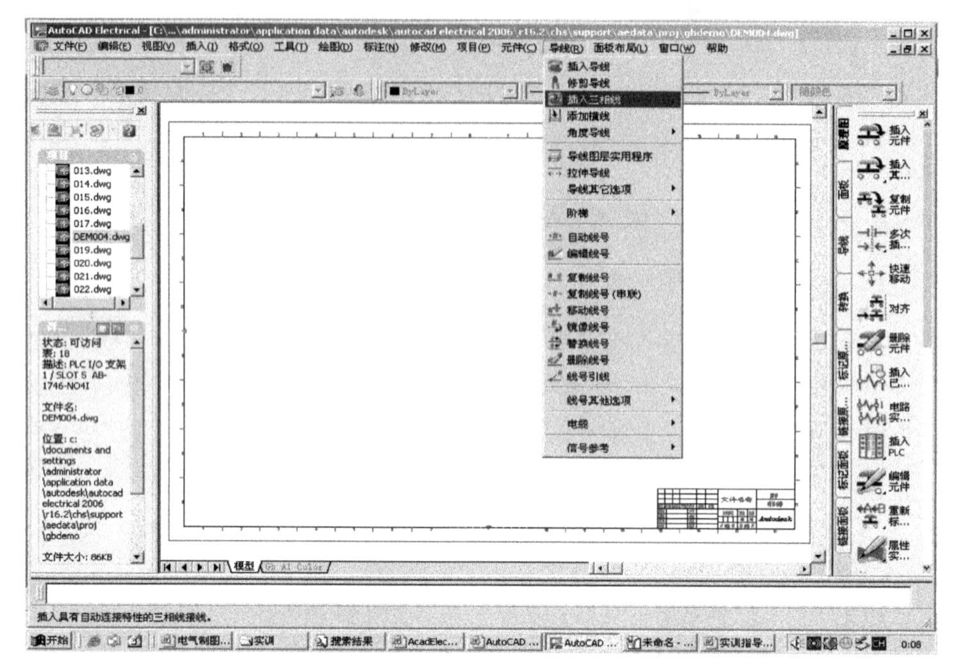

图 2-47 “导线”下拉菜单

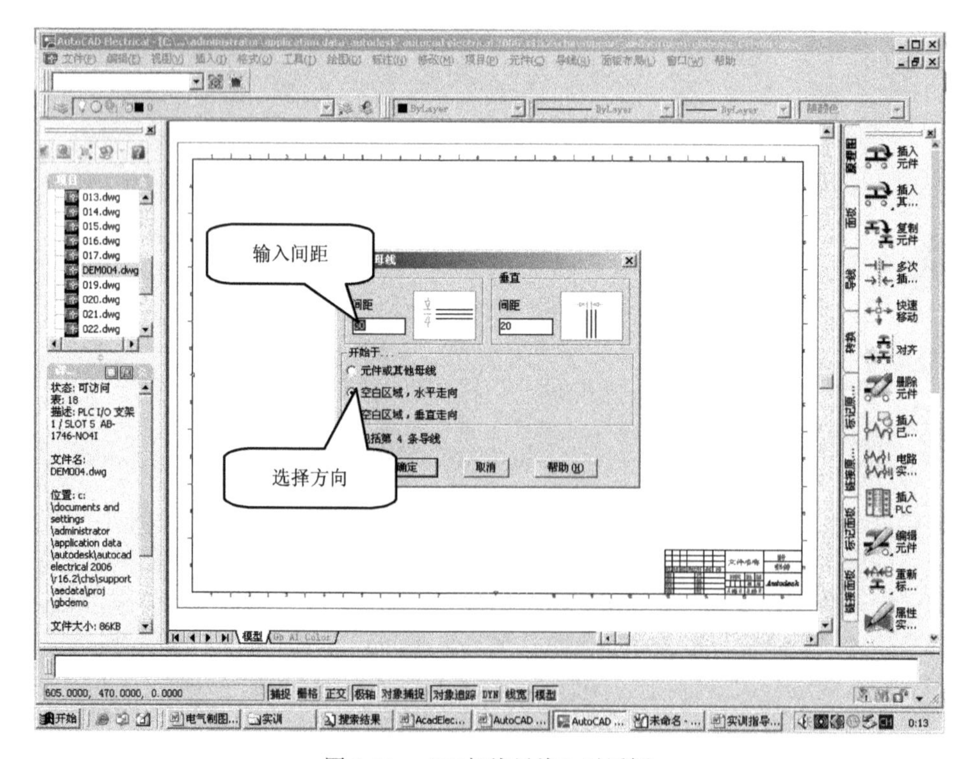

图 2-48 “三相线母线”对话框

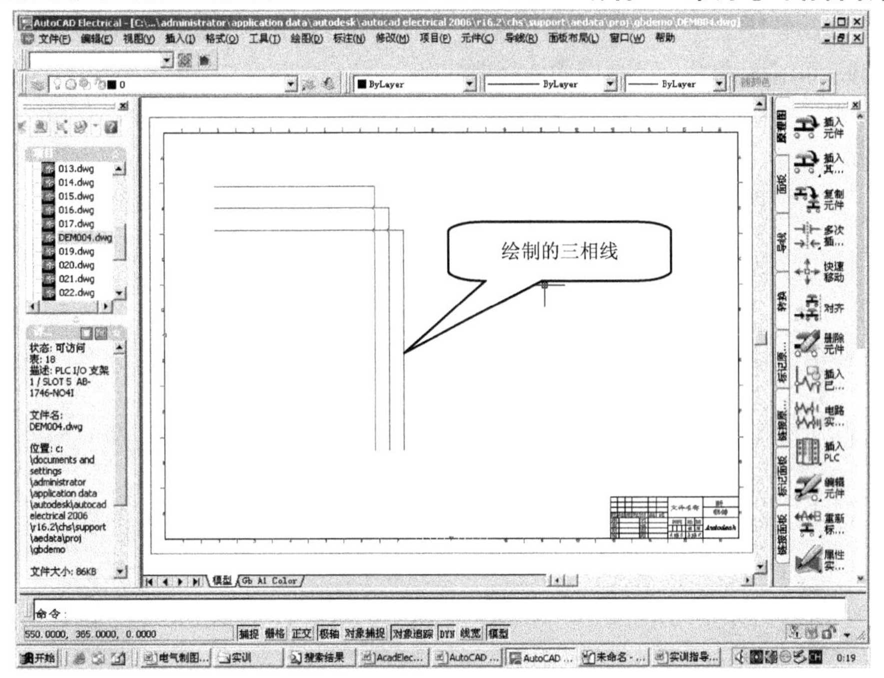

图 2-49　绘制三相线

（2）绘制单相线。选择“导线”菜单，在出现的下拉菜单中选择“插入导线”菜单命令，在绘图区中水平方向拖动鼠标会出现水平单相线，拐弯时单击一下鼠标左健再拖动鼠标可以画垂直单相线，如图 2-50 所示。

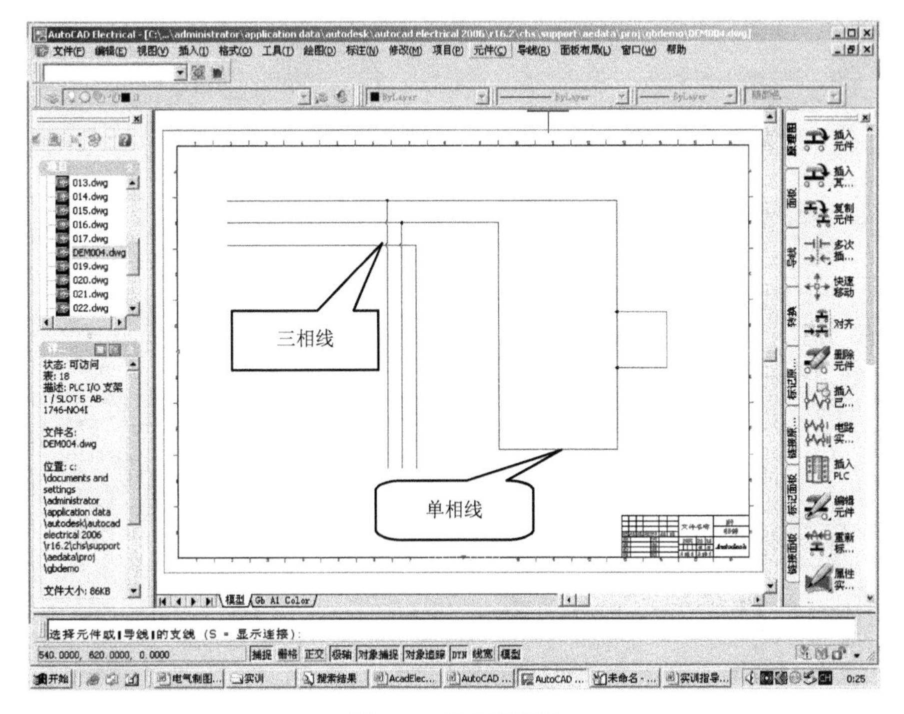

图 2-50　绘制单相线

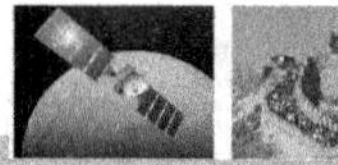

2）插入元件

（1）插入三相电源开关（原图中没有画出）。

① 选择“元件”菜单并在其下拉菜单中选择“插入元件”菜单命令，如图 2-51 所示；屏幕中出现“插入元件”对话框，如图 2-52 所示。

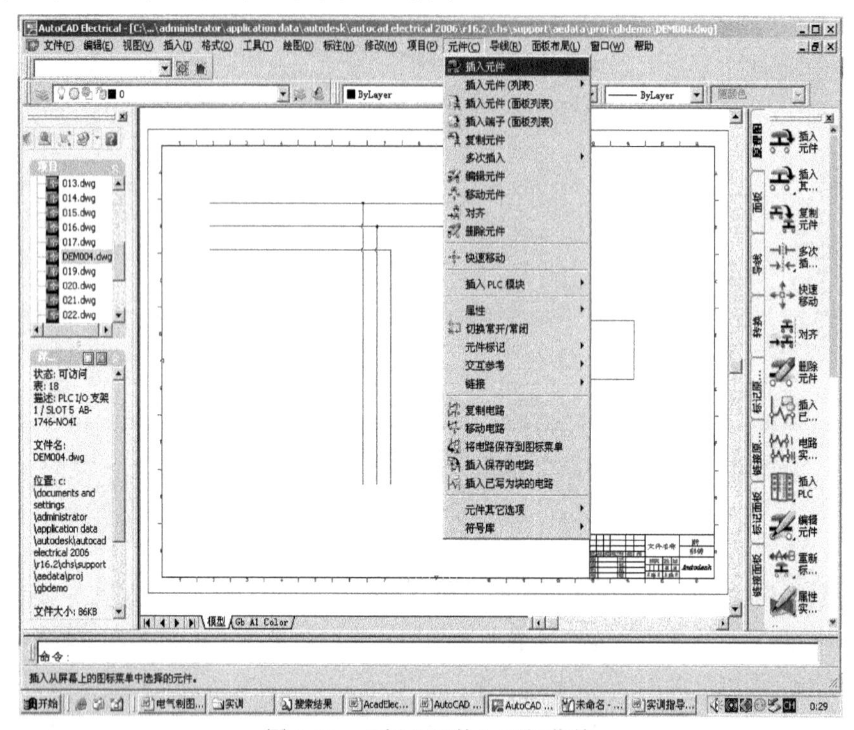

图 2-51　“插入元件”下拉菜单

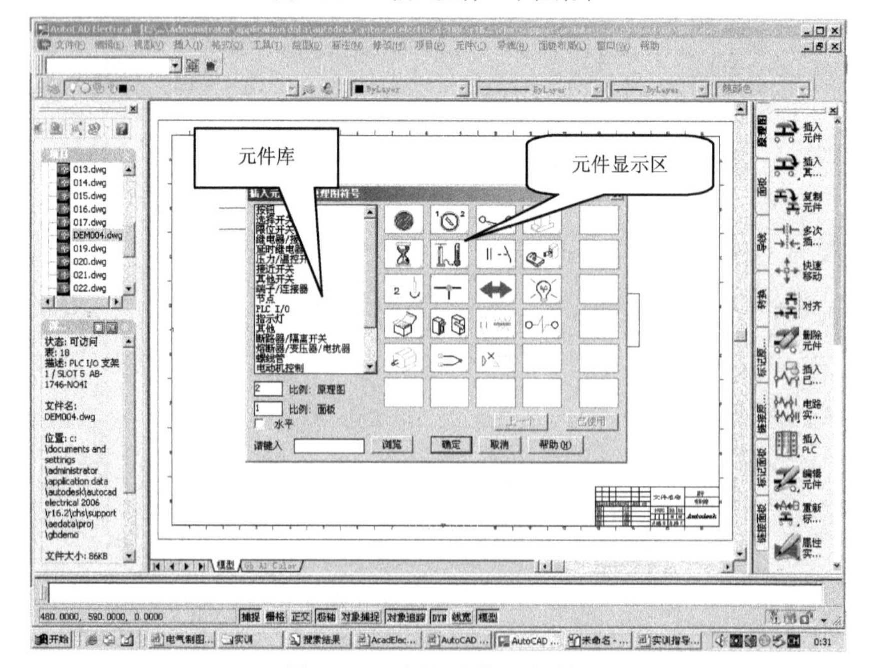

图 2-52　“插入元件”对话框

② 在“插入元件”对话框左侧列出的元件库中选择元件，修改元件比例和方向。比例改为 4，选择“断路器/隔离开关”库，在右侧的元件显示区中选择“断路器”。将选择的断路器符号插入到导线上后会出现“插入/编辑元件”对话框，如图 2-53 所示。

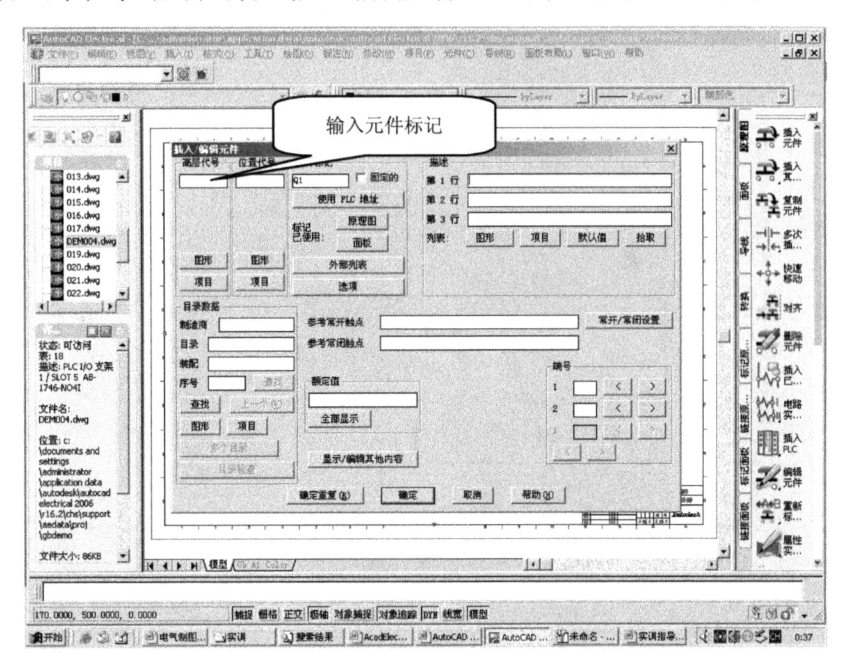

图 2-53　“插入/编辑元件”对话框

③ 将元件标记改为“QS”，其他选项默认，单击“确定”按钮，元件会自动插入到导线上，同时导线自动连接到元件接线端子上，如图 2-54 所示。

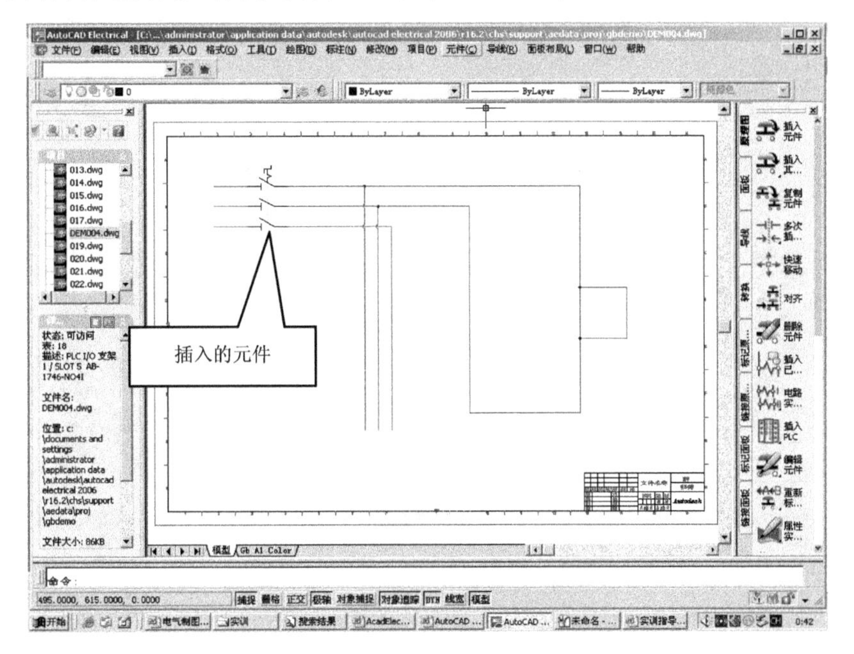

图 2-54　插入的元件

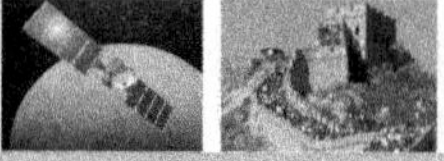

④ 元件标记为黄色看不清，将光标移到元件上，(注意元件变成双虚线时）双击元件会出现“增强属性编辑器”对话框，如图 2-55 所示。

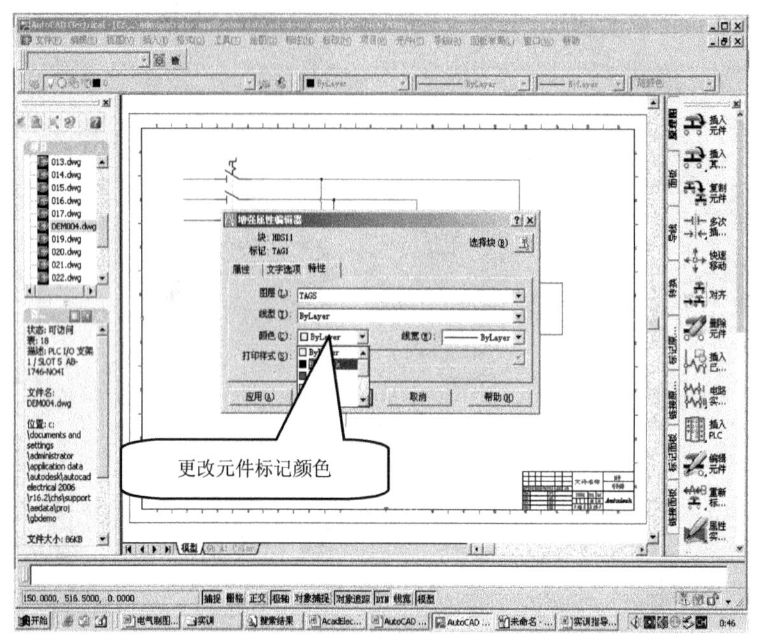

图 2-55 “增强属性编辑器”对话框

⑤ 选择“特性”选项卡，在“颜色”下拉列表中选择黑色，并单击“确定”按钮，QS 会变成黑色可见，如图 2-56 所示。

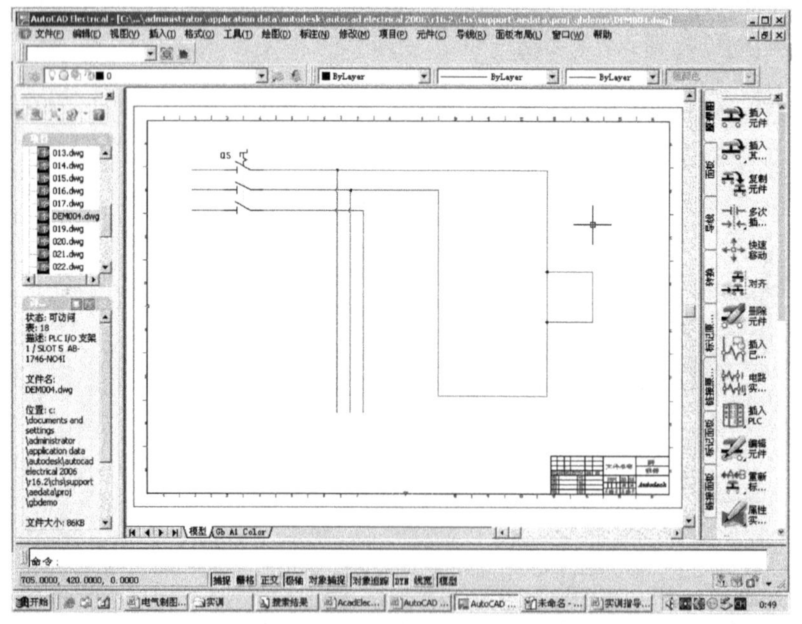

图 2-56 更改颜色后的元件标记

(2）插入其他元件，更改其属性，具体操作步骤同上，这里不一一介绍。插入所有元件并更改其属性、颜色后的情况如图 2-57 所示。

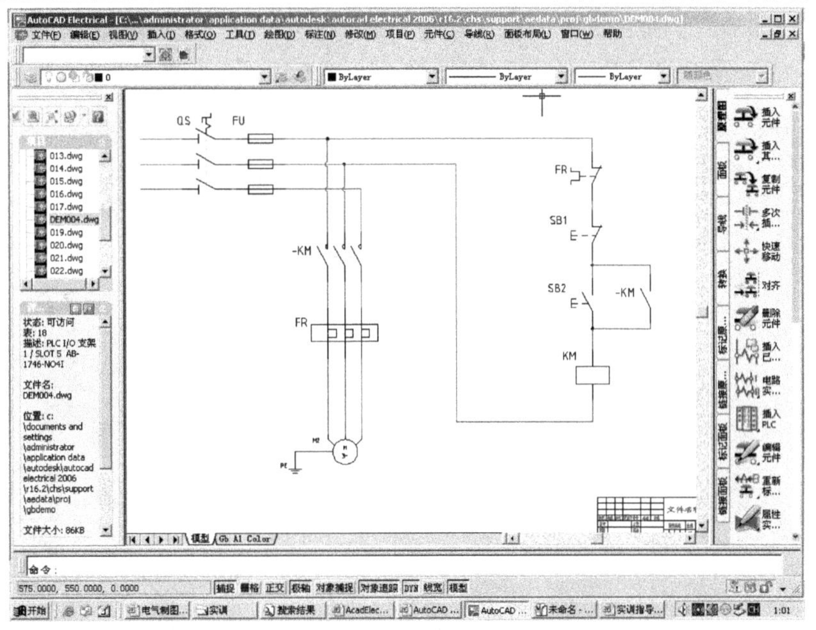

图 2-57 更改元件属性、颜色后的结果

3）对电路中的导线进行编号

对电路中的导线进行编号是电气制图中非常重要、用得最多的一个操作。原理图上导线的编号和接线图上的编号必须一致。

下面分别对主电路和控制电路的导线进行编号，编号方法有两种：一种是自动编号，元件比较多时适合使用这个方法；另一种是手动编号。

（1）手动编号。

① 在“导线”菜单中选择“编辑线号”菜单命令，如图 2-58 所示。

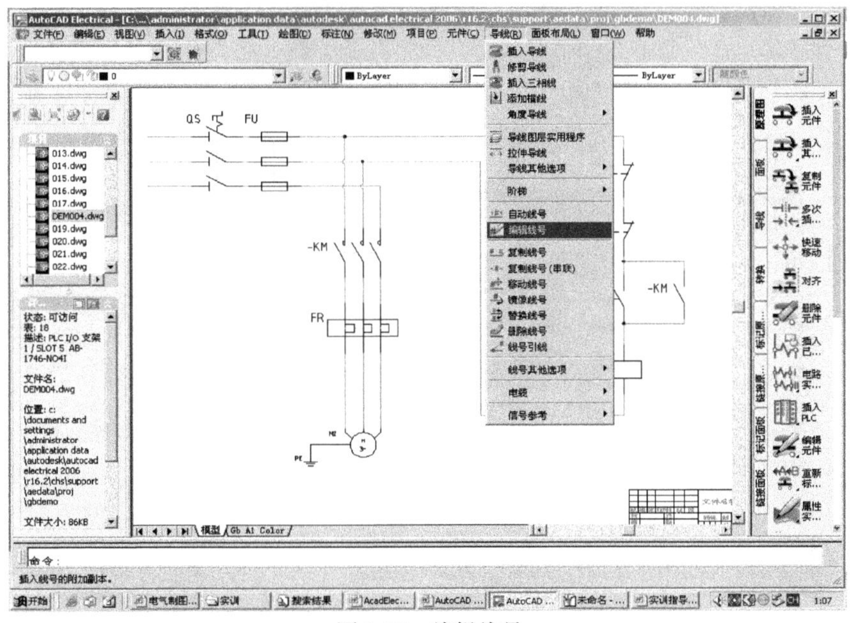

图 2-58 编辑线号

② 单击想要编号的导线，在“插入线号”对话框中输入导线编号，单击“确定”按钮即可。本例中主电路的导线是手动进行编号的，如图 2-59 所示。

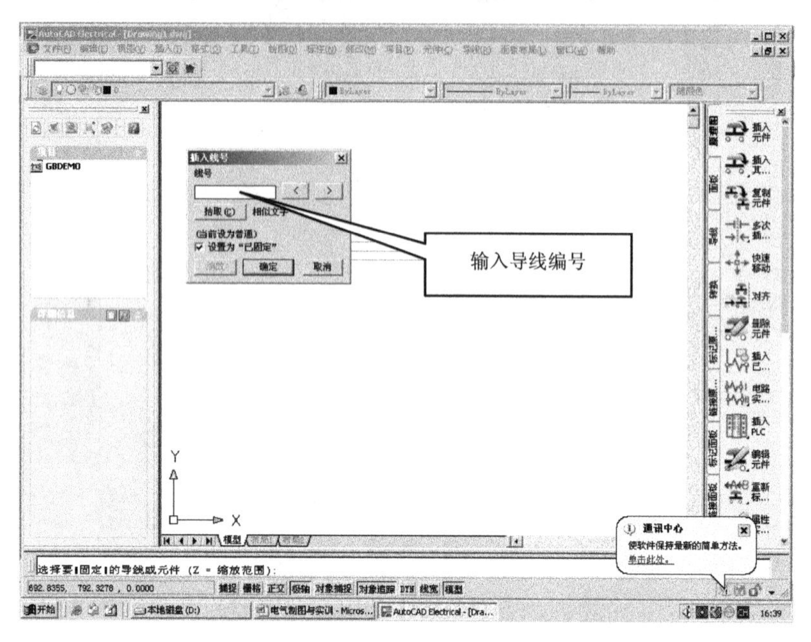

图 2-59　“插入线号”对话框

（2）自动编号。在元件比较多的情况下使用此方法。本例中控制电路的导线是进行自动编号的。

① 在“导线”菜单中选择“自动编号”菜单命令，出现“导线标记”对话框，如图 2-60 所示。

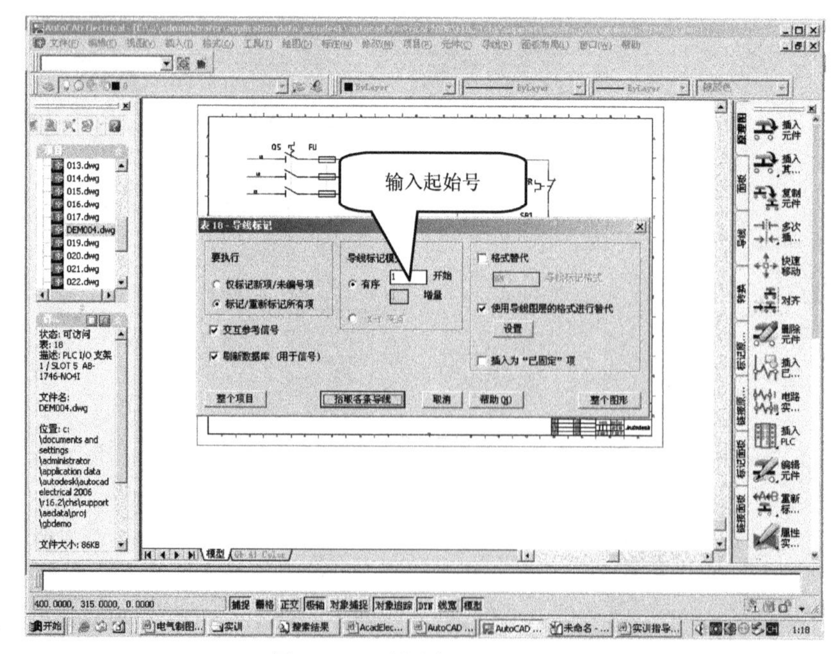

图 2-60　“导线标记”对话框

② 输入导线起始编号为“1”，单击“拾取各条导线”按钮。

③ 选择被编号的区域，按“Enter”键，编号结果如图 2-61 所示。

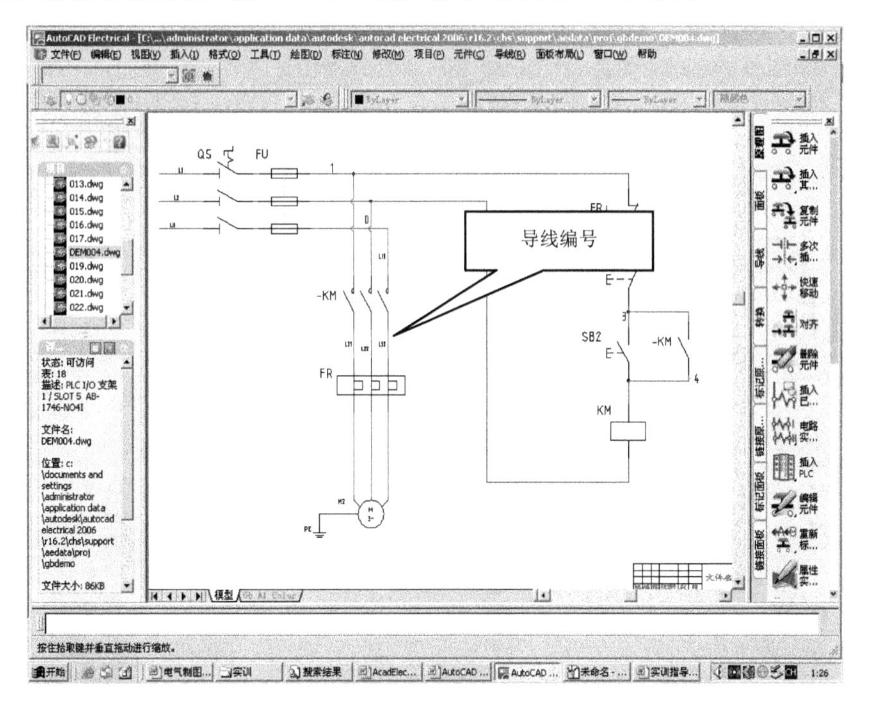

图 2-61　自动编号后的结果

4）在电路图上输入文本

（1）选择“绘图”→“文字”→“多行文字”菜单命令，如图 2-62 所示。

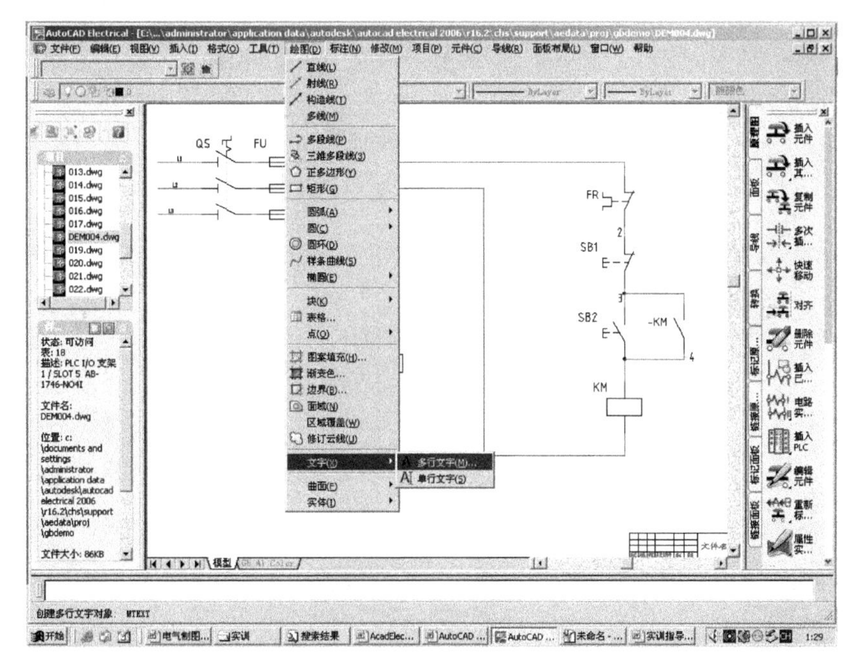

图 2-62　输入多行文字菜单

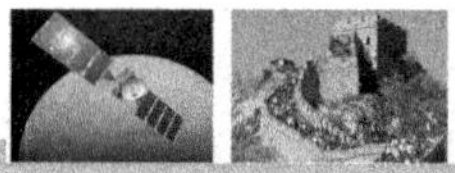

（2）在画图区中双击输入文字的区域。

（3）在“文字格式”对话框中选择字体，修改字号；字号设为 20 并按“Enter”键即选择输入法并输入汉字，按“Enter”键即可输入文本，如图 2-63 所示。

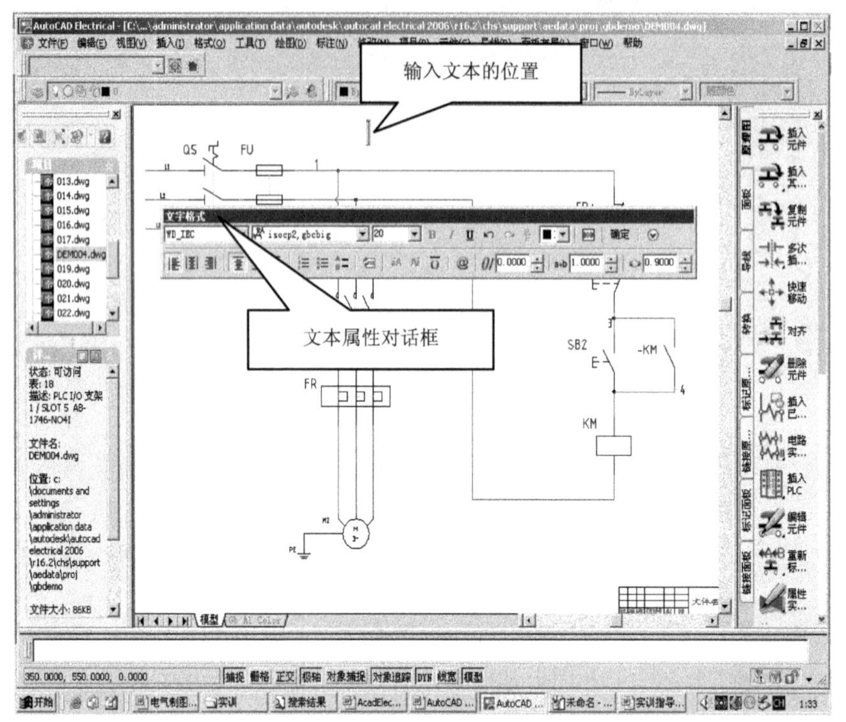

图 2-63　“文字格式”对话框

本例中输入的文本为“三相异步电动机连续运行控制线路”，如图 2-64 所示。

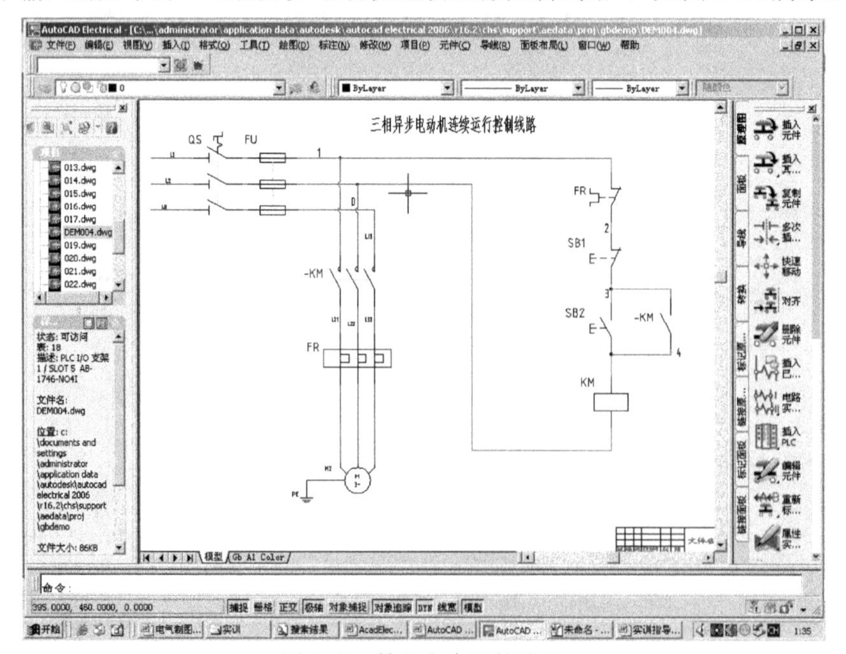

图 2-64　输入文本后的结果

5）输入标题栏信息

将光标移到窗口图（如图 2-65 所示）右下角的表格上，（注意观察表格变成双虚线时）双击它可输入相关项。

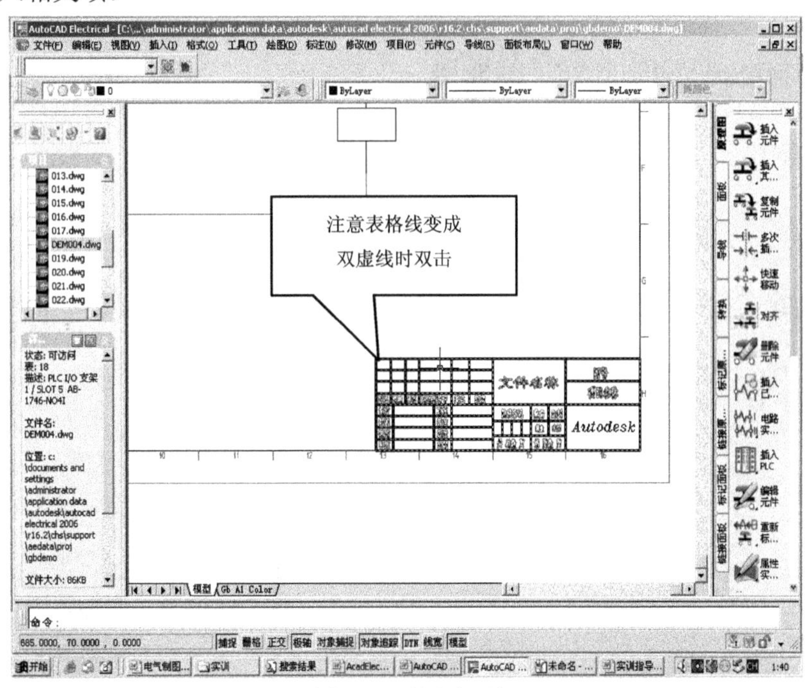

图 2-65　输入标题

输入项目名称、文件名称、图号、设计人名称、制图人名称、日期等信息，如图 2-66 所示。

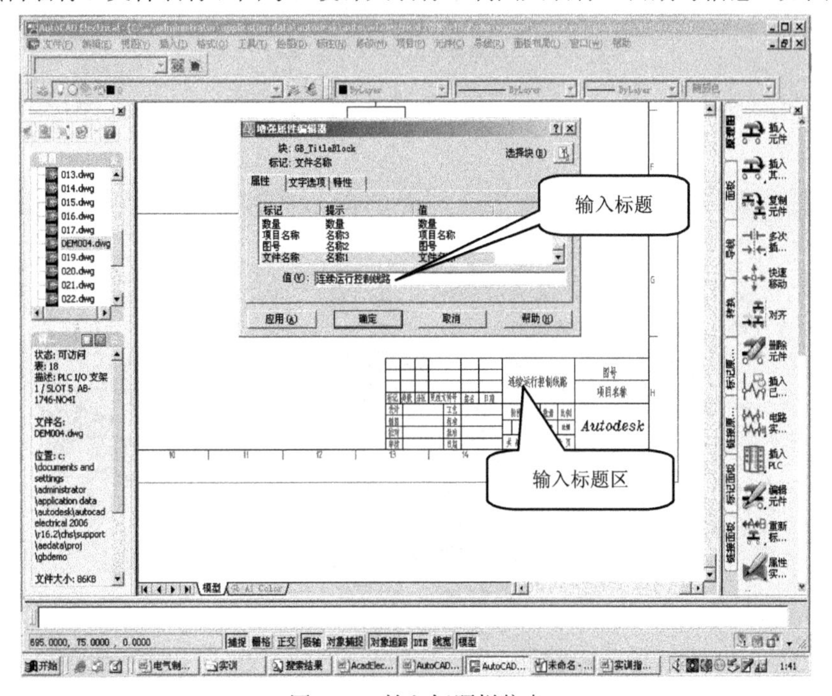

图 2-66　输入标题栏信息

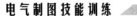

AutoCAD Electrical 软件的使用就介绍这么多，其他内容可以参考软件的使用说明书。

用 AutoCAD Electrical 2006 绘制端子接线图需要使用端子接线图专用模块。元件明细表的生成、端子接线图的绘制及接线表的形成可以参考其他电气 CAD 软件的使用方法。

2.2.3 SuperWORKS 软件的使用

1．运行软件

（1）双击桌面上的“SuperWORKS R7.0”图标可以运行 AutoCAD SuperWORKS 软件，运行界面如图 2-67 所示。

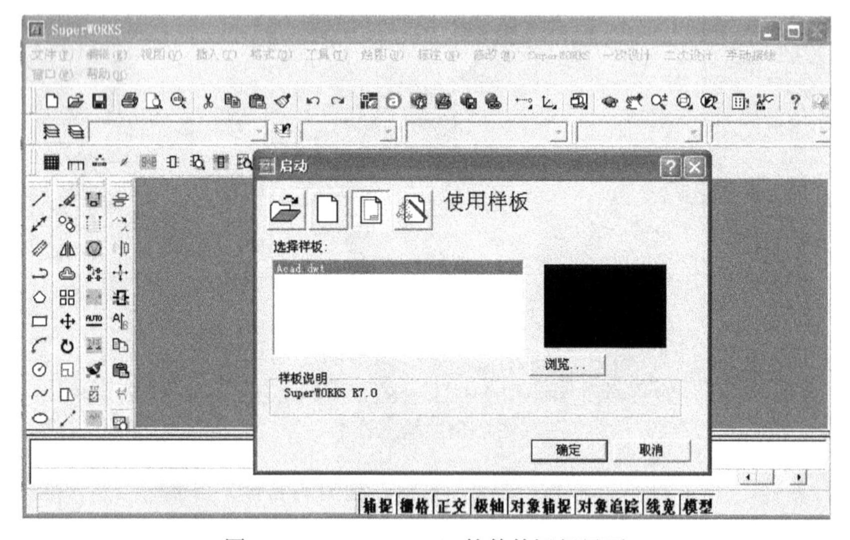

图 2-67 SuperWORKS 软件的运行界面

（2）选择“Acad.dwt”后单击“确定”按钮可以进入 SuperWORKS 的设计界面，如图 2-68 所示。

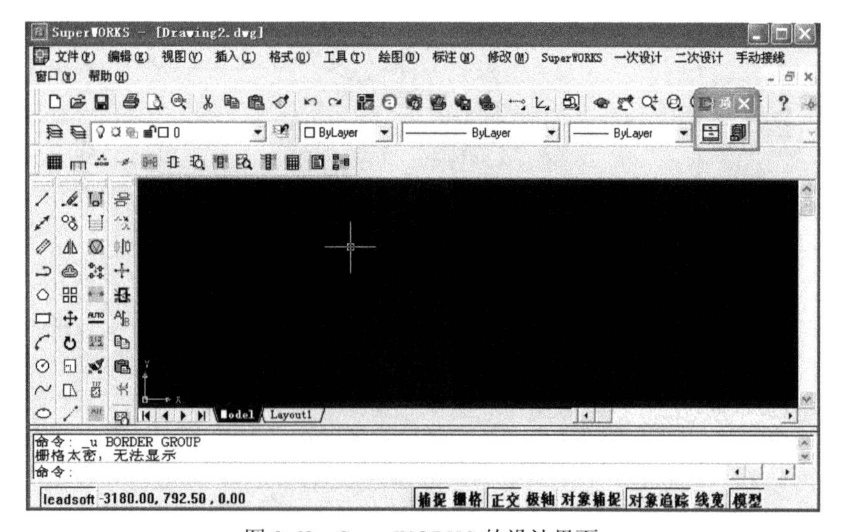

图 2-68 SuperWORKS 的设计界面

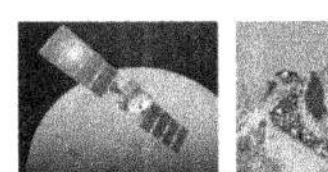

2．绘图环境设计

（1）在“SuperWORKS”菜单中选择“环境设置”菜单命令，再选择“绘图环境初始化”命令，如图 2-69 所示。

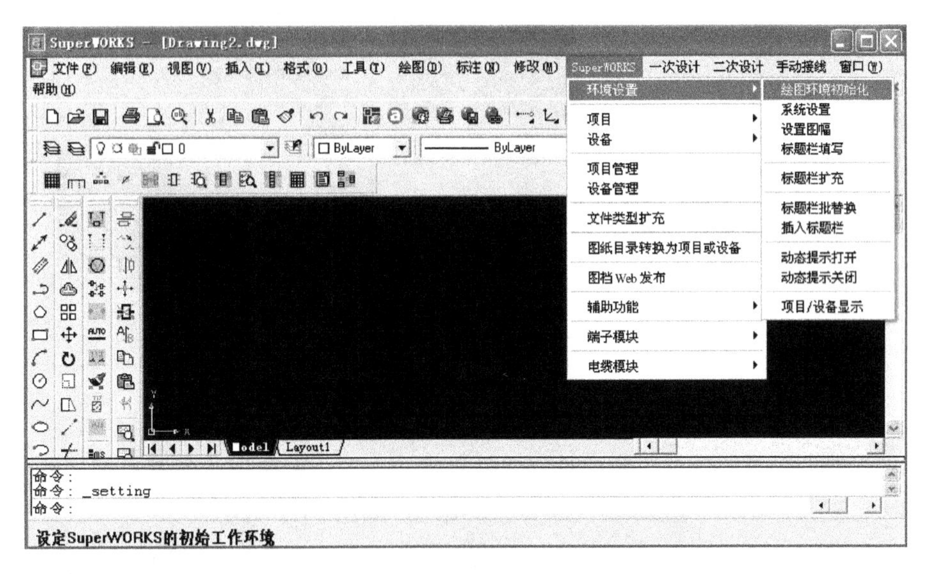

图 2-69　绘图环境初始化

（2）在“SuperWORKS”菜单中选择“环境设置”菜单命令，再选择“系统设置”命令，单击“确定”按钮，如图 2-70 所示。

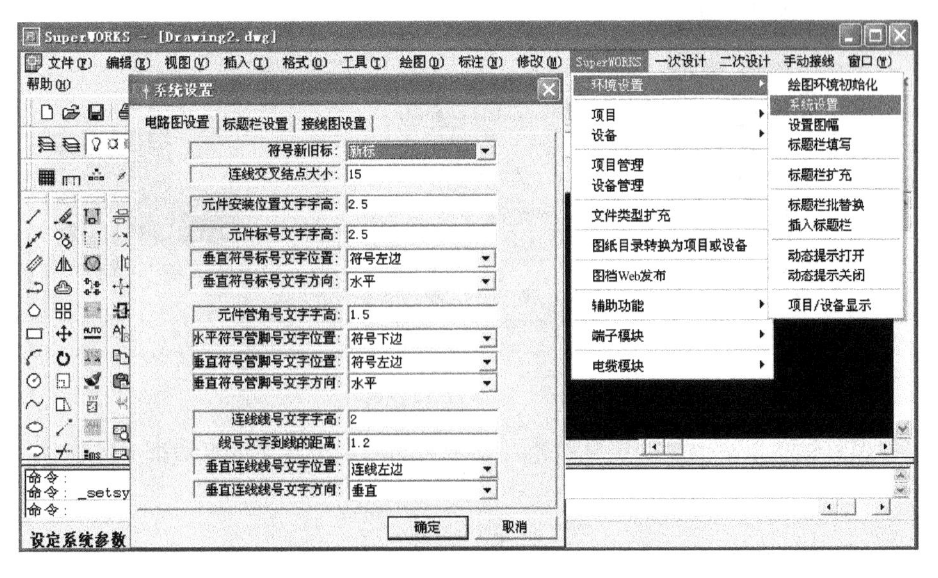

图 2-70　系统设置

（3）在“SuperWORKS”菜单中选择“环境设置”菜单命令，再选择“设置图幅”命令，在“图幅设置”对话框中选择“标准图幅”、设置“图幅方向”及进行“分区”设置。本例中选择 A4 图幅，方向为横向，分区垂直方向为 4、水平方向为 6，如图 2-71 所示。

图 2-71 图幅设置

（4）在“SuperWORKS”菜单中选择“环境设置”菜单命令，再选择“标题栏填写”命令并在“标题栏内容填写”对话框中输入相关信息，如图 2-72 所示。

图 2-72 标题栏内容填写

输入标题栏信息后单击“确定”按钮，则填写的信息出现在图纸边框内的标题栏区，如图 2-73 所示。

3. 绘制原理图

（1）布置元件，连接导线。

绘制电路图时如果图纸较大，内容较多，主电路和控制电路可以绘制在两张图纸上。本例中的图纸内容不多，所以绘制在一张图纸上供大家参考。在“二次设计”菜单中选择“二次符号调用”菜单命令，如图 2-74 所示。

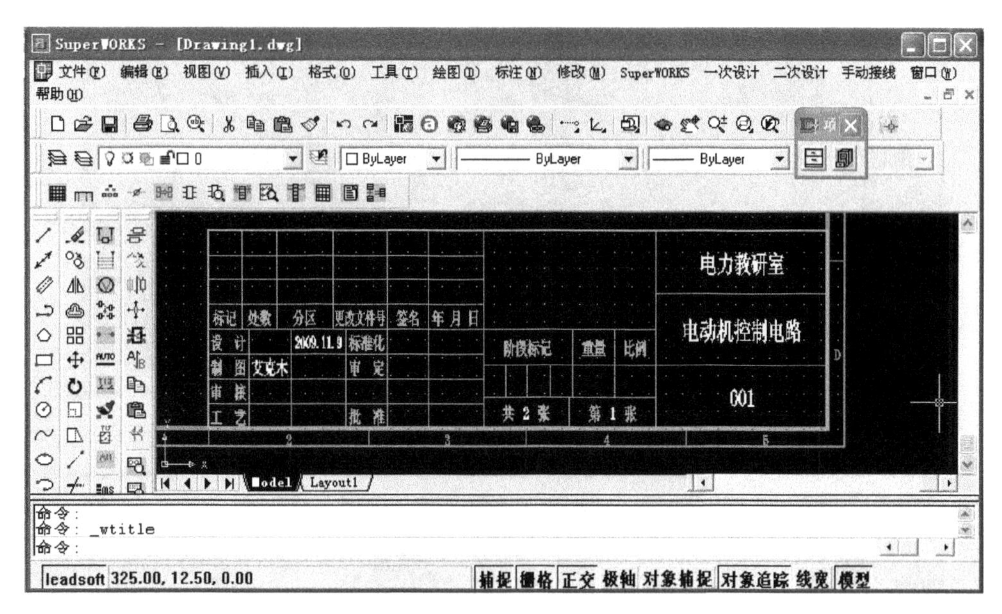

图 2-73　标题栏信息

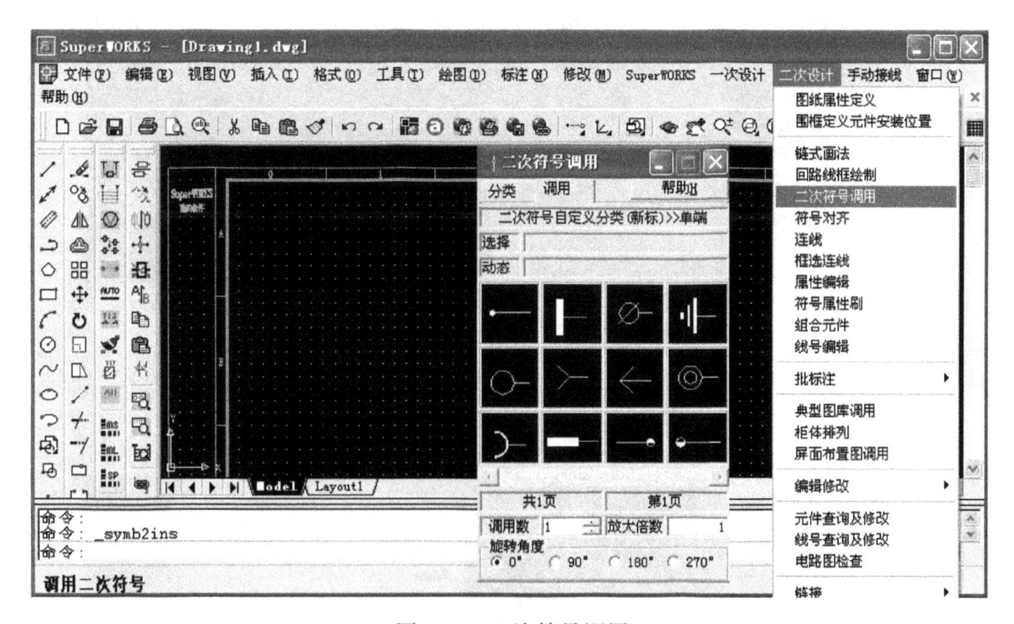

图 2-74　二次符号调用

在“调用”选项卡中选择主电路所需要的元件并将其布置在绘图区中，单击自动连线工具并选择自动连线区域，元件会自动连线，如图 2-75 所示。

按以上方法布置控制电路上的元件并进行连线，结果如图 2-76 所示。

（2）元件代号、型号、元件端子号设计。双击元件的图形符号，在“元件属性编辑”对话框中输入相关信息，单击“确定”按钮即可，如图 2-77 所示。

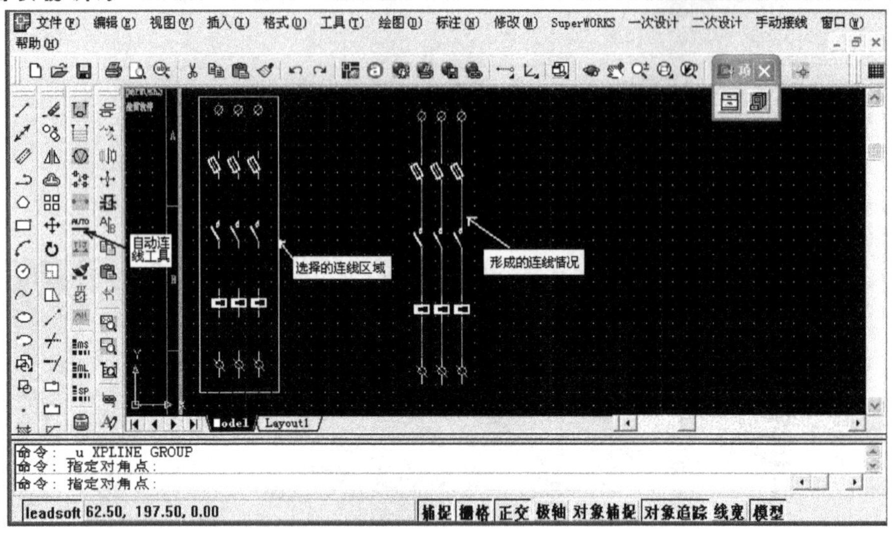

图 2-75　自动连线

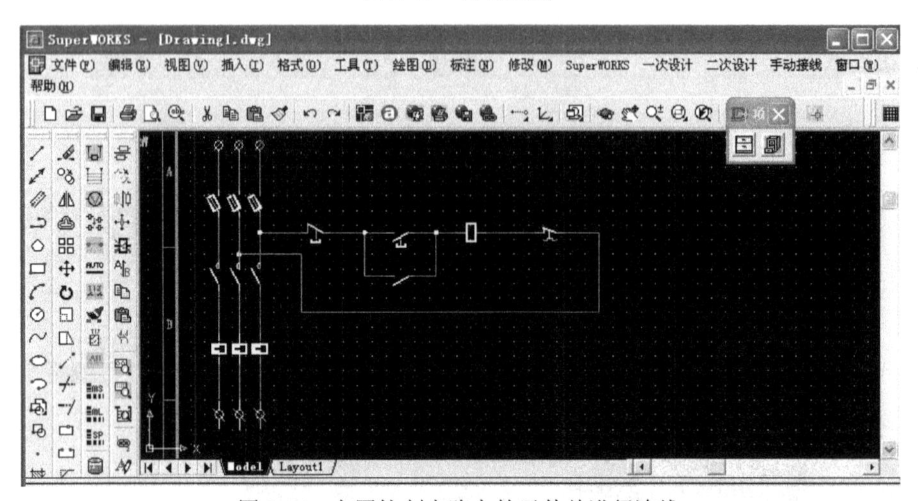

图 2-76　布置控制电路上的元件并进行连线

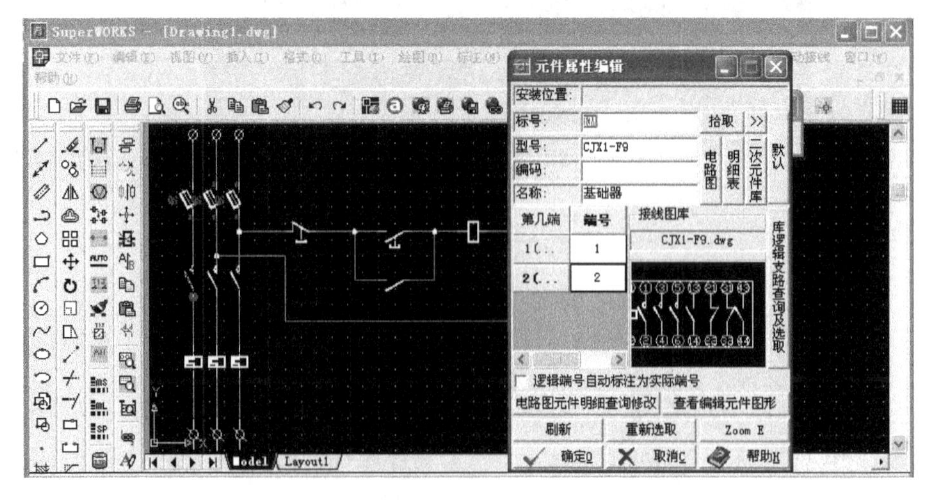

图 2-77　元件代号、型号、元件端子号设计图

注意：本例中刀熔开关的标号为QS，型号为HG1，端子编号为（1、2）、（3、4）和（5、6）；接触器的标号为KM，型号为CJX1-F9，三对主触头的端子编号为（1、2）、（3、4）和（5、6），线圈的端子编号为（A1、A2），动合辅助触头的端子编号为（13、14）；热继电器的标号为FR，型号为JR16，热触头片的端子编号为（1、2）、（3、4）和（5、6），动断触头的端子编号为（95、96）；停止按钮的标号为SB1，型号为LA18-11，端子编号为（3、4）；启动按钮的标号为SB2，型号为LA18-11，端子编号为（1、2）。以上都是参考数据，设计者可以根据需要来选择。

（3）设计导线编号。双击要设计编号的导线，在“导线编号设计”对话框中输入导线号并单击“确定”按钮，选择下一根导线双击打开“导线编号设计”对话框并输入导线号，依此类推，直到输入完所有导线编号为止，如图2-78所示。

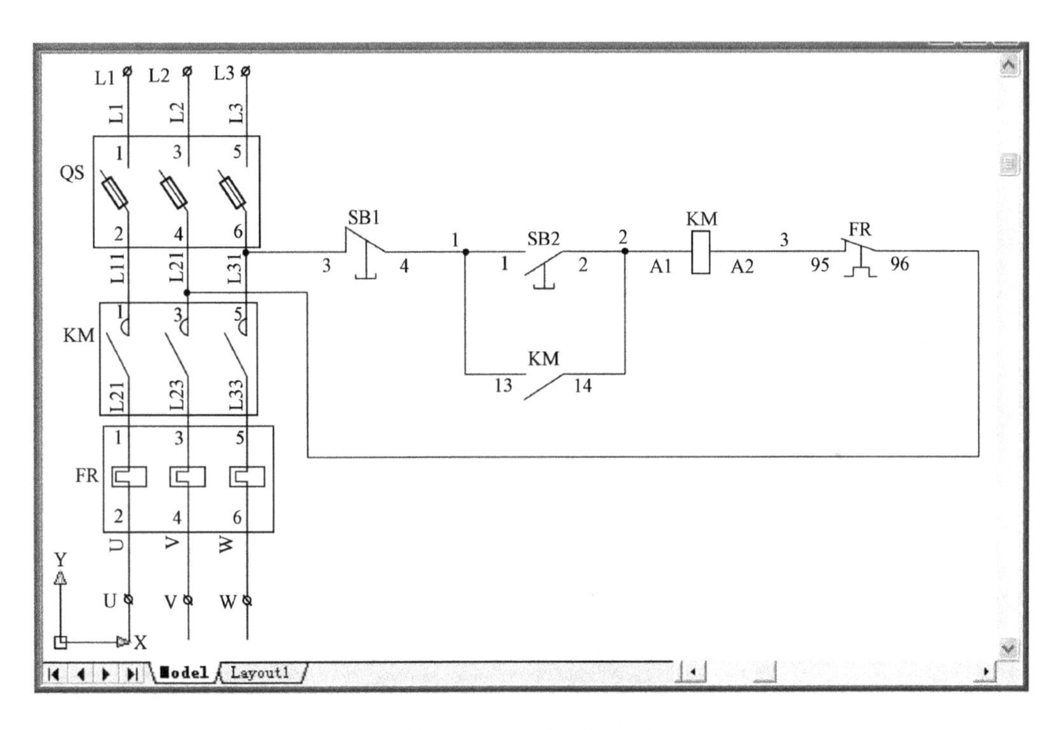

图2-78　绘制完的电路图

4．设计元件明细表

（1）在“二次设计”菜单中选择“二次接线”菜单命令，再选择“明细表生成”命令，如图2-79所示。

（2）在“安装位置”下的方框内单击鼠标后出现“√”符号，同时下方的边框内出现元件明细列表，如图2-80所示。

（3）单击“输出图形”按钮，在屏幕上确定位置后向下移动鼠标可以绘制元件明细表，如图2-81所示。

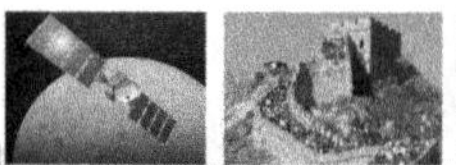

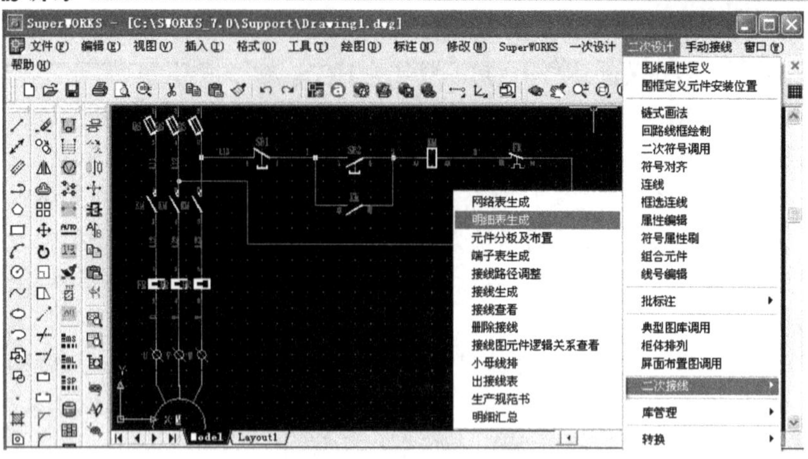

图 2-79　明细表生成

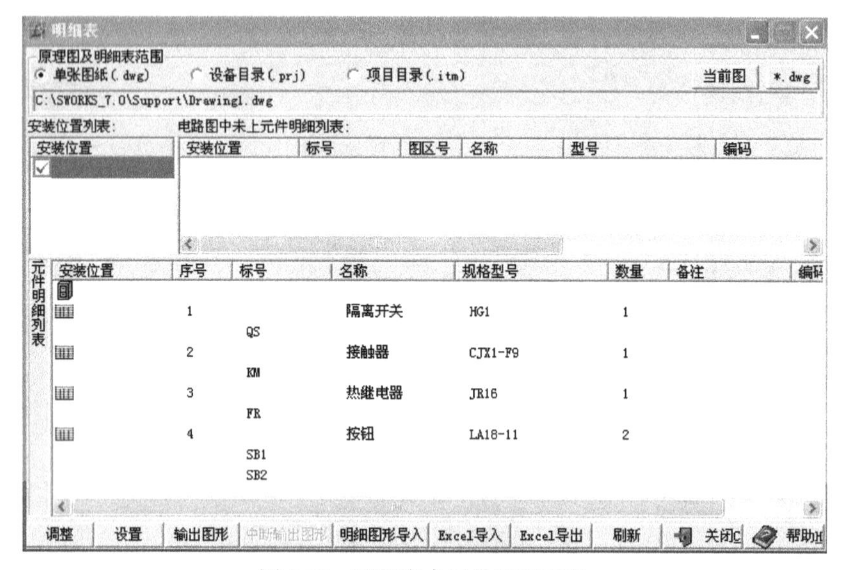

安装位置	序号	标号	名称	规格型号	数量	备注	编码
	1	QS	隔离开关	HG1	1		
	2	KM	接触器	CJX1-F9	1		
	3	FR	热继电器	JR16	1		
	4	SB1 SB2	按钮	LA18-11	2		

图 2-80　明细表中元件明细列表

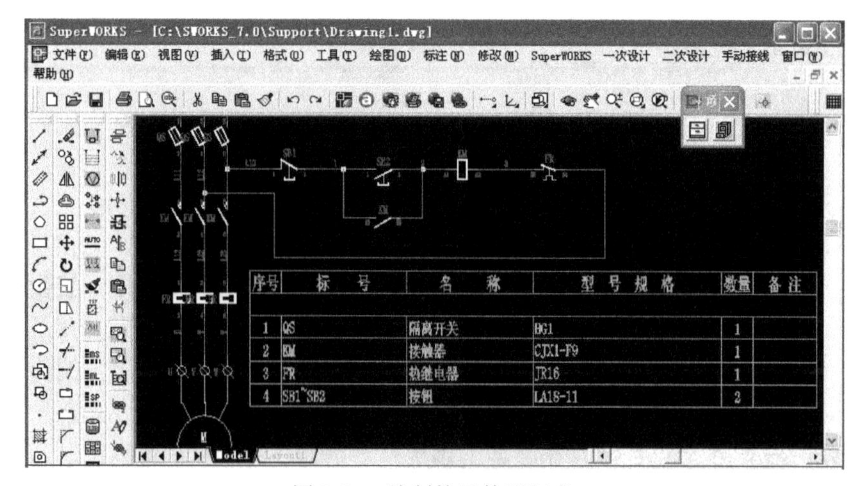

序号	标　号	名　称	型 号 规 格	数量	备 注
1	QS	隔离开关	HG1	1	
2	KM	接触器	CJX1-F9	1	
3	FR	热继电器	JR16	1	
4	SB1~SB2	按钮	LA18-11	2	

图 2-81　绘制的元件明细表

5. 端子排设计

（1）在“二次设计”菜单中选择“二次接线”菜单命令，再选择“端子表生成”命令，如图 2-82 所示，端子表生成器如图 2-83 所示。

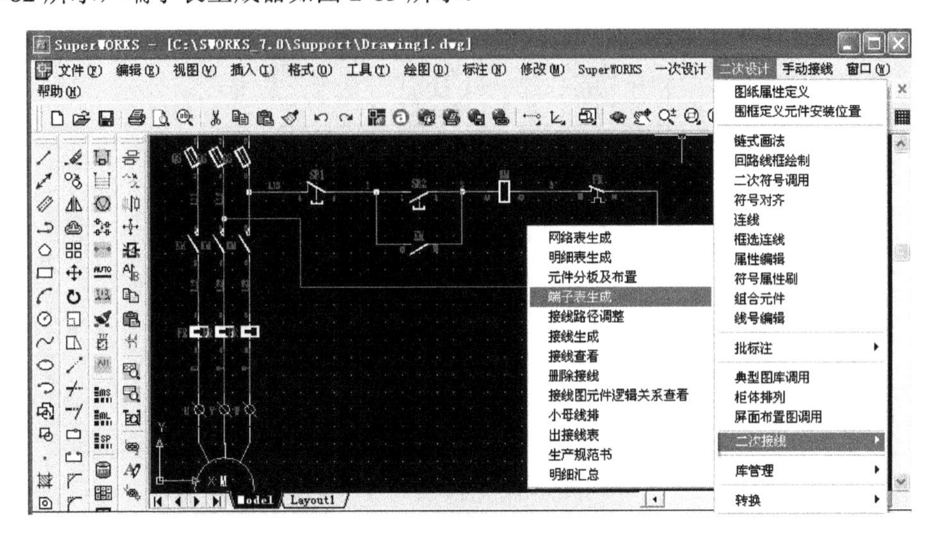

图 2-82　端子表生成

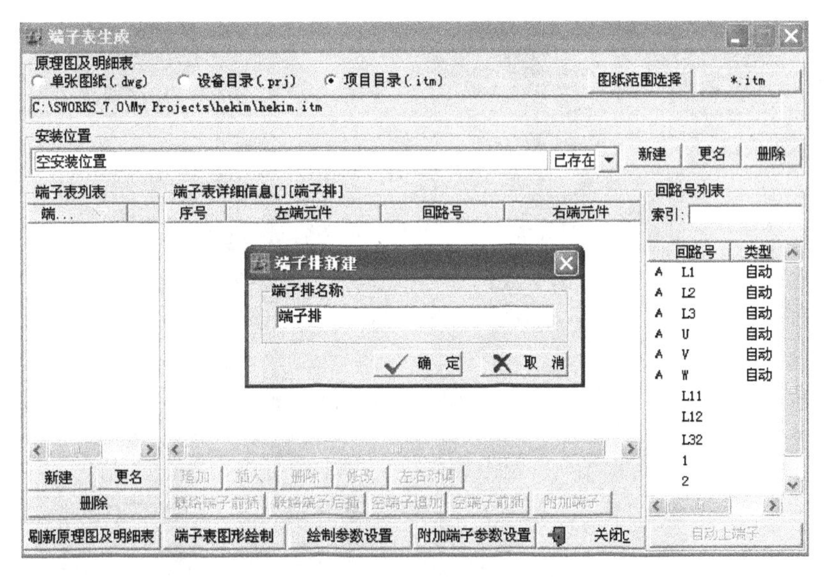

图 2-83　端子表生成器

（2）单击“新建”按钮，输入端子排名；选择新建的端子排，单击“自动上端子”按钮，则“回路号”前有“A”标志的自动上端子。

注意：单击“自动上端子”按钮后没有分支的导线和元件自动上端子，有分支的需要进行手动上端子，手动上端子时双击导线编号，选择端子两边的元件后单击“确定”按钮即可，结果如图 2-84 所示。

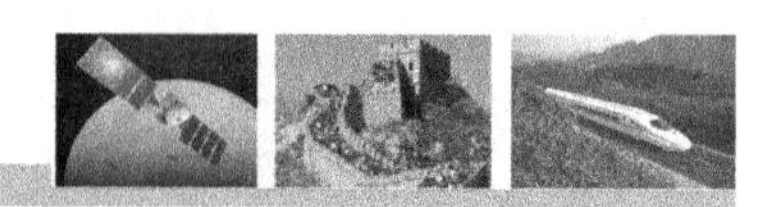

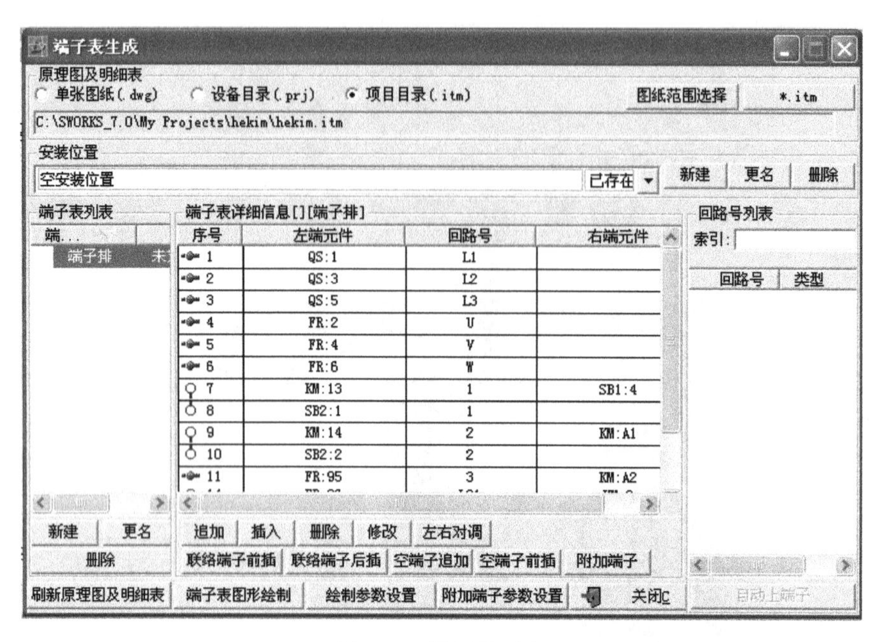

图 2-84　端子排列表

（3）单击“端子表图形绘制”按钮，在屏幕上确定绘制位置并向下移动鼠标可以绘制端子排，如图 2-85 所示。

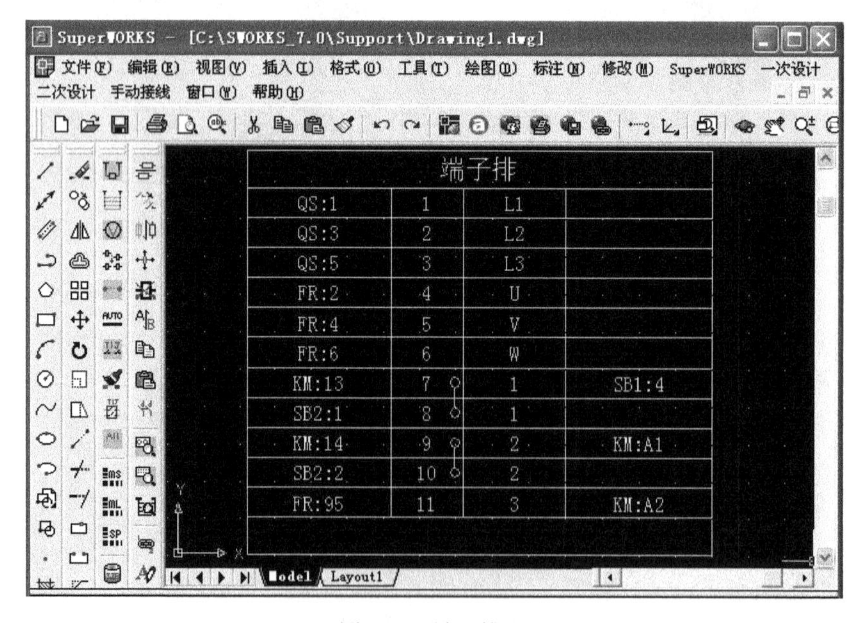

图 2-85　端子排图

6．元件布置

（1）在“二次设计”菜单中选择“二次接线”菜单命令，再选择“元件分板及布置”命令，如图 2-86 所示，“元件分板及布置”设计器如图 2-87 所示。

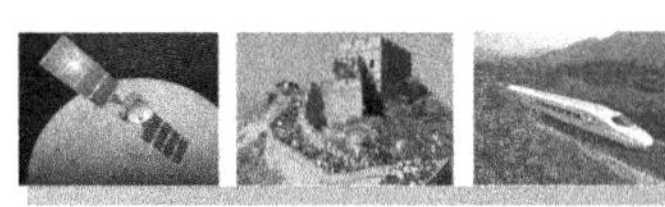

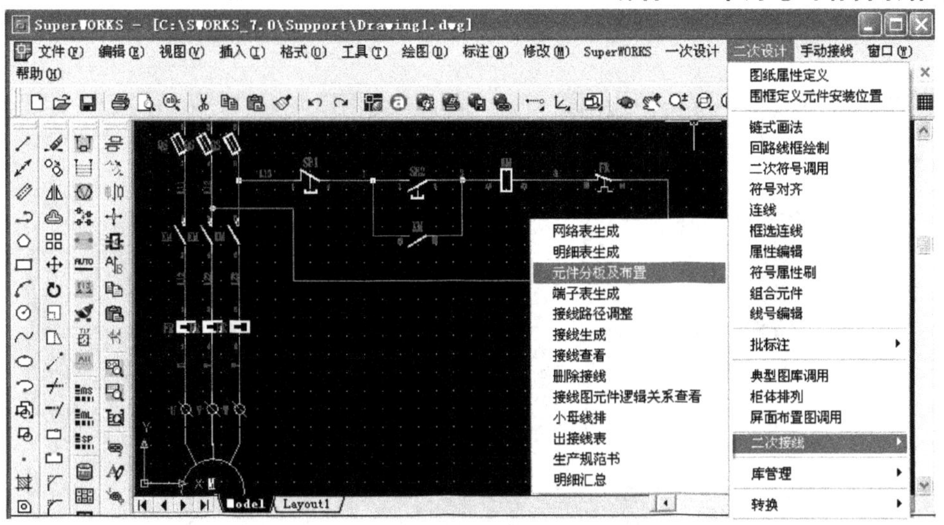

图 2-86　元件分板及布置

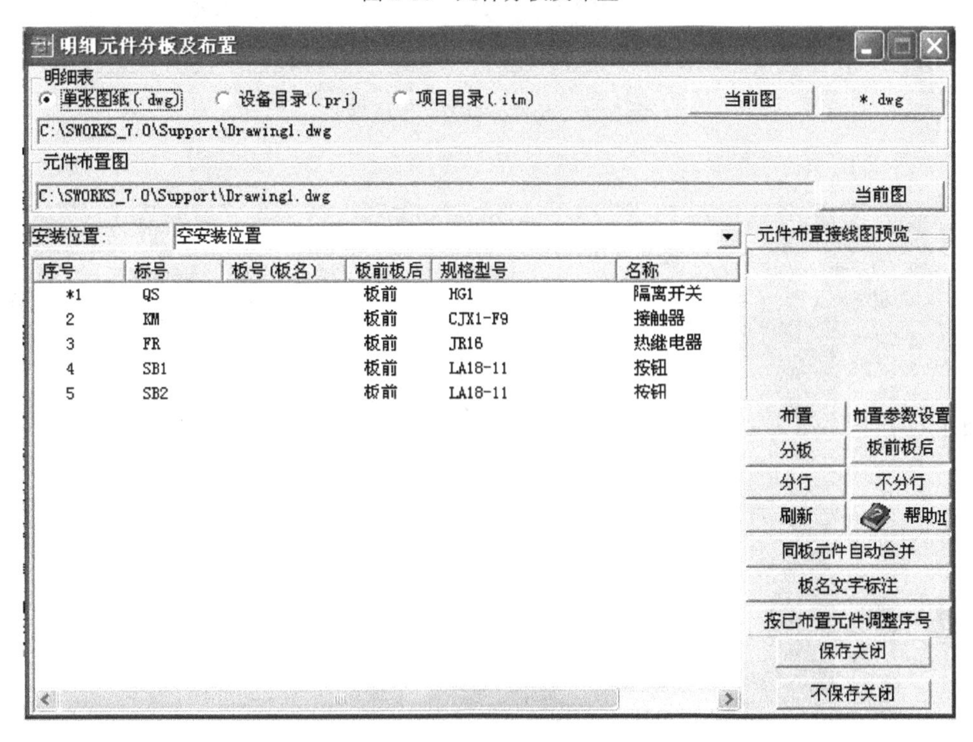

图 2-87　“元件分板及布置”设计器

（2）对所布置的元件进行分板、分行、板前接线或板后接线等设计后单击“布置”按钮，结果如图 2-88 所示。

7．接线生成

（1）在“二次设计”菜单中选择“二次接线”菜单命令，再选择“接线生成”命令，如图 2-89 所示。

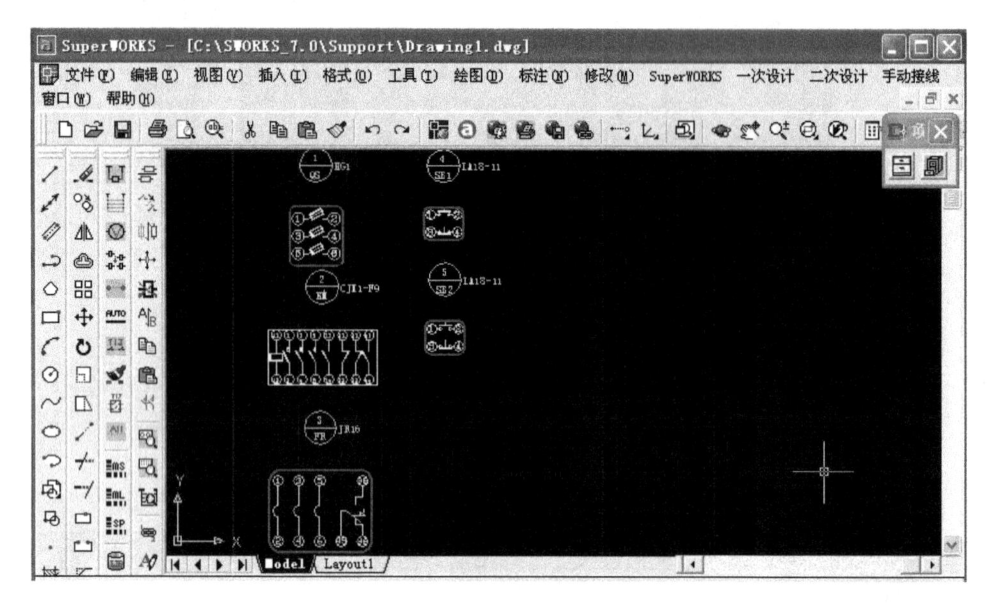

图 2-88　元件分板及布置结果图

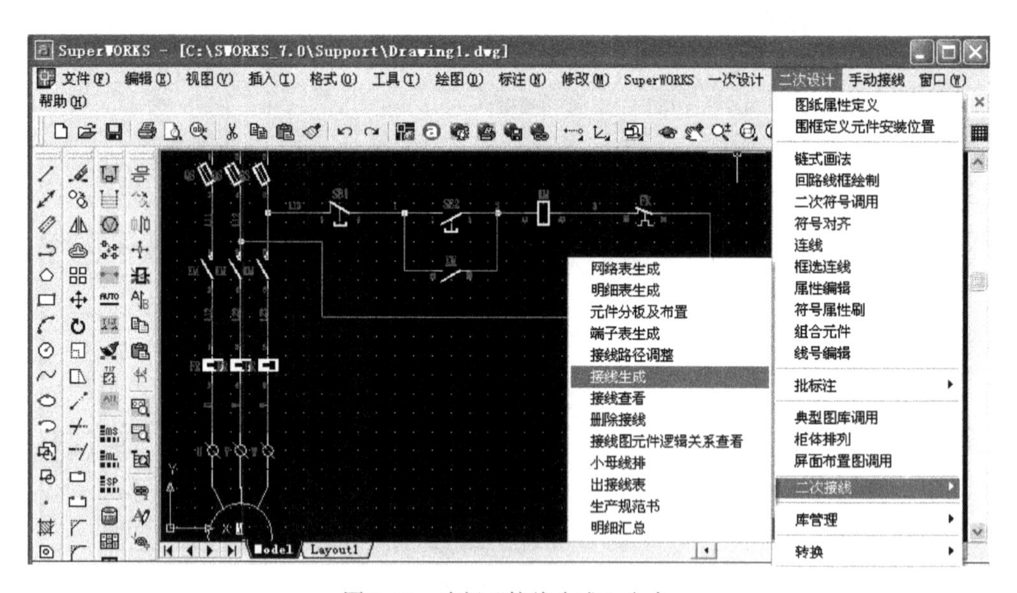

图 2-89　选择“接线生成”命令

（2）在接线生成器中，单击“端子接线生成”按钮，则生成的接线如图 2-90 所示。

8．接线表生成

（1）在“二次设计”菜单中选择“二次接线”菜单命令，再选择“出接线表”命令，如图 2-91 所示，接线表生成器如图 2-92 所示。

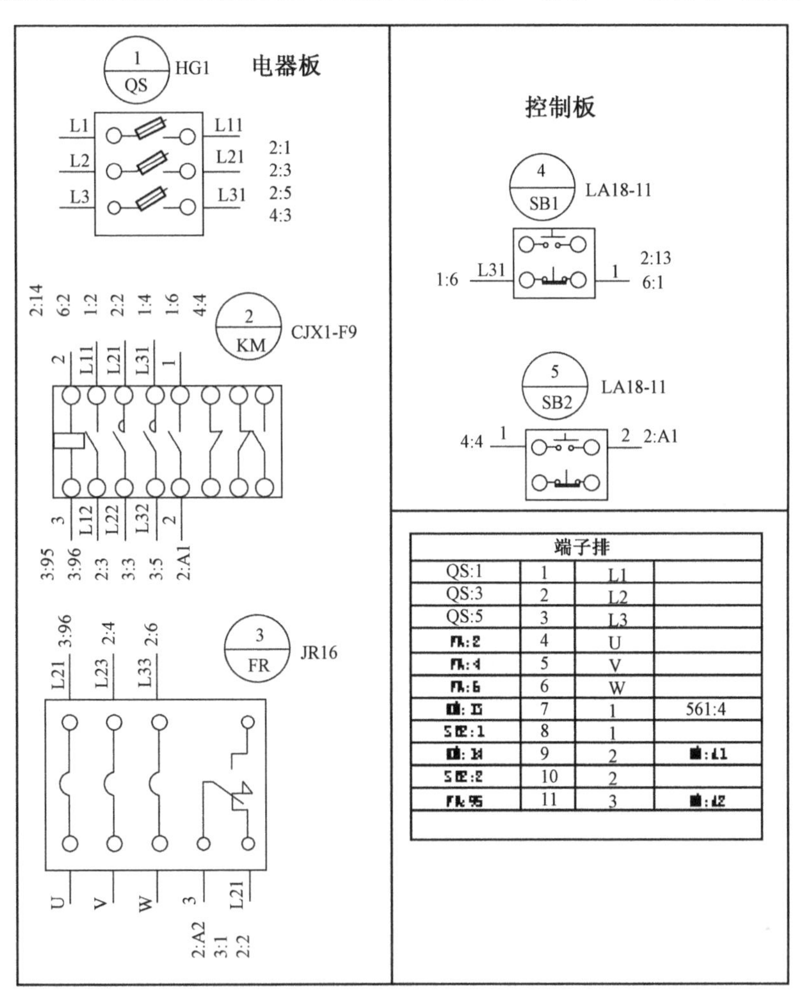

图 2-90　生成的接线图

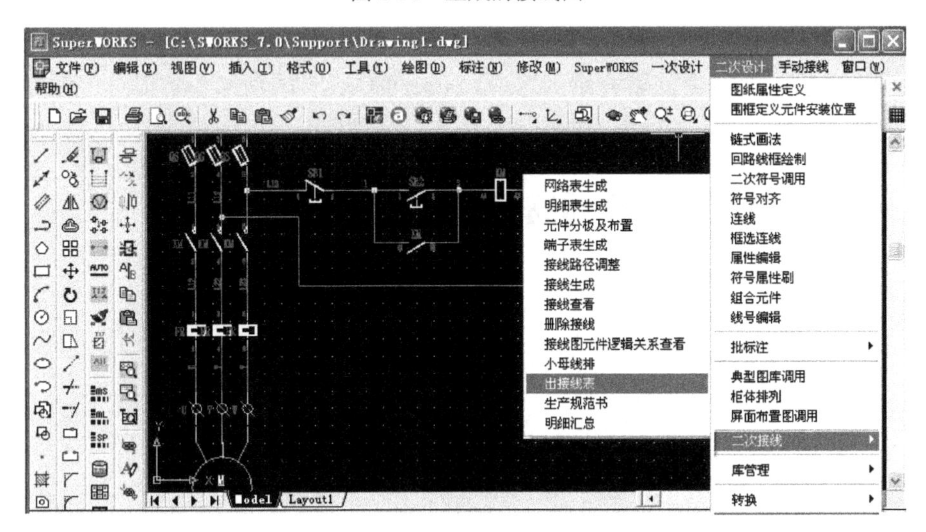

图 2-91　选择“出接线表”命令

图 2-92　接线表生成器

（2）选择接线表输出方式及接线表格式，单击“输出”按钮。本例中选择了“Excel”文件格式，将表格进行适当修改后可以得到如表 2-3 所示的结果。

表 2-3　接线表

安装位置	序号	接线号 1	接线号 2	安装位置	序号	接线号 1	接线号 2
	1	L11-1:2	L11-2:1		8	L32-2:6	L32-3:5
	2	L12-2:2	L12-3:1		9	1-2:13	1-4:4
	3	L21-1:4	L21-2:3		10	1-4:4	1-5:1
	4	L21-2:3	L21-3:96		11	2-2:14	2-2:A1
	5	L22-2:4	L22-3:3		12	2-2:A1	2-5:2
	6	L31-1:6	L31-2:5		13	3-2:A2	3-3:95
	7	L31-2:5	L31-4:3				

SuperWORKS 的使用方法就介绍到这里。SuperWORKS 的功能非常丰富，大家可以自己学习。

实训 2　电气控制原理图的绘制

1．实训目的

（1）熟悉电气图中的常用符号。
（2）了解电气原理图的组成。

2．实训要求

（1）熟记电气图常用的图形符号与文字符号。
（2）对电气原理图进行图面分区。

（3）对电气控制电路的元件和导线进行编号。

（4）写出接触器的触头索引。

（5）指引线标注导线的规格。

（6）填写标题栏。

3．实训理论基础

在实际应用中，通常要涉及的运动方向改变，如工作台前进、后退及电梯的上升、下降等，这就要求电动机能实现正、反转。对于三相异步电动机来说，可用两个接触器来改变电动机绕组相序来实现电动机正、反转控制。电动机正、反转控制电路如图 2-93 所示。

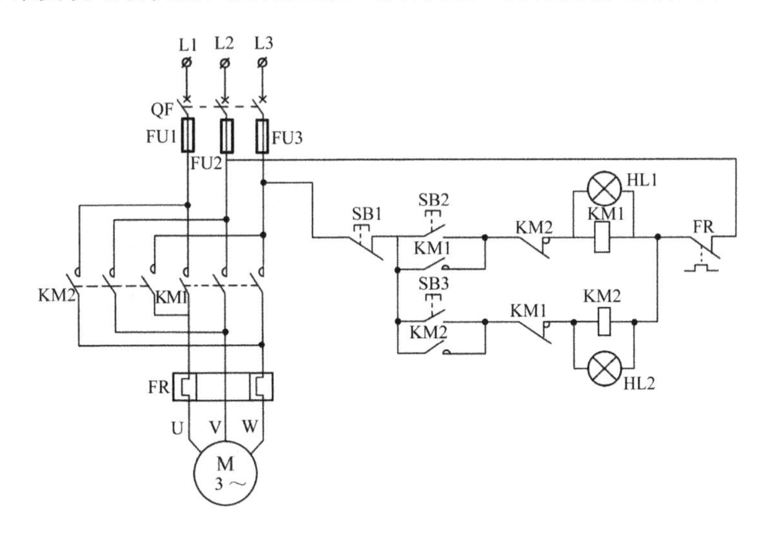

图 2-93　电动机的正、反转控制电路

图 2-93 中接触器 KM1 为正向接触器，控制电动机 M 正转；接触器 KM2 为反向接触器，控制电动机的反转。

在如图 2-93 所示的控制电路中，当启动按钮 SB1 松开后，接触器 KM1、KM2 的线圈通过其辅助常开触头的闭合仍保持通电，从而保持电动机连续运行。这种依靠接触器自身辅助常开触头而使线圈保持通电的控制方式，称自锁或自保。起到自锁作用的辅助常开触头称自锁触头。

图 2-93 中辅助常闭触头 KM1、KM2 的作用是实现电气互锁，当任何一个接触器先通电后，即使按下相反方向的启动按钮，另一个接触器也无法通电，防止两个接触器同时通电，造成电源短路。起互锁作用的触头称为互锁触头。

控制电路设有以下保护环节。

（1）短路保护。短路时熔断器 FU 的熔体熔断而切断电路起保护作用。

（2）电动机长期过载保护。采用热继电器 FR，由于热继电器的热惯性较大，即使发热元件流过几倍于其额定值的电流，热继电器也不会立即动作。因此在电动机启动时间不太长的情况下，热继电器不会动作，只有在电动机长期过载时，热继电器才会动作，用它的常闭触头使控制电路断电。

（3）欠电压、失电压保护。通过接触器KM的自锁环节来实现，当电源电压由于某种原因而出现欠电压或失电压（如停止）时，接触器KM断电释放，电动机停止转动；当电源电压恢复正常时，接触器线圈不会自行通电，电动机也不会自行启动，只有在操作人员重新按下启动按钮后方可启动。

4．实训步骤与基本要求

1）绘制电气原理图的基本要求

（1）图纸幅面。绘制电气图时，应根据图的复杂程度和图线的密集程度选择图纸幅面。根据布图需要，将图纸横放或竖放。图纸四周都要画出图框，以留出周边，图框线为较粗的实线。

（2）图幅分区。为便于读图和检索，各种幅面的图样都可以分区。分区方法有两种：第一种方法是分区在图的周边内划定，分区数必须是偶数，每一分区的长为25～75mm，横向、竖向两个方向可以不同，竖边所分为“行”用大写拉丁字母作为代号，横边所分为“列”，用阿拉伯数字作为代号，都从图的左上角开始顺序编号，两边加注，分区的代号用分区所在“行”与“列”的两个代号组合表示，如“B3”、“C5”等；第二种方法只对图的一个方向分区，根据电路的布置方式选定，例如电路垂直布置时，只做横向分区，分区数不限，各个分区的长度也可以不等，视电路内元器件多少而定，一般是1个支路1个分区，分区顺序编号方式不变，但需要单边加注，其对边则另行划区，标注主要设备或支电路的名称、用途等，称为用途区，两对边的分区长度也可以不同，由于这个方法不影响分区检索，还能直接反映用途，所以更有利于读图。

（3）标题栏。标题栏一般由名称及代号区、签字区、更改区及其他区等组成，用于说明图的名称、图的编号、责任者的签名，以及图中局部内容的修改记录等。

（4）明细栏。装配图或其他带装配性质的图样一般要有明细栏，以填写图样中各组成部分的序号、代号、名称、数量、材料、重量等内容。

（5）图线、箭头与字体。电气图的内容是用图线、箭头和各种字母、数字表达的，它们的画法和书写必须规范，这样才能正确、清楚地表达电气图。

（6）图线。电气图用图线的形式如表1-10（见项目1）所示。

（7）指引线。指引线用于将文字或符号引注至被注释的部位。导线根数、规格等用指引线标注在导线上。

（8）字体。图样中的字体包括汉字、字母和数字等，除责任者本人的签字外，图样中的所有汉字都应写成长仿宋体，并应采用国家正式公布推行的简化字。字体端正，笔划清楚，排列整齐，间隔均匀。

（9）符号位置。机床电路图的符号位置标记方法为：简表内用数字表示触点在本图中的区号；每一竖行内共有多少数字（1位数或两位数）及“×”号表示共有对应的触点几个，“×”号用于表示备而未用的触点。

（10）电气图的布图。电气图的布图原则是“布局合理，排列均匀，图面清晰，便于看图”。表示导线、信号通路、连接线等的图线，都应该是交叉和折弯最少的直线。对电气图的整体布局来说，紧凑，美观，图线密集度相对均衡，适当留有余地以便插入文字、波形图、插图、简表、检测数据等，也是必须注意的。

（11）电源的表示和布置。用符号表示电源。在用单线表示时，直流为“—”，交流为“～”；在用多线表示时，直流正、负极分别用“+”、“-”表示，交流三相按相序分别用“L1”、“L2”、“L3”表示，中性线为“N”。

电源在图中的布置应符合以下各项规定：所有电源线要集中绘制在电路的一侧、上部或下部，多相电源电路还要按相序从上至下或自左至右排列，中性线画在相线的下方或右边；表示电源的线条也可以适当加粗绘出。

（12）连接线。电气图中的连接线虽然有如表1-10（见项目1）所示的几种线形，但通常都是指实线。为了突出或区分某些电路、功能等，导线符号、信号通路、连接线等可以用粗细不同的线条来表示。接线图上两端子间的连接线，可以将它们画成连续的，用于连接线不多的接线图中；也可以画成中断的，用于连接线比较密集的接线图中。它们的作用完全相同。但是，不论采用哪一种方式表达，短路线必须是连续的。

（13）线号。线号标注在项目符号框外侧的连接导线上方，必要时，也可以将连接导线中断后标注出来。导线的两端均应标注出同一个线号。若连接线较短，也可以只在中间注出一个线号。

（14）端子。接线图中的端子要用图形符号和端子代号表示。端子的图形符号为一个小圆。端子板各端子的代号以数字为序直接标注在各小矩形内，数字标注的方向应以小矩形的长边为水平方向。

2）实训步骤

首先绘制原理图（参考图2-93），然后分别对主电路和控制电路进行编号。

（1）元件代号标注。元件代号也称元件的文字符号，它是电气图符号的一部分。电气图中开关的代号为QF，熔断器的代号为FU，接触器的代号为KM，热继电器的代号为FR，停止按钮的代号为SB1，启动按钮的代号为SB2，信号灯的代号为HL。同一个电气设备中的各元件用相同的文字符号表示，如接触器的主触头、线圈、辅助触头等都是用KM表示，热继电器的热元件和常闭触头都用FR表示。电路中有多个相同的电气设备时文字符号用加序号的方式来区分。

（2）为了便于电路分析及绘制接线图，电路图中各元件接线端子用字母、数字、符号标记。

① 电动机绕组的标记：有多台电动机时M1电动机绕组用U1、V1、W1标记；M2电动机绕组用 U2、V2、W2标记；M3电动机绕组用U3、V3、W3标记……

② 主电路上的导线标记：一般三相交流电源引入线用L1、L2、L3、N标记，接地线用PE标记；三相交流电动机所在的主电路用U、V、W标记，凡是被器件、触点间隔的接线端子按双下标数字顺序标记，M1电动机所在的主电路用U11、V11、W11及U12、V12、W12等标记，M2电动机所在的主电路用U21、V21、W21及U22、V22、W22等标记，M3电动机所在的主电路用U31、V31、W31及U32、V32、W32等标记，以此类推。

③ 控制电路和辅助电路的标记：控制电路和辅助电路各线号采用数字标记，其顺序一般从左到右、从上到下，凡是被线圈、触点等元件所间隔的接线端子，都应标以不同的线号。

实际应用中有时为了便于区分，辅助电路也可采用双数字下标来表示，视具体情况而定。

5. 实训考核要求（见表 2-4）

表 2-4　实训考核要求表

考核内容	配分	考核要求与评分标准	得分	备注
图幅选择 元件代号 导线编号 端子编号	20	元件比例和纸张大小匹配为 5 分，元件的文字代号为 5 分。能对各种导线进行自动或手动编号为 5 分，能对各种元件的接线端子进行编号为 5 分		
元件布局	15	主电路的元件布局合理为 5 分，控制电路的元件布局合理为 5 分，元件与元件之间的距离均匀为 5 分		
图幅分区	30	自动分区为 10 分，按电路各部分的功能分区为 20 分		
索引标注	20	接触器 KM1 的触头索引为 10 分，接触器 KM2 的触头索引为 10 分		
指引标注	10	指引线标注导线规格为 10 分		
标题栏	5	填写标题栏为 5 分		

实训 3　电气元件布局图的绘制

1. 实训目的

（1）了解电气元件布局图的组成。
（2）学会电气元件布局图的绘制。
（3）了解电气图中原理图与布局图之间的关系及绘图原则。

2. 实训要求

（1）能对电气原理图中的元件进行分类。
（2）能根据给定的电气原理图绘制电气元件布置图。

3. 实训理论基础

电网频率固定以后，电动机的同步转速与磁极对数成反比，改变磁极对数时同步转速会随之改变，此时也就改变了电动机的转速。由于笼型异步电动机转子极对数能自动与定子极对数相等，所以变极调速仅适用于笼型异步电动机。双速异步电动机是变极调速中最常用的一种，其定子绕组的连接方法有 Y- YY 变换与 D- YY 变换两种，它们都是靠改变每相绕组中半相绕组的电流方向来实现变极的，其中，Y- YY 变换的双速异步电动机属于恒转距调速性质，而 D- YY 变换的双速异步电动机则属于恒功率调速性质。

双速异步电动机控制电路，如图 2-94 所示。

在图 2-94 中，合上电源开关 QF，按下低速启动按钮 SB2，KM1 线圈通电吸合并自锁，电动机以 D-YY 连接低速运行。若按下高速启动按钮 SB3，则先接通 KM1 线圈，使电动机以 D-YY 连接低速启动，待电动机转速升至一定值后，时间继电器 KT 动断触点延时断开，使 KM1 线圈断电释放，同时 KT 动合触点延时闭合，使 KM2、KM3 线圈通电吸合并自锁，电动机切换至 D-YY 连接的高速运行状态。

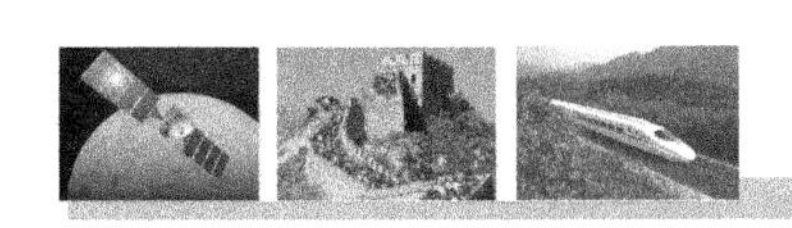

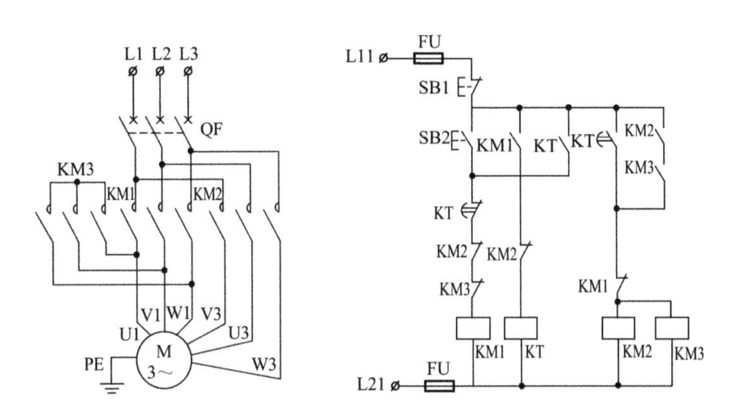

图 2-94　双速异步电动机控制电路图

4. 实训步骤与基本要求

1）绘制电气原理图的基本要求（同实训 2）

2）实训步骤

（1）绘制原理图（参考图 2-94）。分别对主电路和控制电路进行编号（主电路手动编号，控制电路自动编号，详细过程同实训 2）。

（2）绘制电气元件位置图。

① 对原理图中的各元件的外形尺寸进行测试。

② 对元件进行分类。按钮、仪表、信号灯为一组，接触器、继电器、变压器等为一组，电源、电动机等为一组。

③ 绘制板图。绘制两个方框分别代表控制板和电气板，并标注尺寸。

④ 布置电气元件。每个电气元件用一个小方框表示，必要时按比例标注尺寸。按钮、仪表、信号灯等布置在控制板内，接触器、继电器、变压器等布置在电气板内。电气板内绘制端子排。在线槽布线时还要绘制线槽的位置。

⑤ 在电气元件方框内或其上方标注元件代号。

5. 实训考核要求（见表 2-5）

表 2-5　实训考核要求表

考核项目	考核内容	配分	考核要求与评分标准	得分	备注
原理图的绘制	见实训 2	40	见实训 2，分数重新分配		
布置图的绘制	元件分类	20	控制板上的元件分类为 10 分，电气板上的元件分类为 10 分		
	板图绘制	5	控制板绘制为 2 分，电气板绘制为 3 分		
	元件布置	20	电气板上的元件布局为 10 分，端子排布局为 10 分		
	元件代号标注	5	元件代号与原理图一致为 5 分		

实训 4　电气材料表的绘制

1. 实训目的

（1）了解电气材料表的组成。
（2）学会电气设备型号的选择。
（3）了解电气原理图与材料表的关系及绘图原则。

2. 实训要求

（1）熟记电气图中常用电气设备的型号。
（2）能根据给定的电气原理图列出元件明细表。

3. 实训理论基础

所谓能耗制动，就是在电动机脱离三相交流电源之后，在定子绕组上加一个直流电压，即通入直流电流，利用转子感应电流与静止磁场的作用达到制动的目的。这种方法是将转子的动能转变为电能，将其消耗在转子回路的电阻上。

对于采用能耗制动的异步电动机，既要求有较大的制动转距，又要求定子、转子回路中电流不能太大而使绕组过热。根据经验，能耗制动时对笼形异步电动机取直流励磁电流为（4～5）I_0，对绕线转子异步电动机取（2～3）I_0。能耗制动的优点是制动力强、制动较平稳，缺点是需要一套专门的直流电源供制动用。

根据能耗制动的时间控制原则，可用时间继电器进行控制；也可以根据能耗制动的速度原则，用速度继电器进行控制。图 2-95 为根据时间控制原则控制的能耗制动控制电路。合上电源开关 QF，按下 SB2，KM1 线圈通电并自锁，电动机 M 单向启动运行。若要停机，按下 SB1，KM1 断电，电动机定子绕组脱离三相交流电源。同时，KM2 线圈通电并自锁（注：

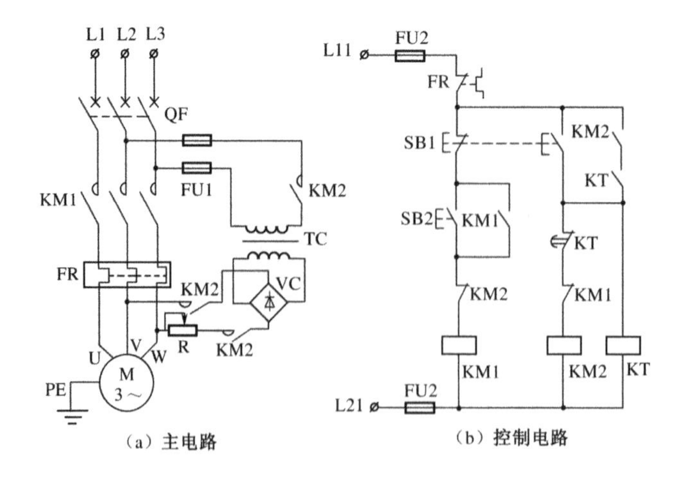

图 2-95　根据时间控制原则控制的能耗制动控制电路

SB1 必须要按到底），将两相定子绕组接入直流进行能耗制动。在 KM2 通电的同时，KT 线圈也通电。电动机在能耗制动的作用下转速迅速下降，当接近零时，KT 延时时间到，其延时触点动作，使 KM2、KT 线圈断电，制动过程结束。

4．实训步骤与基本要求

1）电气制图的基本要求（同实训 2）

2）实训步骤

（1）绘制原理图（参考图 2-95）。

① 这里用到了按钮连锁控制，原理图中表示连锁控制的虚线在电气设备符号库中没有，所以在绘制过程中利用软件的虚线功能将其补上去。

② 分别对主电路和控制电路进行编号（主电路手动编号，控制电路自动编号）。

（2）绘制电气设备材料表。

① 选择电路图上的所有元件型号、规格。关于电气设备型号的选择请参考项目 6 中 6.1.2 节的内容。

② 这里假设电动机的功率为 1.25kW；时间继电器为通电延时空气阻尼式时间继电器，整定时间为 3s。电压为三相 380V。

③ 材料的序号、型号、名称、价格、数量等信息填入表 2-6 内。

表 2-6　能耗制动控制电路的材料表

序号	代号	名称	型号规格	数量	备注

5．实训考核要求（见表 2-7）

表 2-7　实训考核要求表

考核项目	考核内容	配分	考核要求与评分标准	得分	备注
原理图的绘制	主电路 控制电路 导线编号 端子编号	40	元件比例和纸张大小匹配 10 分，元件布置合理 10 分，会对各种导线进行自动或手动编号 10 分，对各种元件的接线端子进行编号 10 分		
材料表	元件代号	10	元件代号符合国标为 10 分		
	元件名称	10	元件名称准确无误为 10 分		
	元件型号规格	40	元件型号、规格准确无误为 40 分		

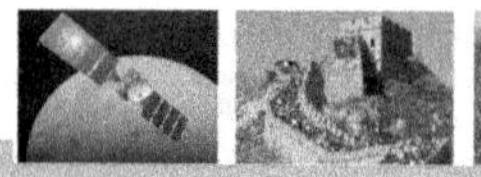

知识梳理与总结

本项目的主要任务是掌握电气制图软件的使用方法。综合运用本项目所学的知识，通过对原理图的分析画出其装配接线图、材料表、接线表，以增强感性认识，加深对所学理论知识的理解，熟悉电气制图的一般方法和步骤，学会常用电气制图软件的使用方法，学会查阅有关资料，为后续项目的学习打下坚实的基础。

项目3 电气图的绘制

教学导航

推荐学时	6
推荐教学方法	（1）多媒体教学。 （2）讲解和演示相结合的方式阐述电气图的绘制方法
教学重点	电气控制原理图的绘制，接线图（单线接线图、互连接线图、端子接线图）的绘制，元件明细表的绘制，接线表的绘制
教学难点	端子接线图和接线表的绘制
推荐学习方法	讲解、课堂练习、课外联系相结合。 课堂上安排简单控制电路的端子接线图的绘制练习，课外安排端子接线图的绘制作业，学生手工绘制为今后的计算机绘制做准备
学习目标	掌握原理图、接线图、布置图、明细表、接线表的绘制方法

电气图是采用国家标准规定的电气图形符号和文字符号绘制而成的，用以表达电气控制系统原理、功能、用途及电气元件之间的布置、连接和安装关系的图样。

电气图的种类很多，本项目将主要介绍电气控制原理图、电气元件布置图、电气接线图、电气元件明细表等绘制的基本方法与原则。

任务 3.1　电气原理图的绘制

电动机是工厂中使用最多的设备，它有多种启动和控制方式，本节以机床控制电路图为例，介绍电气原理图的绘制方法。

1. 电气原理图的绘制原则

（1）电气控制电路原理图按所规定的图形符号、文字符号和回路标号进行绘制。

（2）电气设备应是未通电时的状态；二进制元件应是置零时的状态；机械开关应是循环开始前的状态。

（3）通常将主电路放在电路图的左边，电源电路绘成水平线，主电路应垂直电源电路，控制电路应垂直绘在同一条水平电源线之间，耗能元件直接连接在接地的水平电源线上，触点连接在上方水平线与耗能元件之间。

（4）器件的各部件分别绘在它们起作用的地方，并不按照其实际的布置情况绘在电路中。

（5）每个器件及它们的部件用一定的图形符号表示，且每个器件有一个文字符号。属于同一个器件的各个部件用同一文字符号表示。

（6）为了便于看图，电路应按动作顺序和信号流自左向右的原则绘制。

（7）应将图面分成若干区域，各区域的编号一般写在图的下部；图的上部要有标明每个电路用途的用途栏。

（8）尽可能减少线条数目及避免线条交叉。图中两条以上导线相通的交接处要画一圆点。

（9）图中每个节点要按分区及节点顺序编号。

（10）万能转换开关和行程开关应绘出动作程序和动作位置。

（11）原理图中应标出下列数据。

① 各个电源电路的电压值、极性或频率及相数。

② 某些元件的特性（电阻、电容的量值等）。

③ 图中的全部电动机、电气元件的型号、文字符号、用途、数量、技术数据，均应填写在一个元件明细表内。

2. 电气原理图的绘制方法

原理图一般分为主电路和控制电路两部分。主电路流过电气设备的负荷电流，在图 3-1 中就是从电源经开关到电动机的这一段电路，一般画在图面的左侧或上方；控制电路是控制主电路的通断、监视和保护主电路正常工作的电路，一般画在图面的右侧或下方。

图中电气元件触头的开闭均以吸引线圈未通电、手柄置于零位、元件没有受到外力作用为准。

3．电气原理图的绘制步骤

（1）准备绘图纸并进行分区，绘制边框，绘制标题栏、会签栏等。

（2）布置电气符号。先布置主电路的电气符号，再布置控制电路的电气符号。

（3）连接导线并检查电路有无遗漏元件和导线。

（4）对元件和导线进行编号。

（5）用指引线标注表示导线规格、数量等信息。

（6）电路按各部分的功能进行分区，上方表格写出各部分的功能，下方表格写出对应的区号。

（7）按以上分区信息写出接触器、继电器等元件的触头索引。

（8）填写标题栏信息。

电气原理图的绘制实例（CW6132 型车床的原理图）如图 3-1 所示。

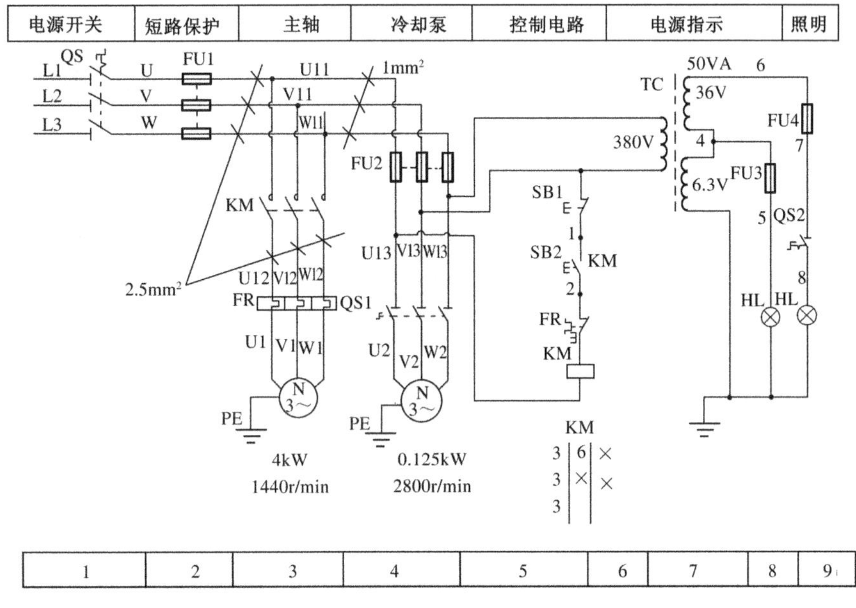

图 3-1　CW6132 型车床的原理图

任务 3.2　电气元件布置图的绘制

1．电气元件布置图的绘制原则

（1）电气元件布置图主要是用来标明电气设备上所有电器的实际位置，为电气设备的制造、安装、维修提供方便。

（2）电气元件布置图可根据控制系统的复杂程度集中绘制或单独绘制。

（3）绘制时，电气设备的轮廓线用细实线或点画线表示，所有能见到的及需要表示清楚的电气设备，均用粗实线绘制出简单的外形轮廓。

（4）电气元件布置图的设计依据是电气原理图。

2．电气元件布置图的绘制

（1）各电气元件的位置确定以后，便可绘制电气布置图。

（2）根据电气元件的外形绘制，并标出各元件的间距。

（3）电气元件的安装尺寸及公差范围，应严格按照产品手册标准标注，并作为底板加工的依据。

（4）在电气布置图设计中，还要根据部件进、出线的数量及采用的导线规格，选择进、出线的方式，同时选用适当的接线端子板或接插件，并按一定顺序标上进、出线的接线号。

3．绘制电气元件布置图的注意事项

体积大和较重的电气元件应安装在电气板的下面，而发热元件应安装在电气板的上面；强电、弱电分开并注意屏蔽，防止外界的干扰；电气元件的布置应考虑整齐、美观、对称。外形尺寸及结构相似的电气设备安放在一起，以利加工、安装和配线；需要经常维护、检修、调整的电气元件的安装位置不宜过高或过低。

电气元件布置不宜过密，若采用板前走线槽配线方式，应适当加大各排电气设备的间距，以利布线和维护。

4．电气元件布置图的绘制步骤

绘制电气元件布置图之前应熟悉电气控制电路的安装工艺和电气识图知识。

（1）对控制电路的原理进行分析，对元件进行分类。

（2）电源开关布置在右上方便于操作的位置；按钮等控制装置布置在右下方；接触器、继电器等器件布置在中间；端子排布置在下方。

（3）绘制电气元件的位置并标注尺寸。电气元件的尺寸并不代表实际尺寸，它是按比例绘制的。

（4）绘制控制板并标注尺寸。

电气元件布置图的绘制实例如图 3-2 所示。

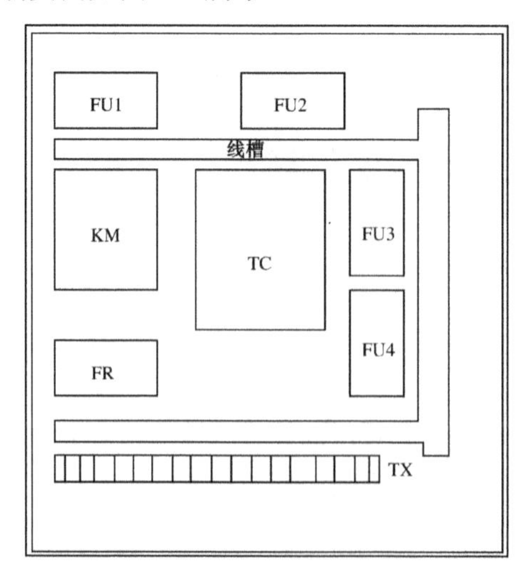

图 3-2　CW1632 型车床的电气元件布置图

任务3.3 电气接线图的绘制

电气控制电路安装接线图是为了安装电气设备和电气元件进行配线或检修电气设备故障服务的。当某些电气部件上的元件较多时，还要画出电气部件的接线图。对于简单的电气部件，只要在电气互连图中画出就可以了。电气部件接线图是根据部件电气原理及电气元件布置图绘制的，它表示成套装置的连接关系，是电气安装与查线的依据。

1. 电气接线图的分类

电气接线图可分为实物接线图、单线接线图、多线接线图、互连接线图、端子接线图等。

2. 电气接线图绘制的要求（应符合GB/T 6988 3—1997的规定）

（1）电气元件外形的绘制与布置图一致，偏差不能太大。

（2）同一电气元件的各个部分必须画在一起。

（3）所有电气元件及其引线的标注应与原理图中的文字符号及接点编号一致。

（4）图中一律采用细线条，有板前走线及板后走线两种。

（5）对于简单部件，电气元件数量较少，接线关系不复杂，可直接画出元件间的连线；

（6）对于复杂部件，电气元件数量多，接线较复杂，一般是采用走线槽，只须在各电气元件上标出接线号，不必画出各电气元件间的连线。

（7）图中应标出各种导线的型号、规格、截面积及颜色。

（8）除粗导线外，各部件的进、出线都应经过接线板。

3.3.1 实物接线图的绘制

实物接线图可以用手工绘制，也可以用计算机绘制。计算机绘制时，若没有专用的电气制图软件，使用计算机中的“画图板”也可以画，此时只要懂得一些画图知识就行。

实物接线图的绘制步骤如下。

（1）准备电气实物图。各种电气的图形较难或无法统一时可以在网上查找相似的图形，并保存好各种常用电气的符号备用。

准备好的电气实物图如表3-1所示。

表3-1 各种电气的实物图

电气实物符号	说明	电气实物符号	说明	电气实物符号	说明
	三相微型断路器		接触器		三相调压器

续表

电气实物符号	说明	电气实物符号	说明	电气实物符号	说明
	三相刀开关		中间继电器		单输入双输出变压器
	两相微型断路器		接继电器		单相变压器
	单相微型断路器		三相异步电动机		整流器
	两相刀开关		断电延时时间继电器		按钮
	单相刀开关		通电延时时间继电器		行程开关
	螺旋式熔断器		管式熔断器		信号或照明灯
	速度继电器		端子排		

（2）布置电气实物图。按控制电路中电气的实际位置绘制实物接线图，同时将需要的电气图形复制在图纸上，若将其放在 Excel 表格中，在使用时将非常方便。

（3）按原理图对实物接线图中电气元件的接线端子进行导线编号。进行编号时如果元器件较多，主电路和控制电路都要进行编号，若因导线编号多而影响画图则只对控制电路进行编号。接线时对有相同数字的端子用线连接在一起。标出导线编号时如果主电路导线的连接比较简单可以不标出。电路较复杂时控制电路上的编号非常重要。

（4）按原理图接线。接线时按以下顺序接线：主电路—控制电路—与端子排相连的电气设备—电动机等。接线时只要注意图中的相同导线编号相连即可。

（5）为了避免因主电路和控制电路的导线多而混淆，可以用不同颜色或粗细不同的线来区分。

图 3-3 为按上述方法绘制的 CW6132 型车床的实物接线图。

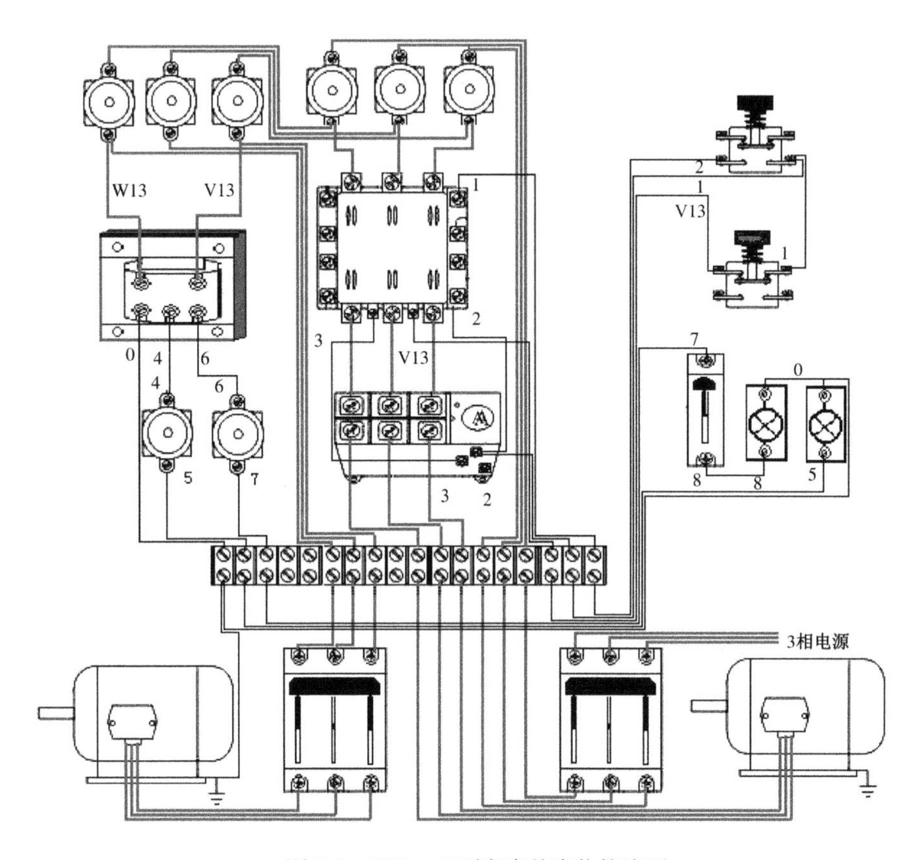

图 3-3　CW6132 型车床的实物接线图

3.3.2　单线接线图的绘制

1. 准备接线图符号

接线图符号不同于原理图符号。绘制接线图时要将一个电气设备内的线圈、触头等绘制在一起。SuperWORKS、诚创电气 CAD 等软件自带接线图库，需要时可直接调用。常用电气的接线图符号如表 3-2 所示。

表 3-2 常用电气的接线图符号表

接线图符号	说明	接线图符号	说明	接线图符号	说明
	三极隔离开关		接触器		信号灯或照明灯
	三极断路器		时间继电器		熔断器
	按钮		中间继电器		整流器
	单相变压器		变压器		

2. 单线接线图的绘制步骤

（1）布置元件。按原理图或布局图布置元件。

（2）连接导线。按原理图连接导线，连接导线时对走向一致的多根导线可以共用一条总线。

（3）按原理图标注元器件的文字编号。

（4）按原理图标注导线编号。图 3-4 为 CW6132 型车床的单线接线图。

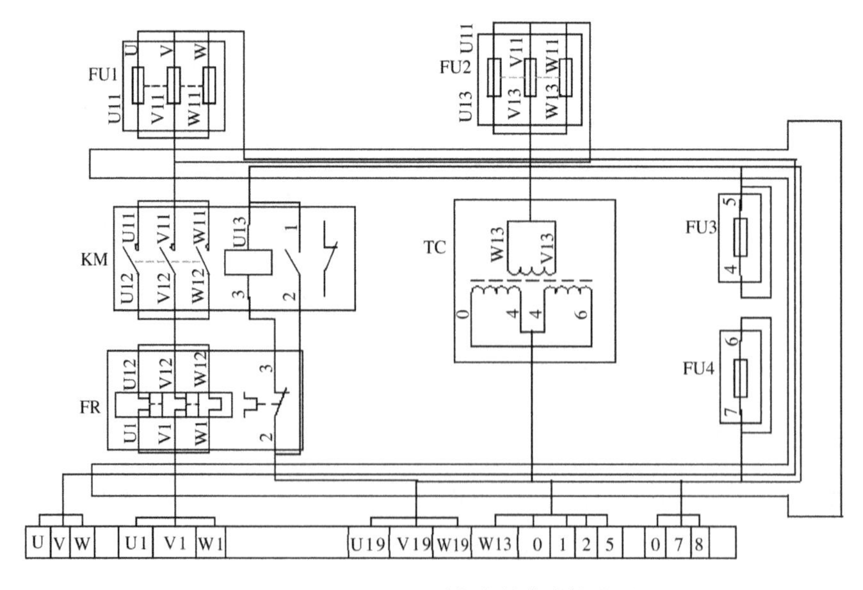

图 3-4 CW6132 型车床的单线接线图

3.3.3 多线接线图的绘制

1. 准备接线图符号

多线接线图中用的接线图符号与单线接线图中用的接线图符号一致，绘制时可以参考单线接线图中的接线图符号。

2. 多线接线图的绘制步骤

（1）元件布置。按原理图或布局图布置元件。

（2）按原理图连接导线。与单线接线图不同之处是每个元件端子之间的连接线要一个个地画出。

（3）按原理图标注元件的文字编号。

（4）按原理图标注导线编号。图3-5为CW6132型车床的多线接线图。

注意：单线接线图中的端子编号和导线编号非常重要，没有编号很难看出连接关系；而多线接线图中各元件端子之间的导线是逐一绘制的，没有编号也可以看出连接关系。

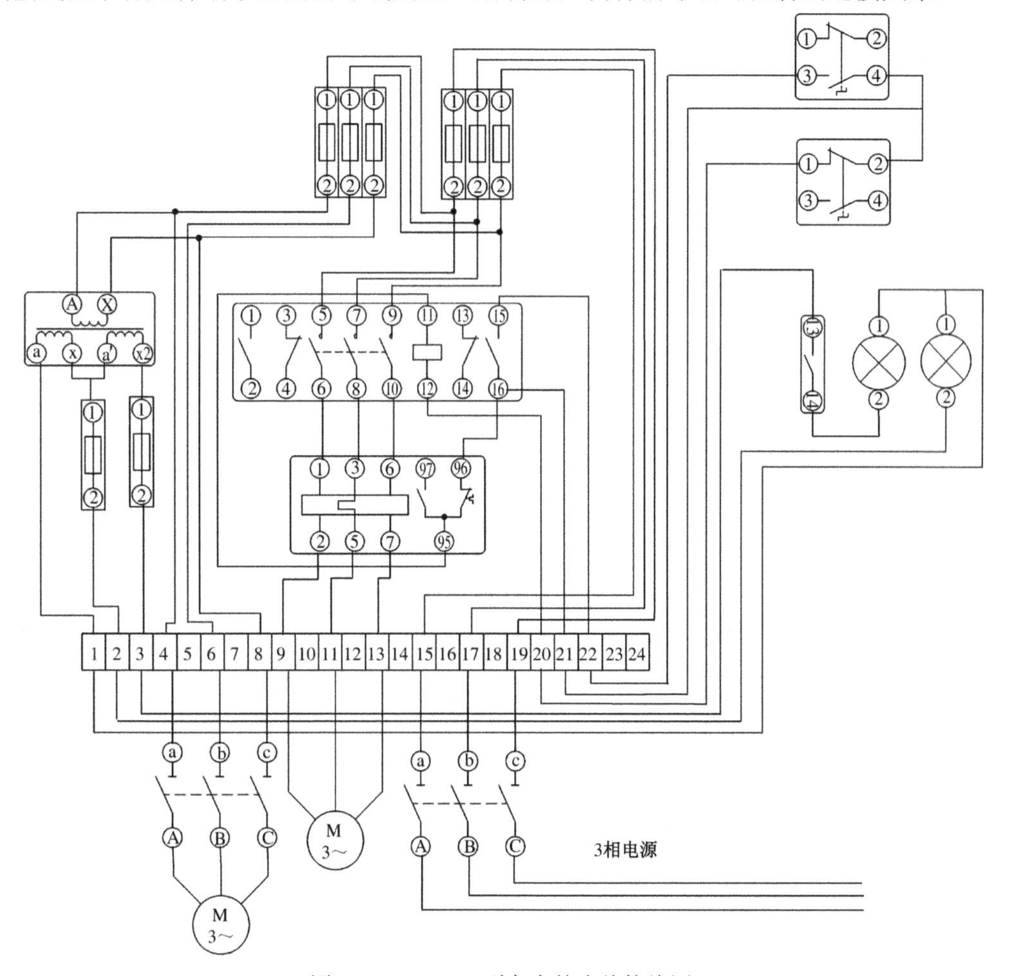

图3-5 CW6132型车床的多线接线图

3.3.4 互连接线图的绘制

互连接线图表示电气板、电源、负载、按钮等的连接信息，它们都是通过端子排连接在一起的，可以说是表达了电气板以外部分的连接关系。

互连接线图的绘制步骤如下。

（1）用方框表示控制板。方框代表控制板，内部元件可以不画。

（2）绘制端子排并进行编号。端子排上的编号和原理图上的端子一致。

（3）按原理图绘制电源的连接线段并标注尺寸、数量等信息。

（4）绘制按钮并按原理图将其连接在端子排上。

图 3-6 为 CW6132 型车床的电气互连接线图。

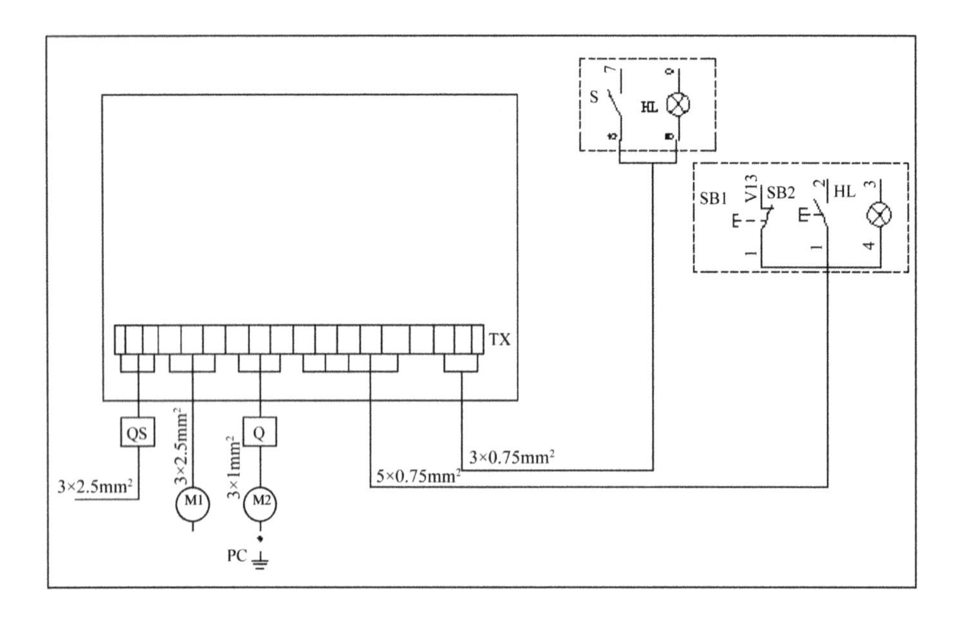

图 3-6　CW6132 型车床的电气互连接线图

3.3.5 端子接线图的绘制

手工绘制端子接线图时先绘制电气元件的接线图符号，接线图符号见表 3-2。在接线图符号上方画一个圆圈，电气元件的文字代号和序号写在圆圈内，用线段隔开，线段的上方写序号，线段的下方写元件代号。相互连接的两个端子上写出导线号、元件标号、元件端子号。

用计算机软件绘制端子接线图非常方便、效率高。SuperWORKS、诚创电气 CAD 等软件有这个绘制功能。用计算机软件绘制端子接线图时要按以下步骤来完成。

（1）绘制原理图，设计元件代号、导线代号，插入端子，这些可以参考原理图的绘制方法。

（2）选择元件型号。

（3）显示端子号。

（4）柜体设计、端子排设计。

（5）元件布局。

（6）形成端子接线图。

这里的开关、按钮、信号灯布置在仪表门上，变压器、接触器、热继电器布置在控制板上，控制板、电动机、电源、仪表门通过端子排连接。图 3-7 和图 3-8 分别为仪表门、控制板的端子接线图。

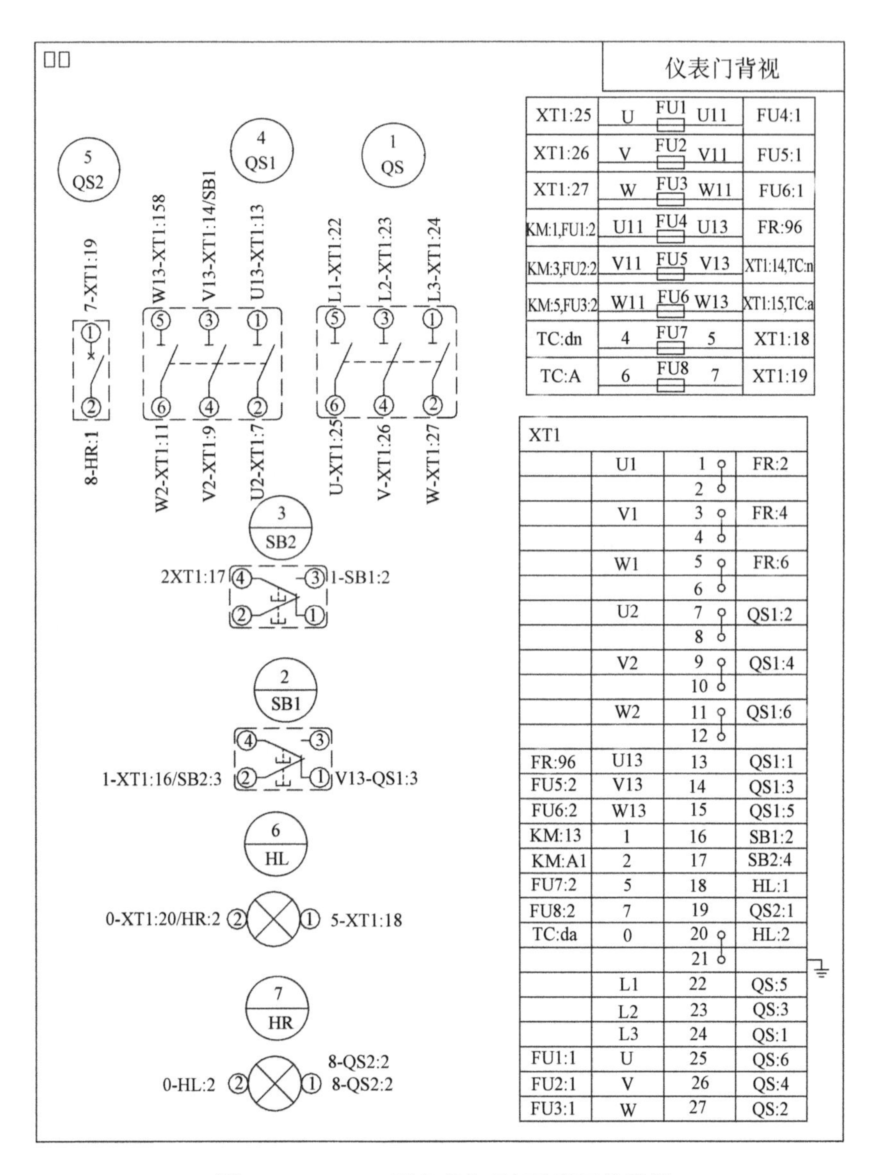

XT1:25	U	FU1	U11	FU4:1
XT1:26	V	FU2	V11	FU5:1
XT1:27	W	FU3	W11	FU6:1
KM:1,FU1:2	U11	FU4	U13	FR:96
KM:3,FU2:2	V11	FU5	V13	XT1:14,TC:n
KM:5,FU3:2	W11	FU6	W13	XT1:15,TC:a
TC:dn	4	FU7	5	XT1:18
TC:A	6	FU8	7	XT1:19

XT1			
	U1	1	FR:2
		2	
	V1	3	FR:4
		4	
	W1	5	FR:6
		6	
	U2	7	QS1:2
		8	
	V2	9	QS1:4
		10	
	W2	11	QS1:6
		12	
FR:96	U13	13	QS1:1
FU5:2	V13	14	QS1:3
FU6:2	W13	15	QS1:5
KM:13	1	16	SB1:2
KM:A1	2	17	SB2:4
FU7:2	5	18	HL:1
FU8:2	7	19	QS2:1
TC:da	0	20	HL:2
		21	
	L1	22	QS:5
	L2	23	QS:3
	L3	24	QS:1
FU1:1	U	25	QS:6
FU2:1	V	26	QS:4
FU3:1	W	27	QS:2

图 3-7　CW6132 型车床仪表门的端子接线图

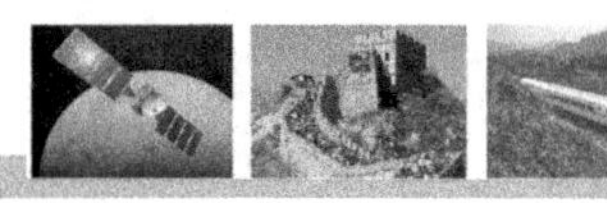

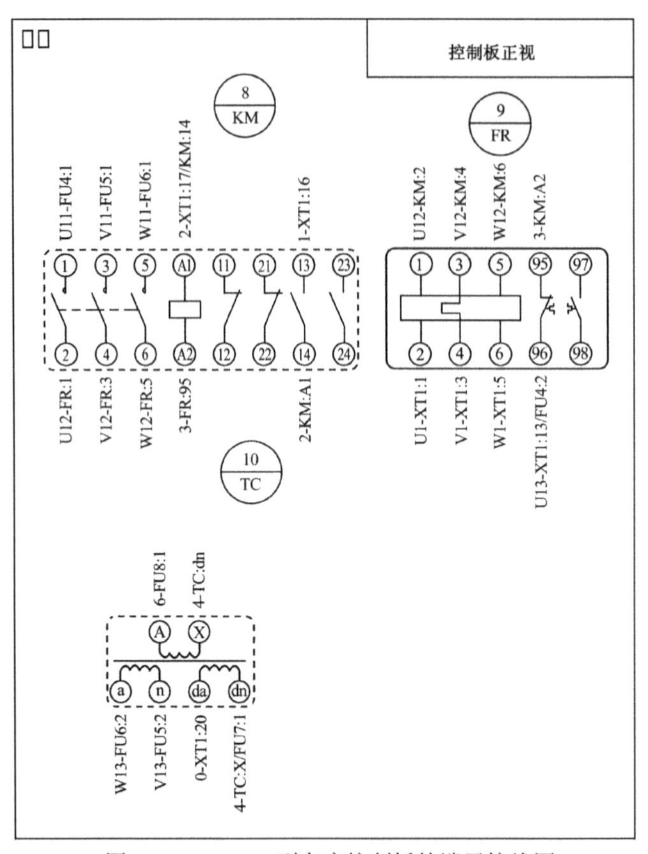

图 3-8　CW6132 型车床控制板的端子接线图

任务 3.4　元器件及材料清单的汇总

在电气控制系统原理设计及施工设计结束后，应根据各种图纸，对电气设备需要的各种零件及材料进行综合统计，列出外购元器件清单表、标准件清单表、主要材料消耗定额表及辅助材料消耗定额表，以便采购人员和生产管理部门按电气设备制造需要备料，做好生产准备工作。这些资料也是成本核算的依据，特别是对于生产批量较大的产品，此项工作要仔细做好。表 3-3 为 CW6132 型车床的电气元件明细表。

表 3-3　CW6132 型车床的电气元件明细表

代号	名称	型号	规格	数量
M1	主轴电动机	JO2-42-4	5.5 kW，1410 r/min	1 台
M2	冷却泵电动机	JCB-22 型	0.125 kW，2790 r/min	1 台
KM	交流接触器	CJO-20 型	380 V，20A	1 个
FR	热继电器	JRO-40 型	11.3A	1 个
QS	三极开关	HZ1-10	380V，10A	1 个
Q1	三极开关	HZ1-10	380V，10A	1 个
Q	单极开关	HZ1-10	220V，6A	1 个
SB1	按钮	LA2 型	1 组常闭触点	1 个
SB2	按钮	LA2 型	1 组常开触点	1 个

续表

代号	名称	型号	规格	数量
FU1	熔断器	RL1 型	25A	3 个
FU2	熔断器	RL1 型	2A	2 个
FU3	熔断器	RL1 型	2A	2 个
TC	照明变压器	BK-50	50VA，380V/36V/6.3V	1 个
HL	照明灯		40W，36V	1 个
HL	照明灯		40W，36V	1 个

任务 3.5 端子接线表的绘制

端子接线表是由元件与元件之间的连接信息组成的表格，它是由序号、回路线路号、起始端号、末端号组成的。端子接线表可以手工填写，也可以通过电气 CAD 软件生成，用电气 CAD 软件形成方便、效率高，按下形成表按钮就可以生成。接线表有两种，一种是按原理图生成的接线表，另一种是按接线图生成的接线表。工程上第 2 种接线表用得较多，以后的练习中只绘制按接线图生成的接线表。表 3-4 为按原理图生成的接线表，表 3-5 为按接线图生成的接线表。

表 3-4 按原理图生成的接线表

序号	回路线号	起始端号	末端号	序号	回路线号	起始端号	末端号
1	L1	QS-5	XT1-22	27	U13	FR-96	XT1-13
2	L2	QS-3	XT1-23	28	0	TC-da	XT1-20
3	L3	QS-1	XT1-24	29	U11	KM-1	FU4-1
4	U	QS-6	XT1-25	30	U13	FR-96	FU4-2
5	V	QS-4	XT1-26	31	V11	KM-3	FU5-1
6	W	QS-2	XT1-27	32	V13	TC-n	FU5-2
7	1	SB1-2	XT1-16	33	W11	KM-5	FU6-1
8	2	SB2-4	XT1-17	34	W13	TC-a	FU6-2
9	V2	QS1-2	XT1-7	35	4	TC-dn	FU7-1
10	V2	QS1-4	XT1-9	36	6	TC-A	FU8-1
11	W2	QS1-6	XT1-11	37	U12	KM-2	FR-1
12	U13	QS1-1	XT1-13	38	V12	KM-4	FR-3
13	V13	QS1-3	XT1-14	39	W12	KM-6	FR-5
14	W13	QS1-5	XT1-15	40	3	KM-A2	FR-95
15	7	QS2-1	XT1-19	41	2	KM-A1	KM-14
16	5	HL-1	XT1-18	42	4	TC-X	TC-dn
17	0	HL-2	XT1-20	43	U11	FU4-1	FU1-2
18	1	SB1-2	SB2-3	44	V11	FU5-1	FU2-2
19	V13	SB1-1	QS1-3	45	W11	FU6-1	FU3-2
20	8	QS2-2	HR-1	46	V13	XT1-14	FU5-2
21	0	HL-2	HR-2	47	W13	XT1-5	FU6-2
22	1	KM-13	XT1-16	48	5	XT1-18	FU7-2
23	2	KM-A1	XT1-17	49	7	XT1-19	FU8-2
24	U1	FR-2	XT1-1	50	U	XT1-25	FU1-1
25	V1	FR-4	XT1-3	51	V	XT1-26	FU2-1
26	W1	FR-6	XT1-5	52	W	XT1-27	FU3-1

表 3-5　按接线图生成的接线表

序号	回路线号	起始端号	末端号	序号	回路线号	起始端号	末端号
1	1	SB1-2	SB2-3	6	V12	KM-4	FR-3
2	V13	SB1-1	QS1-3	7	W12	KM-6	FR-5
3	8	QS2-2	HR-1	8	3	KM-A2	FR-95
4	0	HL-2	HR-2	9	2	KM-A1	KM-14
5	U12	KM-2	FR-1	10	4	TC-X	TC-dn

实训 5　互连接线图的绘制

1．实训目的

（1）了解互连接线图的组成。

（2）了解电气图中原理图与互连接线图的关系及绘图原则。

2．实训要求

（1）能对电气原理图中的电气设备进行分类。

（2）能根据给定的电气原理图绘制互连接线图。

3．实训理论基础

三相异步电动机旋转磁场的旋转方向与电流相序一致，因此只要改变电动机三相电源的相序并串入反接制动电阻，就可以达到尽快停机的目的。

图 3-9 为单相反接制动控制电路图，从主电路可看出，接触器 KM1 和 KM2 分别控制电动机的正转和反接制动。电动机正常运行时，KM1 通电吸合，KV 的一对常开触点闭合，为反接制动做准备。当按下停止按钮 SB1 时，KM1 断电，电动机定子绕组脱离三相电源，但电动机因惯性仍以很高的速度旋转，KV 原闭合的常开触点仍保持闭合，当将停止按钮 SB1 按到底时，SB1 常开触点闭合，KM2 通电并自锁，电动机定子串接二相电阻接上反序电源，电动机进入反接制动状态，电动机转速迅速下降，当电动机转速接近 100r/min 时，KV 常开触点复位，KM2 断电，电动机及时脱离电源，然后自然停车至零。

4．实训步骤与基本要求

1）电气制图的基本要求（见实训 1）

2）实训步骤

（1）绘制原理图（参考图 3-9）

① 这里用到了速度继电器，表示速度继电器的符号在电气元件库中没有，没有的元件用软件的绘图功能补上去。

② 分别对主电路和控制电路进行编号（主电路手动编号，控制电路自动编号）。

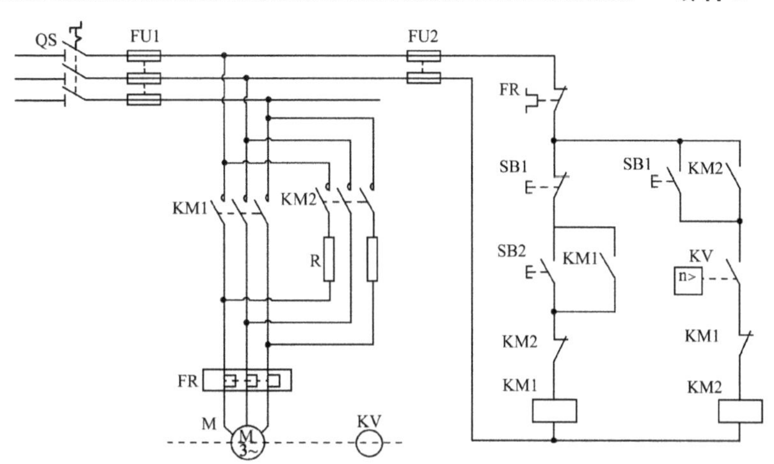

图 3-9　单相反接制动控制电路图

（2）互连接线图的绘制。互连接线图的绘制请参考项目 3 中 3.3.4 节的内容。

① 分析原理图，了解哪些电气布置在电气板上，哪些电气布置在控制板上。

② 绘制电气板框。

③ 在电气板框下方绘制端子排图形，端子排图形内的小方格内写出端子序号。

④ 电气板内的电气设备可以不画，电气板以外的电气设备（电源、按钮、速度继电器的触头、电动机）需要绘制在电气板以外并连接在端子排上。

⑤ 按钮（启动按钮、停止按钮）绘制在电气板外并连接在端子排上。

⑥ 标注元件代号、导线规格等信息。

5. 实训考核要求（如表 3-6 所示）

表 3-6　实训考核要求表

考核项目	考核内容	配分	考核要求与评分标准	得分	备注
原理图的绘制	主电路 控制电路 导线编号 端子编号	40	元件比例和纸张大小匹配 10 分，元件布置合理 10 分，会对各种导线进行自动或手动编号 10 分，对各种元件的接线端子进行编号 10 分		
互连接线图的绘制	电气板	5	绘制电气板边框为 5 分		
	端子排	15	绘制端子排、设计端子序号为 15 分		
	互连元件	40	绘制互连元件、连接线，写出元件代号、导线规格等		

实训 6　端子接线图的绘制

1. 实训目的

（1）熟悉电气图中常用电气的接线图符号。

（2）了解端子接线图的组成。

（3）了解电气图中原理图与端子接线图之间的关系及绘图原则。

2. 实训要求

（1）熟记电气图常用的图形符号、文字符号、接线图符号（逻辑符号）。

（2）能对端子接线图进行分区。

（3）能根据给定的电气原理图绘制端子接线图。

3. 实训理论基础

钻床是一种用途广泛的万能机床。钻床的结构形式很多，有立式钻床、卧式钻床、深孔钻床及多轴钻床等。摇臂钻床是一种立式钻床，在钻床中具有一定代表性，主要用于对大型零件进行钻孔、扩孔、铰孔和攻螺纹等，适用于成批或单件生产的机械加工车间。摇臂钻床的运动形式有主运动（主轴旋转）、进给运动（主轴纵向移动）、辅助运动（摇臂沿外立柱垂直移动，主轴箱沿摇臂径向移动，摇臂与外立柱相对于内立柱共同做回转运动）等。

以下是对 Z3040 型摇臂钻床电气控制电路的简要分析。

图 3-10 和图 3-11 为 Z3040 型摇臂钻床的主电路图和控制电路图，共有 4 台电动机：主轴电动机 M2，液压泵电动机 M3（立柱松紧电动机），摇臂升降电动机 M4，冷却泵电动机 M1。主电路采用 380V 三相交流电源，控制电路、照明电路、指示电路均由控制变压器 TC 供电，分别为 127V、36V、6.3V。

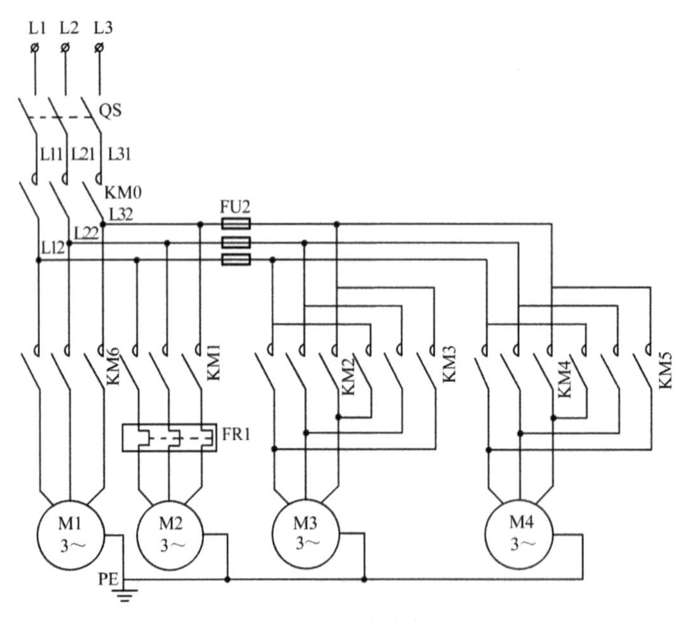

图 3-10　Z3040 型摇臂钻床的主电路图

（1）主电路分析。主轴电动机 M2 由接触器 KM1 控制，只做单向启动，而主轴反转运动是由机床液压系统操作结构配合正、反转摩擦离合器来实现的，由热继电器 FR1 做电动机过载保护。由 KM2 和 KM3 控制立柱松紧电动机；由 KM4 和 KM5 控制摇臂升降电动机；冷却泵电动机 M1 由开关 QS 控制。

（2）控制电路分析。控制电路由控制电源、主轴转动控制电路、摇臂升降控制电路、立柱的夹紧和松紧控制电路组成，其中主轴转动和摇臂升降由十字开关 SA 的手柄控制。

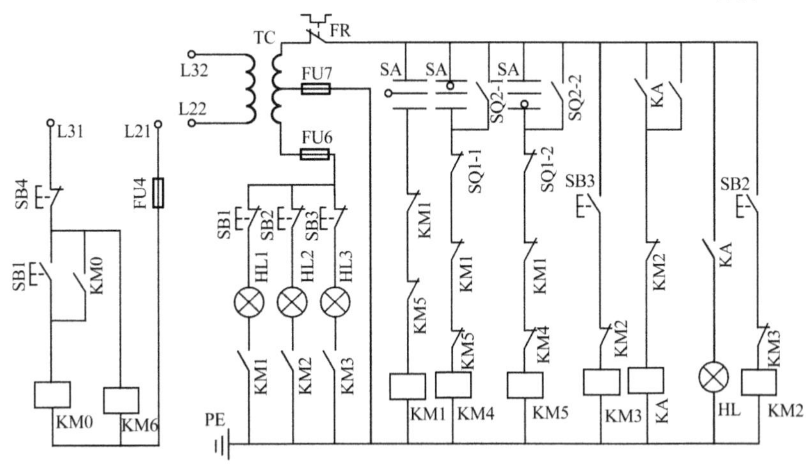

图 3-11　Z3040 型摇臂钻床的控制电路图

① 十字开关 SA 的操作。十字开关 SA 实际上是一个功能选择开关，它的面板上有一个十字形的凹槽，操作手柄可以在十字形凹槽内分别向左、右、上、下和中间 5 个位置切换。除中间位置外，其余 4 个位置在下面装有 4 个微动开关。当手柄分别扳到不同位置时压合相应的微动开关，使微动开关的动合触头闭合，接通相应的控制电路。当手柄离开后微动开关自动断开复位。手柄处在中间位置时 4 个微动开关均不受压，呈断开状态。

② 主轴电动机控制。接通电源，按下 SB1，KM 0 线圈通电，其辅助动合触点闭合自锁，SA 置左位，经过 KM4、KM5 的动断触头使 KM1 线圈通电，其主触头闭合，主轴电动机 M2 通电运转。停止时，须将 SA 的手柄扳回中间位置，KM1 断电释放，M2 停转。

③ 摇臂升降控制。摇臂升降是通过 M4 的正、反转运动带动摇臂升降机构和夹紧装置，自动完成摇臂松开→上升（或下降）→夹紧过程的。接通电源，按下 SB1，KM0 线圈通电；SA 置上位，限位开关 SQ 1-1 经 KM1、KM5 动断触头使 KM4 线圈通电，KM4 的主触头闭合，M4 反转，摇臂上升。摇臂下降过程的分析与此相似。

④ 立柱的松紧和放松控制。立柱松紧电动机 M3 由接触器 KM2 和 KM3 控制，其工作原理是：接通电源，按下 SB1→KM0 线圈通电→按下 SB2→KM2 线圈通电→KM2 的主触头闭合→M3 正转，主轴箱与立柱松开。

4．实训步骤与基本要求

1）建议

本实训使用 SuperWORKS 或诚创电气 CAD 软件来完成。软件的使用方法请参考项目 4 的内容。

2）电气制图的基本要求（见实训 1）

3）实训步骤

（1）绘制原理图（参考图 3-10 和图 3-11）。

① 分别对主电路和控制电路的导线进行编号（主电路手动编号，控制电路自动编号）。

② 设计元件的文字代号。

③ 选择元件型号并形成元件端子号。

④ 在通过端子排连接的部位插入可拆卸端子。

（2）绘制端子接线图。绘制端子接线图请参考项目 3 中 3.3.5 节的内容。

① 柜体设计。设计电气板、控制板布局。

② 设计端子排。

③ 对元件进行布局。

④ 生成端子接线图。

5．实训考核要求（如表 3-7 所示）

表 3-7　实训考核要求表

考核项目	考核内容	配分	考核要求与评分标准	得分	备　注
原理图的绘制	主电路和控制电路的导线编号、端子编号和元件代号	40	元件比例和纸张大小匹配 10 分，元件布置合理 10 分，会对各种导线进行自动或手动编号 10 分，对各种元件的接线端子进行编号 10 分		
绘制端子接线图	元件型号	10	元件型号选择为 10 分		
	元件端子号	10	元件端子号生成为 10 分		
	柜体设计	10	电气板设计为 5 分，控制板设计为 5 分		
	端子排设计	10	端子排设计为 10 分		
	元件布局	10	电气板布局为 5 分，控制板布局为 5 分		
	生成接线图	10	生成端子接线图为 10 分		

知识梳理与总结

绘图方法和步骤如下。

(1) 绘制原理图时了解控制电路的电气结构。

① 包括了解电气元器件的用途、性能、工作原理、结构特点、触头位置及状态、电气的装配关系、原理图符号与接线图符号之间的关系。

② 了解方法：观察、分析、研究控制电路的工作情况。

(2) 绘制接线图时了解原理图符号与接线图符号的关系。接线图用以表示控制电路中各元器件的相互位置和装配关系，作为电气安装工艺、维护、新装配的依据。接线图的画法有以下特点。

① 从接线图符号上可以看到电气设备的内、外线圈和触头的装配关系。

② 只用简单的图形符号、文字符号和线条表达各电气设备的大概连接关系。

③ 一般电气元器件可用简单的图形画出大概轮廓，有些器件的画法可按国标规定的符号来画。

④ 相邻电气设备之间应留有间隙，以便于区别。

(3) 绘制材料表时了解元件参数。绘制材料表时对控制电路中的所有电气元器件进行编号并列表注明其名称、数量、型号、价格等。

(4) 绘制接线表时了解连接关系。将元件序号、元件代号、导线编号、端子编号标注在接线图上。

项目 4 电气 CAD 软件绘制电气图

教学导航

推荐学时	6
推荐教学方法	（1）多媒体教学和上机练习相结合。 （2）教师讲解和操作演示，学生用计算机绘图练习
教学重点	电气控制原理图、端子接线图、元件明细表、端子接线图的绘制
教学难点	端子接线图的绘制
推荐学习方法	教师讲解具体的控制电路电气图的绘制方法，学生在下课前将所完成的内容发给教师作为考核依据。 电气图的绘制是一种连贯性很强的工作，绘制时将绘制好的图样做好保存并在下次继续使用
学习目标	（1）学会对电气控制电路原理图的绘制，包括导线的绘制、元件代号设计、导线编号设计、元件型号的选择、端子编号生成等。 （2）学会端子排设计、柜体设计、元件布置、接线图生成的方法。 （3）学会元件明细表生成、端子接线图生成的方法

用电气 CAD 软件绘制电气图是一种速度快、准确率高、管理方便的有效方法。在课程设计、毕业设计、电气安装工艺实训等实践教学环节中要求学生使用计算机绘制电气图样。在本项目中学生可以了解到电气 CAD 软件绘制电气图的全过程，为以后的设计打下基础。本项目将使用诚创电气 CAD 软件绘制电气图。

任务 4.1　电气 CAD 软件电气原理图的绘制

电气图的绘制顺序为原理图→明细表→柜体设计→端子排→端子接线图→接线表。只要原理图准确无误，其他电气图就可以做到准确无误。原理图上有元件图形符号、导线、元件代号、导线编号、元件型号等关键因素，缺少任何一个因素，除了原理图以外的其他电气图、明细表、柜体设计、端子排、端子接线图、接线表都会出问题。如何做到电气图准确无误关键就要看原理图的绘制是否准确。

1．绘制电气原理图前的准备

（1）准备软件。准备 AutoCAD 2005 和诚创电气 CAD 2004 软件。

（2）安装软件。诚创电气 CAD 2004 软件需要 AutoCAD 2005 软件的支持，所以先安装 AutoCAD 2005，运行正常后可以安装诚创电气 CAD 2004。

软件的详细安装方法可以参考其安装说明书。一般在机房上机练习时软件是管理人员提前安装好的。

2．电气原理图的绘制步骤

这里以电动机点动控制电路为例介绍几种电气原理图的绘制方法，电气原理图的绘制软件用诚创电气 CAD。电气原理图的绘制步骤如下。

（1）新建文件，选择图形样式为 Gb-a3-Named Plot Styles 并打开，如图 4-1 所示。

图 4-1　选择图形样式为 Gb-a3-Named Plot Styles

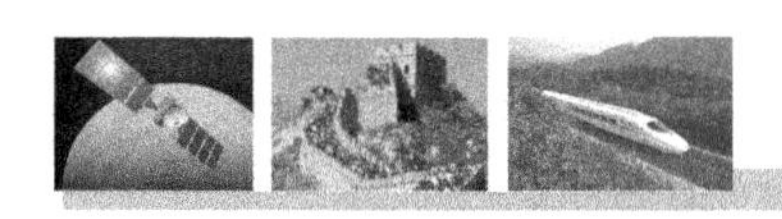

（2）将标准图幅设为 A4 并进行分区，分区为 8 行 10 列，方向为横向，如图 4-2 所示。

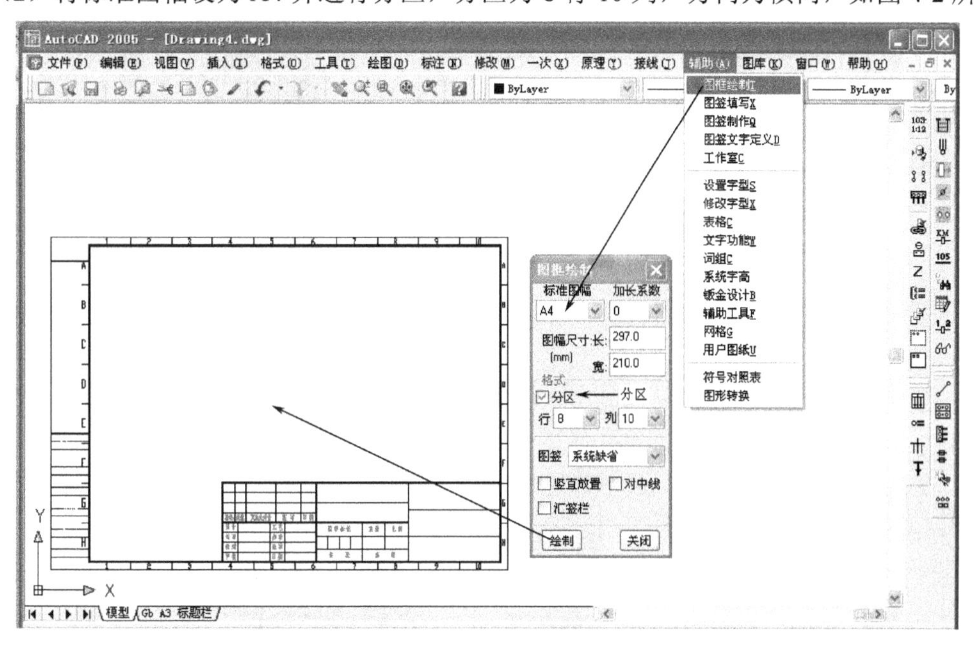

图 4-2　将标准图幅设为 A4 并进行分区

（3）先绘制主电路的导线，在导线上按顺序插入断路器、接触器的主触头、热继电器的热源件及电动机等符号，如图 4-3 所示。

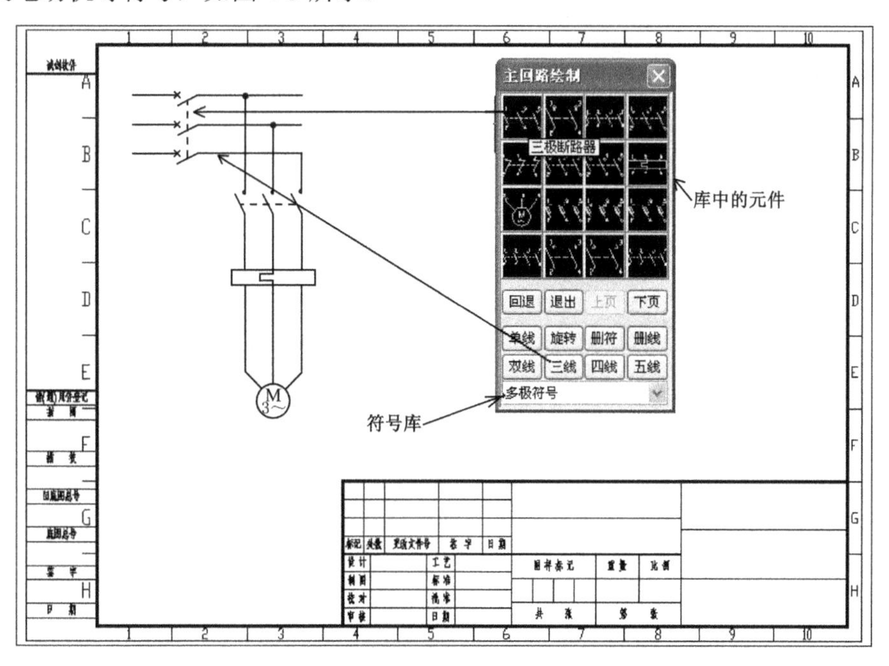

图 4-3　绘制导线并插入元件

（4）绘制控制电路的导线，在导线上按顺序插入熔断器、热继电器的常闭触头、启动按钮、接触器的线圈等，如图 4-4 所示。

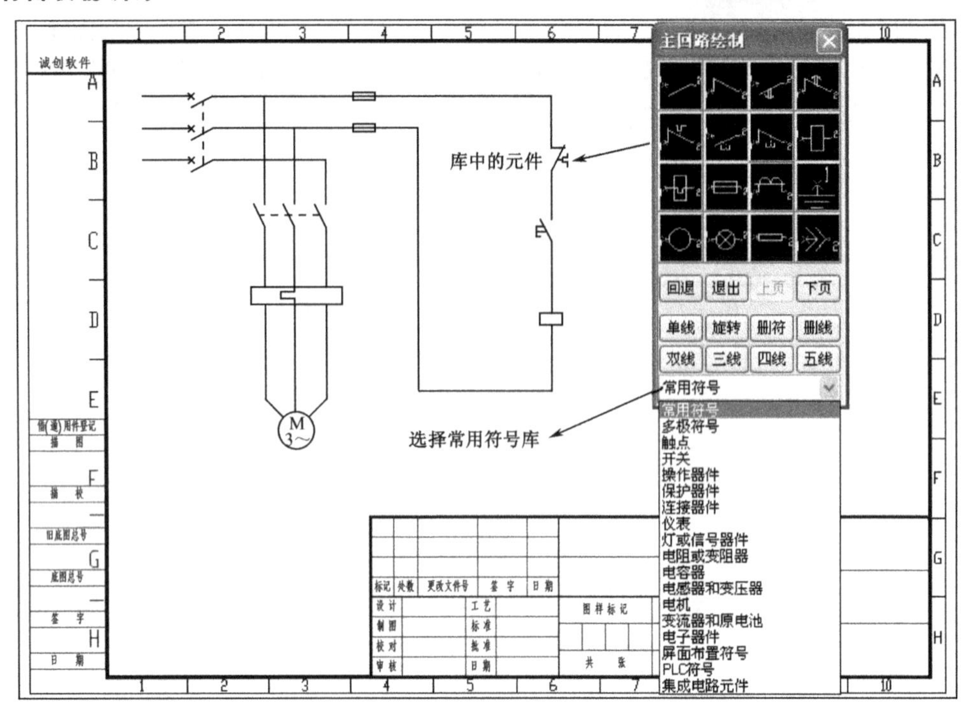

图 4-4　绘制控制电路的导线并插入元件

（5）对元件进行代号标注。断路器标注为 QF，接触器为 KM，热继电器为 FR，熔断器为 FU，按钮为 SB，如图 4-5 所示。

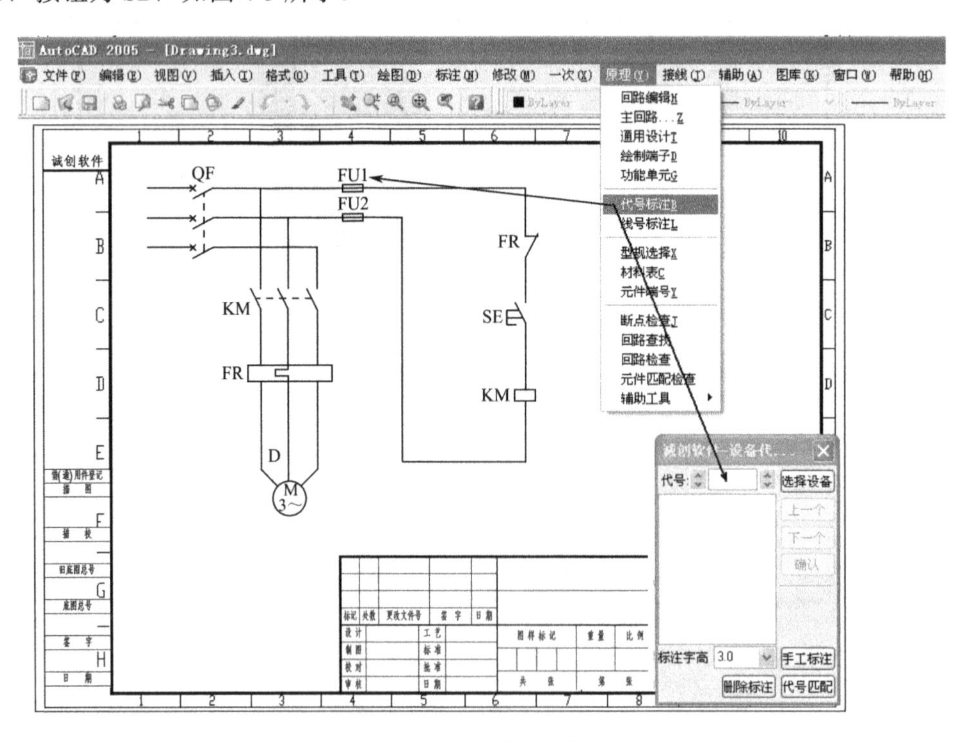

图 4-5　元件代号标注

（6）对电路上的导线进行线号标注。先对主电路上的导线进行线号标注，电源的线号标注为L1、L2、L3，电动机的连接线按电动机的相序标注为U、V、W，其他导线与电动机的相序对应，接触器的上方标注为U11、V11、W11，接触器的下方标注为U12、V12、W12，控制电路的线号标注为0、1、2、3，如图4-6所示。

注意：选择“原理（Y）”菜单，在其下拉菜单中选择“线号标注L”命令，在“诚创软件-线号标注”对话框中单击“区域标注”按钮，选择要编号的导线区域，按“Enter”键，导线呈红色显示，在命令提示行输入导线编号，按“Enter”键，下一条导线红色显示，再输入相应的导线编号，继续输入其他导线的编号，直到区域内的所有导线的编号输入完为止。

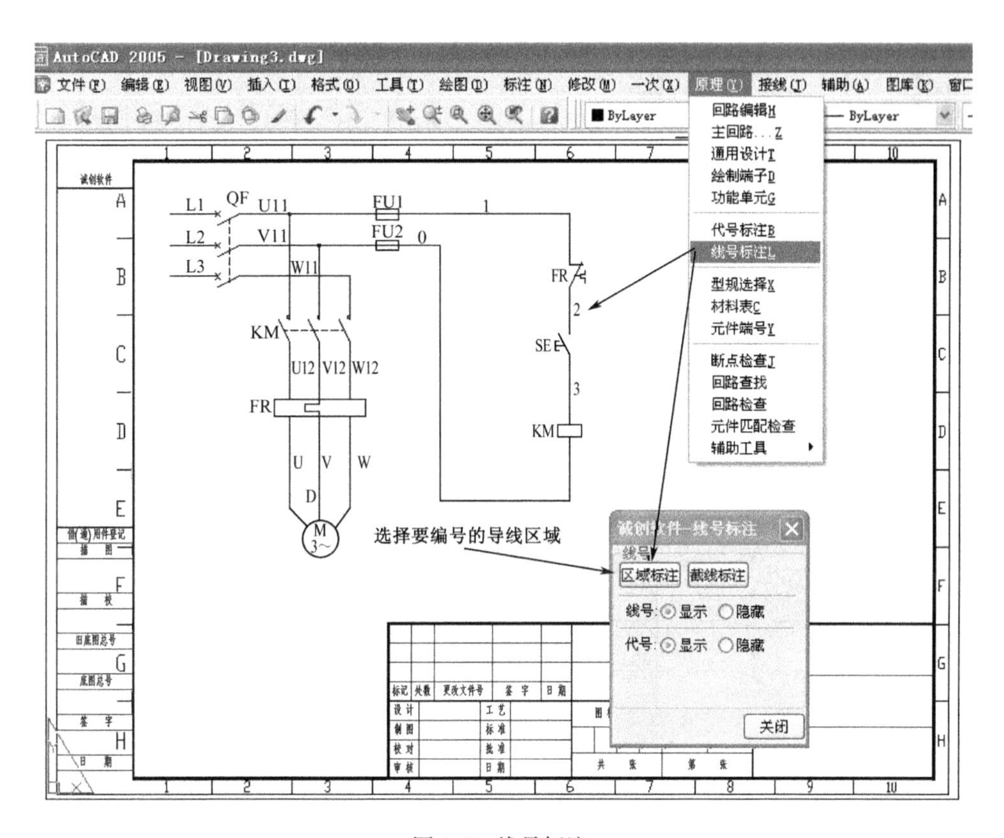

图4-6 线号标注

（7）填写标题栏并进行保存，为了避免丢失内容应养成边绘制边保存的习惯。双击标题栏区可以打开“增强属性编辑器”对话框，输入标题栏信息后单击“确定”按钮，如图4-7所示。

（8）对原理图进行手工分区，在原理图上方绘制一个1行4列的表格，在表格内填写电路各部分对应的功能，电路图下方绘制一个1行4列的表格，表格内填写序号并与原理图上方的表格对应，如图4-8所示。

注意：这里的分区信息用AotoCAD的文本输入功能来完成，表格用Aoto CAD的绘制矩形框功能绘制。

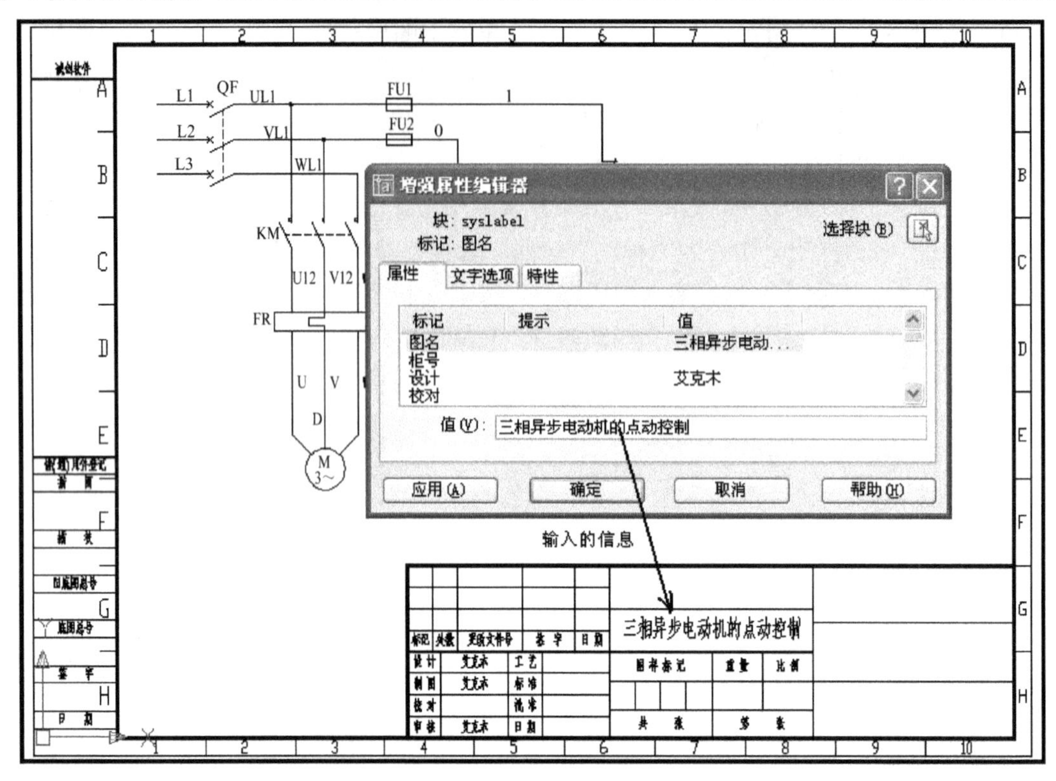

图 4-7　填写标题栏

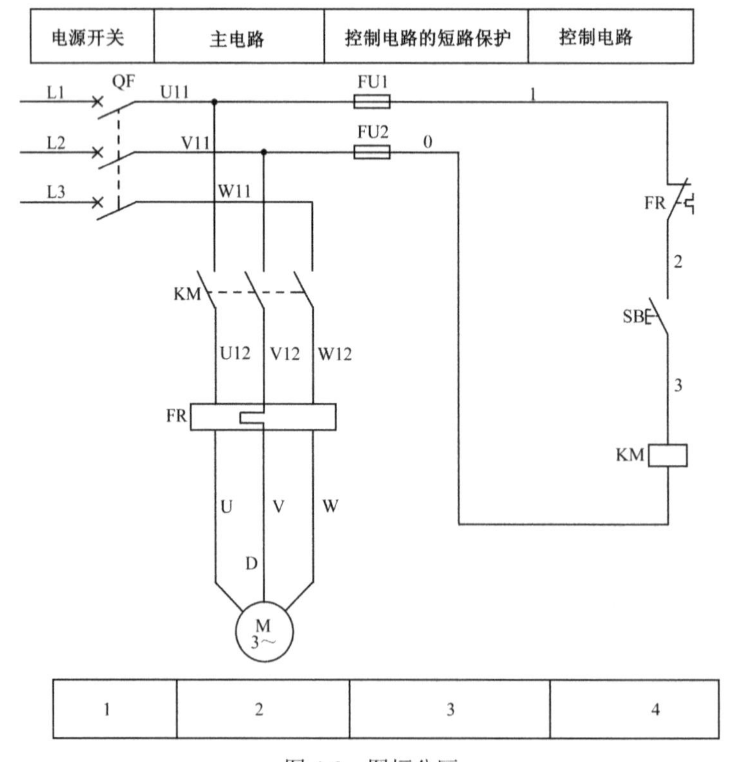

图 4-8　图幅分区

（9）写出接触器的触头索引。触头索引是由电气控制电路中的接触器、继电器等电气设备的触头在电路图中的位置信息组成的简表。接触器的触头索引有 3 列，第 1 列为主触头的位置信息，第 2 列为常开辅助触头的位置信息，第 3 列为常闭辅助触头的位置信息。继电器的触头索引有两列；第 1 列为常开触头的位置信息，第 2 列为常闭触头的位置信息。触头索引和电路分区有关系，没有分区无法写出触头索引信息，如图 4-9 所示。

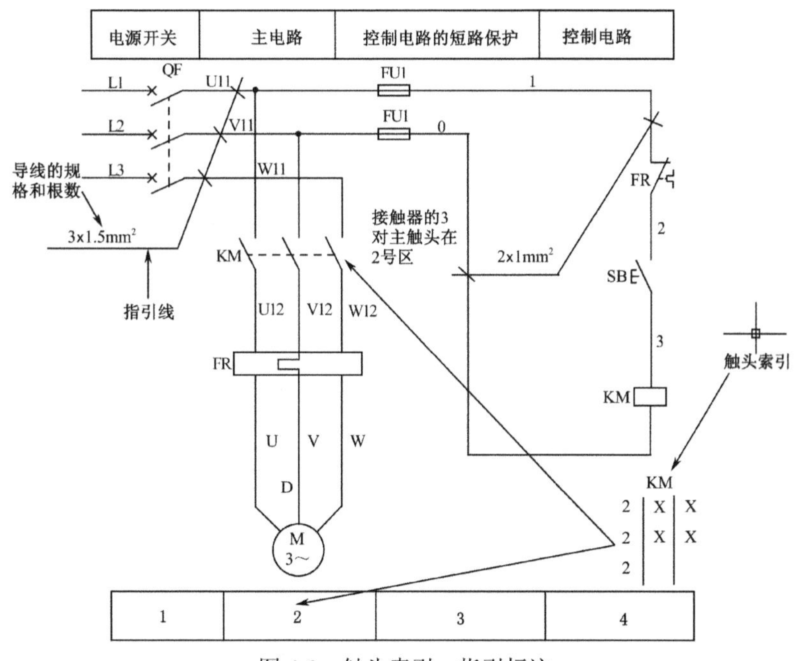

图 4-9　触头索引、指引标注

（10）用指引线标注导线规格。具体见图 4-9。

（11）绘制端子。接线时将电动机、按钮等连接端子排后再与电路的其他部分连接（参考实物接线图），如图 4-10 所示。

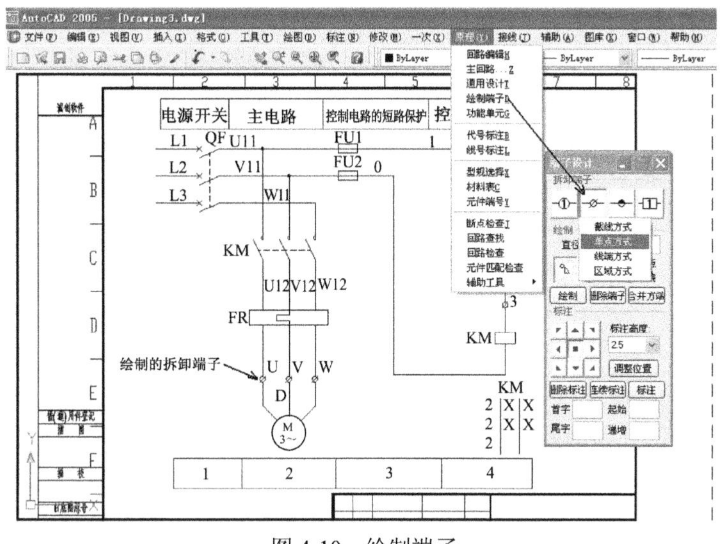

图 4-10　绘制端子

图 4-11 是按以上方法绘制的三相异步电动机的点动控制电路的原理图，将此原理图保存，以备下次使用。

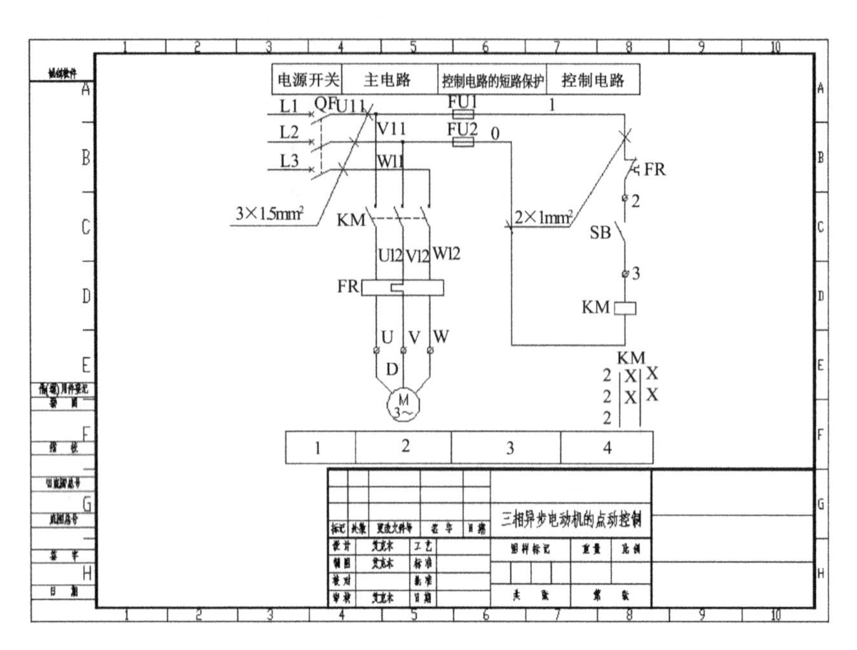

图 4-11　三相异步电动机的点动控制电路的原理图

任务 4.2　用电气 CAD 软件绘制端子接线图

1．绘制端子接线图前的准备

打开任务 4.1 中绘制的原理图，对元件和导线进行编号，选择元件型号，形成元件端子号。

2．端子接线图的绘制步骤

端子接线图是端子与端子之间用中断线表示的一种图样，中断线上要标出导线编号、元件的编号和元件的端子编号。工业上普遍使用的端子接线图完全可以用电气 CAD 软件自动绘制。电气 CAD 软件自动绘制的端子接线图符合国家标准，准确率高，绘制效率高，适合于计算机管理。端子接线图的绘制步骤如下。

（1）～（11）步参考任务 4.1 中原理图的绘制步骤，也可以直接使用任务 4.1 中绘制好的原理图。

（12）对原理图上的所有电气元器件进行型号和规格的选择，可以在元件自带的元件库中选择，如图 4-12 所示。

（13）利用电气 CAD 软件自动生成的功能生成元件端子编号。生成端子编号之前必须进行型号和规格的选择，否则无法生成元件端子号。没有元件端子号就无法形成端子接线图，如图 4-13 所示。

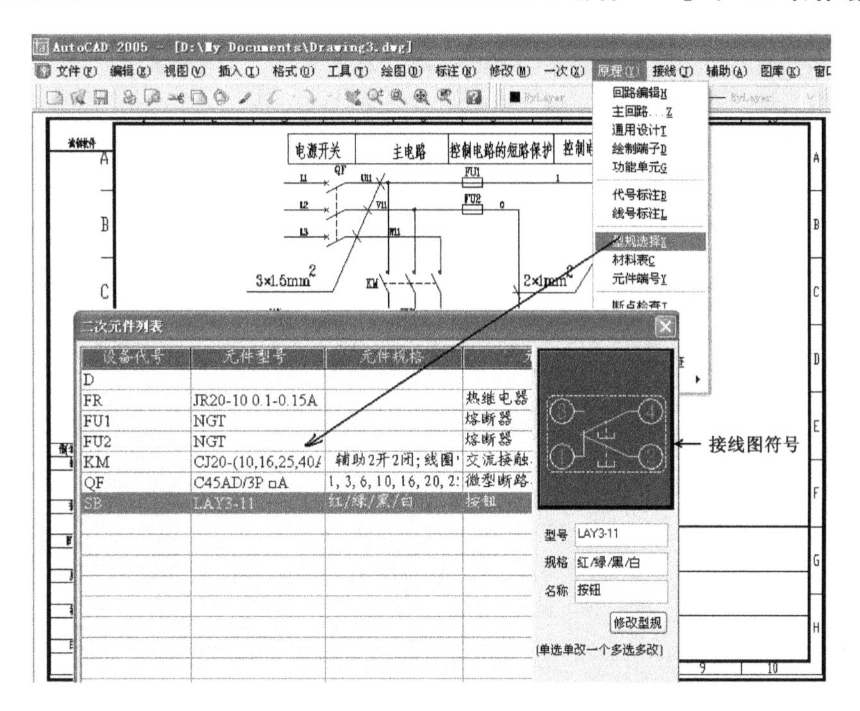

图 4-12　选择元件型号和规格

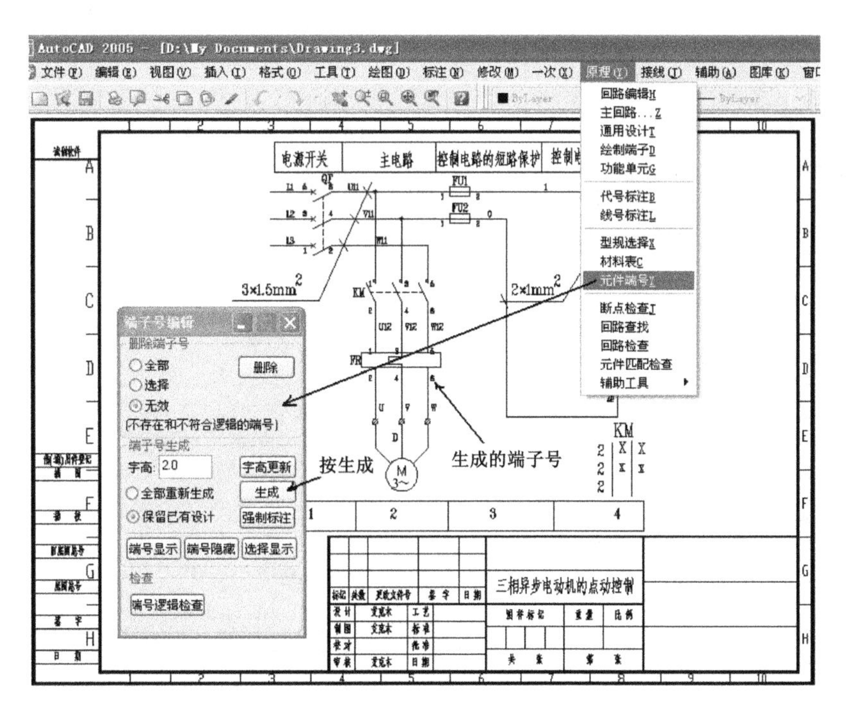

图 4-13　生成元件端子编号

（14）柜体设计。柜体设计和端子排设计的顺序不能颠倒，没有选择元件型号之前无法进行柜体设计，这一点特别注意，如图 4-14 所示。

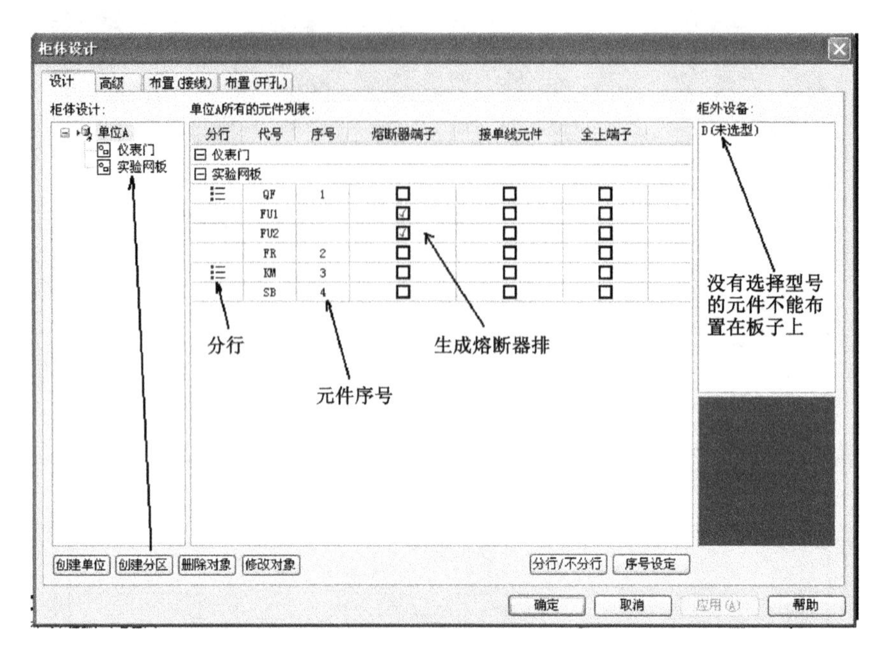

图 4-14　柜体设计

（15）设计端子排。设计端子排之前要在电源线、电动机的连接线、按钮的连接线上插入端子，否则无法设计端子排。这里在原理图设计过程中已插入了端子，如图 4-15 所示。

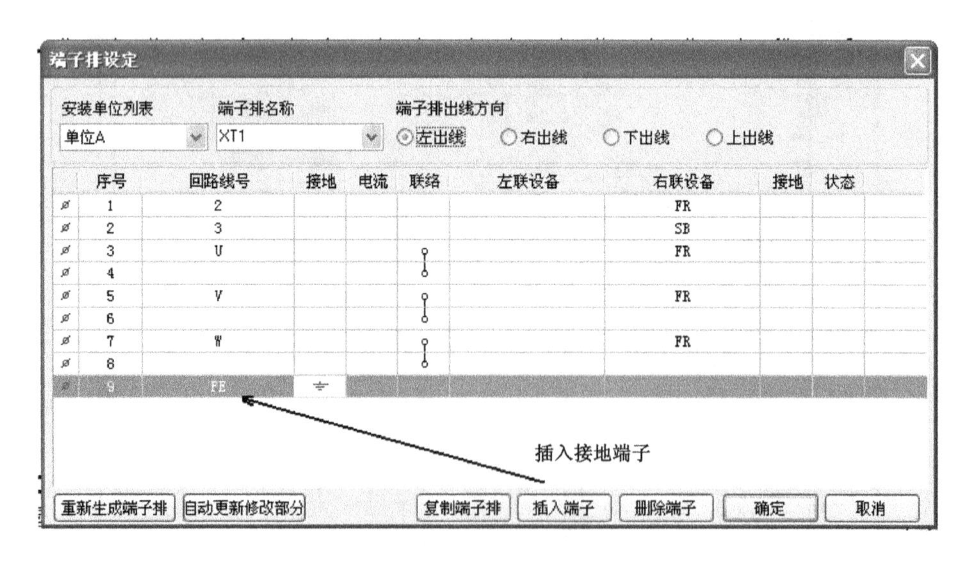

图 4-15　设计端子排

（16）进行元件布置，如图 4-16 所示，布置结果如图 4-17 所示。

（17）生成接线图。结果如图 4-18 所示。

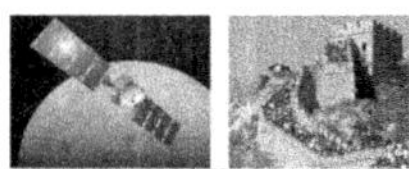

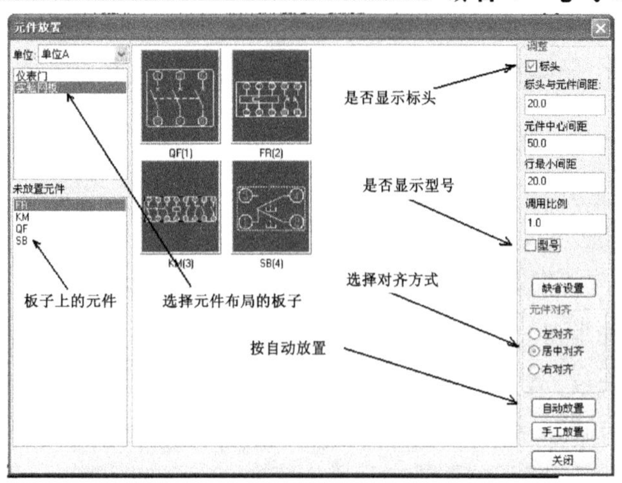

图4-16　布置元件

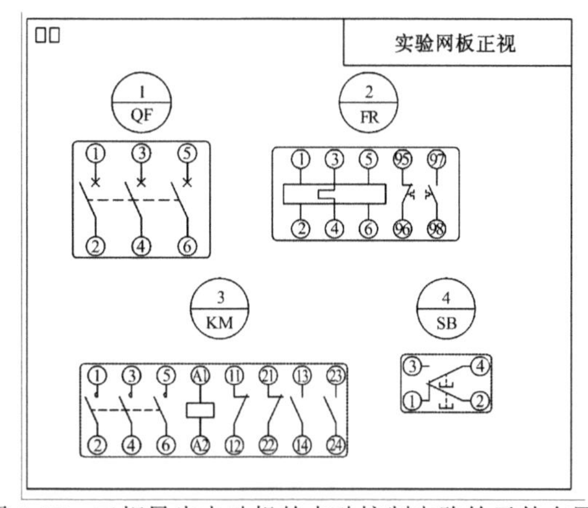

图4-17　三相异步电动机的点动控制电路的元件布置图

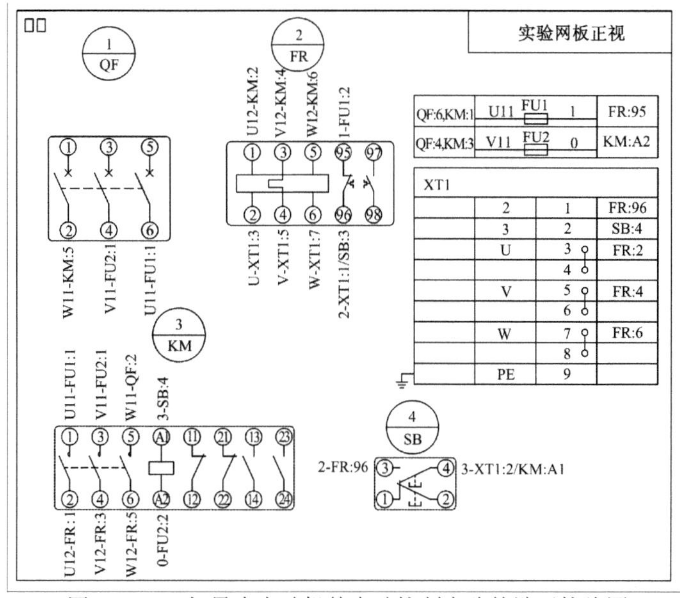

图4-18　三相异步电动机的点动控制电路的端子接线图

任务 4.3 用电气 CAD 软件形成元件材料表

1. 形成材料表前的准备

形成材料表前应做到以下两点。

（1）绘制好原理图。

（2）选择好所有元器件的型号、元件名称、规格、数量。

2. 形成材料表的步骤

选择“原理 Y”菜单，在其下拉菜单中选择“材料表 C”命令可以形成材料表。电气 CAD 软件有形成材料表的功能。形成的材料表如图 4-19 所示。

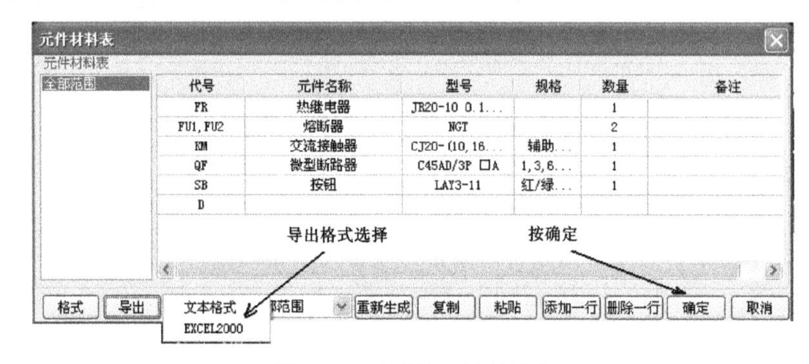

图 4-19 形成的元件材料表

这里为了便于编辑导出了 Excel 格式，具体如表 4-1 所示。

表 4-1 三相异步电动机的点动控制电路的材料表

序号	代号	元件名称	型号规格	数量
1	FR	热继电器	JR20-10，0.1～0.15A	1
2	FU1,FU2	熔断器	NGT	2
3	KM	交流接触器	CJ20-(10,16,25,40A)- AC 220V 辅助 2 开 2 闭；线圈电压为 AC 36,127,220, 380V, DC 48, 110,220V	1
4	QF	微型断路器	C45AD/3P □A 1,3,6,10,16,20,25,32,40,50,63A	1
5	SB	按钮	LAY3-11 红/绿/黑/白	1

任务 4.4 用电气 CAD 软件形成端子接线表

1. 形成端子接线表前的准备

绘制好了原理图并已形成了接线图的情况下才能形成接线表。

2. 形成端子接线表的步骤

电气 CAD 软件有自动形成接线表的功能。接线表有两种形式，一种是按原理图形成的，另一种是按接线图形成的，如图 4-20 所示。

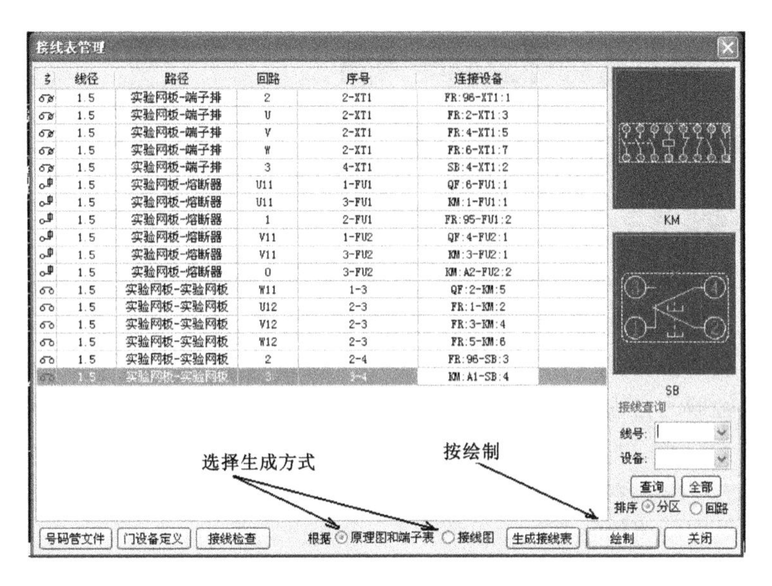

图 4-20 接线表形成

表 4-2 为按原理图形成的接线表，表 4-3 为按接线图生成的接线表。

表 4-2 按原理图形成的接线表

序号	回路线号	起始端号	末端号
1	2	FR-96	XT1-1
2	U	FR-2	XT1-3
3	V	FR-4	XT1-5
4	W	FR-6	XT1-7
5	3	SB-4	XT1-2
6	U11	QF-6	FU1-1
7	U11	KM-1	FU1-1
8	1	FR-95	FU1-2
9	V11	QF-4	FU2-1
10	V11	KM-3	FU2-1
11	0	KM-A2	FU2-2
12	W11	QF-2	KM-5
13	U12	FR-1	KM-2
14	V12	FR-3	KM-4
15	W12	FR-5	KM-6
16	2	FR-96	SB-3
17	3	KM-A1	SB-4

表 4-3 按接线图形成的接线表

序号	回路线号	起始端号	末端号
1	2	FR-96	XT1-1
2	U	FR-2	XT1-3
3	V	FR-4	XT1-5
4	W	FR-6	XT1-7
5	U11	QF-6	FU1-1
6	U11	KM-1	FU1-1
7	1	FR-95	FU1-2
8	V11	QF-4	FU2-1
9	V11	KM-3	FU2-1
10	0	KM-A2	FU2-2
11	W11	QF-2	KM-5
12	U12	FR-1	KM-2
13	V12	FR-3	KM-4
14	W12	FR-5	KM-6

为了更深入地了解各电气图的绘制方法，掌握电气制图软件的使用方法、区别及优/缺点，需要多绘制几张图，反复练习，同时在练习中比较并总结解决问题的经验和方法，这样才能学会电气制图。

任务 4.5 基本控制电路的电气图

4.5.1 直接启动控制电路的电气图

1. 点动、连动控制电路

在实际生产过程中，有时需要人来点动操作电动机，有时要使电动机长期运行。图 4-21 是既有点动按钮，又有正常长期运行按钮的控制电路。点动时，按下 SB3 按钮，接触器吸引线圈 KM 通电，常开触点闭合，电动机运行；打开按钮开关时，由于在点动接通接触器的同时，又断开了接触器的自锁常开触点 KM，所以在 SB3 按钮松开后电动机停转。那么当按长期工作按钮开关 SB2 时，KM 通电吸合，而 KM 自锁触点便自锁，故可以长期吸合运行。使用这种电路时，有时接触器会出现故障，使其释放时间大于点动按钮的恢复时间，造成点动控制失效。SB1 是电动机停止按钮，电路中 FR 为热继电器。

图 4-21、图 4-22、表 4-4 和表 4-5 分别是点动、连动控制电路的电气原理图、电气接线图、电气设备材料表和电气接线表。

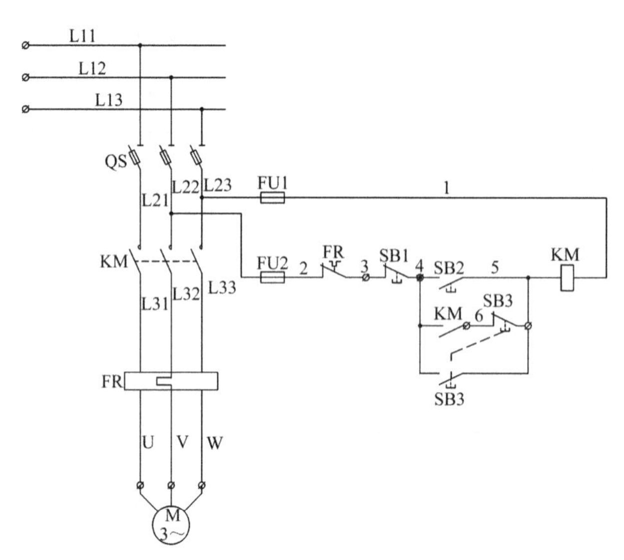

图 4-21　三相异步电动机既能点动又能长期工作的控制电路的电气原理图

表 4-4　三相异步电动机既能点动又能长期工作的控制电路的电气设备材料表

序号	代号	元件名称	型号规格	数量
1	FR	热继电器	JR20-10，0.1～0.15A	1
2	FU1,FU2	熔断器	NGT	2
3	KM	交流接触器	CJ20-(10,16,25,40A)-AC 220V，辅助 2 开 2 闭；线圈电压为 AC 36,127,220,380V,DC 48,110,220V	1
4	QS	熔断器式刀开关	HR11-100K，～380V	1
5	SB1,SB2,SB3	按钮	LAY3-11 红/绿/黑/白	3

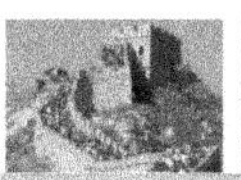

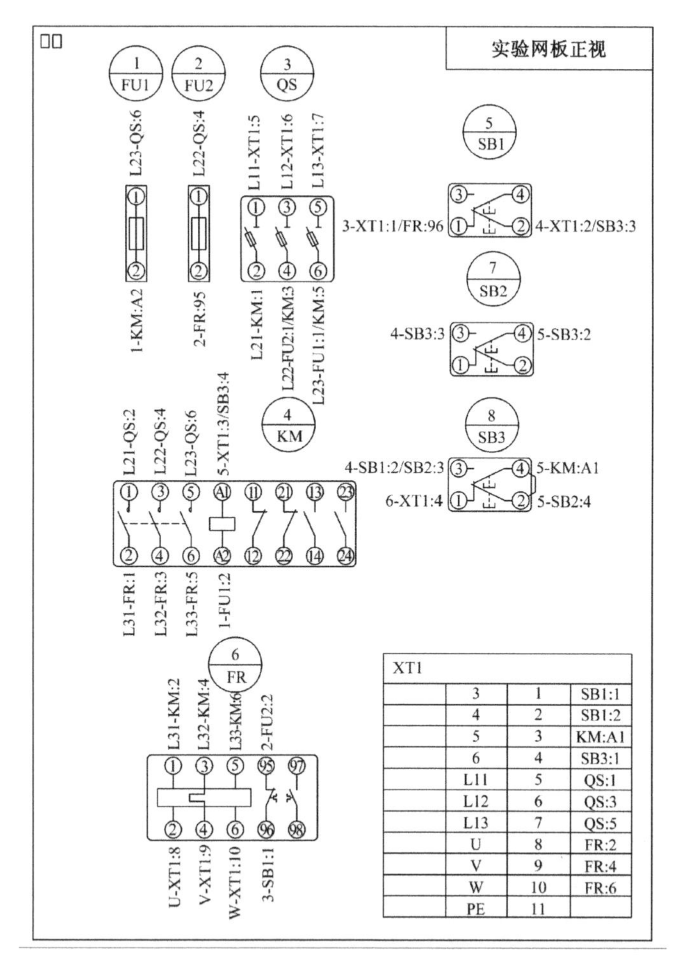

图 4-22　三相异步电动机既能连动又能长期工作的控制电路的电气接线图

表 4-5　三相异步电动机既能连动又能长期工作的控制电路的电气接线表

序号	回路线号	起始端号	末端号	序号	回路线号	起始端号	末端号
1	L11	QS-1	XT1-5	14	2	FU2-2	FR-95
2	L12	QS-3	XT1-6	15	L21	QS-2	KM-1
3	L13	QS-5	XT1-7	16	L22	QS-4	KM-3
4	5	KM-A1	XT1-3	17	L23	QS-6	KM-5
5	3	SB1-1	XT1-1	18	L31	KM-2	FR-1
6	4	SB1-2	XT1-2	19	L32	KM-4	FR-3
7	U	FR-2	XT1-8	20	L33	KM-6	FR-5
8	V	FR-4	XT1-9	21	5	KM-A1	SB3-4
9	W	FR-6	XT1-10	22	3	SB1-1	FR-96
10	6	SB3-1	XT1-4	23	4	SB1-2	SB3-3
11	L23	FU1-1	QS-6	24	4	SB2-3	SB3-3
12	1	FU1-2	KM-A2	25	5	SB2-4	SB3-2
13	L22	FU2-1	QS-4	26	5	SB3-4	SB3-2

2．正、反转控制电路

当合上电源开关QS，按下正转启动按钮SB2时，KM2的线圈通电，KM1的线圈失电，电动机会正转。当按下反转启动按钮SB3时，KM1的线圈通电，KM2的线圈失电，电动机会反转。

图4-23、图4-24、表4-6和表4-7分别是正、反转控制电路的电气原理图、电气接线图、电气设备材料表和电气接线表。

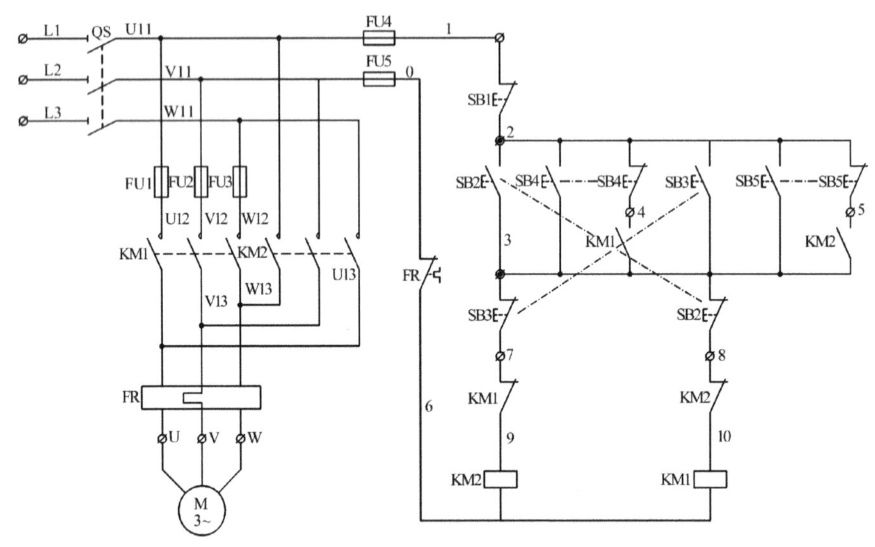

图4-23　接触器与按钮双重连锁可逆运行控制电路的电气原理图

表4-6　接触器与按钮双重联锁可逆运行控制电路的电气设备材料表

序号	代号	元件名称	型号规格	数量
1	FR	热继电器	JR20-10，0.1～0.15A	1
2	FU1,FU2,FU3,FU4,FU5	熔断器	NGT	5
3	KM1,KM2	交流接触器	CJ20-（10,16,25,40A）-AC 220V，辅助2开2闭；线圈电压为AC 36,127,220,380V,DC 48,110,220V	2
4	QS	隔离开关	HUH18-100/1,2,3,4P-40,63,80,100A	1
5	SB1,SB2,SB3,SB4,SB5	按钮	LAY3-11 红/绿/黑/白	5

表4-7　接触器与按钮双重联锁可逆运行控制电路的电气接线表

序号	回路线号	起始端号	末端号	序号	回路线号	起始端号	末端号
1	4	KM1-13	XT1-4	12	2	SB1-2	XT1-2
2	7	KM1-11	XT1-6	13	U12	KM1-1	FU1-1
3	3	KM2-14	XT1-3	14	V12	KM1-3	FU2-1
4	5	KM2-13	XT1-5	15	W11	KM2-5	FU3-2
5	8	KM2-11	XT1-7	16	W12	KM1-5	FU3-1
6	R	FR-2	XT1-11	17	U11	KM2-1	FU4-1
7	V	FR-4	XT1-13	18	1	SB1-1	FU4-2
8	W	FR-6	XT1-15	19	V11	KM2-3	FU5-1
9	L1	QS-5	XT1-8	20	0	FR-95	FU5-2
10	L2	QS-3	XT1-9	21	3	KM1-14	KM2-14
11	L3	QS-1	XT1-10	22	9	KM1-12	KM2-A1

续表

序号	回路线号	起始端号	末端号	序号	回路线号	起始端号	末端号
23	10	KM1-A1	KM2-12	39	5	KM2-13	SB5-2
24	U13	KM1-2	FR-1	40	2	SB1-2	SB2-3
25	V13	KM1-4	FR-3	41	2	SB2-3	SB5-3
26	W13	KM1-6	FR-5	42	3	KM2-1	SB5-4
27	6	KM1-A2	FR-96	43	2	SB3-3-	SB4-1
28	3	KM1-14	SB2-4	44	3	SB3-4	SB4-4
29	7	KM1-11	SB3-2	45	2	SB4-3	SB5-1
30	4	KM1-13	SB4-2	46	3	SB4-4	SB5-4
31	U13	KM2-6	FR-1	47	3	SB2-4	SB2-1
32	V13	KM2-4	FR-3	48	3	SB3-4	SB3-1
33	W13	KM2-2	FR-5	49	2	SB4-3	SB4-1
34	6	KM2-A2	FR-96	50	2	SB5-3	SB5-1
35	U11	KM2-1	QS-6	51	U11	FU1-2	FU4-1
36	V11	KM2-3	QS-4	52	V11	FU2-2	FU5-1
37	W11	KM2-5	QS-2	53	1	XT1-1	FU4-2
38	8	KM2-11	SB2-2				

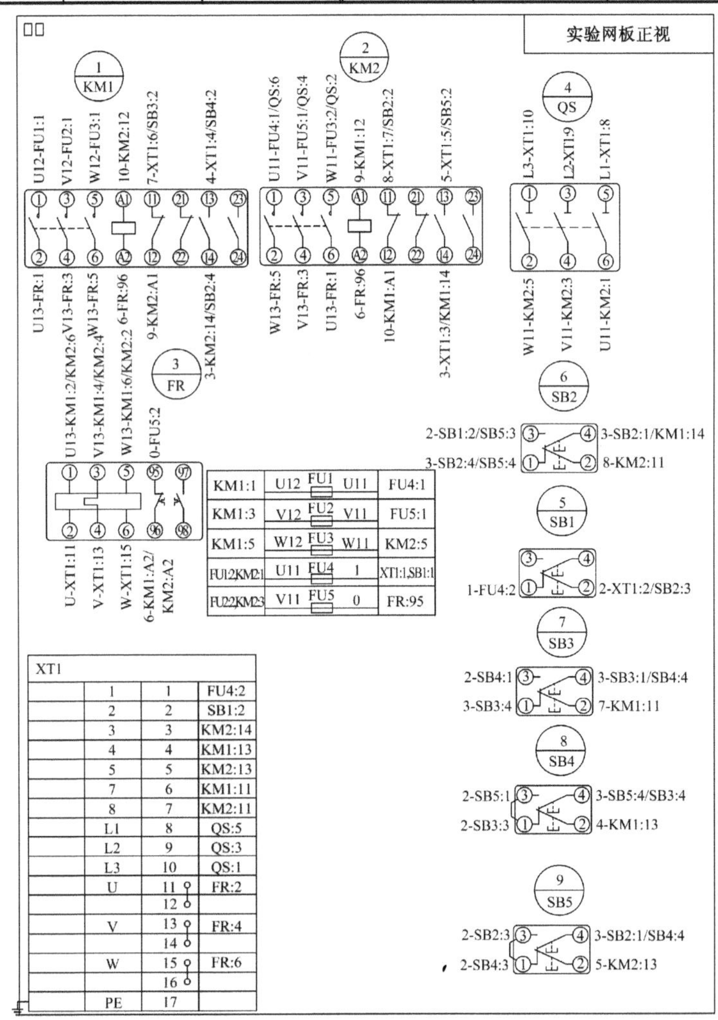

图 4-24　接触器与按钮双重连锁可逆运行控制电路的电气接线图

3．顺序启动控制电路

先启动电动机 M1，再启动电动机 M2，没有启动 M1 的情况下不能启动 M2。停止时只按停止按钮。

图 4-25、图 4-26、表 4-8 和表 4-9 分别为顺序启动控制电路的电气原理图、电气接线图、电气设备材料表和电气接线表。

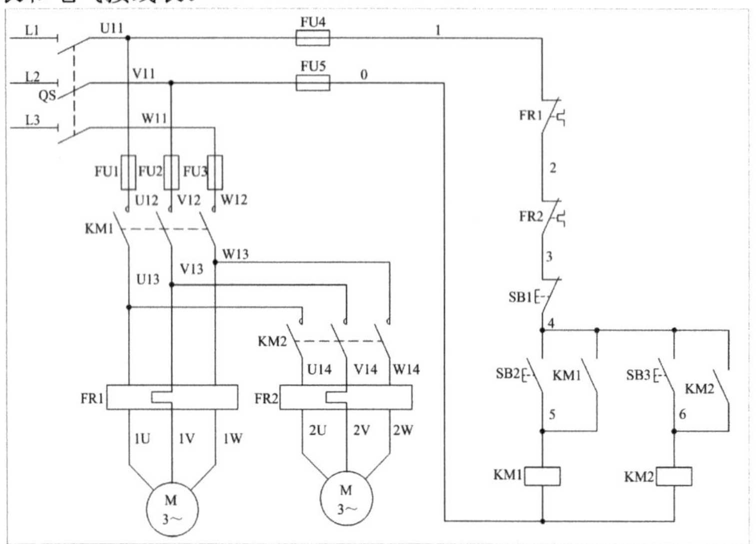

图 4-25　主电路按顺序控制的顺序启动控制电路的电气原理图

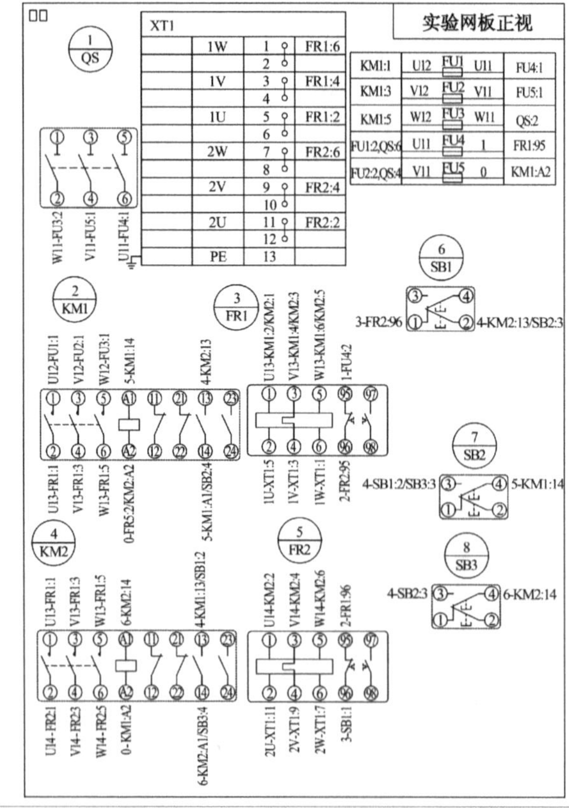

图 4-26　主电路按顺序控制的顺序启动控制电路的电气接线图

表 4-8　主电路按顺序控制的顺序启动控制电路的电气设备材料表

序号	代号	元件名称	型号规格	数量
1	FR1,FR2	热继电器	JR20-10，0.1～0.15A	2
2	FU1,FU2,FU3,FU4,FU5	熔断器	NGT	5
3	KM1,KM2	交流接触器	CJ20-(10,16,25,40A)-AC 220V，辅助 2 开 2 闭;线圈电压为 AC 36,127,220,380V,DC 48,110,220V	2
4	QS	隔离开关	HUH18-100/1,2,3,4P-40,63,80,100A	1
5	SB1,SB2,SB3	按钮	LAY3-11 红/绿/黑/白	3

表 4-9　主电路按顺序控制的顺序启动控制电路的电气接线表

序号	回路线号	起始端号	末端号	序号	回路线号	起始端号	末端号
1	1V	FR1-4	XT1-3	11	0	KM1-A2	KM2-A2
2	1W	FR1-6	XT1-1	12	U13	FR1-1	KM2-1
3	1U	FR1-2	XT1-5	13	V13	FR1-3	KM2-3
4	2W	FR2-6	XT1-7	14	W13	FR1-5	KM2-5
5	2U	FR2-2	XT1-11	15	2	FR1-96	FR2-95
6	2V	FR2-4	XT1-9	16	U14	KM2-2	FR2-1
7	U13	KM1-2	FR1-1	17	V14	KM2-4	FR2-3
8	V13	KM1-4	FR1-3	18	W14	KM2-6	FR2-5
9	W13	KM1-6	FR1-5	19	5	KM1-A1	KM1-14
10	4	KM1-13	KM2-13	20	6	KM2-A1	KM2-14

4．连锁控制电路

启动电动机 M1 时，电动机 M2 不能启动。启动电动机 M2 时，电动机 M1 不能启动。一次只能启动一台电动机。

图 4-27、图 4-28、表 4-10 和表 4-11 分别为连锁控制电路的电气原理图、电气接线图、电气设备材料表和电气接线表。

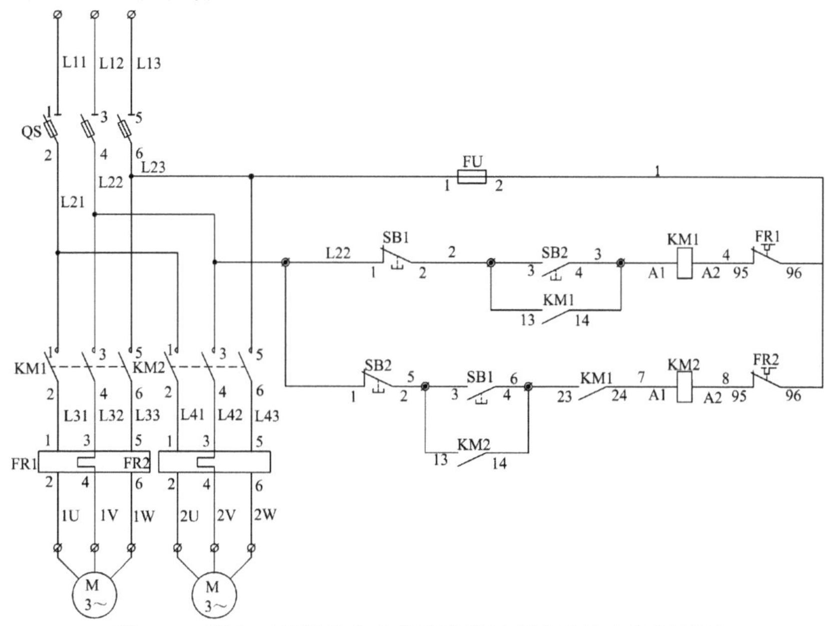

图 4-27　两台三相异步电动机的连锁控制电路的电气原理图

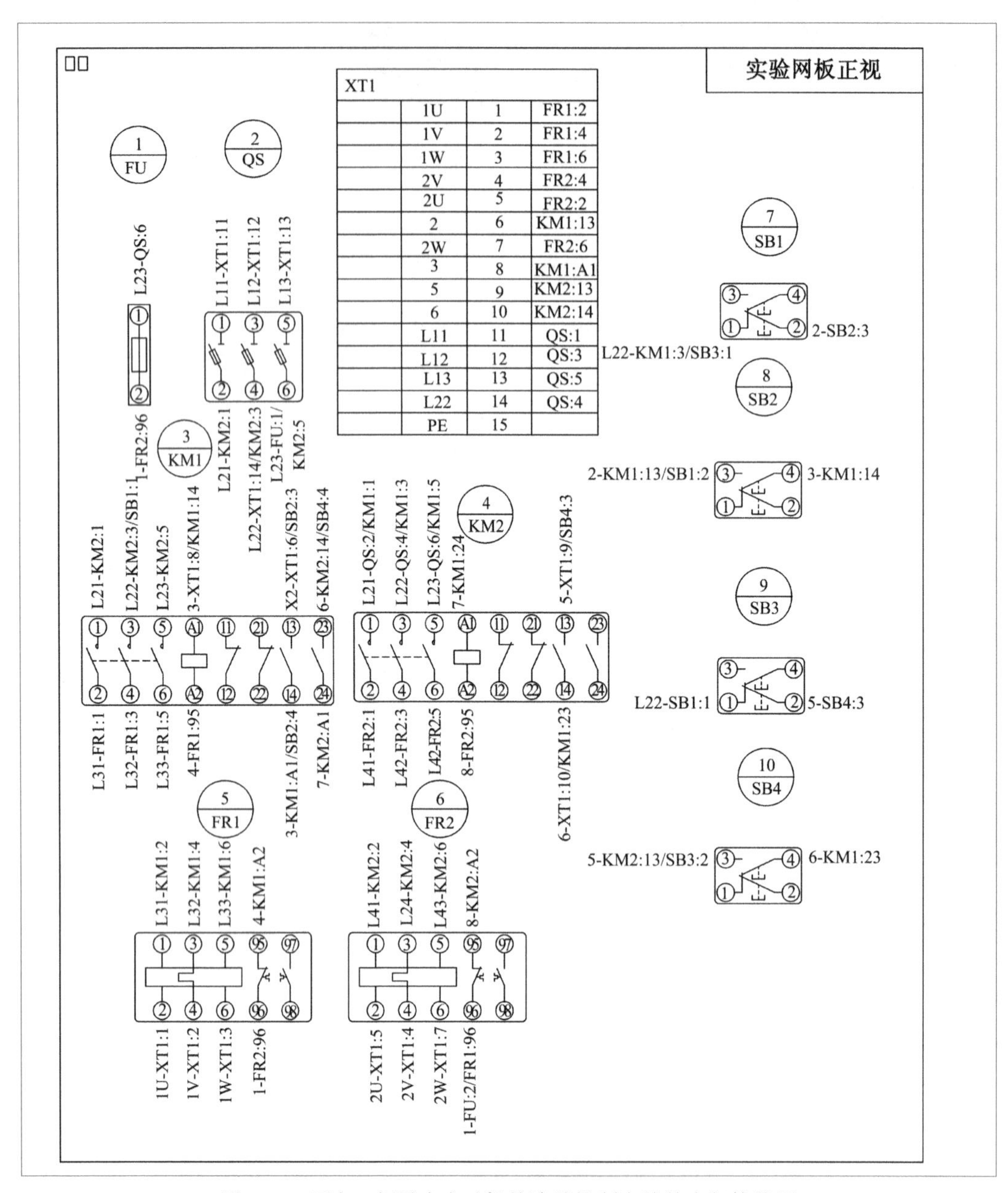

图 4-28 两台三相异步电动机的连锁控制电路的电气接线图

表 4-10 两台三相异步电动机的连锁控制电路的电气设备材料表

序号	代号	元件名称	型号规格	数量
1	FR1,FR2	热继电器	JR20-10，0.1～0.15A	2
2	FU	熔断器	NGT	1
3	KM1,KM2	交流接触器	CJ20-(10,16,25,40A) - AC 220V，辅助 2 开 2 闭；线圈电压为 AC 36,127,220,380V,DC 48,110,220V	2
4	QS	熔断器式刀开关	HR11-100K，～380V	1
5	SB1,SB2	按钮	LAY3-11 红/绿/黑/白	2

表 4-11　两台三相异步电动机的连锁控制电路电气接线表

序号	回路线号	起始端号	末端号	序号	回路线号	起始端号	末端号
1	L11	QS-1	XT1-11	22	L21	KM1-1	KM2-1
2	L12	QS-3	XT1-12	23	L22	KM1-3	KM2-3
3	L13	QS-5	XT1-13	24	L23	KM1-5	KM2-5
4	L22	QS-4	XT1-14	25	4	KM1-A2	FR1-95
5	2	KM1-13	XT1-6	26	L31	KM1-2	FR1-1
6	3	KM1-A1	XT1-8	27	L32	KM1-4	FR1-3
7	5	KM2-13	XT1-9	28	L33	KM1-6	FR1-5
8	6	KM2-14	XT1-10	29	L22	KM1-3	SB1-1
9	1U	FR1-2	XT1-1	30	2	KM1-13	SB2-3
10	1W	FR1-6	XT1-3	31	3	KM1-14	SB2-4
11	1V	FR1-4	XT1-2	32	8	KM2-A2	FR2-95
12	2U	FR2-2	XT1-5	33	L41	KM2-2	FR2-1
13	2V	FR2-4	XT1-4	34	L42	KM2-4	FR2-3
14	2W	FR2-6	XT1-7	35	L43	KM2-6	FR2-5
15	L23	FU-1	QS-6	36	1	FR1-96	FR2-96
16	1	FU-2	FR2-96	37	2	SB1-2	SB2-3
17	L21	QS-2	KM2-1	38	3	KM1-A1	KM1-14
18	L22	QS-4	KM2-3	39	5	SB4-3	SB3-2
19	L23	QS-6	KM2-5	40	L22	SB1-1	SB3-1
20	6	KM1-23	KM2-14	41	L5	KM2-13	SB4-3
21	7	KM1-24	KM2-A1	42	L6	KM1-23	SB4-4

5．行程控制电路

在有些生产过程中，要求工作台在一定距离内能自动往复循环移动，以便对工件连续加工。自动正、反转控制是依靠行程开关来实现的。

图 4-29、图 4-30、表 4-12 和表 4-13 分别为行程控制电路的电气原理图、电气接线图、电气设备材料表和电气接线表。

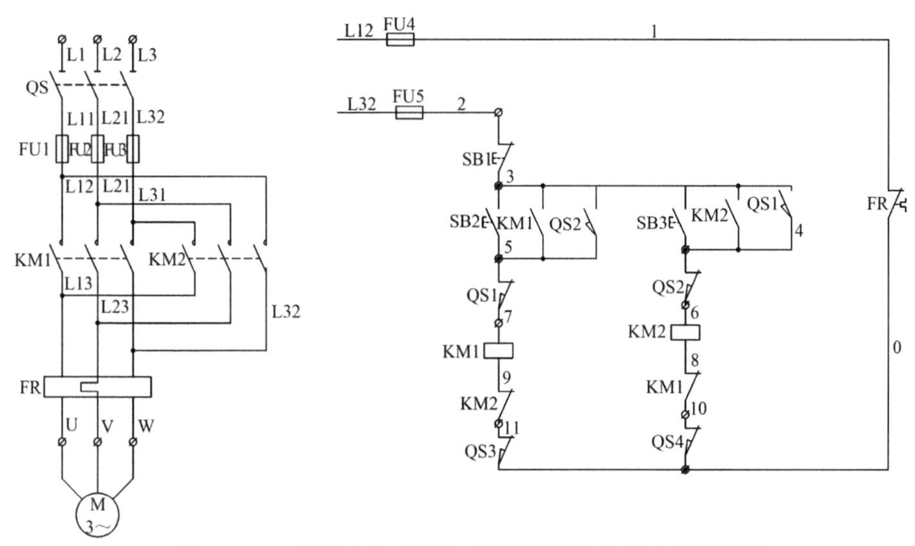

图 4-29　三相异步电动机自动循环控制电路的电气原理图

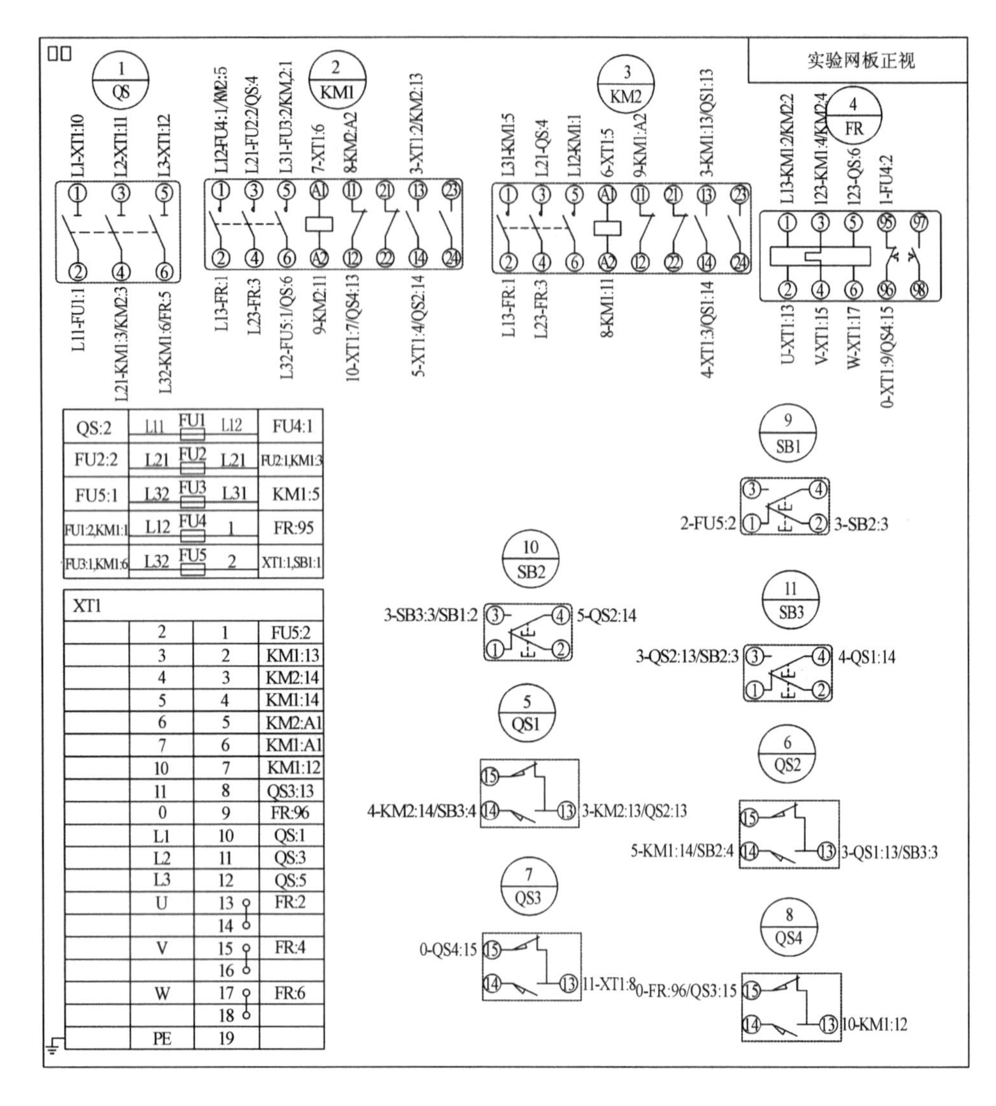

图 4-30　三相异步电动机自动循环控制电路的电气接线图

表 4-12　三相异步电动机自动循环控制电路的电气设备材料表

序号	代号	元件名称	型号规格	数量
1	FR	热继电器	JR20-10，0.1～0.15A	1
2	FU1,FU2,FU3,FU4,FU5	熔断器	NGT	5
3	KM1,KM2	交流接触器	CJ20-(10,16,25,40A) -AC 220V，辅助 2 开 2 闭; 线圈电压为 AC 36,127,220,380V,DC 48,110,220V	2
4	QS	隔离开关	HUH18-100/1,2,3,4P-40,63,80,100A	1
5	QS1,QS2,QS3,QS4	箱变行程开关	59170 X1	4
6	SB1,SB2,SB3	按钮	LAY3-11 红/绿/黑/白	3

表 4-13　三相异步电动机自动循环控制电路的电气接线表

序号	回路线号	起始端号	末端号	序号	回路线号	起始端号	末端号
1	L1	QS-1	XT1-10	19	L32	KM1-6	FU5-1
2	L2	QS-3	XT1-11	20	L21	QS-4	KM1-3
3	L3	QS-5	XT1-12	21	L32	QS-6	KM1-6
4	3	KM1-13	XT1-2	22	L21	QS-4	KM2-3
5	5	KM1-14	XT1-4	23	L32	QS-6	FR-5
6	7	KM1-A1	XT1-6	24	3	KM1-13	KM2-13
7	10	KM1-12	XT1-7	25	8	KM1-11	KM2-A2
8	4	KM2-14	XT1-3	26	9	KM1-A2	KM2-11
9	6	KM2-A1	XT1-5	27	L12	KM1-1	KM2-5
10	0	FR-96	XT1-9	28	L31	KM1-5	KM2-1
11	U	FR-2	XT1-13	29	L13	KM1-2	FR-1
12	V	FR-4	XT1-15	30	L23	KM1-4	FR-3
13	W	FR-6	XT1-17	31	L13	KM2-2	FR-1
14	L11	QS-2	FU1-1	32	L23	KM2-4	FR-3
15	L21	KM1-3	FU2-2	33	L12	FU1-2	FU4-1
16	L31	KM1-5	FU3-2	34	L21	FU2-1	FU2-2
17	1	FR-95	FU4-2	35	L32	FU3-1	FU5-1
18	L12	KM1-1	FU4-1	36	2	XT1-1	FU5-2

6．多点控制电路

由于生产需要，要求在两个或两个以上的地点都能对电动机进行控制，这常常称为多点控制。常开按钮并联在电路中，常闭按钮串联在电路中。

图 4-31、图 4-32、表 4-14 和表 4-15 分别为多点控制电路的电气原理图、电气接线图、电气设备材料表和电气接线表。

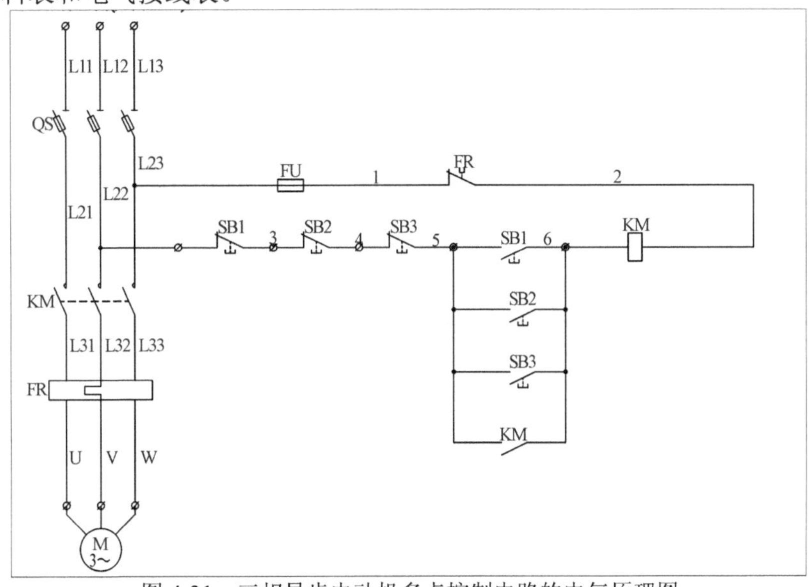

图 4-31　三相异步电动机多点控制电路的电气原理图

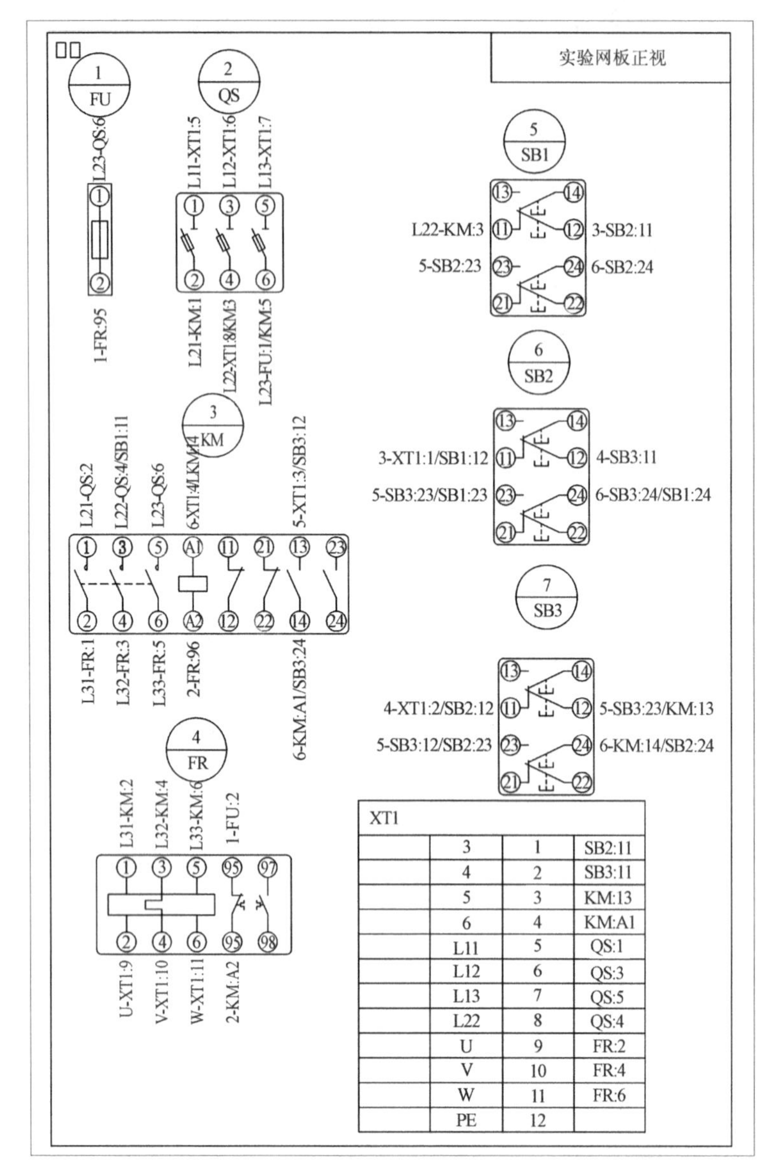

XT1			
	3	1	SB2:11
	4	2	SB3:11
	5	3	KM:13
	6	4	KM:A1
	L11	5	QS:1
	L12	6	QS:3
	L13	7	QS:5
	L22	8	QS:4
	U	9	FR:2
	V	10	FR:4
	W	11	FR:6
	PE	12	

图 4-32　三相异步电动机多点控制电路的电气接线图

表 4-14　三相异步电动机多点控制电路的电气设备材料表

序号	代号	元件名称	型号规格	数量
1	FR	热继电器	JR20-10，0.1～0.15A	1
2	FU	熔断器	NGT	1
3	KM	交流接触器	CJ20-(10,16,25,40A)-AC 220V，辅助 2 开 2 闭；线圈电压为 AC 36,127, 220,380V,DC 48,110,220V	1
4	QS	熔断器式刀开关	HR11-100K，～380V	1
5	SB1,SB2,SB3	按钮	LAY3-22 红/绿/黄/白	3

表 4-15　三相异步电动机多点控制电路的电气接线表

序号	回路线号	起始端号	末端号	序号	回路线号	起始端号	末端号
1	L11	QS-1	XT1-5	17	2	KM-A2	FR-96
2	L12	QS-3	XT1-6	18	L31	KM-2	FR-1
3	L13	QS-5	XT1-7	19	L32	KM-4	FR-3
4	L22	QS-4	XT1-8	20	L33	KM-6	FR-5
5	5	KM-13	XT1-3	21	L22	KM-3	SB1-11
6	6	KM-A1	XT1-4	22	5	KM-13	SB3-12
7	U	FR-2	XT1-9	23	6	KM-14	SB3-24
8	V	FR-4	XT1-10	24	3	SB1-12	SB1-11
9	W	FR-6	XT1-11	25	5	SB1-23	SB2-23
10	3	SB2-11	XT1-1	26	6	SB1-24	SB2-24
11	4	SB3-11	XT1-2	27	4	SB2-12	SB3-11
12	L23	FU-1	QS-6	28	5	SB2-23	SB3-23
13	1	FU-2	FR-95	29	6	SB2-24	SB3-24
14	L21	QS-2	KM-1	30	6	KM-A1	KM-14
15	L22	QS-4	KM-3	31	5	SB3-12	SB3-23
16	L23	QS-6	KM-5				

4.5.2　降压启动控制电路的电气图

1. 星形-三角形（Y-△）降压启动控制电路

最常见的 Y-△降压启动控制电路是利用时间继电器控制的 Y-△降压启动控制电路，有通电延时和断电延时两种。延时整定时间通过电动机的功率和负载情况来确定。当合上电源开关 QS，按下启动按钮 SB2 时，KM1 和 KM3 通电，电动机星形启动，同时时间继电器开始延时，时间继电器达到整定时间后 KM3 断开，KM2 吸合。

图 4-33、图 4-34、表 4-16 和表 4-17 分别为 Y-△降压启动控制电路的电气原理图、电气接线图、电气设备材料表和电气接线表。

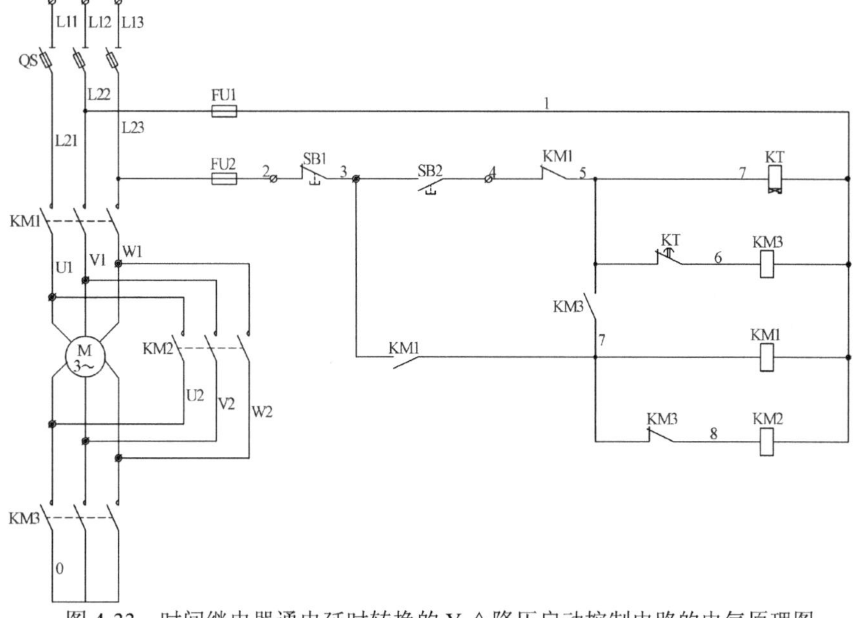

图 4-33　时间继电器通电延时转换的 Y-△降压启动控制电路的电气原理图

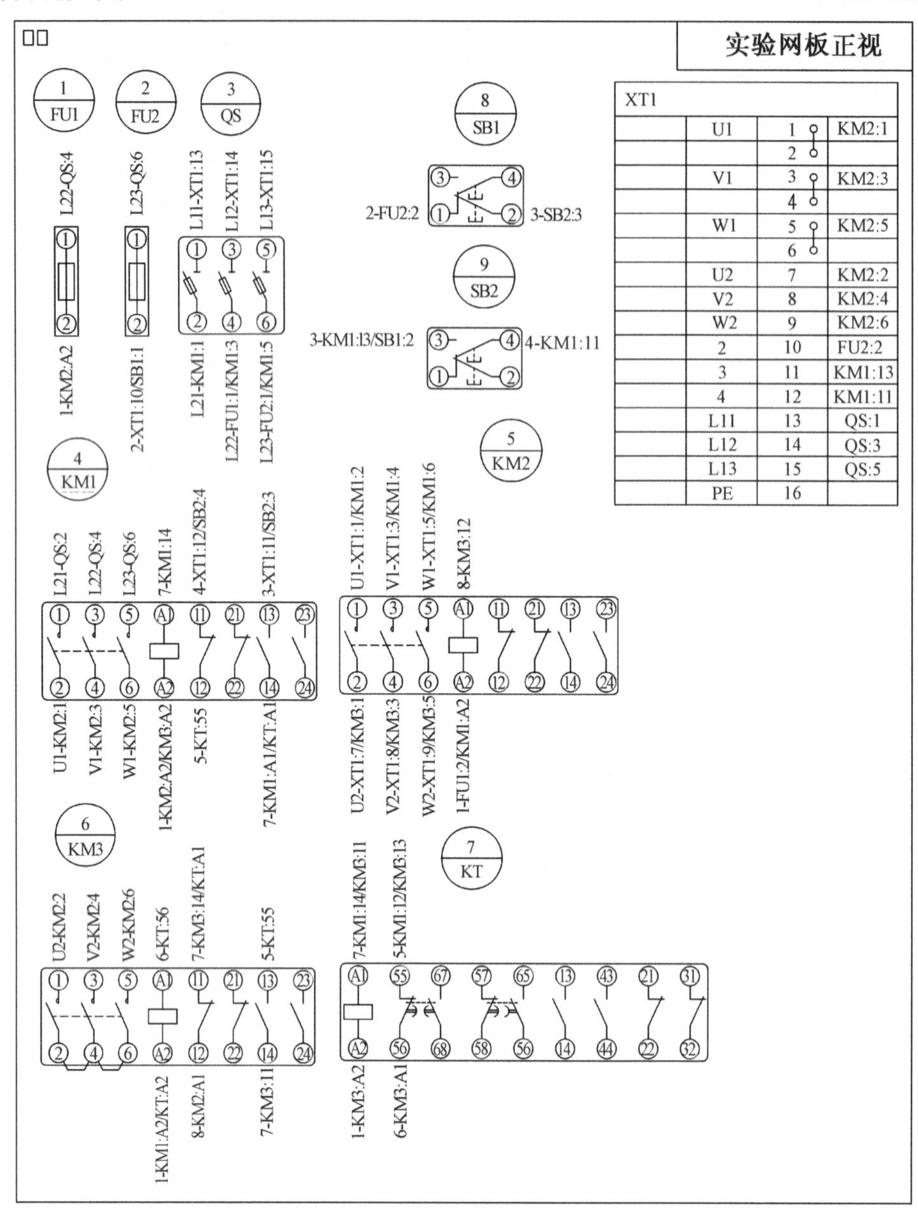

图 4-34　时间继电器通电延时转换的 Y-△降压启动控制电路的电气接线图

表 4-16　时间继电器通电延时转换的 Y-△降压启动控制电路的电气设备材料表

序号	代号	元件名称	型号规格	数量
1	FU1,FU2	熔断器	NGT	2
2	KM1,KM2,KM3	交流接触器	CJ20-(10,16,25,40A)-AC 220V，辅助 2 开 2 闭；线圈电压为 AC 36,127,220,380V,DC 48,110,220V	3
3	KT	空气时间继电器	JS23，2 开 2 闭，0.1～30s ,10～30s AC 220～380V 通电/断电延时	1
4	QS	熔断器式刀开关	HR11-100K，～380V	1
5	SB1,SB2	按钮	LAY3-11，红/绿/黑/白	2

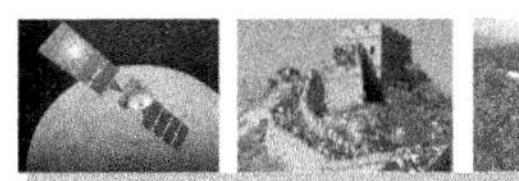

表 4-17　时间继电器通电延时转换的 Y-△降压启动控制电路的电气接线表

序号	回路线号	起始端号	末端号	序号	回路线号	起始端号	末端号
1	2	FU2-2	XT1-10	22	W1	KM1-6	KM2-5
2	L11	QS-1	XT1-13	23	1	KM1-A2	KM2-A2
3	L12	QS-3	XT1-14	24	1	KM1-A2	KM3-A2
4	L13	QS-5	XT1-15	25	5	KM1-12	KT-55
5	3	KM1-13	XT1-11	26	7	KM1-14	KT-A1
6	4	KM1-11	XT1-12	27	3	KM1-13	SB2-3
7	U1	KM2-1	XT1-1	28	4	KM1-11	SB2-4
8	V1	KM2-3	XT1-3	29	U2	KM2-2	KM3-1
9	W1	KM2-5	XT1-5	30	V2	KM2-4	KM3-3
10	U2	KM2-2	XT1-7	31	W2	KM2-6	KM3-5
11	V2	KM2-4	XT1-8	32	8	KM2-A1	KM3-12
12	W2	KM2-6	XT1-9	33	1	KM3-A2	KT-A2
13	L22	FU1-1	QS-4	34	5	KM3-13	KT-55
14	1	FU1-2	KM2-A2	35	6	KM3-A1	KT-56
15	L23	FU2-1	QS-6	36	7	KM3-11	KT-A1
16	2	FU2-2	SB1-1	37	3	SB1-2	SB2-3
17	L21	QS-2	KM1-1	38	7	KM1-A1	KM1-14
18	L22	QS-4	KM1-3	39	7	KM3-11	KM3-14
19	L23	QS-6	KM1-5	40		KM3-2	KM3-4
20	U1	KM1-2	KM2-1	41		KM3-4	KM3-6
21	V1	KM1-4	KM2-3				

2. 串联电阻降压启动控制电路

电动机启动时，在电动机定子绕组中串联电阻，由于电阻上产生电压降，使加在电动机绕组上的电压低于电源电压，待电动机启动后，再将电阻短接，使电动机在额定电压下运行，达到安全启动的目的。当启动电动机时，按下按钮 SB2，接触器线圈 KM1 通电吸合，使电动机串入电阻降压启动。此时时间继电器 KT 线圈也通电，KT 常开触点经过延时后闭合，使 KM2 线圈通电吸合。KM2 主触点闭合短接启动电阻，使电动机在全压下运行。停机时，按下停机按钮 SB1 即可。

图 4-35、图 4-36、表 4-18 和表 4-19 分别为串联电阻降压启动控制电路的电气原理图、电气接线图、电气设备材料表和电气接线表。

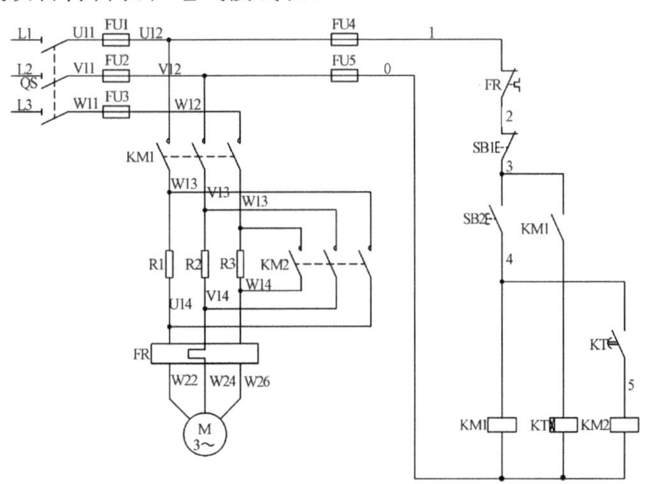

图 4-35　定子绕组串联电阻启动时间继电器自动控制电路的电气原理图

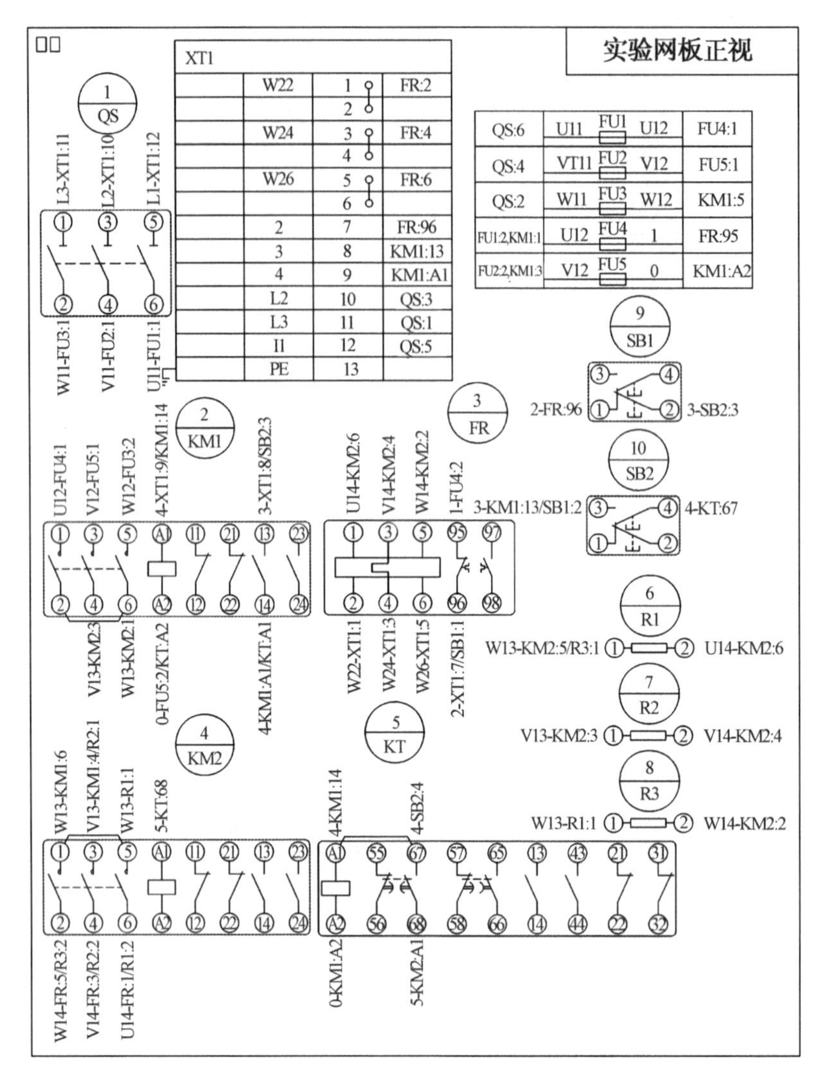

图 4-36　定子绕组串联电阻启动时间继电器自动控制电路的电气接线图

表 4-18　定子绕组串联电阻启动时间继电器自动控制电路的电气设备材料表

序号	代号	元件名称	型号规格	数量
1	FR	热继电器	JR20-10，0.1～0.15A	1
2	FU1～FU5	熔断器	NGT	5
3	KM1,KM2	交流接触器	CJ20-(10,16,25,40A) -AC 220V，辅助 2 开 2 闭；线圈电压为 AC 36,127,220,380V,DC 48,110,220V	2
4	KT	空气时间继电器	JS23 2 开 2 闭，0.1～30s ,10～30s AC 220V～380V，通电/断电延时	1
5	QS	隔离开关	HUH18-100/1,2,3,4P-40,63,80,100A	1
6	R1,R2,R3	变阻器	BC1-25	3
7	SB1,SB2	按钮	LAY3-11 红/绿/黑/白	2

表 4-19　定子绕组串联电阻启动时间继电器自动控制电路的电气接线表

序号	回路线号	起始端号	末端号	序号	回路线号	起始端号	末端号
1	L2	QS-3	XT1-10	17	0	KM1-A2	FU5-2
2	L3	QS-1	XT1-11	18	V13	KM1-4	KM2-3
3	11	QS-5	XT1-12	19	W13	KM1-6	KM2-1
4	3	KM1-13	XT1-8	20	4	KM1-14	KT-A1
5	4	KM1-A1	XT1-9	21	0	KM1-A2	KT-A2
6	W22	FR-2	XT1-1	22	U14	FR-1	KM2-6
7	W24	FR-4	XT1-3	23	V14	FR-3	KM2-4
8	W26	FR-6	XT1-5	24	W14	FR-5	KM2-2
9	2	FR-96	XT1-7	25	5	KM2-A1	KT-68
10	U11	QS-6	FU1-1	26	W13	KM1-2	KM1-6
11	V11	QS-4	FU2-1	27	4	KM1-A1	KM1-14
12	W11	QS-2	FU3-1	28	W13	KM2-1	KM2-5
13	W12	KM1-5	FU3-2	29	4	KT-A1	KT-67
14	U12	KM1-1	FU4-1	30	U12	FU1-2	FU4-1
15	1	FR-95	FU4-2	31	V12	FU2-2	FU5-1
16	V12	KM1-3	FU5-1				

3. 自耦变压器降压启动控制电路

如图所示是一种自耦变压器降压启动控制电路工作时按下启动按钮，电动机降压启动。待电动机启动完毕，通过时间继电器自动转换为全压运行。

图 4-37、图 4-38、表 4-20 和表 4-21 分别是自耦变压器降压启动控制电路的电气原理图、电气接线图、电气设备材料表和电气接线表。

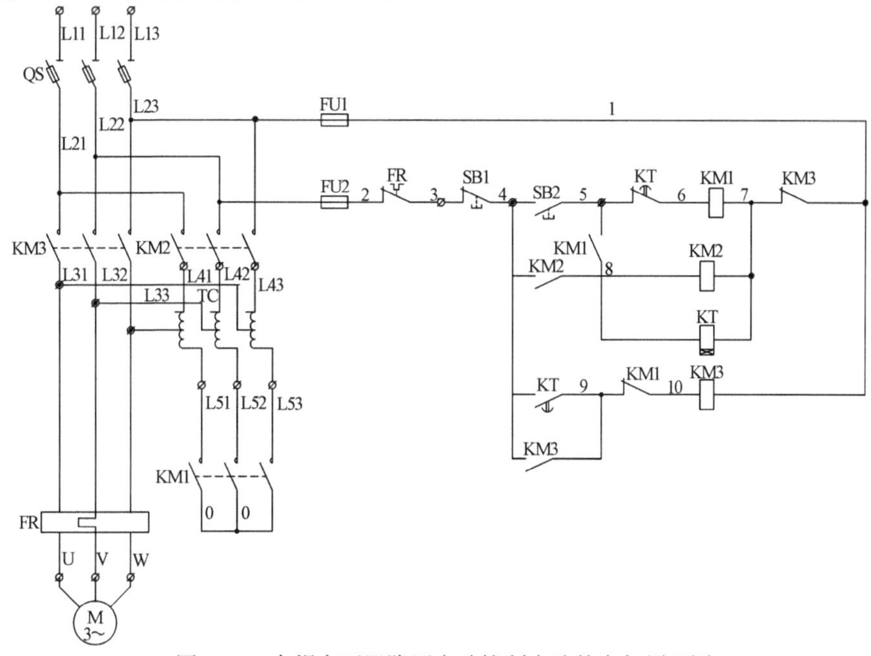

图 4-37　自耦变压器降压启动控制电路的电气原理图

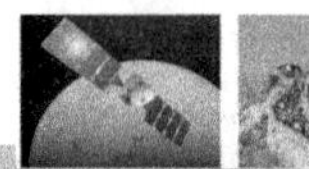

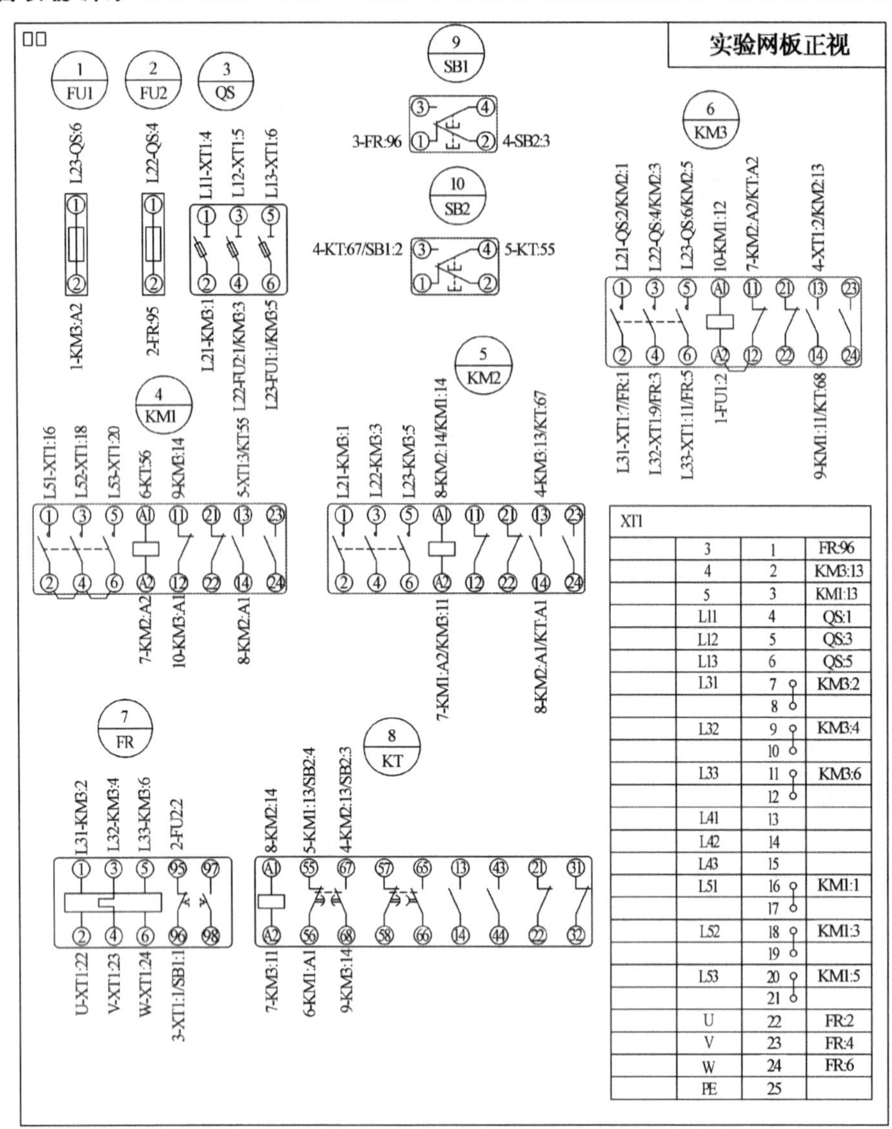

图 4-38　自耦变压器降压启动控制电路的电气接线图

表 4-20　自耦变压器降压启动控制电路的电气设备材料表

序号	代号	元件名称	型号规格	数量
1	FR	热继电器	JR20-10，0.1～0.15A	1
2	FU1,FU2	熔断器	NGT	2
3	KM1,KM2,KM3	交流接触器	CJ20-(10,16,25,40A)-AC 220V，辅助 2 开 2 闭；线圈电压为 AC 36, 127, 220,380V,DC 48,110,220V	3
4	KT	空气时间继电器	JS23 2 开 2 闭，0.1～30s ,10～30s，AC 220V-380V，通电/断电延时	1
5	QS	熔断器式刀开关	HR11-100K～380V	1
6	SB1,SB2	按钮	LAY3-11 红/绿/黑/白	2
7	TC	自耦变压器		1

表4-21 自耦变压降压启动控制电路的电气接线表

序号	回路线号	起始端号	末端号	序号	回路线号	起始端号	末端号
1	L11	QS-1	XT1-4	25	9	KM1-11	KM3-14
2	L12	QS-3	XT1-5	26	10	KM1-12	KM3-A1
3	L13	QS-5	XT1-6	27	5	KM1-13	KT55
4	5	KM1-13	XT1-3	28	6	KM1-A1	KT-56
5	L51	KM1-1	XT1-16	29	4	KM2-13	KM3-13
6	L52	KM1-3	XT1-18	30	7	KM2-A2	KM3-11
7	L53	KM1-5	XT1-20	31	L21	KM2-1	KM3-1
8	4	KM3-13	XT1-2	32	L22	KM2-3	KM3-3
9	L31	KM3-2	XT1-7	33	L23	KM2-5	KM3-5
10	L32	KM3-4	XT1-9	34	4	KM2-13	KT-67
11	L33	KM3-6	XT1-11	35	8	KM2-14	KT-A1
12	3	FR-96	XT1-1	36	L31	KM3-2	FR-1
13	U	FR-2	XT1-22	37	L32	KM3-4	FR-3
14	V	FR-4	XT1-23	38	L33	KM3-6	FR-5
15	W	FR-6	XT1-24	39	7	KM3-11	KT-A2
16	L23	FU1-1	QS-6	40	9	KM3-14	KT-68
17	1	FU1-2	KM3-A2	41	3	FR-96	SB1-1
18	L22	FU2-1	QS-4	42	4	KT-67	SB2-3
19	2	FU2-2	FR-95	43	5	KT-55	SB2-4
20	L21	QS-2	KM3-1	44	4	SB1-2	SB2-3
21	L22	QS-4	KM3-3	45		KM1-2	KM1-4
22	L23	QS-6	KM3-5	46		KM1-4	KM1-6
23	7	KM1-A2	KM2-A2	47	8	KM2-A1	KM2-14
24	8	KM1-14	KM2-A1	48	1	KM3-A2	KM3-12

4．延边三角形降压启动控制电路

按下启动按钮SB2，KM1线圈通电动作，其常开辅助触点闭合自锁，KM3、KT通电动作，电动机绕组接成延边三角形降压启动。KT达到整定时间后，延时断开的常闭触点断开，使KM3失电释放，KM3常闭辅助触点闭合。同时，KT延时闭合的常开触点闭合，KM2通电动作，其常开辅助触点闭合自锁，电动机绕组由延边三角形转换为三角形接法，启动过程结束，这种接法适用于要求启动转矩较大的场合。

图4-39、图4-40、表4-22和表4-23分别为延边三角形降压启动控制电路的电气原理图、电气接线图、电气设备材料表和电气接线表。

表4-22 延边三角形降压启动控制电路的电气设备材料表

序号	代号	元件名称	型号规格	数量
1	FR	热继电器	JR20-10，0.1～0.15A	1
2	FU1～FU5	熔断器	NGT	5
3	KM1,KM2,KM3	交流接触器	CJ20-(10,16,25,40A) -AC 220V，辅助2开2闭；线圈电压为AC 36,127,220,380V,DC 48,110,220V	3
4	KT	空气时间继电器	JS23 2开2闭，0.1～30s ,10～30s，AC 220～380V，通电/断电延时	1
5	QS	隔离开关	HUH18-100/1,2,3,4P-40,63,80,100A	1
6	SB1,SB2	按钮	LAY3-11 红/绿/黑/白	2

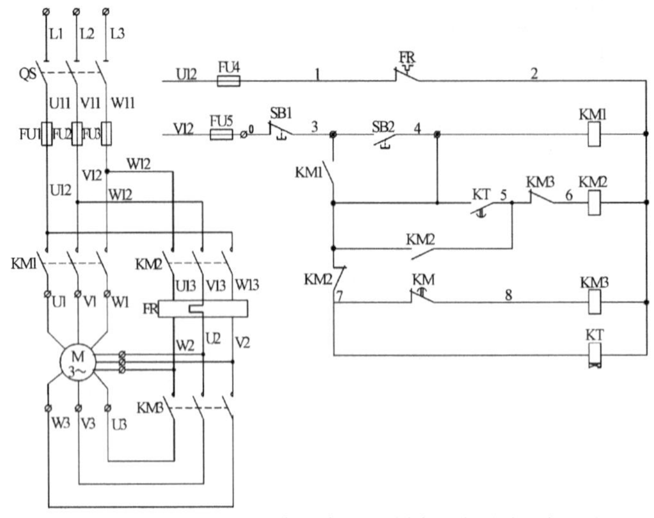

图 4-39　延边三角形降压启动控制电路的电气原理图

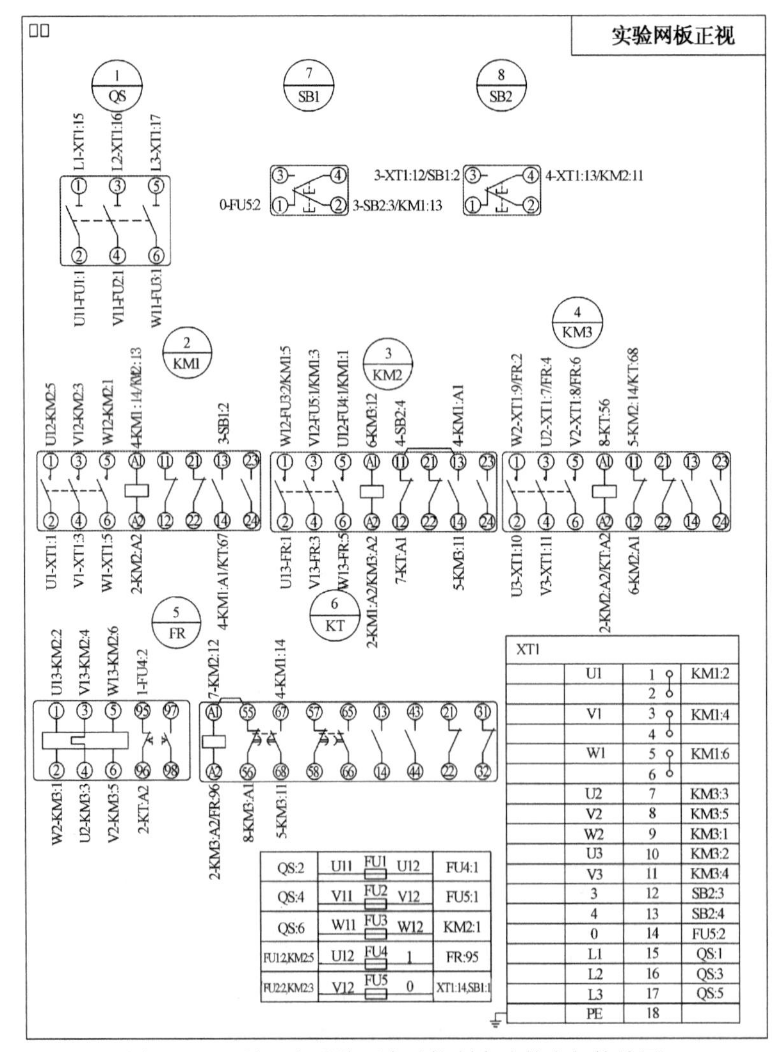

图 4-40　延边三角形降压启动控制电路的电气接线图

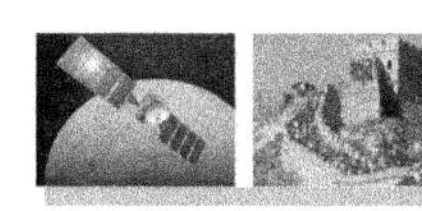

表 4-23　延边三角形降压启动控制电路的电气接线表

序号	回路线号	起始端号	末端号	序号	回路线号	起始端号	末端号
1	U12	KM1-1	KM2-5	14	7	KM2-12	KT-A1
2	V12	KM1-3	KM2-3	15	4	KM2-11	SB2-4
3	W12	KM1-5	KM2-1	16	U2	KM3-3	FR-4
4	2	KM1-A2	KM2-A2	17	V2	KM3-5	FR-6
5	4	KM1-A1	KM2-13	18	W2	KM3-1	FR-2
6	4	KM1-14	KT-67	19	2	KM3-A2	KT-A2
7	3	KM1-13	SB1-2	20	5	KM3-11	KT-68
8	2	KM2-A2	KM3-A2	21	8	KM3-A1	KT-56
9	5	KM2-14	KM3-11	22	2	FR-96	KT-A2
10	6	KM2-A1	KM3-12	23	3	SB1-2	SB2-3
11	U13	KM2-2	FR-1	24	4	KM1-A1	KM1-14
12	V13	KM2-4	FR-3	25	4	KM2-11	KM2-13
13	W13	KM2-6	FR-5	26	7	KT-A1	KT-55

4.5.3　制动电路的电气图

1. 短接制动控制电路

在定子绕组供电的电源断开的同时，将定子绕组短接，由于转子存在剩磁，这样就形成了转子旋转磁场，此磁场切割定子绕组，在定子绕组中产生感应电动势。因定子绕组已被 KM 常闭触头短接，所以在定子绕组回路中有感应电流，该电流又与旋转磁场相互作用，产生制动转矩，迫使转子停转。

这种制动方法，适用于小容量的高速异步电动机及制动要求不高的场合。短接制动的优点是无须特殊的控制设备，简单易行。

图 4-41、图 4-42、表 4-24 和表 4-25 分别为短接制动控制电路的电气原理图、电气接线图、电气设备材料表和电气接线表。

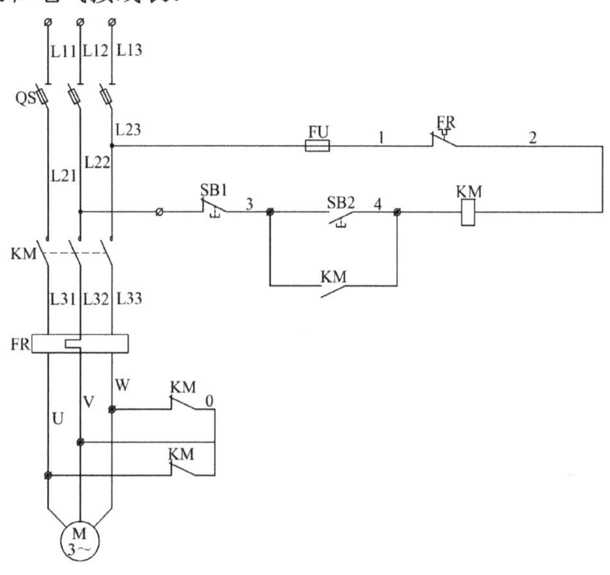

图 4-41　三相鼠笼式电动机的短接制动控制电路的电气原理图

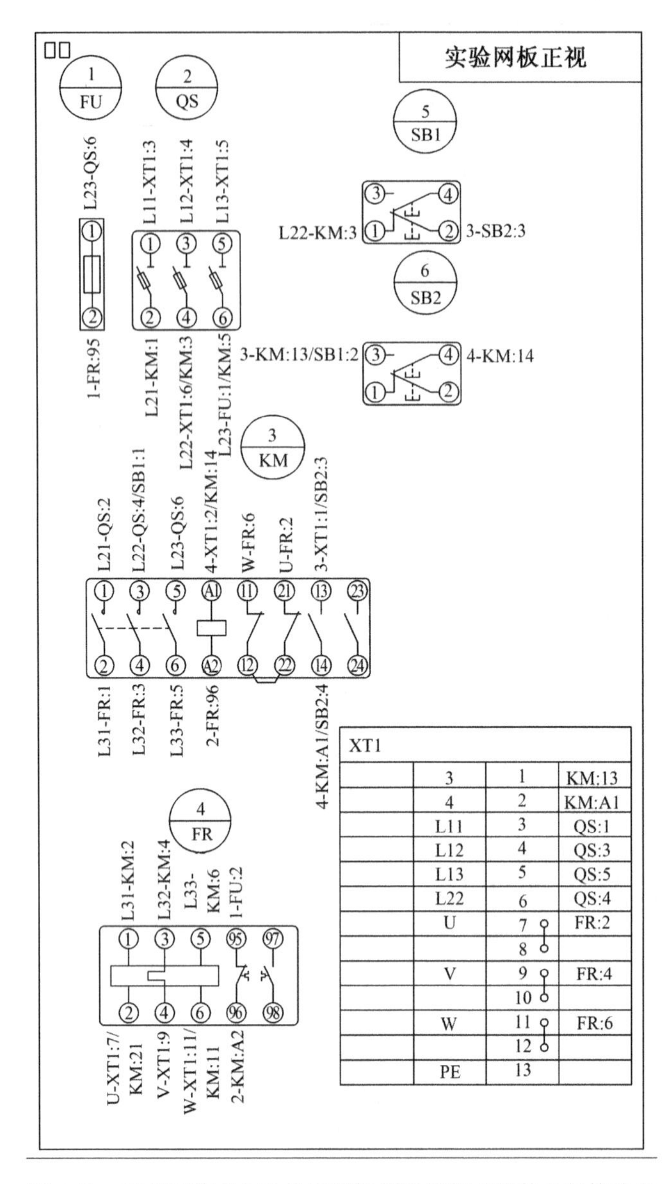

图 4-42　三相鼠笼式电动机的短接制动控制电路的电气接线图

表 4-24　三相鼠笼式电动机的短接制动控制电路的电气设备材料表

序号	代号	元件名称	型号规格	数量
1	FR	热继电器	JR20-10，0.1～0.15A	1
2	FU	熔断器	NGT	1
3	KM	交流接触器	CJ20-(10,16,25,40A) - AC 220V，辅助 2 开 2 闭；线圈电压为 AC 36,127,220,380V,DC 48,110,220V	1
4	QS	熔断器式刀开关	HR11-100K～380V	1
5	SB1,SB2	按钮	LAY3-11 红/绿/黑/白	2

表 4-25　三相鼠笼式电动机的短接制动控制电路的电气接线表

序号	回路线号	起始端号	末端号	序号	回路线号	起始端号	末端号
1	L11	QS-1	XT1-3	14	L23	QS-6	KM-5
2	L12	QS-3	XT1-4	15	2	KM-A2	FR-96
3	L13	QS-5	XT1-5	16	L31	KM-2	FR-1
4	L22	QS-4	XT1-6	17	L32	KM-4	FR-3
5	3	KM-13	XT1-1	18	L33	KM-6	FR-5
6	4	KM-A1	XT1-2	19	U	KM-21	FR-2
7	U	FR-2	XT1-7	20	W	KM-11	FR-6
8	V	FR-4	XT1-9	21	L22	KM-3	SB1-1
9	W	FR-6	XT1-11	22	3	KM-13	SB2-3
10	L23	FU-1	QS-6	23	4	KM-14	SB2-4
11	1	FU-2	FR-95	24	3	SB1-2	SB2-3
12	L21	QS-2	KM-1	25	4	KM-A1	KM-14
13	L22	QS-4	KM-3	26		KM-12	KM-22

2．反接制动控制电路

反接制动控制电路的制动原理为：当按下停止按钮 SB1 时，接触器 KM1 失电，其常闭触点 KM1 接通，这时接触器 KM2 动作，电动机反转，使电动机由正转控制立即变为反转控制，使正转速度很快下降，直至为零速。此时速度继电器常开触点切断接触器 KM2 控制电源。

图 4-43、图 4-44、表 4-26 和表 4-27 分别为反接制动控制电路的电气原理图、电气接线图、电气设备材料表和电气接线表。

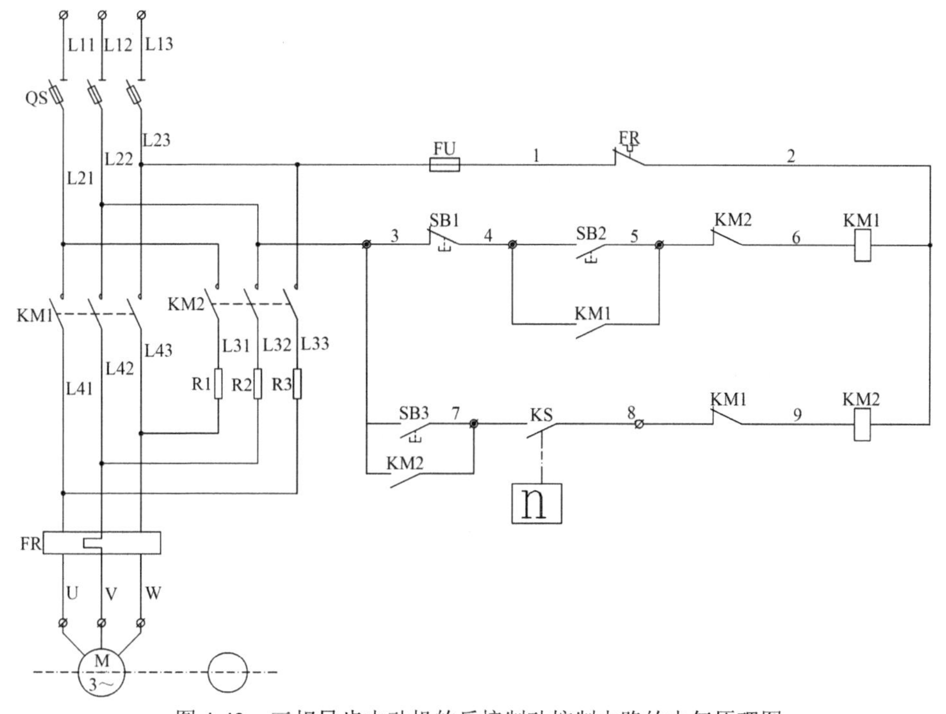

图 4-43　三相异步电动机的反接制动控制电路的电气原理图

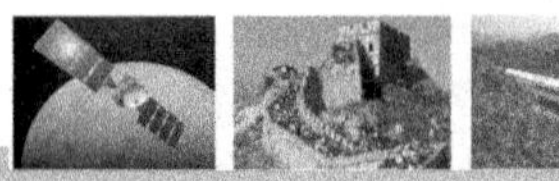

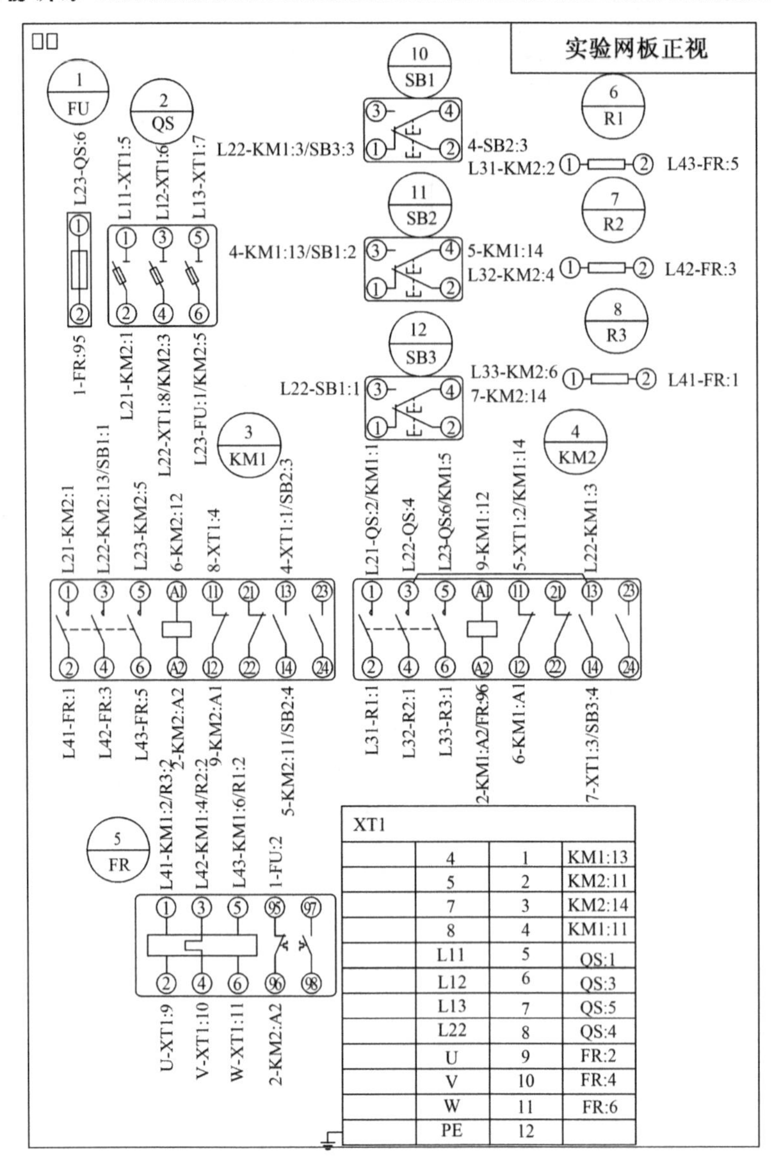

图 4-44　三相异步电动机的反接制动控制电路的电气接线图

表 4-26　三相异步电动机的反接制动控制电路的电气设备材料表

序号	代号	元件名称	型号规格	数量
1	FR	热继电器	JR20-10，0.1～0.15A	1
2	FU	熔断器	NGT	1
3	KM1,KM2	交流接触器	CJ20-(10,16,25,40A) -AC 220V，辅助 2 开 2 闭；线圈电压为 AC 36,127,220,380V,DC 48,110,220V	2
4	QS	熔断器式刀开关	HR11-100K～380V	1
5	R1,R2,R3	变阻器	BC1-25	3
6	SB1,SB2,SB3	按钮	LAY3-11 红/绿/黑/白	3
7	KS	速度继电器	KS	1

表 4-27 三相异步电动机的反接制动控制电路的电气接线表

序号	回路线号	起始端号	末端号	序号	回路线号	起始端号	末端号
1	L11	QS-1	XT1-5	21	L21	KM1-1	KM2-1
2	L12	QS-3	XT1-6	22	L22	KM1-3	KM2-13
3	L13	QS-5	XT1-7	23	L23	KM1-5	KM2-5
4	L22	QS-4	XT1-8	24	L41	KM1-2	FR-1
5	4	KM1-13	XT1-1	25	L42	KM1-4	FR-3
6	8	KM1-11	XT1-4	26	L43	KM1-6	FR-5
7	5	KM2-11	XT1-2	27	L22	KM1-3	SB1-1
8	7	KM2-14	XT1-3	28	4	KM1-13	SB2-3
9	U	FR-2	XT1-9	29	5	KM1-14	SB2-4
10	V	FR-4	XT1-10	30	2	KM2-A2	FR-96
11	W	FR-6	XT1-11	31	L31	KM2-2	R1-1
12	L23	FU-1	QS-6	32	L32	KM2-4	R2-1
13	1	FU-2	FR-95	33	L33	KM2-6	R3-1
14	L21	QS-2	KM2-1	34	7	KM2-14	SB3-4
15	L22	QS-4	KM2-3	35	L43	FR-5	R1-2
16	L23	QS-6	KM2-5	36	L42	FR-3	R2-2
17	2	KM1-A2	KM2-A2	37	L41	FR-1	R3-2
18	5	KM1-14	KM2-11	38	4	SB1-2	SB2-3
19	6	KM1-A1	KM2-12	39	L22	SB1-1	SB3-3
20	9	KM1-12	KM2-A1	40	L22	KM2-3	KM2-13

3．能耗制动控制电路

当闭合电源开关 QS，按下正转启动按钮 SB2 时，正转接触器 KM1 的线圈得电吸合，电动机正转。按下反转按钮 SB3 时，反转接触器 KM2 的线圈通电吸合，电动机反转。停车时，按下停车按钮 SB1，接触器 KM1（或接触器 KM2）断电，同时接触器 KM3 吸合，整流后的直流电送入电动机立刻停车。

图 4-45、图 4-46、表 4-28 和表 4-29 分别为能耗制动控制电路的电气原理图、电气接线图、电气设备材料表和电气接线表。

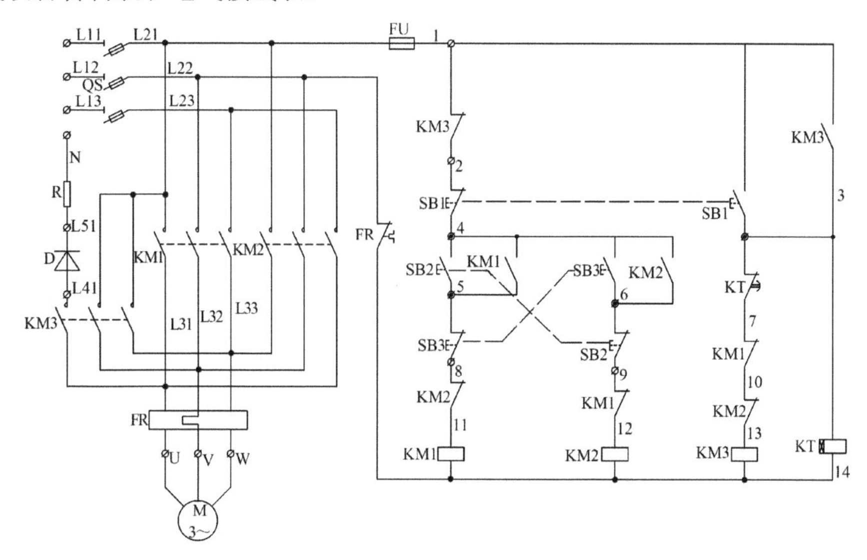

图 4-45 双重连锁正、反转启动能耗制动控制电路的电气原理图

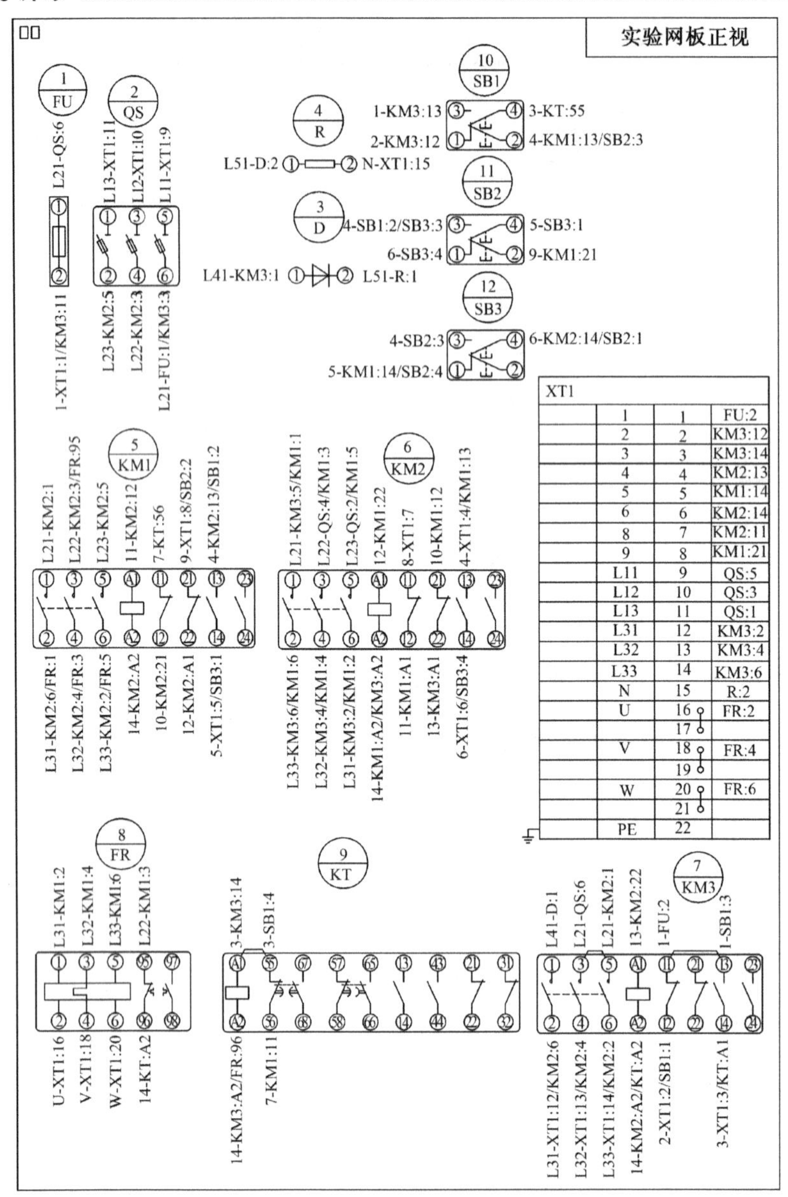

图 4-46　双重连锁正、反转启动能耗制动控制电路的电气接线图

表 4-28　双重连锁正、反转启动能耗制动控制电路的电气设备材料表

序号	代号	元件名称	型号规格	数量
1	D	二极管	1L4007	1
2	FR	热继电器	JR20-10，0.1～0.15A	1
3	FU	熔断器	NGT	1
4	KM1,KM2,KM3	交流接触器	CJ20-(10,16,25,40A)-AC 220V，辅助 2 开 2 闭；线圈电压为 AC 36, 127,220,380V,DC 48,110,220V	3
5	KT	空气时间继电器	JS23 2 开 2 闭，0.1～30s ,10～30s，AC 220～380V，通电/断电延时	1
6	QS	熔断器式刀开关	HR11-100K～380V	1
7	R	变阻器	BC1-25	1
8	SB1,SB2,SB3	按钮	LAY3-11，红/绿/黑/白	3

表 4-29　双重连锁正、反转启动能耗制动控制电路的电气接线表

序号	回路线号	起始端号	末端号	序号	回路线号	起始端号	末端号
1	1	FU-2	XT1-1	33	L23	KM1-5	KM2-5
2	L11	QS-5	XT1-9	34	L31	KM1-2	KM2-6
3	L12	QS-3	XT1-10	35	L32	KM1-4	KM2-4
4	L13	QS-1	XT1-11	36	L33	KM1-6	KM2-2
5	N	R-2	XT1-15	37	L22	KM1-3	FR-95
6	5	KM1-14	XT1-5	38	L31	KM1-2	FR-1
7	9	KM1-21	XT1-8	39	L32	KM1-4	FR-3
8	4	KM2-13	XT1-4	40	L33	KM1-6	FR-5
9	6	KM2-14	XT1-6	41	7	KM1-11	KT-56
10	8	KM2-11	XT1-7	42	4	KM1-13	SB1-2
11	2	KM3-12	XT1-2	43	9	KM1-21	SB2-2
12	3	KM3-14	XT1-3	44	5	KM1-14	SB3-1
13	L31	KM3-2	XT1-12	45	13	KM2-22	KM3-A1
14	L32	KM3-4	XT1-13	46	14	KM2-A2	KM3-A2
15	L33	KM3-6	XT1-14	47	L21	KM2-1	KM3-5
16	U	FR-2	XT1-16	48	L31	KM2-6	KM3-2
17	V	FR-4	XT1-18	49	L32	KM2-4	KM3-4
18	W	FR-6	XT1-20	50	L33	KM2-2	KM3-6
19	L21	FU-1	QS-6	51	6	KM2-14	SB3-4
20	1	FU-2	KM3-11	52	3	KM3-14	KT-A1
21	L22	QS-4	KM2-3	53	14	KM3-A2	KT-A2
22	L23	QS-2	KM2-5	54	1	KM3-13	SB1-3
23	L21	QS-6	KM3-3	55	2	KM3-12	SB1-1
24	L51	D-2	R-1	56	14	FR-96	KT-A2
25	L41	D-1	KM3-1	57	3	KT-55	SB1-4
26	4	KM1-13	KM2-13	58	4	SB1-2	SB2-3
27	10	KM1-12	KM2-21	59	4	SB2-3	SB3-3
28	11	KM1-A1	KM2-12	60	5	SB2-4	SB3-1
29	12	KM1-22	KM2-A1	61	6	SB2-1	SB3-4
30	14	KM1-A2	KM2-A2	62	1	KM3-11	KM3-13
31	L21	KM1-1	KM2-1	63	L21	KM3-3	KM3-5
32	L22	KM1-3	KM2-3	64	3	KT-A1	KT-55

4.5.4　调速控制电路的电气图

1．双速电动机的自动变速控制电路

图 4-47、图 4-48、表 4-30 和表 4-31 分别为双速电动机的自动变速控制电路的电气原理图、电气接线图、电气设备材料表和电气接线表。

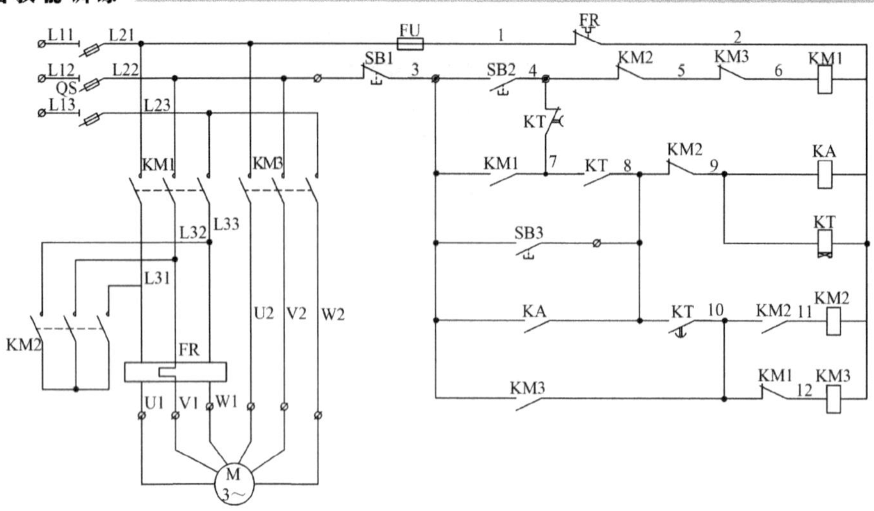

图 4-47　双速异步电动机通电延时自动变速控制电路的电气原理图

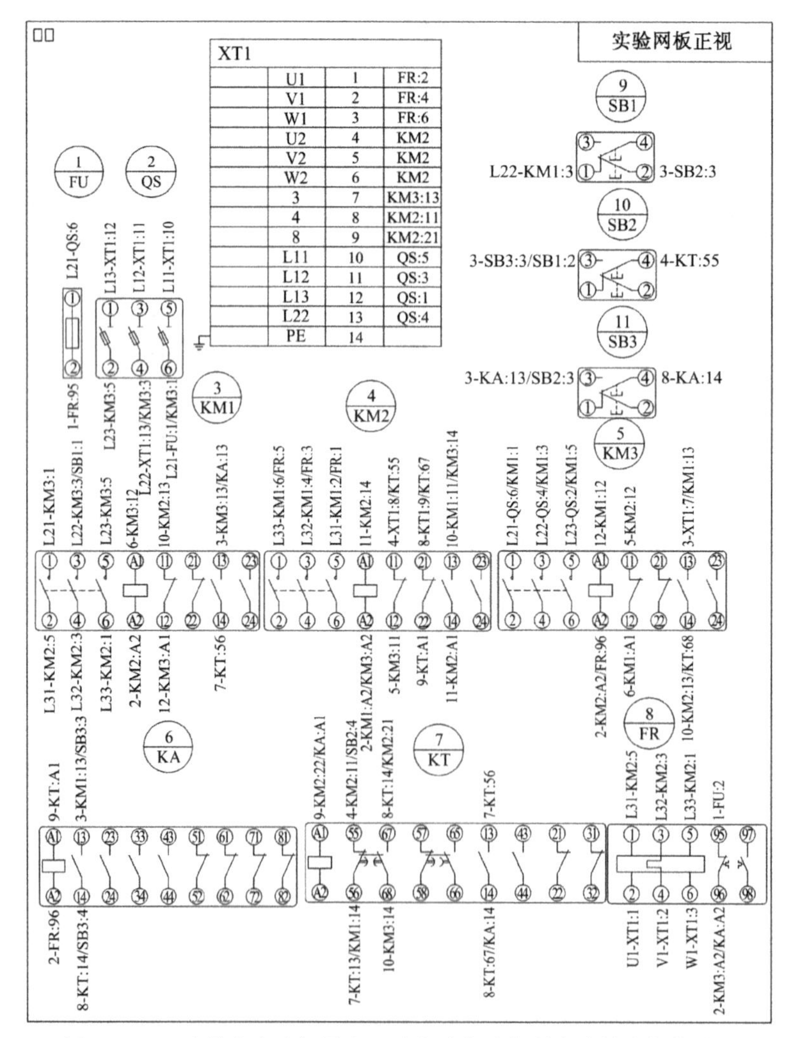

图 4-48　双速异步电动机通电延时自动变速控制电路的电气接线图

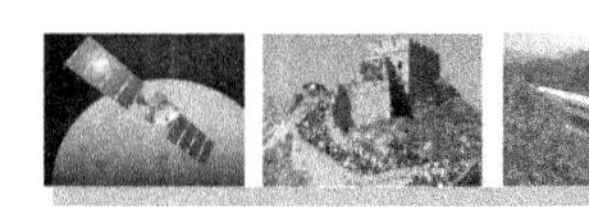

表 4-30 双速异步电动机通电延时自动变速控制电路的电气设备材料表

序号	代号	元件名称	型号规格	数量
1	FR	热继电器	JR20-10，0.1～0.15A	1
2	FU1,FU2	熔断器	NGT	2
3	KM1,KM2,KM3	交流接触器	CJ20-(10,16,25,40A)-AC 220V，辅助 2 开 2 闭；线圈电压为 AC 36,127, 220,380V,DC 48,110,220V	3
4	KT	空气时间继电器	JS23 2 开 2 闭，0.1～30s,10～30s，AC 220V～380V，通电/断电延时	1
5	QF	微型断路器	C45AD/3P □A 1,3,6,10,16,20,25,32,40,50,63A	1
6	SB1,SB2	按钮	LAY3-11，红/绿/黑/白	2

表 4-31 双速异步电动机通电延时自动变速控制电路的电气接线表

序号	回路线号	起始端号	末端号	序号	回路线号	起始端号	末端号
1	L11	QS-5	XT1-10	27	3	KM1-13	KA-13
2	L12	QS-3	XT1-11	28	7	KM1-14	KT-56
3	L13	QS-1	XT1-12	29	L22	KM1-3	SB1-1
4	L22	QS-4	XT1-13	30	2	KM2-A2	KM3-A2
5	4	KM2-11	XT1-8	31	5	KM2-12	KM3-11
6	8	KM2-21	XT1-9	32	10	KM2-13	KM3-14
7	3	KM3-13	XT1-7	33	4	KM2-11	KT-55
8	U1	FR-2	XT1-1	34	8	KM2-21	KT-67
9	V1	FR-4	XT1-2	35	9	KM2-22	KT-A1
10	W1	FR-6	XT1-3	36	L31	KM2-5	FR-1
11	L21	FU-1	QS-6	37	L32	KM2-3	FR-3
12	1	FU-2	FR-95	38	L33	KM2-1	FR-5
13	L21	QS-6	KM3-1	39	10	KM3-14	KT-68
14	L22	QS-4	KM3-3	40	2	KM3-A2	FR-96
15	L23	QS-2	KM3-5	41	8	KA-14	KT-14
16	2	KM1-A2	KM2-A2	42	9	KA-A1	KT-A1
17	10	KM1-11	KM2-13	43	2	KA-A2	FR-96
18	L31	KM1-2	KM2-5	44	3	KA-13	SB3-3
19	L32	KM1-4	KM2-3	45	8	KA-14	SB3-4
20	L33	KM1-6	KM2-1	46	4	KT-55	SB2-4
21	3	KM1-13	KM3-13	47	3	SB1-2	SB2-3
22	6	KM1-A1	KM3-12	48	3	SB2-3	SB3-3
23	12	KM1-12	KM3-A1	49	11	KM2-A1	KM2-14
24	L21	KM1-1	KM3-1	50	7	KT-56	KT-13
25	L22	KM1-3	KM3-3	51	8	KT-67	KT-14
26	L23	KM1-5	KM3-5				

2. 单绕组双速电动机 2Y/△接法的自动调速电路

当闭合电源开关 QS，按下启动按钮 SB2 时，电动机低速运转，同时时间继电器 KT 开始延时，达到整定时间后自动进入高速运转状态。

图 4-49、图 4-50、表 4-32 和表 4-33 分别是单绕组双速电动机 2Y/△接法的自动调整电路的电气原理图、电气接线图、电气设备材料表和电气接线表。

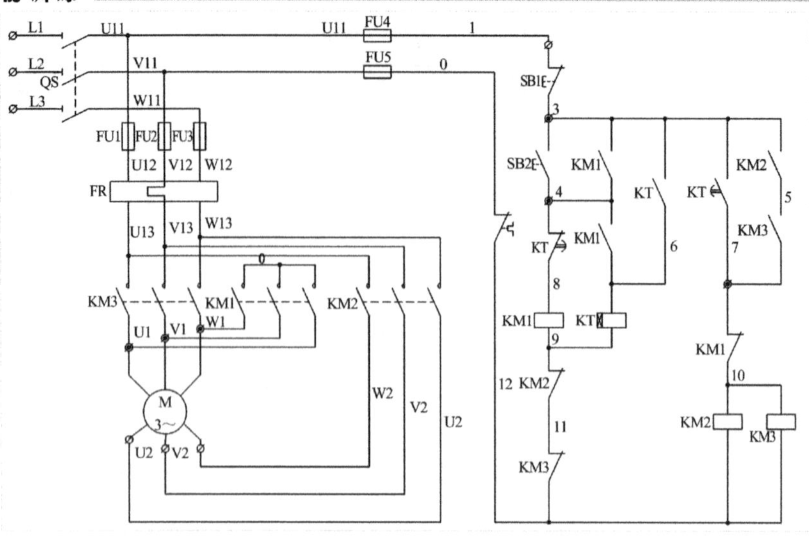

图 4-49　单绕组双速电动机 2Y/△接法的时间继电器控制电路的电气原理图

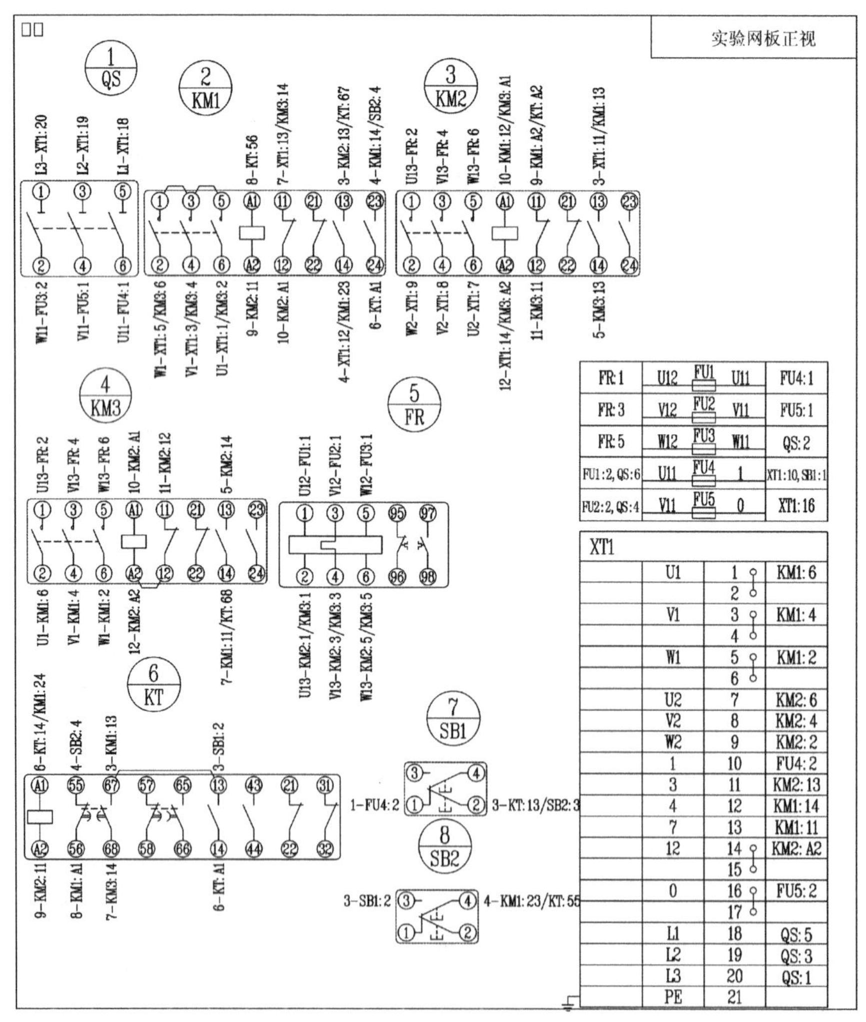

图 4-50　单绕组双速电动机 2Y/△接法的时间继电器控制电路的电气接线图

表 4-32　单绕组双速电动机 2Y/△接法的时间继电器控制电路的电气设备材料表

序号	代号	元件名称	型号规格	数量
1	FR	热继电器	JR20-10，0.1～0.15A	1
2	FU1～FU5	熔断器	NGT	5
3	KM1,KM2,KM3	交流接触器	CJ20-(10,16,25,40A)-AC 220V，辅助 2 开 2 闭；线圈电压为 AC 36,127,220,380V,DC 48,110,220V	3
4	KT	空气时间继电器	JS23 2 开 2 闭，0.1～30s,10～30s，AC 220V～380V，通电/断电延时	1
5	QS	隔离开关	HUH18-100/1,2,3,4P-40,63,80,100A	1
6	SB1,SB2	按钮	LAY3-11，红/绿/黑/白	2

表 4-33　单绕组双速电动机 2Y/△接法的时间继电器控制电路的电气接线表

序号	回路线号	起始端号	末端号	序号	回路线号	起始端号	末端号
1	L1	QS-5	XT1-18	27	3	KM1-13	KT-67
2	L2	QS-3	XT1-19	28	6	KM1-24	KT-A1
3	L3	QS-1	XT1-20	29	8	KM1-A1	KT-56
4	U1	KM1-6	XT1-1	30	5	KM2-14	KM3-13
5	V1	KM1-4	XT1-3	31	10	KM2-A1	KM3-A1
6	W1	KM1-2	XT1-5	32	11	KM2-12	KM3-11
7	4	KM1-14	XT1-12	33	12	KM2-A2	KM3-A2
8	7	KM1-11	XT1-13	34	U13	KM2-1	FR-2
9	U2	KM2-6	XT1-7	35	V13	KM2-3	FR-4
10	V2	KM2-4	XT1-8	36	W13	KM2-5	FR-6
11	W2	KM2-2	XT1-9	37	9	KM2-11	KT-A2
12	3	KM2-13	XT1-11	38	U13	KM3-1	FR-2
13	12	KM2-A2	XT1-14	39	V13	KM3-3	FR-4
14	U12	FR-1	FU1-1	40	W13	KM3-5	FR-6
15	V12	FR-3	FU2-1	41	7	KM3-14	KT-68
16	W11	QS-2	FU3-2	42	4	KM1-14	KM1-23
17	W12	FR-5	FU3-1	43		KM1-1	KM1-3
18	U11	QS-6	FU4-1	44		KM1-3	KM1-5
19	V11	QS-4	FU5-1	45	12	KM3-A2	KM3-12
20	3	KM1-13	KM2-13	46	3	KT-67	KT-13
21	9	KM1-A2	KM2-11	47	6	KT-A1	KT-14
22	10	KM1-12	KM2-A1	48	U11	FU1-2	FU4-1
23	U1	KM1-6	KM3-2	49	V11	FI2-2	FU5-1
24	V1	KM1-4	KM3-4	50	1	XT1-10	FU4-2
25	W1	KM1-2	KM3-6	51	0	XT1-16	FU5-2
26	7	KM1-11	KM3-14				

4.5.5　保护电路的电气图

1. 相间短路保护电路

相间短路保护电路多加了一个接触器 KM1，当正、反转换时，正转接触器 KM2 断电后，接触器 KM1 也随着断开，KM2 和 KM1 两个接触器组成四断点灭电弧电路，可有效熄灭电弧，防止相间短路。

图 4-51、图 4-52、表 4-34 和表 4-35 分别为相间短路保护电路的电气原理图、电气接线图、电气设备材料表和电气接线表。

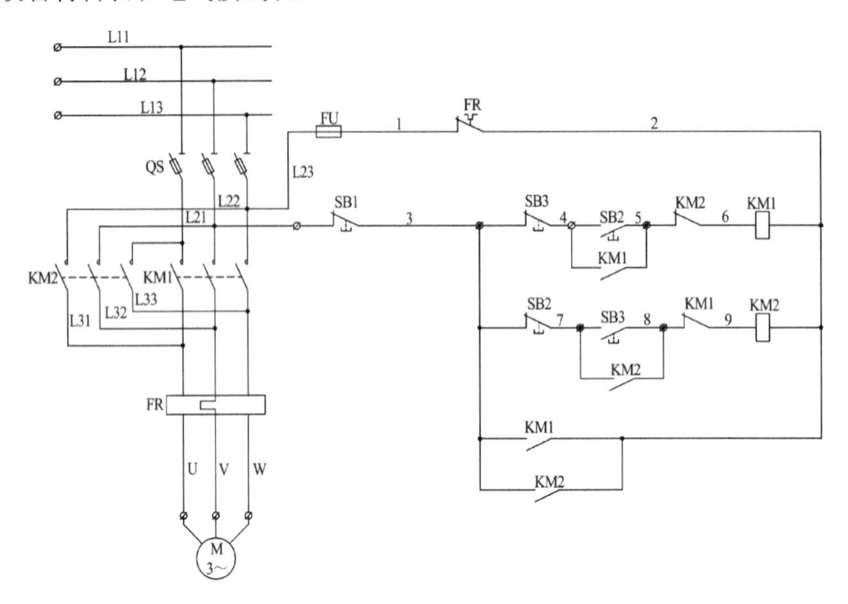

图 4-51　三相异步电动机防止相间短路的正、反转控制电路的电气原理图

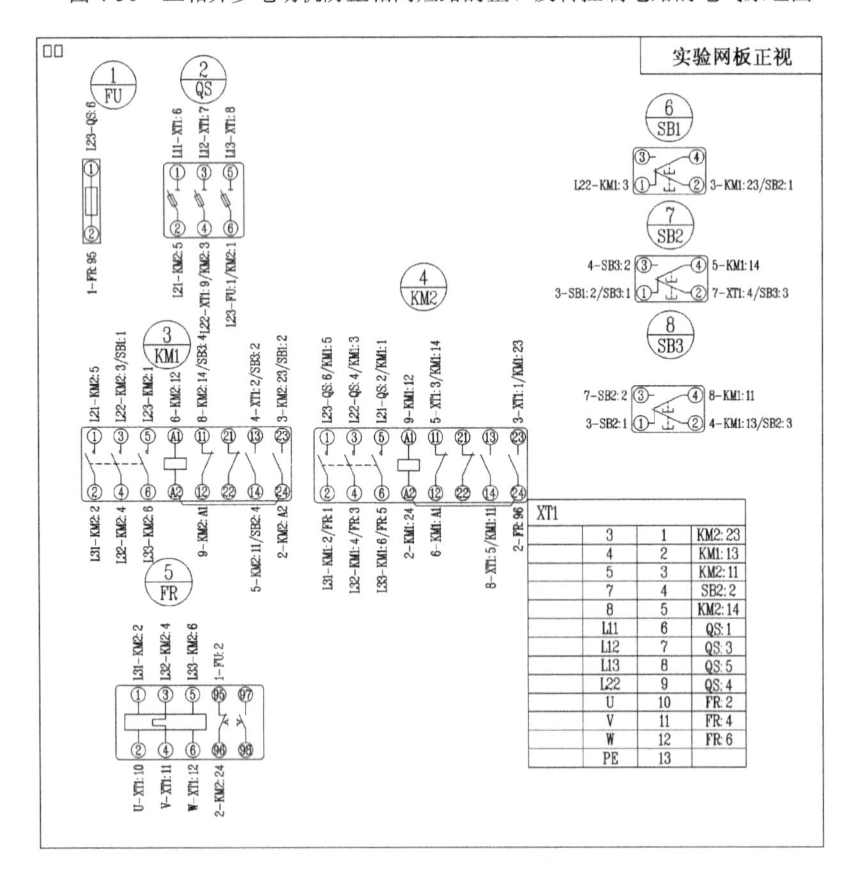

	3	1	KM2:23
	4	2	KM1:13
	5	3	KM2:11
	7	4	SB2:2
	8	5	KM2:14
	L11	6	QS:1
	L12	7	QS:3
	L13	8	QS:5
	L22	9	QS:4
	U	10	FR:2
	V	11	FR:4
	W	12	FR:6
	PE	13	

图 4-52　三相异步电动机防止相间短路的正、反转控制电路的电气接线图

表4-34　三相异步电动机防止相间短路的正、反转控制电路的电气设备材料表

序号	代号	元件名称	型号规格	数量
1	FR	热继电器	JR20-10，0.1～0.15A	1
2	FU	熔断器	NGT	1
3	KM1,KM2	交流接触器	CJ20-(10,16,25,40A)-AC 220V，辅助2开2闭；线圈电压为AC 36,127,220,380V,DC 48,110,220V	2
4	QS	熔断器式刀开关	HR11-100K～380V	1
5	SB1,SB2,SB3	按钮	LAY3-11，红/绿/黑/白	3

表4-35　三相异步电动机防止相间短路的正、反转控制电路的电气接线表

序号	回路线号	起始端号	末端号	序号	回路线号	起始端号	末端号
1	L11	QS-1	XT1-6	23	9	KM1-12	KM2-A1
2	L12	QS-3	XT1-7	24	L21	KM1-1	KM2-5
3	L13	QS-5	XT1-8	25	L22	KM1-3	KM2-3
4	L22	QS-4	XT1-9	26	L23	KM1-5	KM2-1
5	4	KM1-13	XT1-2	27	L31	KM1-2	KM2-2
6	3	KM2-23	XT1-1	28	L32	KM1-4	KM2-4
7	5	KM2-11	XT1-3	29	L33	KM1-6	KM2-6
8	8	KM2-14	XT1-5	30	3	KM1-23	SB1-2
9	U	FR-2	XT1-10	31	L22	KM1-3	SB1-1
10	V	FR-4	XT1-11	32	5	KM1-14	SB2-4
11	W	FR-6	XT1-12	33	4	KM1-13	SB3-2
12	7	SB2-2	XT1-4	34	8	KM1-11	SB3-4
13	L23	FU-1	QS-6	35	2	KM2-24	FR-96
14	1	FU-2	FR-95	36	L31	KM2-2	FR-1
15	L21	QS-2	KM2-5	37	L32	KM2-4	FR-3
16	L22	QS-4	KM2-3	38	L33	KM2-6	FR-5
17	L23	QS-6	KM2-1	39	3	SB1-2	SB2-1
18	2	KM1-24	KM2-A2	40	3	SB2-1	SB3-1
19	3	KM1-23	KM2-23	41	4	SB2-3	SB3-2
20	5	KM1-14	KM2-11	42	7	SB2-2	SB3-3
21	6	KM1-A1	KM2-12	43	2	KM1-A2	KM1-24
22	8	KM1-11	KM2-14	44	2	KM2-A2	KM2-24

2. 零序电压断相保护电路

零序电压断相保护可采用下面的方法：用3个电阻接成一个人为中性点，当电动机断相时，人为中性点电位发生偏移，继电器KV便通电吸合，继电器的常闭触点切断交流接触器KM线圈回路，KM释放，从而保护电动机。电路中的电阻R1-3应根据实际实验选定。

图4-53、图4-54、表4-36和表4-37分别是零序电压断相保护电路的电气原理图、电气接线图、电气设备材料表和电气接线表。

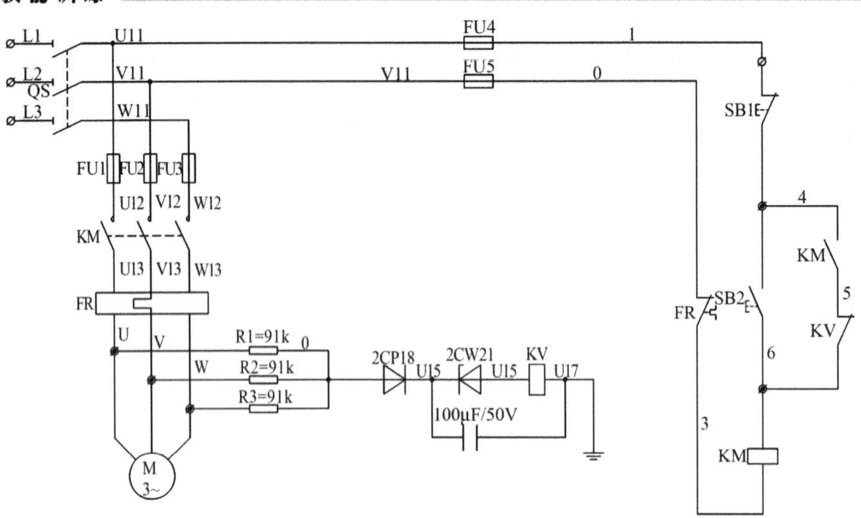

图 4-53　电动机三角形接法零序电压断相保护控制电路的电气原理图

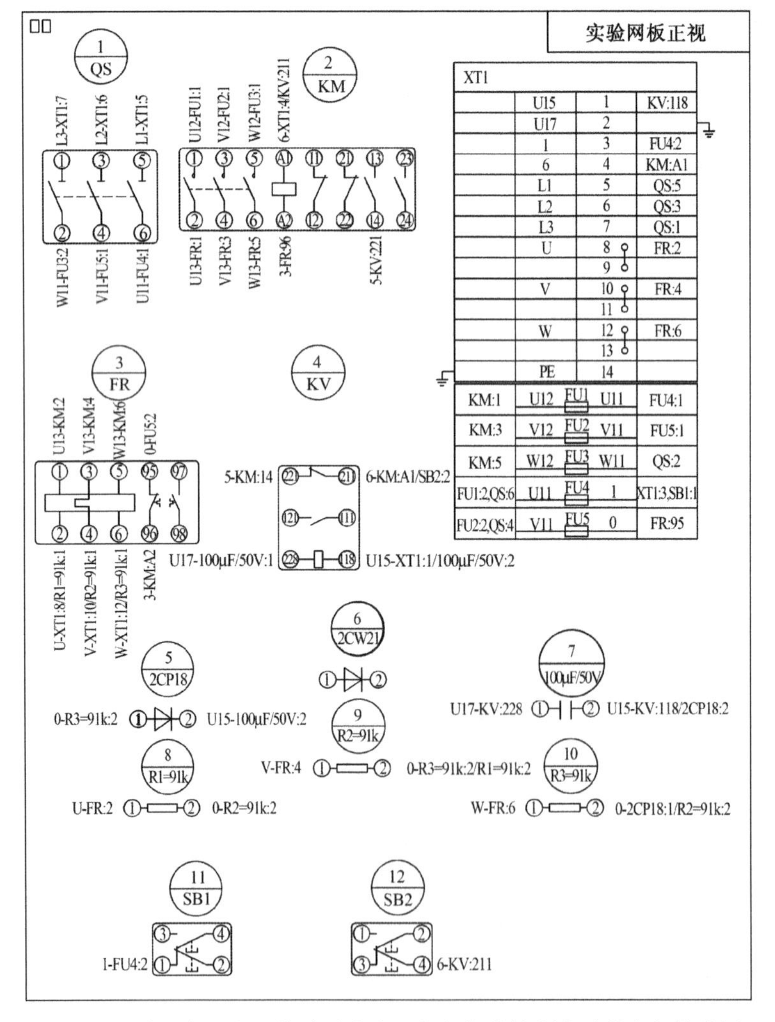

图 4-54　电动机三角形接法零序电压断相保护控制电路的电气接线图

表 4-36　电动机三角形接法零序电压断相保护控制电路的电气设备材料表

序号	代号	元件名称	型号规格	数量
1	2CP18,2CW21	二极管	1L4007	2
2	FR	热继电器	JR20-10，0.1～0.15A	1
3	FU1～FU5	熔断器	NGT	5
4	KM	交流接触器	CJ20-(10,16,25,40A)-AC 220V，辅助 2 开 2 闭；线圈电压为 AC 36,127,220,380V,DC 48,110,220V	1
5	KV	电压继电器	DY-28E	1
6	QS	隔离开关	HUH18-100/1,2,3,4P-40,63,80,100A	1
7	R1=91k,R2=91k,R3=91k	变阻器	BC1-25	3
8	SB1,SB2	按钮	LAY3-11，红/绿/黑/白	2
9	100μF/50V	电容器	CBB22 1000μF 300V	1

表 4-37　电动机三角形接法零序电压断相保护控制电路的电气接线表

序号	回路线号	起始端号	末端号	序号	回路线号	起始端号	末端号
1	L1	QS-c	XT1-5	20	3	KM-A2	FR-2
2	L2	QS-b	XT1-6	21	5	KM-14	KV-1
3	L3	QS-a	XT1-7	22	6	KM-A1	KV-2
4	6	KM-A1	XT1-4	23	U	FR-a	R1=91k–1
5	U	FR-a	XT1-8	24	V	FR-b	R2=91k–1
6	V	FR-b	XT1-10	25	W	FR-c	R3=91k–1
7	W	FR-c	XT1-12	26	U15	KV-4	100μF/50V-2
8	U15	KV-4	XT1-1	27	U17	KV-3	100μF/50V-1
9	U12	KM-1	FU1-1	28	6	KV-2	SB2-2
10	V12	KM-3	FU2-1	29	U15	2CP18-2	2CW21-2
11	W11	QS-A	FU3-2	30	O	2CP18-1	R3=91k–2
12	W12	KM-5	FU3-1	31	U15	2CW21-1	100μF/50V-2
13	U11	QS-C	FU4-1	32	O	R1=91k–2	R2=91k–2
14	1	SB1-3	FU4-2	33	O	R2=91k–2	R3=91k–2
15	V11	QS-B	FU5-1	34	U15	2CW21-1	2CW21-2
16	O	FR-1	FU5-2	35	U11	FUL-1	FU4-1
17	U13	KM-2	FR-A	36	V11	FU2-2	FU5-1
18	V13	KM-4	FR-B	37	1	XT1-3	FU4-2
19	W13	KM-6	FR-C				

实训 7　端子接线表的绘制

1. 实训目的

（1）了解端子接线表的组成。

（2）了解电气图中原理图与端子接线表之间的关系及绘图原则。

2. 实训要求

（1）熟记电气图中常用电气设备的端子号。

（2）能根据给定的电气原理图绘制端子接线表。

3．实训理论基础

镗床是一种精密加工机床，主要用于加工高精度圆柱孔。除此之外，镗床还可进行扩、铰、车、铣等。因此，镗床的加工范围很广。按用途不同，镗床可分为卧式镗床、坐标镗床、金刚镗床及专用镗床等。

下面是 T68 型卧式镗床电气控制电路的简单分析。

（1）主电路分析。图 4-55 为 T68 型卧式镗床的主电路图。图中 M1 为主轴与进给电动机，M2 为快速移动电动机。电动机 M1 由 5 个接触器控制，其中 KM1、KM2 为电动机正、反转接触器，KM3 为制动电阻短接接触器，KM4 为低速运转接触器，KM5 为高速转动接触器。主轴电动机停车时，由速度继电器 KV 控制实现反转制动。

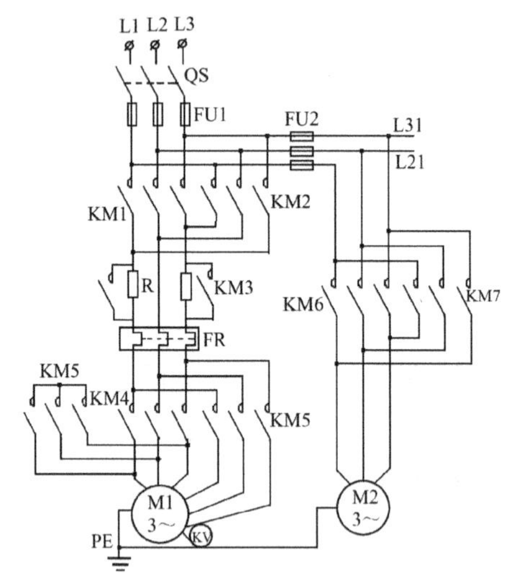

图 4-55　T68 型卧式镗床的主电路图

（2）控制电路分析。图 4-56 为 T68 型卧式镗床的控制电路图。

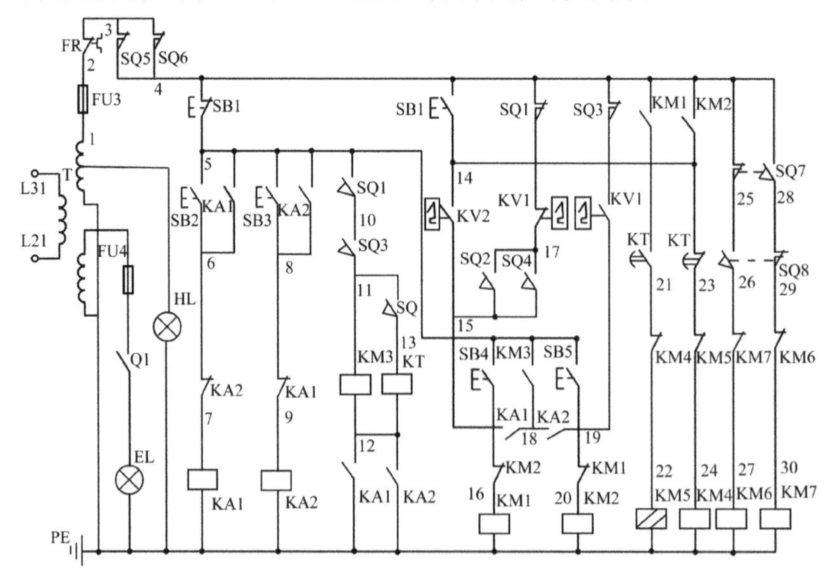

图 4-56　T68 型卧式镗床的控制电路图

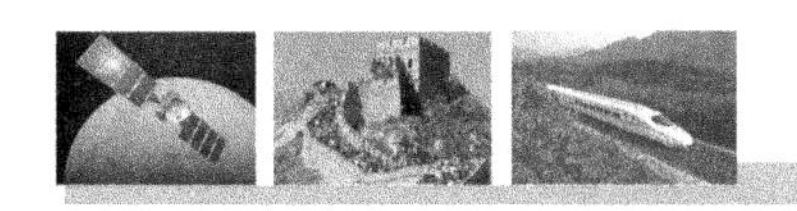

① 主轴电动机 M1 的控制。

a. 正转时低速运行控制。合上电源开关 Q1，信号灯 HL 亮，表示电源接通。按下 SB2 按钮，KA1 线圈通电，KA1(5—6)闭合自锁；KA1(8—9)断开，使 KA2 不通电；KA1(15—18)闭合，KM1 线圈通电；KA1(12—PE)闭合，KM3 通电，限流电阻 R 被短接；KM1 主触点闭合，为 M1 通电做准备；KM1(19—20)断开，使 KM2 不通电；KM1(4—14)闭合，KM1 线圈通电，KM1 主触点闭合，M1 以三角形形式低速全压启动。

b. 正转时高速控制。将变速手柄扳向高速挡，使行程开关 SQ 压下，触点 SQ(11—13)闭合，时间继电器 KT 通电，于是电动机 M1 先低速 D 接启动，经一定时间后，触点 KT(14—23)延时断开，使 KM4 断开，KT(14—21)延时闭合，使 KM5 通电，从而使电动机 M1 由低速 D 接法自动换接成高速 YY 接法，完成双速电动机的两级启动控制。

以上是正转、低速控制电路控制的分析；反转时高、低速控制过程与正转时类似，在此不再进行分析。

② 主轴电动机的点动控制。

a. 正转点动控制。按下 SB4 按钮，KM1 线圈通电，KM1 触点(19—20)断开，KM2 不通电，KM1 触点(4—14)闭合，KM1 主触点闭合，为 M1 启动做准备。经 KT 动断点和 KM5(23—24)动断点，KM4 线圈通电，M1 启动。放开 SB4，KM1 断电，M1 停转。

b. 反转点动控制可自行分析。

③ 主轴电动机的停车与制动。

主轴电动机 M1 在运行过程中通过按下停止按钮 SB1 来实现停车（注意 SB1 要按到底）。由 SB1、KV、KM1、KM2、KM3、KM4 构成主轴正、反转反接制动控制环节。以主轴电动机运行在低速正转状态为例，此时 KA1、KM1、KM3、KM4 均通电吸合，速度继电器触点 KV(14—19)闭合，为正转反接制动做准备。

按下 SB1 按钮，SB1 触点(4—5)断开，KA1、KM3 线圈断电；SB1(4—14)闭合，经 KV(14—19)触点和触点 KA1(15—18)，KM3(15—18)断开，KM1 断电，切断了主轴电动机相电源。KM2 通电，触点 KM2(4—14)闭合，KM4 通电，串联电阻反接制动。

当电动机转速降低到 KV 释放值时，触点 KV(14—19)释放，使 KM2、KM4 相继断电，反接制动结束。

④ 主轴的变速冲动控制。

主轴的变速冲动控制是在制动停车后转动变速操纵盘至所需转速位置，再操作变速手柄。

若发生“顶齿”使变速手柄推不上，必须采取这种操作方法，此时行程开关 SQ 2 受压，触点 SQ 2(17—15)闭合，KM1 经触点 KV(14—17)、SQ 1(14—4)接通电源，同时 KM4 通电，使主轴电动机串入 R，接成 D 形低速启动，当转速升到速度继电器动作值时，触点 KV(14—17)闭合，反接制动结束。

⑤ 进给变速控制。首先将进给变速操纵手柄拉出，与其联动的行程开关 SQ 3、SQ 4 相应动作，当手柄拉出时 SQ 3 不受压，SQ 4 将受压闭合，KM1 经触点 KV(14—17)、SQ 3(14—4)接通电源，以后工作过程与主轴变速时相似，当手柄推回时，则情况相反；然后转动进给变速操纵盘，选好进给速度，最后将变速操作手柄合上，若手柄推合不上，则电动机进入变速冲动控制过程，这有利于齿轮啮合，直到手柄推合为止，变速控制结束。

（3）机床的连锁保护。T68 型卧式镗床具有完善的机械和电气连锁保护性能。比如当工作台镗头架自动进给时，不允许主轴或平旋盘刀架进行自动进给，否则将发生事故，为此设置了两个连锁保护行程开关 SQ 5 和 SQ 6，其中 SQ 5 是与工作台和镗头架自动进行手柄联动的行程开关。将 SQ 5 和 SQ 6 动断触点并联后串联在控制电路中，若同时扳动两个进给手柄，将触点 SQ 5(3—4)与 SQ 6(3—4)断开，切断控制电路，使主轴电动机 M1、快速移动电动机 M2 都无法启动，保护了镗床的安全。因此，在操作时只能将两个进给手柄中一个置于进给位置。

4．实训步骤与基本要求

1）建议

（1）本实训使用 SuperWORKS 或诚创电气 CAD 软件来完成。软件的使用方法参考项目 2。

（2）在完成原理图的绘制、端子接线图的绘制后才能生成接线表。

2）电气制图的基本要求（见实训 1）

3）实训步骤

（1）绘制原理图（参考图 4-55 和图 4-56）。

① 分别对主电路和控制电路的导线进行编号（主电路手动编号，控制电路自动编号）。

② 设计元件的文字代号。

③ 选择元件型号并形成元件端子号。

④ 在通过端子排连接的部位插入可拆卸端子。

（2）绘制端子接线图。绘制端子接线图时可参考项目 3 中 3.3.5 节的内容。

① 柜体设计。设计电气板、控制板布局。

② 设计端子排。

③ 对元件进行布局。

④ 生成端子接线图。

⑤ 生成端子接线表

5．实训考核要求（见表 4-38）

表 4-38　实训考核要求表

考核项目	考核内容	配分	考核要求与评分标准	得分	备注
原理图的绘制	主电路和控制电路的导线编号，端子编号，元件代号	40	元件比例和纸张大小匹配 10 分，元件布置合理 10 分，会对各种导线进行自动或手动编号 10 分，对各种元件的接线端子进行编号 10 分		
端子接线图的生成	型号选择，端子号生成，元件布局，接线图生成	40	型号选择为 10 分，元件端子号生成为 10 分，元件布局为 10 分，接线图生成为 10 分		
接线表的生成	接线方式，接线表的输出方式	20	接线方式为 10 分，接线表输出方式为 10 分		

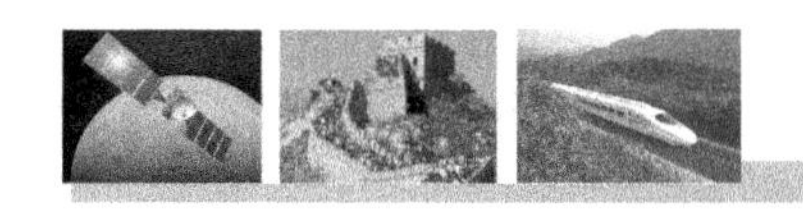

实训 8　电气图的综合绘制

1．实训目的

（1）熟悉电气图中常用电气设备的图形符号、文字符号、接线图符号。
（2）了解电气原理图、材料图、接线图、接线表的组成。
（3）了解电气图中 4 个图之间的关系及绘图原则。

2．实训要求

（1）熟记电气图中常用的图形符号与文字符号。
（2）能对电气原理图进行图面分区。
（3）能根据给定的电气原理图绘制电气元件布置图。
（4）能根据给定的电气原理图绘制接线图。
（5）能根据给定的电气原理图列出元件明细表。
（6）能根据端子接线图形成接线表。

3．实训理论基础

铣床可用来加工平面、斜面、勾槽等，按照结构和加工性能的不同，铣床可分为立式铣床、卧式铣床、龙门铣床和各种专用铣床等。

铣床所用的切削刀具为各种形式的铣刀。铣床的主要运动是主轴的旋转运动，即刀具的旋转运动；进给运动是工作台在垂直方向、纵向、横向 3 个互相垂直方向上的直线运动；辅助运动是工作台在 3 个互相垂直方向上的快速运动。

以下是 X62W 型万能铣床的电气控制电路的分析。

（1）主电路分析。图 4-57 为 X62W 型卧式万能铣床的主电路图。图中 M1 为主轴电动机，M2 为工作台进给电动机，M3 为冷却泵电动机。

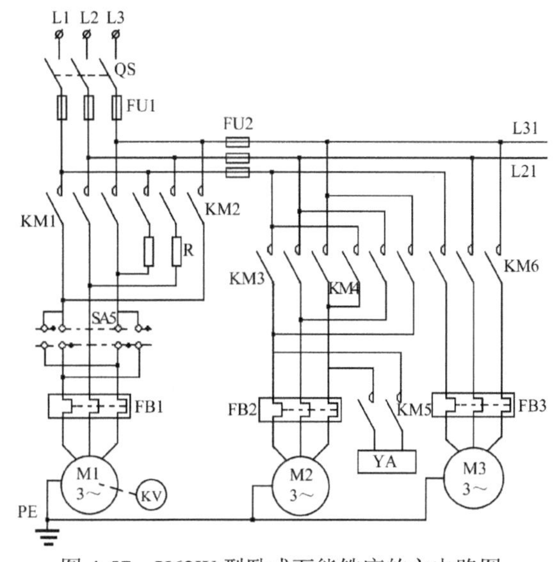

图 4-57　X62W 型卧式万能铣床的主电路图

M1 拖动主轴带动铣刀进行铣削加工，因为主轴电动机正、反转不频繁，所以用 SA5 控制相序转换。进给电动机 M2 的正、反转频繁，因此需要用接触器 KM3 和 KM1 进行倒相。熔断器 FU1、FU2 做短路保护。每台电动机均由热继电器做过载保护。

（2）控制电路分析。图 4-58 为 X62W 型卧式万能铣床的控制电路图。

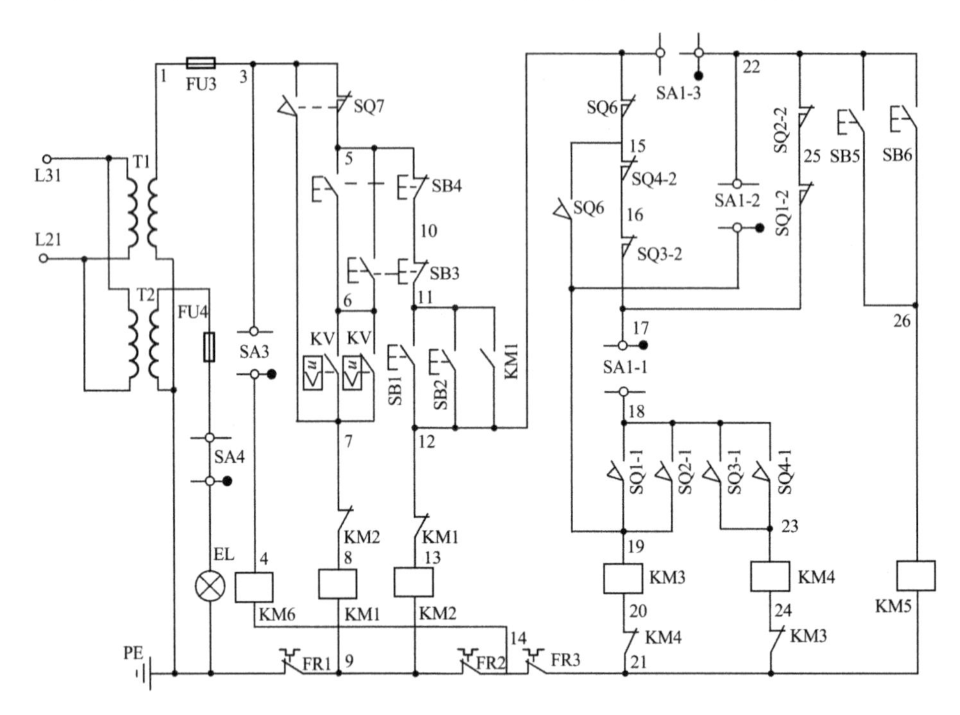

图 4-58　X62W 型卧式万能铣床的控制电路图

① 主轴电动机 M1 的控制。主轴电动机由接触器 KM1 控制，M1 的旋转方向由组合开关 SA5 预先选择。M1 的启动、停止采用两地控制的方式，控制按钮一组安装在工作台上，另一组安装在床身上。

a. M1 的启动和停转。图 4-59 是 X62W 型卧式万能铣床的主控制原理图，先将换相开关 SA5 扳到所需要的位置（正转或反转）。

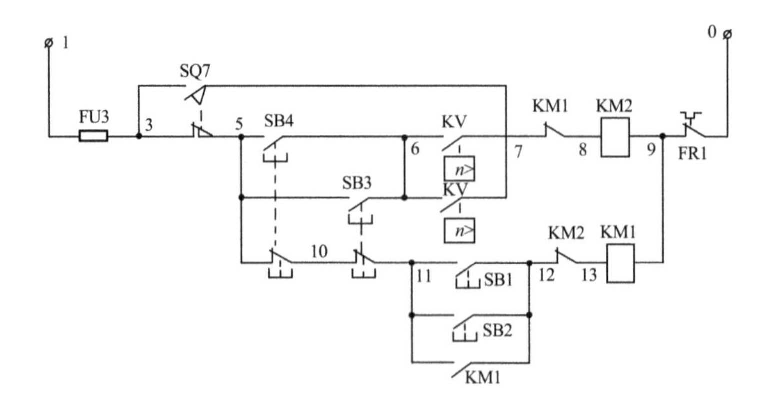

图 4-59　X62W 型卧式万能铣床的主控制原理图

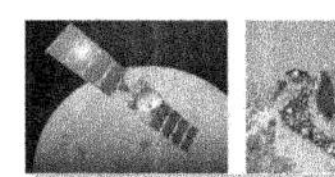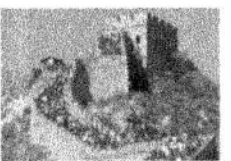

- 启动控制：按下 SB1（或 SB2），接触器 KM1 线圈通电，KM1 主触头闭合，M1 启动运行，KM1 辅助触头闭合，进给控制电路接通。
- 停转控制：按下 SB3（或 SB4），KM1 线圈断电，此时速度继电器 KV 正转动合触头闭合，KM2 通电，电动机 M1 串入电阻 R 实现反接制动，当 $n\approx0$ 时，速度继电器 KV 动合触头复位，KM2 线圈断电，M1 停转，进给控制电路电源切断，反接制动结束。

b. 主轴的变速冲动。主轴变速可在主轴不动时进行，也可在主轴旋转时进行，无须先按停止按钮，利用变速手柄与限位开关 SQ7 组成的联动机构进行控制。变速时，先把变速手柄下压，使它从第一道槽内拔出，再转动变速盘，选择所需要的速度，然后慢慢拉向第二道槽，通过手柄压下开关 SQ7，其动断触头先断开，KM1 线圈断电，M1 失电，同时其动合触头闭合，KM2 通电，M1 反向冲动，然后将变速手柄迅速推回原位，使限位开关 SQ7 复位，接触器 KM2 断电，电动机 M1 停转，变速冲动过程结束。变速完成后，须再次启动电动机 M1，主轴将在新的转速下旋转。

② 进给电动机 M2 的控制。工作台进给方向有左右的纵向运动、前后的横向运动和上下的垂直运动 3 种，它是依靠进给电动机 M2 的正、反转来实现的，正、反转接触器 KM3、KM4 是由两个机械操作手柄控制的，其中一个是纵向机械操作手柄，另一个是垂直与横向机械操作手柄。这两个手柄各有两套，分别设在铣床的工作台正面与侧面，以实现两地操作。

图 4-60 为 X62W 型卧式万能铣床的进给拖动控制原理图。图中 SQ1、SQ2 为纵向行程开关，SQ3、SQ4 为垂直和横向行程开关。SA1 为圆工作台选择开关，设有“接通”与“断开”两个位置。当不需要圆工作台运动时，将 SA1 置于“断开”位置，此时，触点 SA1-1、SA1-3 闭合，SA1-2 断开。然后启动主轴电动机，KM1 通电并自锁，为进给电动机启动做准备。下面对各种进给运动的电气控制电路进行简要分析。

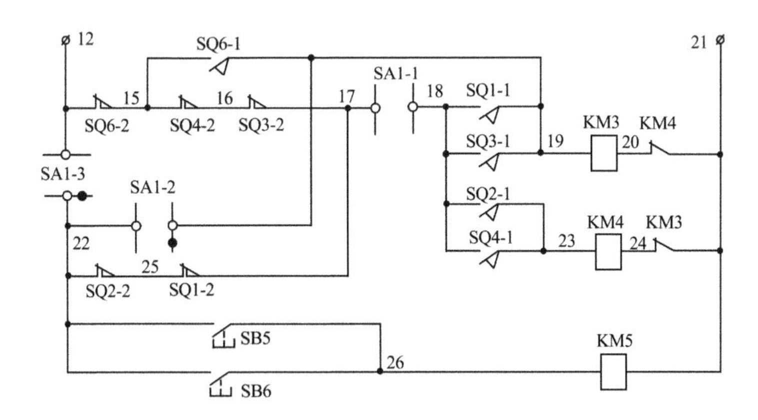

图 4-60　X62W 型卧式万能铣床的进给拖动控制原理图

a. 工作台纵向左右运动。工作台的左右运动由工作台纵向操作手柄控制，有 3 个位置：左、中、右。当操作手柄扳向右时，通过其联动机构将纵向进给机械离合器挂上，同时压下向右进给的行程开关 SQ1-1，接触器 KM3 通电，进给电动机启动，M2 正转，工作台向右进给。

向左进给时将手柄扳向左，压下 SQ2-1，KM4 通电吸合，M2 反转，工作台向左进给。

当需要停止时，将手柄扳回中间位置，纵向进给结束，工作台停止运动。

b. 工作台垂直上下运动和横向前后运动的控制。

向上进给时将手柄扳向上，挂上垂直运动的离合器，压下 SQ4，SQ4-1 闭合，KM4 通电吸合，M2 反转，工作台向上进给。

向下进给时将手柄扳向下，压下 SQ3，SQ3-1 闭合，SQ3-2 断开，KM3 通电吸合，M2 正转，工作台向下进给。

向前进给时将手柄扳向前，挂上横向运动的离合器，压下 SQ3，SQ3-1 闭合，SQ3-2 断开，KM3 通电，M2 正转，工作台向前进给。

向后进给时将手柄扳向后，压下 SQ4，SQ4-2 断开，SQ4-1 闭合，KM4 通电吸合，M2 反转，工作台向后进给。

c. 工作台的快速移动。工作台在 3 个方向的快速移动也是由进给电动机拖动的，若工作台已经进行工作时，若再按下快速按钮 SB5 或 SB6 使 KM5 通电，接通快速移动电磁铁 YA，衔铁吸上，经杠杆将进给传动链中的摩擦离合器合上，使工作台按原运动方向实现快速移动。SB5 或 SB6 松开时，KM5、YA 相继断电，衔铁释放，摩擦离合器脱开，快速移动结束，工作台按原进给速度运动。

d. 进给变速时的“冲动”控制。

在进给变速时，为使齿轮易于啮合，电路中也设有变速“冲动”控制环节。进给变速冲动是由进给变速手柄配合进给变速冲动开关 SQ6 实现的。

压合 SQ6 触点，SQ6-2 先断开，SQ6-1 后闭合，电流经 SA1-3、SQ2-2、SQ1-2 到 SQ3-2、SQ4-2、SQ6-1，KM3 通电，M2 正转，完成变速“冲动”。

③ 圆工作台进给控制。圆工作台的回转不需要调速，也不要求反转，因此仅由 KM3 控制。操作时，首先将 SA1 扳到“接通”位置，这时触点 SA1-2 闭合，SA1-3 断开，按下主轴启动按钮 SB1 或 SB2，主轴电动机 M1 启动后 KM3 即通电吸合，于是 M2 拖动圆工作台做单向旋转运动。

4. 实训步骤与基本要求

1）建议

本实训使用 SuperWORKS 或诚创电气 CAD 软件来完成。软件的使用方法参考项目 2。

2）电气制图的基本要求（见实训 1）

3）实训步骤

（1）绘制原理图（参考图 4-57、图 4-58、图 4-59、图 4-60）。

（2）生成材料表。

（3）生成接线图。

（4）生成接线表。

5. 实训考核要求（见表 4-39）

表 4-39　实训考核要求表

考核项目	考核内容	配分	考核要求与评分标准	得分	备注
原理图的绘制	主电路和控制电路的导线编号，端子编号，元件代号	40	元件比例和纸张大小匹配 10 分，元件布置合理 10 分，会对各种导线进行自动或手动编号 10 分，对各种元件的接线端子进行编号 10 分		
材料生成	型号、规格	20	型号选择为 10 分，规格选择为 10 分		
端子接线图的生成	端子排 电气板 控制板	30	端子排设计为 10 分，电气板布局为 10 分，控制板布局为 10 分		
端子接线表的生成	接线方式，接线表输出方式	20	接线方式选择为 10 分，接线图输出方式选择为 10 分		

知识梳理与总结

以下是使用电气制图软件过程中出现的问题与解决方法的总结。

1）关于备份文件问题

电气制图具有连续性的特征。绘制好的电气图样是独立的，但是用电气 CAD 软件绘图的过程却是关联的，也就是说画完原理图才能生成明细表，有了明细表才能生成端子，才能设计端子排、设计元件布局，有了元件布局才能生成接线图，有了接线图才能生成接线表。在电气制图过程中应做到画一个保存一个，边画边保存。绘制第二个图时没有保存第一个图，那就不能继续绘制只能重新开始。如果画最后一个图时前面的几个图样没有保存，那问题就严重了。最好将绘制好的图样保存在优盘或移动硬盘上。同时别忘了给老师发一份，这一份是给你打考核分用的，如果你的图样丢了可以从老师的硬盘上拷回来。将文件保存到计算机上要谨慎，机房内的计算机大部分情况下安装了保护卡，重新启动时有可能将你的文件删除，你的任务没有完成之前也不能重新启动计算机，除非计算机死机。

2）关于文件损坏问题

保存的文件只能用 AutoCAD 软件打开和修改，不能用其他软件对你的文件进行打开、修改、保存等操作，这样会损坏文件，同时计算机病毒也会损坏文件，所以要注意防范。

3）关于明细表出错问题

明细表上可能出现以下几个问题。

(1) 原理图上有的元件在明细表上没有出现。出现这个问题的原因是原理图上有图形符号，没有出现在明细表上的元件没有文字代号。解决办法是回到原理图，补上该元件的文字代号后保存，重新生成元件明细表。

(2) 明细表上有文字代号，但是没有元件型号。出现这个问题的原因是漏选了元件型号。解决办法是补选该元件的型号后保存，重新生成元件明细表。

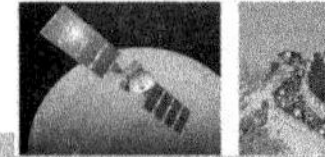

4）关于端子排出错问题

(1) 端子排生成器是空的。出现这个问题的原因是你还没有插入端子。解决办法是电气安装接线时在需要通过端子排连接的部分插入端子后保存，重新生成端子排。

(2) 端子排列表中缺少端子。出现这个问题的原因是该端子没有被插入。解决的办法是补端子后保存，重新生成端子排。

5）关于接线图出错问题

(1) 接线图上缺少元件。出现这个问题的原因是元件型号没有选择或元件型号不匹配。解决办法是补选元件型号，观察元件的逻辑图和引脚情况。选择合适的元件型号后保存，重新布局元件后再生成接线图。

(2) 元件引脚上缺少连接信息。一般情况下每一个元件都有两个端子，只要在原理图上出现的元件其两端都有连接信息。出现这个问题的原因是该端子没有连接导线。解决办法是回到原理图检查导线连接情况，补导线编号后保存，重新生成接线图。

项目 5 电气控制系统的工艺设计

教学导航

建议学时	20
推荐教学方法	在机房中进行教学
教学重点	（1）电气控制系统工艺设计要求。 （2）电气控制柜布置与柜体设计。 （3）电气图的绘制标准。 （4）工艺文件设计实例
教学难点	柜体设计
推荐学习方法	学生独立完成每项设计任务，并将设计结果发给老师考核。本项目安排了 6 个设计实例，起初学生设计得较慢，可能两个小时只完成一个设计实例，在后面的两个小时中，有些学生可以完成 2～3 个设计实例，允许提前完成。个别设计实例可以在课外完成
学习目标	（1）电气控制系统工艺设计要求：电气设备总体设计，布置图设计，接线图设计，控制面板设计，导线的选择。 （2）电气控制柜布置与柜体设计：电气控制柜布置，柜体设计。 （3）电气图的绘制标准：国标 GB/T 7159—1987，GB/T 6988 1—1997～GB/T 6988 3—1997，GB/T 4728 7—2000

电气控制系统工艺设计的目的是为了满足电气控制设备的制造要求和使用要求，在正确的原理设计的前提下，系统的可靠性、抗干扰性、可维修性、结构合理性等都与电气工艺设计密切相关。电气工艺设计的主要内容是：电气控制设备的总体配置（总装配图），总接线图和接线表设计，分柜装配设计（元件布局设计），接线图与接线表设计，柜、面板、导线等的设计和选用。

任务 5.1　电气控制系统工艺设计的要求

1. 电气设备总体设计

电气设备由电气元器件组成，每一个元器件根据各自的作用都有一定的装配位置，有些元器件（如继电器、接触器、控制调节器等）安装在控制柜中；有些元器件（如传感器、行程开关、接近开关等）安装在接线设备的相应部位上；还有些元器件（如各种控制按钮、指示灯、显示器、指示仪表等）则要安装在面板或操作台上。由于各种电气设备的安装位置不同，在构成一个完整的电气控制装置时必须划分为部件、组件等，同时还要考虑部件、组件电气连接问题。电气设备总体设计是否合理直接影响电气控制装置的制造、装配、运输、调试、操作、维护及工作运行。

（1）组件划分。系统中组件划分是根据电气设备的生产、维护、调试和运行可靠性等因素综合考虑的，组件划分原则如下。

① 功能类似的元器件组合在一起。

② 尽可能减少组件之间的连接数量，接线关系密切的元器件置于同一个组件中。

③ 强、弱电分离，减少系统内部干扰的影响。

④ 力求美观、整齐，外形尺寸尽可能向标准靠拢。

⑤ 便于检查与调试，正常调节、维护和更换的元器件要组合在一起。

（2）组件连接方式。电气板、控制板、机床电气的部件进出线必须通过接线端子，端子规格按电流大小和端子上进出线数选用（一般一个端子接一根导线，最多不超过两根。若将2～3 根导线压入同一根压接线端内，可将其视为一根导线，但应考虑其载流量），电气柜（箱）与被控设备或电气柜（箱）之间应采用多孔插件，以便拆装和搬运。

（3）元器件的布局原则。电气柜、电气板上元器件的布局按下述原则设计。

① 体积及重量较大的元器件宜安装在控制柜的下部，以降低柜体重心。

② 发热元器件宜安装在控制柜的上部，以避免对其他元器件的热影响。

③ 需要正常维护、调节的元器件安装在便于操作的位置。

④ 外形尺寸与结构相似的元器件放在一起，以便于安装、配线。

⑤ 电气元器件布置不宜过密，要留有一定的距离。若采用板前槽配线的方法，则应适当加大各排电气元器件的间距，以利于布线和维护。

⑥ 将散热器及发热元件置于风道中，以保证得到良好的散热条件。熔断器应布置于风道外，以避免改变其工作特性。

2. 布置图设计

在电气元器件的位置确定以后，就可以绘制对应的电气布置图了。布置图上的元器件是

根据元器件外形绘制的，其外形尺寸必须符合该元器件的最大轮廓尺寸。对元器件的外形尺寸应在设计前逐一查阅样本或产品手册，搞清其形状和尺寸。布置图上应标注各元器件的代号（在元器件外形图上方）和相互间距。间距尺寸可不按公差连续标注，但尺寸不得封闭。一般以左端和下端为基准尺寸。安装布置在面板上的元器件时还需要根据布置图画出元器件的安装开孔图。

3. 接线图设计

接线图是电气控制设备进行柜内布线的依据图样，是根据系统原理图及电气元器件布置图绘制的。接线图应按以下要求绘制。

（1）接线图应按布置图上的元器件相对位置绘出元器件对应的图形符号或外形图并标出其代号和端线号。

（2）所有元器件代号和端线号必须与电气原理图中元器件代号和端线号一致。

（3）与原理图不同，接线图上同一电气元器件的各部分（如继电器的触头与线圈等）必须画在一起。

（4）接线图连线可用连续线条（单线或束线）加线号表示，也可以用中断线加去向表示。

（5）接线图的绘制必须符合 GB/T 6988 3—1997《电气制图接线图与接线表》的规则。

4. 控制面板设计

控制面板上布有操作元器件和显示元器件，其布局按下述规律布置：操作元器件一般布置在目视的前方，元器件按操作顺序由左向右、从上而下布置，也可按目视的生产流程布置；一般尽可能将高精度调节、连续调节、频繁操作的元器件布置在右方；急停按钮宜选用大型的蘑菇头按钮，并布置在控制板上不易被碰撞的位置，按钮颜色的含义如表 5-1 所示；显示元器件布置在面板的中上部（操作者的远端），指示灯颜色如表 5-2 所示。

表 5-1 按钮颜色的含义

颜色	含义	举例
红	处理事故	紧急停机；扑灭燃烧
	“停止”或“断开”	正常停机；停止一台或多台电动机；装置的局部停机；切断开关；带有“停止”或“断电”功能的复位
黄	参与	防止出现意外情况；参与抑制反常的状态；避免不需要的变化（事故）
绿	“启动”或“接通”	正常启动；启动一台或多台电动机；装置的局部启动；接通一个开关装置（投入运行）
蓝	上列颜色未包含的任何指定含义	凡红色和绿色未包含的用意皆可采用
黑灰白	无特定含义	除单功能的“停止”和“断电”外的任何功能

表 5-2 指示灯颜色的含义

颜色	含义	说明	举例
红	危险或告急	有危险或须立即采取行动	润滑系统失压；温度已超（安全）极限；因保护电气动作而停机；有触及带电或运行部件的危险
黄	注意	情况有变化或即将发生变化	温度（或压力）异常；能承受的短时过载
绿	安全	正常或允许进行	冷却通风正常；自控系统运行正常；机器准备启动
蓝	按需指定用意	除红、黄、绿三色之外的任何用意	控制指示；选择开关“设定”位置
白	无特定用意	任何用意，如不能确切地用红、黄、绿及用做“执行”时	

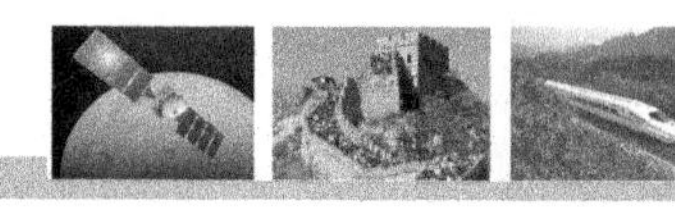

5. 导线的选择

装置中控制电路的导线截面应按规定的截流量选择。考虑到机械强度的需要，对于低压控制设备的控制导线，通常采用截面为 1.5mm^2 或 2.5mm^2 的导线。所采用的导线截面不宜小于 0.75mm^2（单芯铜绝缘线），或不宜小于 0.5 mm^2（多芯铜绝缘导线）。对于电流较小的电路（电子逻辑电路或信号电路），导线最小截面积不得小于 0.2 mm^2 。

导线的额定绝缘电压应与电路额定工作电压或对地电压相适应。必要时，用于较高工作电压的导线，要采取绝缘措施（如加绝缘套管、用绝缘支架架空等）。

任务 5.2 电气控制柜布置与柜体设计

元器件在电气控制柜上的布置，会影响到操作者对设备的操作、监视与维修，布置得体将会给使用者带来极大的方便。因此元器件的布置须顾及人的心理、生理特点及规律。在进行布置时还应考虑到监视、操作连线及维修方便，并应力求整齐美观。

在控制柜中，一般监视器均布置在仪表板上，测量仪表一般布置在仪表板的上部，接触器和继电器一般布置在柜内的中部，接线端子则布置在柜的上部，PLC 也应布置在柜内，指示灯和按钮应分别布置在柜内上部和中部。

可编程控制器能经受电流的干扰及工业现场大电流冲击所产生的电磁场的影响，因而一般直接用于现场而无须特殊的保护措施，有时与其他控制部件装在同一柜内，其布置安装须遵照相应安装说明书的规定。在 PLC 控制柜内风机应布置在柜的上部，PLC 机架安装在柜中，稳定器等放在柜的下部。

5.2.1 电气控制柜的布置

1. 接触器、继电器的布置

控制柜上继电器、接触器均应符合本身的安装要求。喷弧距离较大的连接器应布置在屏柜的最上部，并保证喷弧距离符合要求，以免引起事故。必要时，可增设阻隔电弧的设施，但应注意构架的机械强度及振动的影响。大型元器件可装在屏柜的下部。

在柜的整个区域内均可布置中小型接触器和继电器，而手动复位继电器则应布置在便于操作的部位，推荐布置在距地面 0.7～1.7m 以内的区域。元器件的空间距离应符合 GB 4720《电气转动控制设备第一步：低压电气控制设备》的规定，即安装在设备上的电气元器件与另一个电气元器件的导电部件之间、一个导电部件（如母线、金属架与金属体等）与另一个导电部件之间的爬电距离和电气间隙分别不得低于 14mm 和 8mm（额定绝缘电压大于 300～660V 时）。电气间隙和爬电距离的具体规定如表 5-3 所示。

表 5-3 电气间隙与爬电距离

额定绝缘电压（V）	电气间隙（mm）	爬电距离（mm）
小于或等于 300	6	10
300～660	8	14
660～800	10	20
800～1500	14	28

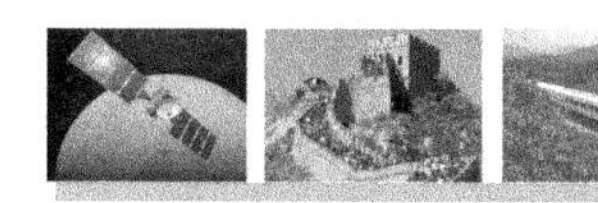

布置元器件时，应留有布线、接线、维修和调整操作的空间距离。板前接线式元器件应大于板后接线式元器件的空间距离。

布置元器件时，应留有线圈的拆换空间。

2．低压电气设备的布置

低压电气设备一般布置在柜内的上部，推荐布置在柜内距地面 0.7～1.7m 的区域，同时应按照操作顺序由左到右、从上至下布置。向上喷弧的低压电气设备应留有足够的喷弧距离以免损坏其他元器件。

3．刀开关和电流互感器的布置

刀开关应布置在易于操作的区域，在本系统中刀开关放在辅助电动机电控箱的上部。因为辅助电动机电控箱放置于现场，且电控箱高仅为1m，故刀开关应布置在电控箱的上部，便于操作。电流互感器推荐布置在柜内距地面 0.7～1.7m 的区域内。

4．接线端子的布置

用于外部接线的端子，宜布置在柜内最下部，在柜内布置不应低于 200mm，周围必须留有足够的空间，以便于外部电缆引入。

5．电流表、滑差电动机控制器的布置

电流表、滑差电动机控制器均应布置在柜的上部，以便于观察和操作。

安装电流表时，应注意该电流表能否直接安装在钢板上（控制屏、台、柜、箱在布置电流表、电压表时均应考虑到这一点），以免影响电流表（电压表）的测试精度。多块电流表安装在一起时，应注意分流器磁场所产生的附加误差的影响。

6．指示灯的布置

指示灯应布置在电气控制柜的恰当位置，一般应在正常视线范围内，并在控制柜面板的 1.4～2m 的区域内，以利于对设备运行状态的监视，指示灯应分为红、绿灯区域并分开放置。

7．按钮的布置

按钮的布置应考虑操作方便，可按操作顺序由左到右、从上到下布置，或按目视的生产流程顺序布置。常用按钮应布置在视角左右各 30° 的范围内，尽可能把连续调节、频繁操作的按钮布置在右方，操作键一般布置在易于操作的部位。紧急停车按钮宜布置在控制柜上不易被碰撞的位置。按钮之间要间隔一定距离，便于操作。按钮推荐布置于柜内距地面 0.95～1.50m 的区域。

8．蜂鸣器的布置

蜂鸣器应放在控制柜前门板的后部，便于发出声音，且在较远地方也能清晰地听到声响。

9．其他元器件的布置

电容除柜内顶部外，其余区域均可布置。整流桥的布置同电流互感器的布置。控制变压器在柜内整个区域均可布置。电流互感器应布置在主电动机电控柜内低压断路器、接触器、

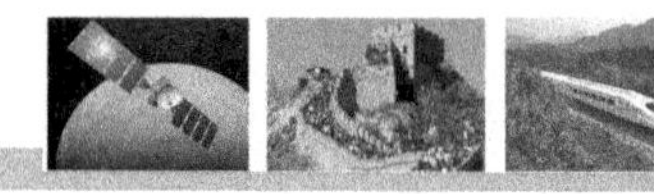

继电器的下方。

10. 铭牌的布置

名牌布置在操作和指示元器件的上方，最好用标签插入有机玻璃套内。

5.2.2 柜体设计

柜体设计应满足以下 3 方面的要求。

（1）尺寸要求。控制柜为电气元器件和各种附件提供必需的安装空间。首先是尺寸问题，由于工程设计和机柜设计本身配套的需要，对机柜的外形尺寸、安装尺寸和某些互换性尺寸必须做出一些规定，一般都以标准的形式加以规范。设计时可以参照 GB/T 7267—2003《电力系统二次回路控制、保护屏及柜基本尺寸系列》标准。

（2）功能要求。控制柜的功能要求包括产品的功能要求和机柜结构的功能要求两方面。归纳起来大致有如下几方面。

① 电气元器件及其附件的安装要求。

② 外壳防护要求。

③ 屏蔽和接地要求。

④ 通风和散热要求。

⑤ 人机学要求。

⑥ 布线要求。

⑦ 控制柜的强度和刚性要求等。

（3）控制柜的工艺要求。控制柜的工艺要求是指在满足使用要求的前提下对控制柜的总体及零件、部件制造的可行性要求和经济性要求，以及控制柜满足电气设备的工艺性要求和可维护性要求。

任务 5.3 电气图的绘制标准

1. 电气设备的国家标准

电气控制电路图是工程技术的通用语言，为了便于交流和沟通，在电气控制电路图中各种电气元器件的图形符号、文字符号必须符合国家标准。电气设备的国家标准有如下几种。

（1）GB/GT 4728—1996～2000《电气图用图形符号》，规定了绘制各种电气图的所有图形符号的总则。

（2）GB/T 6988 1—1997～GB/T 6988 3—1997《电气制图》，规定了电气技术文件领域各种图的编制方法。

（3）GB/T 7159—1987《电气技术中的文字符号制订通则》，规定了文字符号的组成规则。

2. 电气图的作用

电气控制系统中的主要技术文件包括原理图、电气设备位置图、电气设备接线图、电气设备接线表、电气设备材料表。各图纸的作用如下。

（1）原理图。电路原理图是用于详细表示电路、设备或成套装置的基本组成和连接关系，

而不考虑各电气元器件的实际安装位置和实际接线情况，其用途如下。

① 详细了解电路、设备或成套装置及其组成部分的作用及原理。

② 为测试和寻找故障提供帮助。

③ 作为编制接线图的依据。

（2）电路设备位置图。表示各项目（如元器件、部件、主件、成套设备等）在机械设备和电气控制柜中的实际安装位置，图中各项目的文字符号应与有关电路图中的符号相同。各项目的安装是由机械的结构和工作要求决定的，操作元器件放在便于操作的位置，一般电气元器件应放在控制柜内。

（3）电气设备接线图。表示各项目之间的实际接线情况，图中一般表示出项目的相对位置、项目代号、端子号、导线类型、导线截面积、屏蔽和导线绞合等内容。绘制接线图时，应把各元器件的各部分（如触头与线圈）画在一起；文字符号、元器件连接顺序、线路号码编制都必须与电路一致。电气设备位置图和接线图是用于安装、接线、检查、维修和施工的。

（4）电气设备接线表。接线表与接线图一样，也是表示各项目之间的实际接线情况。它以表格的形式表示项目代号、端子号、导线类型、导线截面积、屏蔽和导线绞合等内容。接线表上文字符号、元器件的连接顺序、线路号码编制等都必须与电路一致。电气设备接线表也是用于安装、接线、检查、维修和施工的。

（5）电气设备材料表。电气设备材料表是由设备名称、型号、规格、数量、价格等信息组成的表格。

任务 5.4 电气控制系统工艺文件设计实例

实例 1 具有自锁、过载保护的正转控制电路的工艺设计

图 5-1 为具有自锁、过载保护的正转控制电路的原理图，当启动电动机时合上电源开关 QF，按下启动按钮 SB2，接触器 KM 的线圈通电，KM 主触头闭合使电动机 M 运转，松开按钮 SB2，由于接触器 KM 常开辅助触点闭合自锁，控制电路仍保持接通，电动机 M 继续运转。停止时，按下 SB2，接触器 KM 线圈断电，KM 的主触点断开，电动机 M 停转。

具有自锁、过载保护的正传控制电路的另一个重要特点是它具有欠压与失压（或零压）保护作用。

有很多生产机械因负载过大、操作频繁等原因，使电动机定子绕组中长时间流过较大的电流，有时熔断器在这种情况下尚未及时熔断，以至引起定子绕组过热，影响电动机的使用寿命，严重的甚至烧坏电动机。因此，对电动机还必须实施过载保护。当电动机过载时，主回路热继电器 FR 所通过的电流超过额定电流值，使 FR 内部发热，其内部金属片弯曲，推动 FR 闭合触点断开，接触器 KM 的线圈断电释放，电动机便脱离电源停转，起到了过载保护的作用。完整的设计资料如下。

1．电路原理图（见图 5-1）

2．接线图

（1）实物接线图（见图 5-2）。

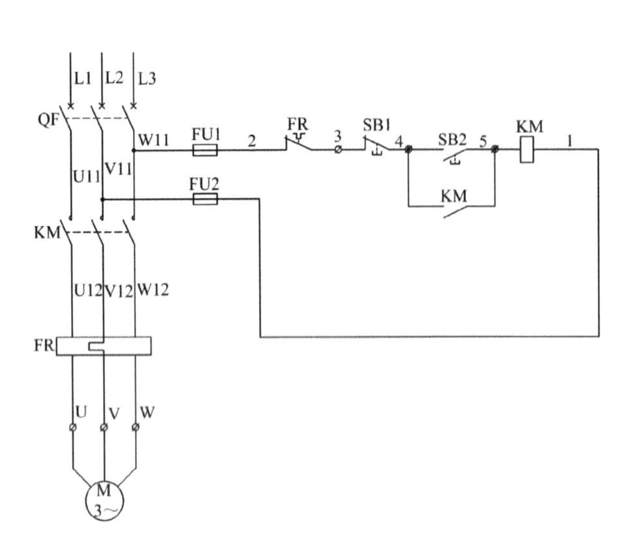

图 5-1　具有自锁、过载保护的正转控制电路的原理图

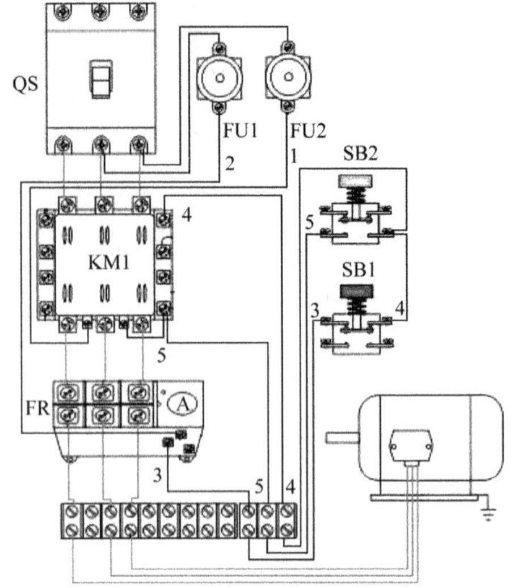

图 5-2　具有自锁、过载保护的正转控制电路的实物接线图

（2）单线接线图（见图 5-3）。

（3）端子接线图（见图 5-4）。

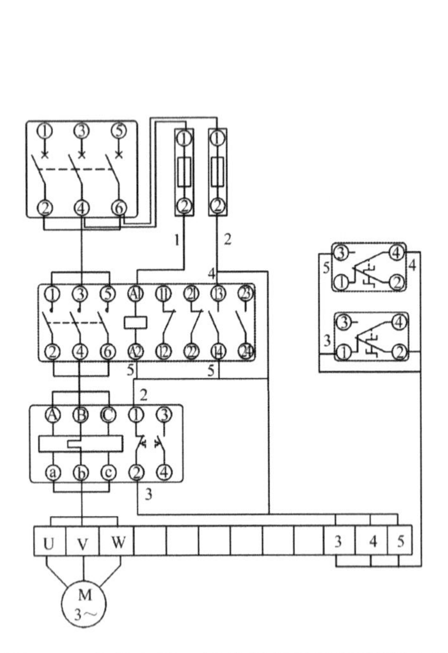

图 5-3　具有自锁、过载保护的正转控制电路的单线接线图

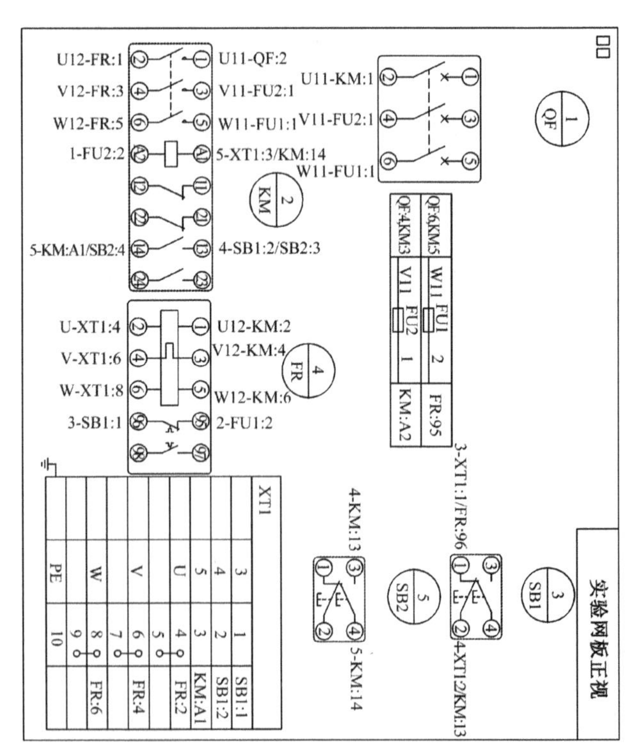

图 5-4　具有自锁、过载保护的正转控制电路的端子接线图

3．材料表（见表 5-4）

表 5-4　具有自锁、过载保护的正转控制电路的材料表

序号	代号	元器件名称	型号规格	数量
1	FR	热继电器	JR20-10，0.1～0.15A	1
2	FU1,FU2	熔断器	NGT	2
3	KM	交流接触器	CJ20-(10,16,25,40A)- AC 380，辅助 2 开 2 闭；线圈电压为 380V	1
4	QF	微型断路器	C45AD/3P □A 1,3,6,10,16,20,25,32,40,50,63A	1
5	SB1,SB2	按钮	LAY3-11 红/绿/黑/白	2

4．接线表（见表 5-5）

表 5-5　具有自锁、过载保护的正转控制电路的接线表

序号	回路线号	起始端号	末端号	序号	回路线号	起始端号	末端号
1	5	KM-A1	XT1-3	12	1	KM-A2	FU2-2
2	3	SB1-1	XT1-1	13	U11	QF-2	KM-1
3	4	SB1-2	XT1-2	14	4	KM-13	SB1-2
4	U	FR-2	XT1-4	15	U12	KM-2	FR-1
5	V	FR-4	XT1-6	16	V12	KM-4	FR-3
6	W	FR-6	XT1-8	17	W12	KM-6	FR-5
7	W11	QF-6	FU1-1	18	4	KM-13	SB2-3
8	W11	KM-5	FU1-1	19	5	KM-14	SB2-4
9	2	FR-95	FU1-2	20	3	SB1-1	FR-96
10	V11	QF-4	FU2-1	21	5	KM-A1	KM-14
11	V11	KM-3	FU2-1				

实例 2　可逆启动控制电路的工艺设计

图 5-5 为可逆启动控制电路的原理图。图中采用了两个接触器，即正转用的接触器 KM1 和反转用的接触器 KM2，由于接触器的主触点接线的相序不同，所以当两个接触器分别工作时，电动机的转向相反。接线要求接触器不能同时通电。为此，在正转与反转控制电路中分别串联 KM1 和 KM2 的常闭触点，以保证 KM1 和 KM2 不会同时通电。完整的设计资料如下。

1．原理图（见图 5-5）

2．接线图

（1）实物接线图（见图 5-6）。

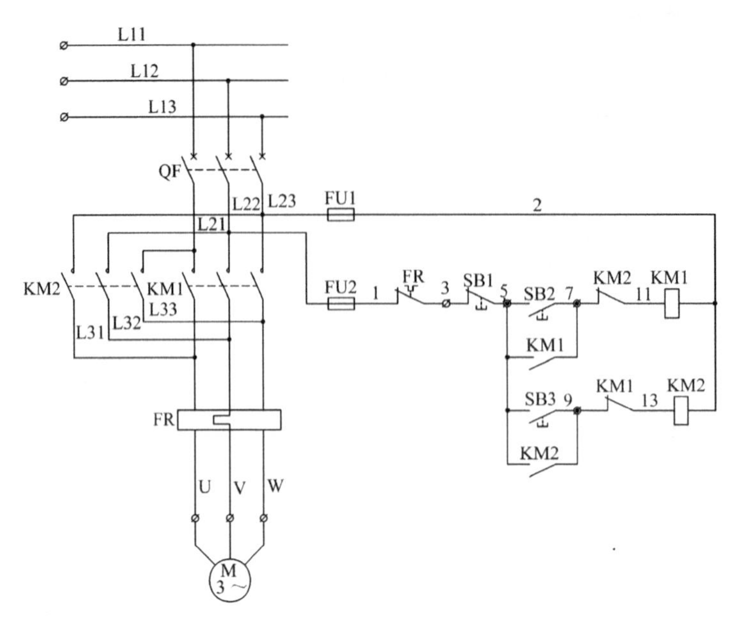

图 5-5　可逆启动控制电路的原理图

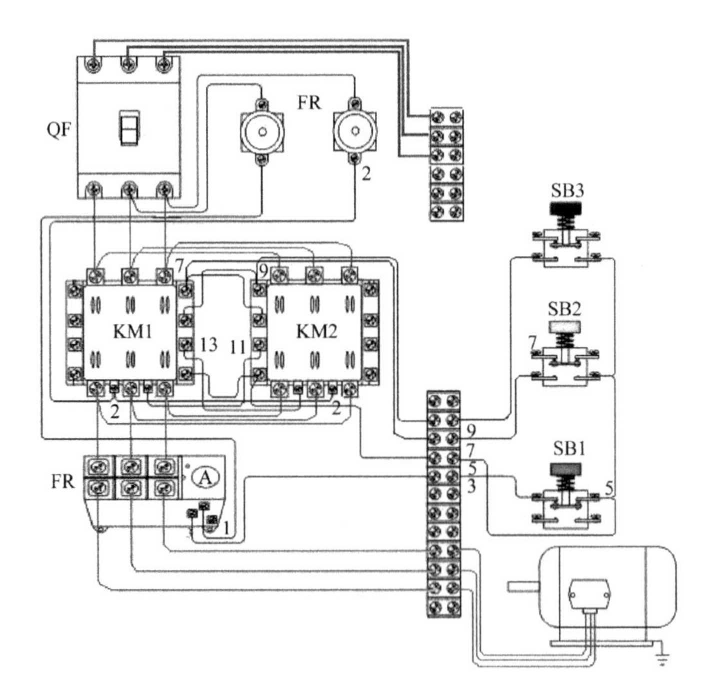

图 5-6　可逆启动控制电路的实物接线图

（2）端子接线图（见图 5-7）。

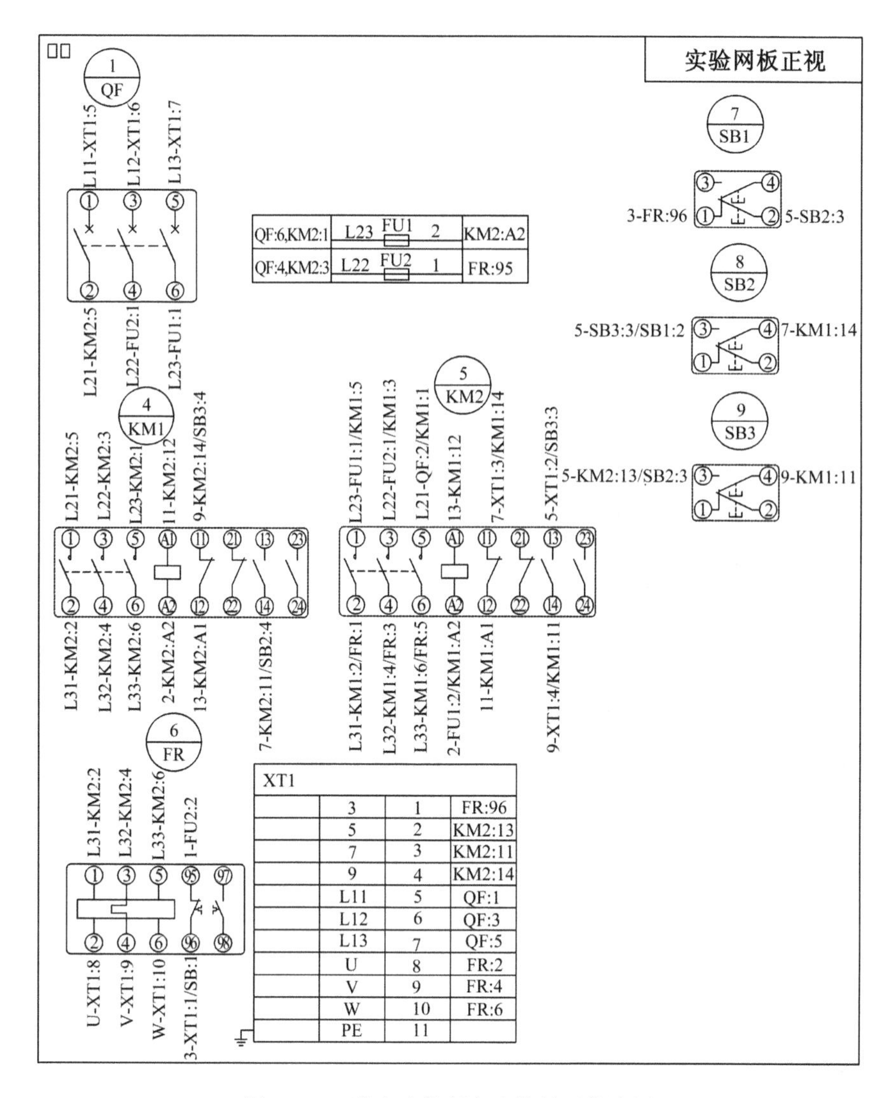

图5-7　可逆启动控制电路的端子接线图

3．材料表（见表5-6）

表5-6　可逆启动控制电路的材料表

序号	代号	元器件名称	型号规格	数量
1	FR	热继电器	JR20-10，0.1～0.15A	1
2	FU1,FU2	熔断器	NGT	2
3	KM1,KM2	交流接触器	CJ20-(10,16,25,40A)- AC 220V，辅助2开2闭；线圈电压为AC 36,127,220,380V,DC 48,110,220V	2
4	QF	微型断路器	C45AD/3P □A 1,3,6,10,16,20,25,32,40,50,63A	1
5	SB1,SB2,SB3	按钮	LAY3-11，红/绿/黑/白	3

4．接线表（见表 5-7）

表 5-7 可逆启动控制电路的接线表

序号	回路线号	起始端号	末端号	序号	回路线号	起始端号	末端号
1	L11	QF-1	XT1-5	20	9	KM1-11	KM2-14
2	L12	QF-3	XT1-6	21	11	KM1-A1	KM2-12
3	L13	QF-5	XT1-7	22	13	KM1-12	KM2-A1
4	5	KM2-13	XT1-2	23	L21	KM1-1	KM2-5
5	7	KM2-11	XT1-3	24	L22	KM1-3	KM2-3
6	9	KM2-14	XT1-4	25	L23	KM1-5	KM2-1
7	3	FR-96	XT1-1	26	L31	KM1-2	KM2-2
8	U	FR-2	XT1-8	27	L32	KM1-4	KM2-4
9	V	FR-4	XT1-9	28	L33	KM1-6	KM2-6
10	W	FR-6	XT1-10	29	7	KM1-14	SB2-4
11	L22	QF-4	FU2-1	30	9	KM1-11	SB3-4
12	L23	QF-6	FU1-1	31	L31	KM2-2	FR-1
13	2	KM2-A2	FU1-2	32	L32	KM2-4	FR-3
14	L23	KM2-1	FU1-1	33	L33	KM2-6	FR-5
15	1	FR-95	FU2-2	34	5	KM2-13	SB3-3
16	L22	KM2-3	FU2-1	35	3	FR-96	SB1-1
17	L21	QF-2	KM2-5	36	5	SB1-2	SB2-3
18	2	KM1-A2	KM2-A2	37	5	SB2-3	SB3-3
19	7	KM1-14	KM2-11				

实例 3 用按钮开关（常开）启动电动机，用行程开关（常闭）停控制电路的工艺设计

图 5-8 为用按钮开关（常开）启动电动机，用行程开关（常闭）停控制电路的原理图，当启动电动机时，合上源开关 QF，按下启动按钮 SB，接触器 KM 的线圈通电，KM 主触头闭合使电动机 M 运转，松开按钮 SB，由于接触器 KM 常开辅助触点闭合自锁，控制电路仍保持接通，电动机 M 继续运转。停止时，扳动行程开关 SQ，接触器 KM 线圈断电，KM 的主触点断开，电动机 M 停转。完整的设计资料如下。

1．原理图（见图 5-8）

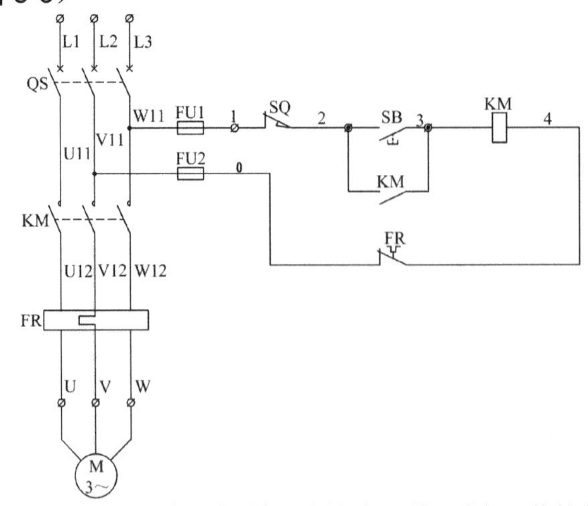

图 5-8 用按钮开关（常开）启动电动机，用行程开关（常闭）停控制电路的原理图

2．接线图

（1）实物接线图（见图 5-9）。

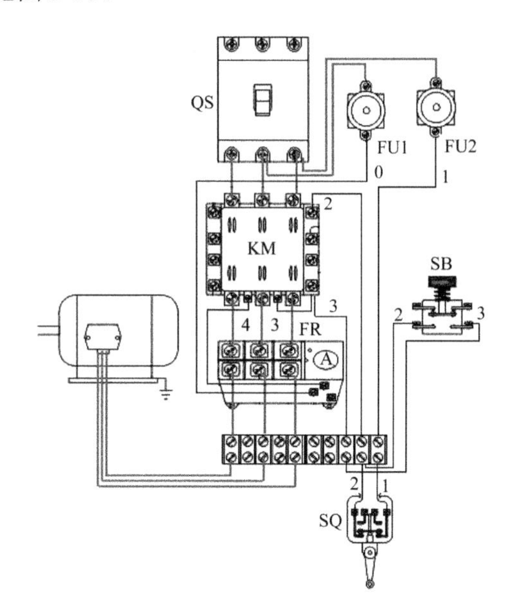

图 5-9　用按钮开关（常开）启动电动机，用行程开关（常闭）停控制电路的实物接线图

（2）端子接线图（见图 5-10）。

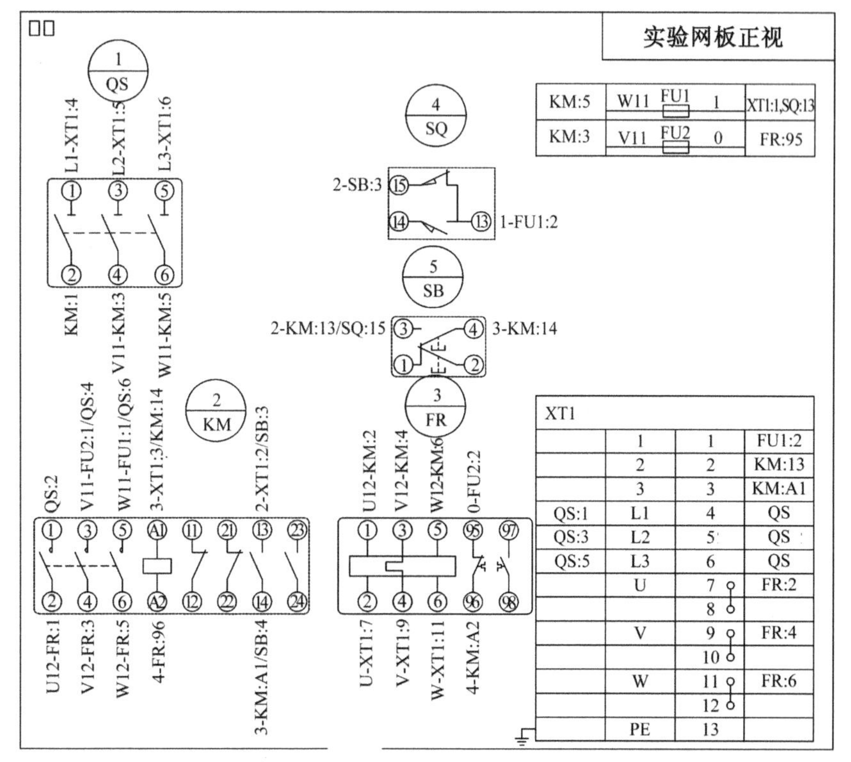

图 5-10　用按钮开关（常开）启动电动机，用行程开关（常闭）停控制电路的端子接线图

3．材料表（见表 5-8）

表 5-8　用按钮开关（常开）启动电动机，用行程开关（常闭）停控制电路的材料表

电气设备材料表

序号	代号	元器件名称	型号规格	数量	备注
1	FR	热继电器	JR20-10，0.1～0.15A	1	
2	FU1,FU2	熔断器	NGT	2	
3	KM	交流接触器	CJ20-(10,16,25,40A)-AC 220V，辅助 2 开 2 闭；线圈电压为 AC 36,127,220,380V,DC 48,110,220V	1	
4	QS	隔离开关	HUH18-100/1,2,3,4P-40,63,80,100A	1	
5	SB	按钮	LAY3-11，红/绿/黑/白	1	
6	SQ	箱变行程开关	59170 X1	1	

4．接线表（见表 5-9）

表 5-9　用按钮开关（常开）启动电动机，用行程开关（常闭）停控制电路的接线表

序号	回路线号	起始端号	末端号	序号	回路线号	起始端号	末端号
1	L1	QS-1	XT1-4	13	V11	QS-4	KM-3
2	L2	QS-3	XT1-5	14		QS-2	KM-1
3	L3	QS-5	XT1-6	15	W11	QS-6	KM-5
4	2	KM-13	XT1-2	16	U12	KM-2	FR-1
5	3	KM-A1	XT1-3	17	V12	KM-4	FR-3
6	U	FR-2	XT1-7	18	W12	KM-6	FR-5
7	V	FR-4	XT1-9	19	4	KM-A2	FR-96
8	W	FR-6	XT1-11	20	2	KM-13	SB-3
9	W11	KM-5	FU1-1	21	3	KM-14	SB-4
10	1	SQ-13	FU1-2	22	2	SQ-15	SB-3
11	V11	KM-3	FU2-1	23	3	KM-A1	KM-14
12	0	FR-95	FU2-2	24	1	XT1-1	FU1-2

实例 4　电动机可逆带限位控制电路的工艺设计

图 5-11 为电动机可逆带限位控制电路的原理图。图中 SQ1 和 SQ2 为限位开关，装在预定的位置上。

当按下 SB3 时，接触器 KM1 的线圈通电动作，电动机正转启动，运动部件向前运行，当运行到终端位置时，装在运动物体上的挡铁碰撞行程开关 SQ1，使 SQ1 的常闭触点断开，接触器 KM1 的线圈断电释放，电动机断电。此时，即使再按 SB3，接触器 KM1 的线圈也不会通电，这保证了运动部件不全越过 SQ1 所在的位置。当按下 SB2 时，电动机反转，运动部件向后运动至挡铁碰撞行程开关 SQ2 时，运动部件停止运动。若中间需要停车，按下停止按钮 SB1 即可。完整的设计资料如下。

1. 原理图（见图5-11）

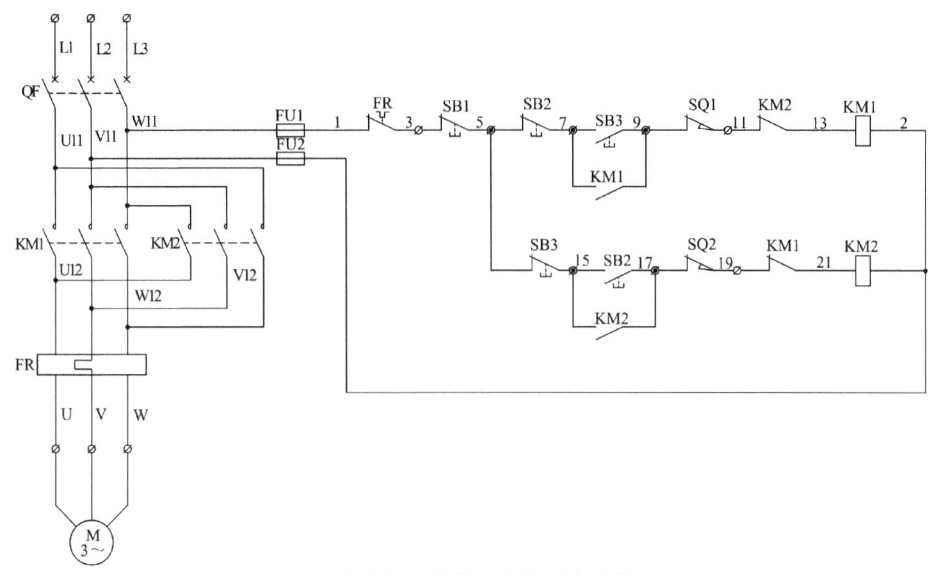

图5-11　电动机可逆带限位控制电路的原理图

2. 接线图

（1）实物接线图（见图5-12）。

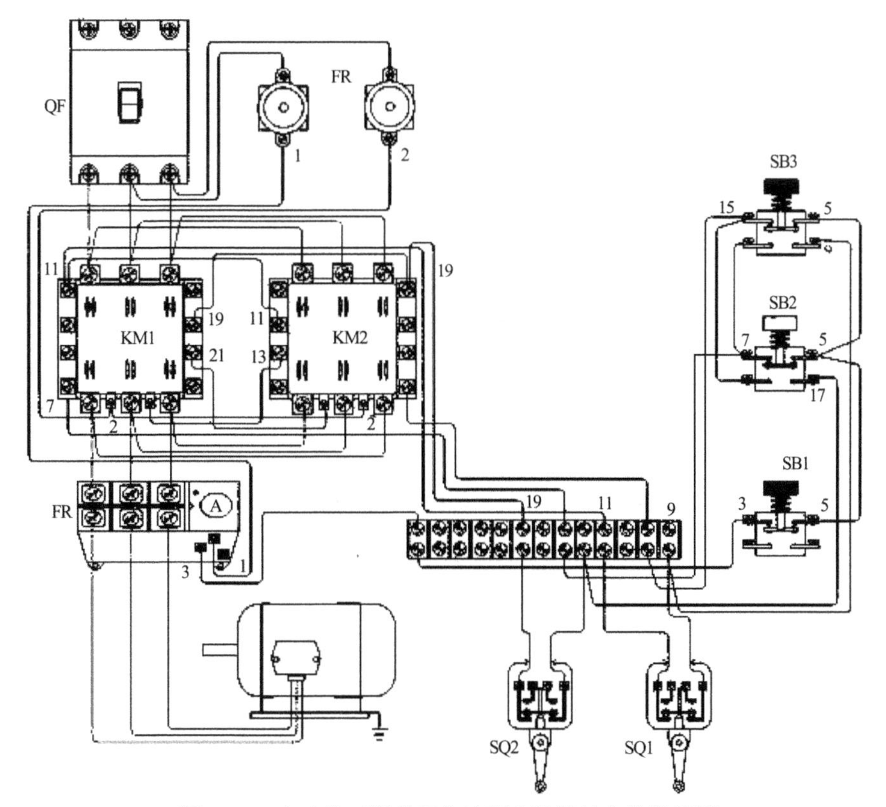

图5-12　电动机可逆带限位控制电路的的实物接线图

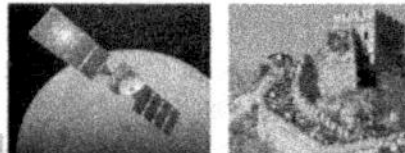

（2）端子接线图（见图 5-13）。

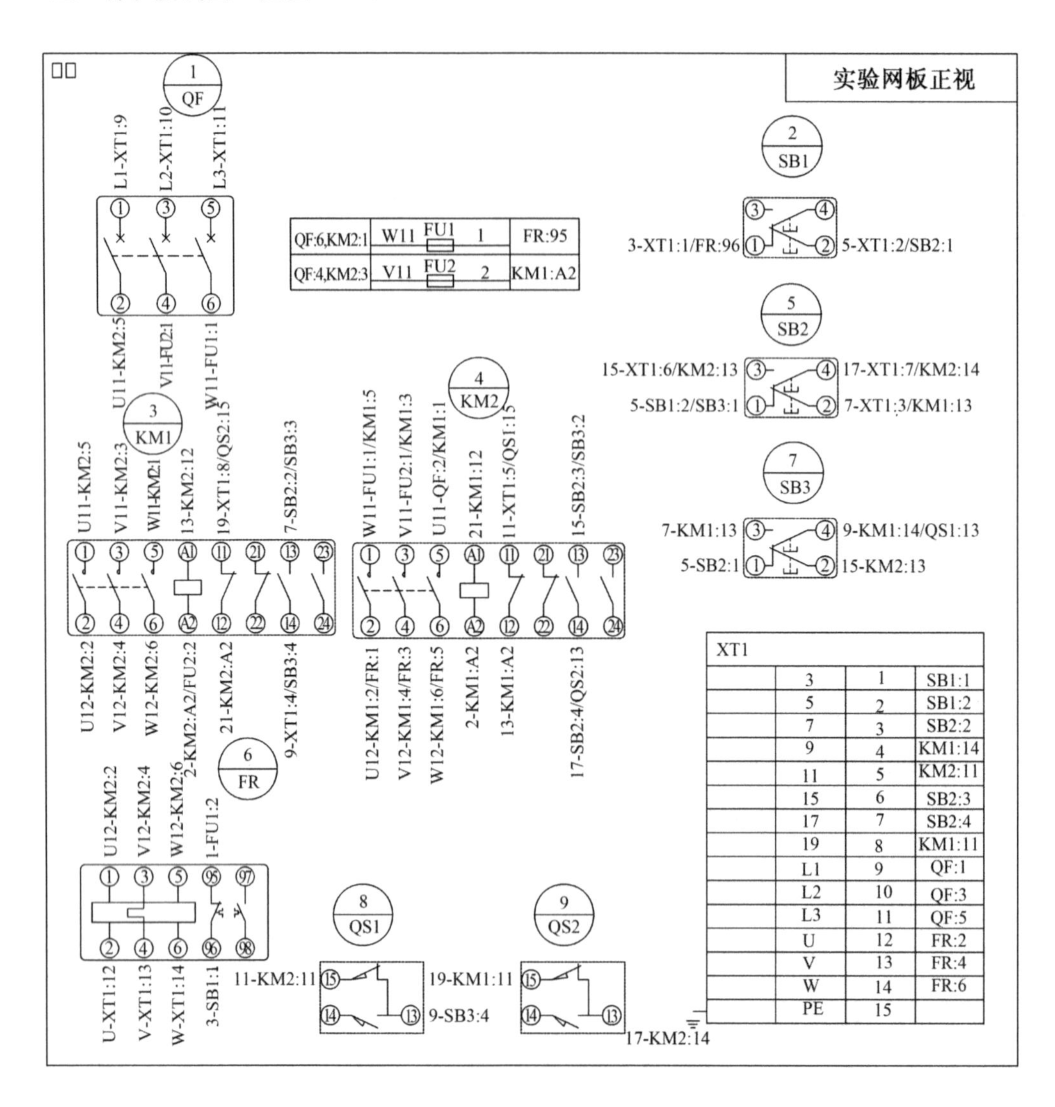

图 5-13　电动机可逆带限位控制电路的端子接线图

3．材料表（见表 5-10）

表 5-10　电动机可逆带限位控制电路的材料表

序号	代号	元器件名称	型号规格	数量
1	FR	热继电器	JR20-10，0.1～0.15A	1
2	FU1,FU2	熔断器	NGT	2
3	KM1,KM2	交流接触器	CJ20-(10,16,25,40A)-AC 220V，辅助 2 开 2 闭；线圈电压为 AC 36, 127,220, 380V,DC 48,110,220V	2
4	QF	微型断路器	C45AD/3P □A 1,3,6,10,16,20,25,32,40,50,63A	1
5	SQ1,SQ2	箱变行程开关	59170 X1	2
6	SB1,SB2,SB3	按钮	LAY3-11，红/绿/黑/白	3

4．接线表（见表5-11）

表5-11　电动机可逆带限位控制电路的接线表

序号	回路线号	起始端号	末端号	序号	回路线号	起始端号	末端号
1	U11	QF-2	KM2-5	12	21	KM1-12	KM2-A1
2	5	SB1-2	SB2-1	13	7	KM1-13	SB2-1
3	3	SB1-1	FR-96	14	7	KM1-13	SB3-3
4	U11	KM1-1	KM2-5	15	9	KM1-14	SB3-4
5	V11	KM1-3	KM2-3	16	15	KM2-13	SB2-3
6	W11	KM1-5	KM2-1	17	17	KM2-14	SB2-4
7	U12	KM1-2	KM2-2	18	U12	KM2-2	FR-1
8	V12	KM1-4	KM2-4	19	V12	KM2-4	FR-3
9	W12	KM1-6	KM2-6	20	W12	KM2-6	FR-5
10	2	KM1-A2	KM2-A2	21	15	KM2-13	SB3-2
11	13	KM1-A1	KM2-12	22	5	SB2-1	SB3-1

实例5　Y-△降压启动控制电路的工艺设计

图5-14为Y-△降压启动控制电路的原理图。在启动电动机时，先合上开关QF，按下按钮SB2，接触器KM1通电吸合，接触器KM1自锁。接触器线圈KM3和时间继电器线圈KT保持通电，常开主触点KM3接通，电动机接成Y形启动。同时常闭辅助触点KM3分断，使接触器线圈KM2断路。在时间继电器延时到一定时间后（时间继电器可根据电动机的容量和启动时负载的情况来调整），时间继电器KT的常闭延时分断和常开延时闭合的触点分别动作，使KM3断电，线圈KM2通电，并使其触点自锁，使电动机接成D形运行。同时常闭辅助触点KM2断开，使线圈KT和KM3断电。

图中热继电器KT与电动机一相绕组串联，其整定电流应为电动机相电流的额定值，在D形接法的电动机中，热继电器按上述方法连接，较为可靠。完整的设计资料如下。

1．原理图（见图5-14）

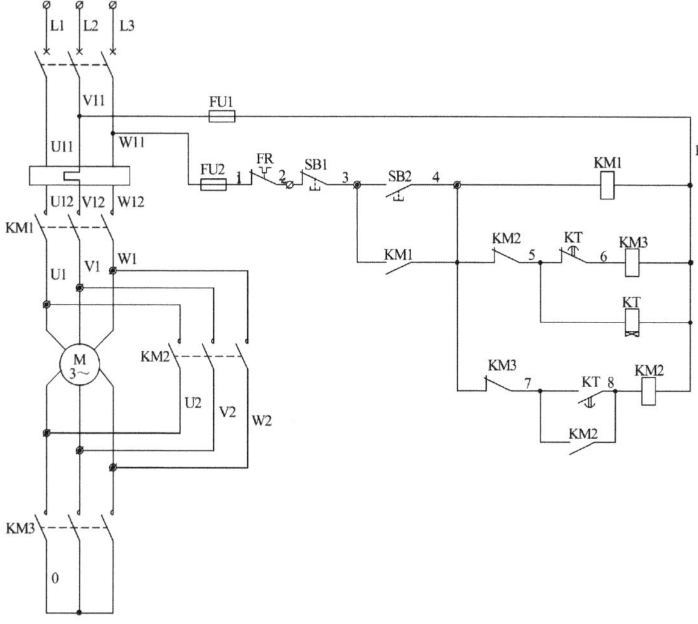

图5-14　Y-△降压启动控制电路的原理图

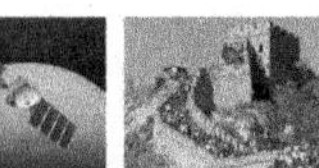

2．接线图

（1）实物接线图（见图 5-15）。

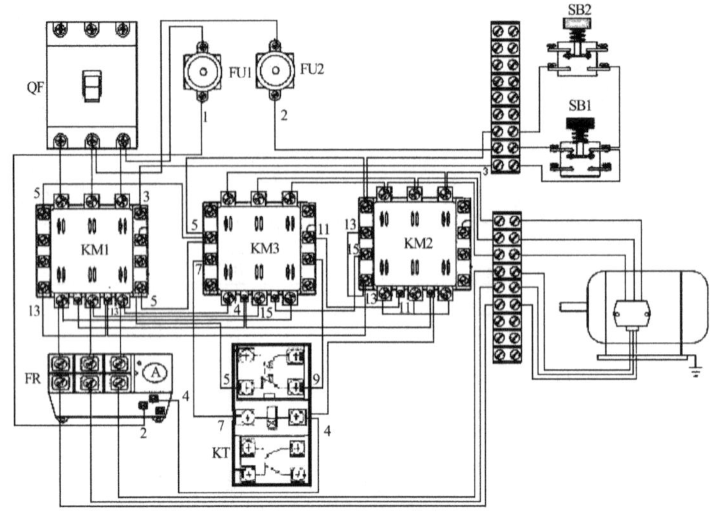

图 5-15　Y-△降压启动控制电路的实物接线图

（2）端子接线图（见图 5-16）。

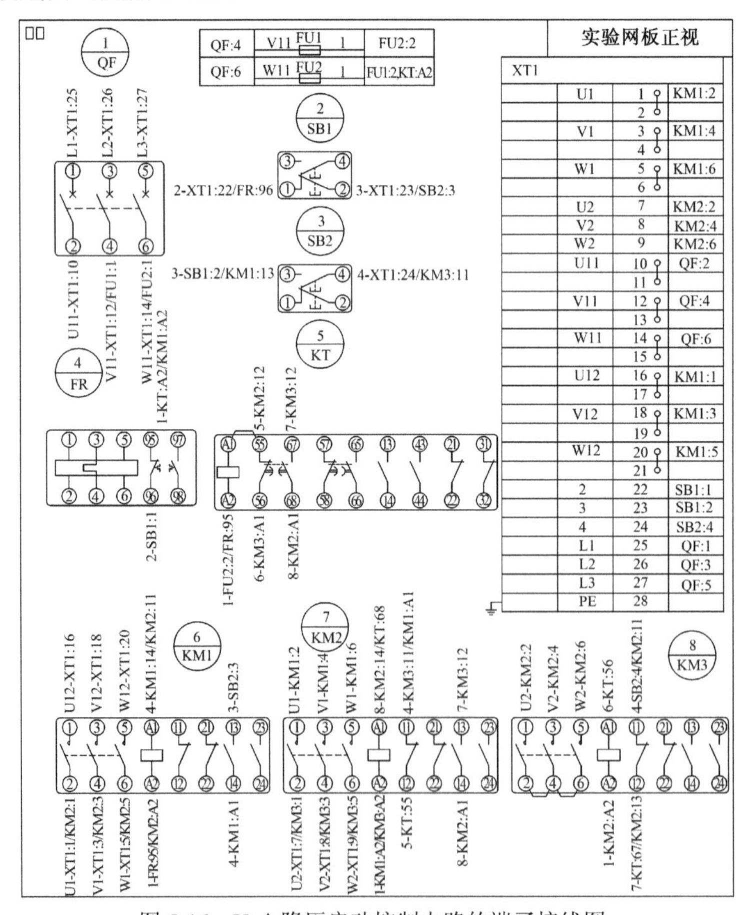

图 5-16　Y-△降压启动控制电路的端子接线图

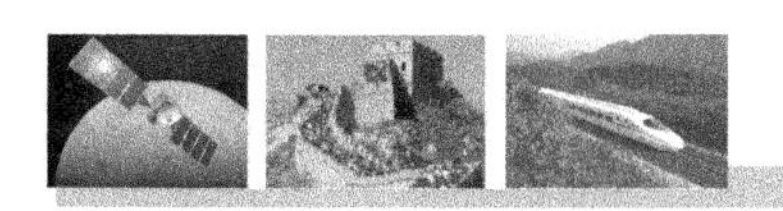

3. 材料表（见表5-12）

表5-12 Y-△降压启动控制电路的材料表

序号	代号	元器件名称	型号规格	数量
1	FR	热继电器	JR20-10，0.1～0.15A	1
2	FU1,FU2	熔断器	NGT	2
3	KM1,KM2,KM3	交流接触器	CJ20-(10,16,25,40A)- AC 220V，辅助 2 开 2 闭；线圈电压为 AC 36, 127,220,380V,DC 48,110,220V	3
4	KT	空气时间继电器	JS23 2 开 2 闭 0.1～30s ,10～30s AC 220～380V 通电/断电延时	1
5	QF	微型断路器	C45AD/3P □A 1,3,6,10,16,20,25,32,40,50,63A	1
6	SB1,SB2	按钮	LAY3-11，红/绿/黑/白	2

4. 接线表（见表5-13）

表5-13 Y-△降压启动控制电路的接线表

序号	回路线号	起始端号	末端号	序号	回路线号	起始端号	末端号
1	U11	QF-2	XT1-10	20	6	KT-56	KM3-A1
2	V11	QF-4	XT1-12	21	7	KT-67	KM3-12
3	W11	QF-6	XT1-14	22	U1	KM1-2	KM2-1
4	L1	QF-1	XT1-25	23	V1	KM1-4	KM2-3
5	L2	QF-3	XT1-26	24	W1	KM1-6	KM2-5
6	L3	QF-5	XT1-27	25	1	KM1-A2	KM2-A2
7	U1	KM1-2	XT1-1	26	4	KM1-A1	KM2-11
8	V1	KM1-4	XT1-3	27	U2	KM2-2	KM3-1
9	W1	KM1-6	XT1-5	28	V2	KM2-4	KM3-3
10	U12	KM1-1	XT1-16	29	W2	KM2-6	KM3-5
11	V12	KM1-3	XT1-18	30	1	KM2-A2	KM3-A2
12	W12	KM1-5	XT1-20	31	4	KM2-11	KM3-11
13	U2	KM2-2	XT1-7	32	7	KM2-13	KM3-12
14	V2	KM2-4	XT1-8	33	5	KT-A1	KT-55
15	W2	KM2-6	XT1-9	34	4	KM1-A1	KM1-14
16	1	FR-95	KT-A2	35	8	KM2-A1	KM2-14
17	1	FR-95	KM1-A2	36		KM3-2	KM3-4
18	5	KT-55	KM2-12	37		KM3-4	KM3-6
19	8	KT-68	KM2-A1				

实例6 双速异步电动机断电延时自动变速控制电路的工艺设计

图5-17为双速异步电动机断电延时自动变速控制电路的原理图。当合上电源开关QF，按下启动按钮SB2时，电动机以△接法接在电源上，电动机先低速转动，经过时间继电器KT延时后自动切换到高速，变为Y接法。转速增加1倍。完整的设计资料如下。

1．原理图（见图 5-17）

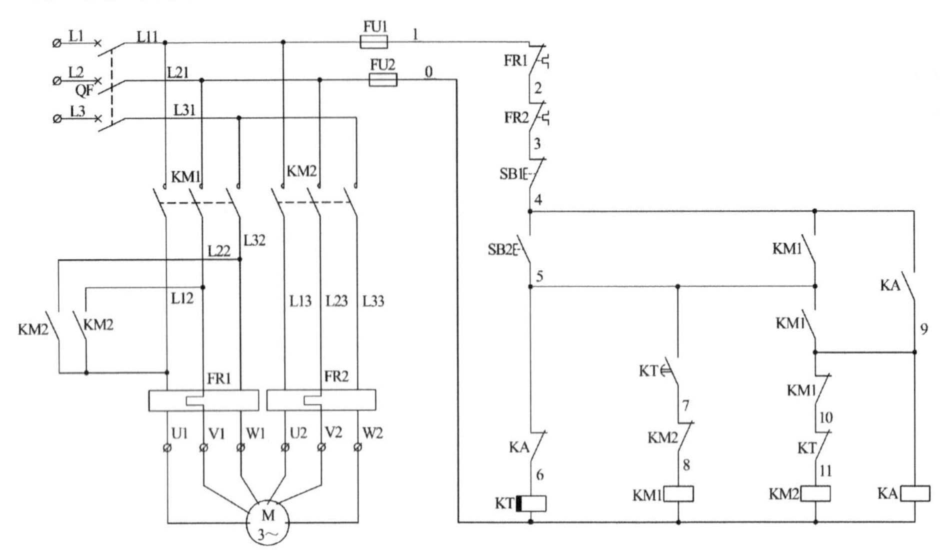

图 5-17　双速异步电动机断电延时自动变速控制电路的原理图

2．接线图

（1）实物接线图（见图 5-18）。

（2）端子接线图（见图 5-19）。

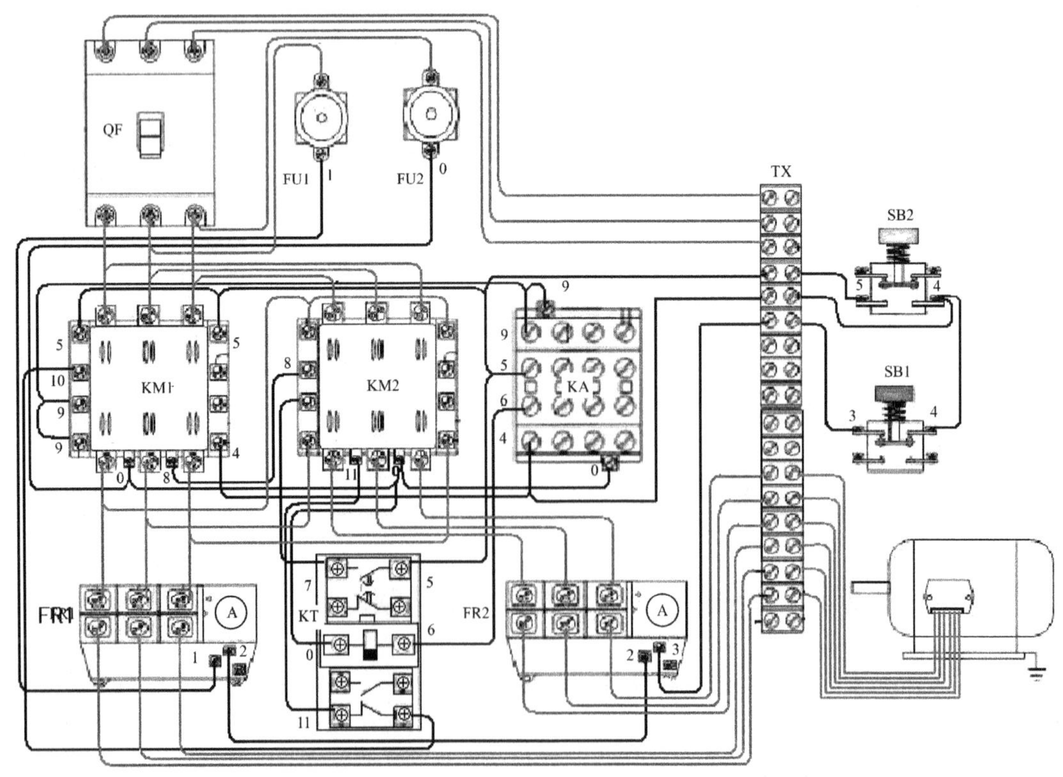

图 5-18　双速异步电动机断电延时自动变速控制电路的实物接线图

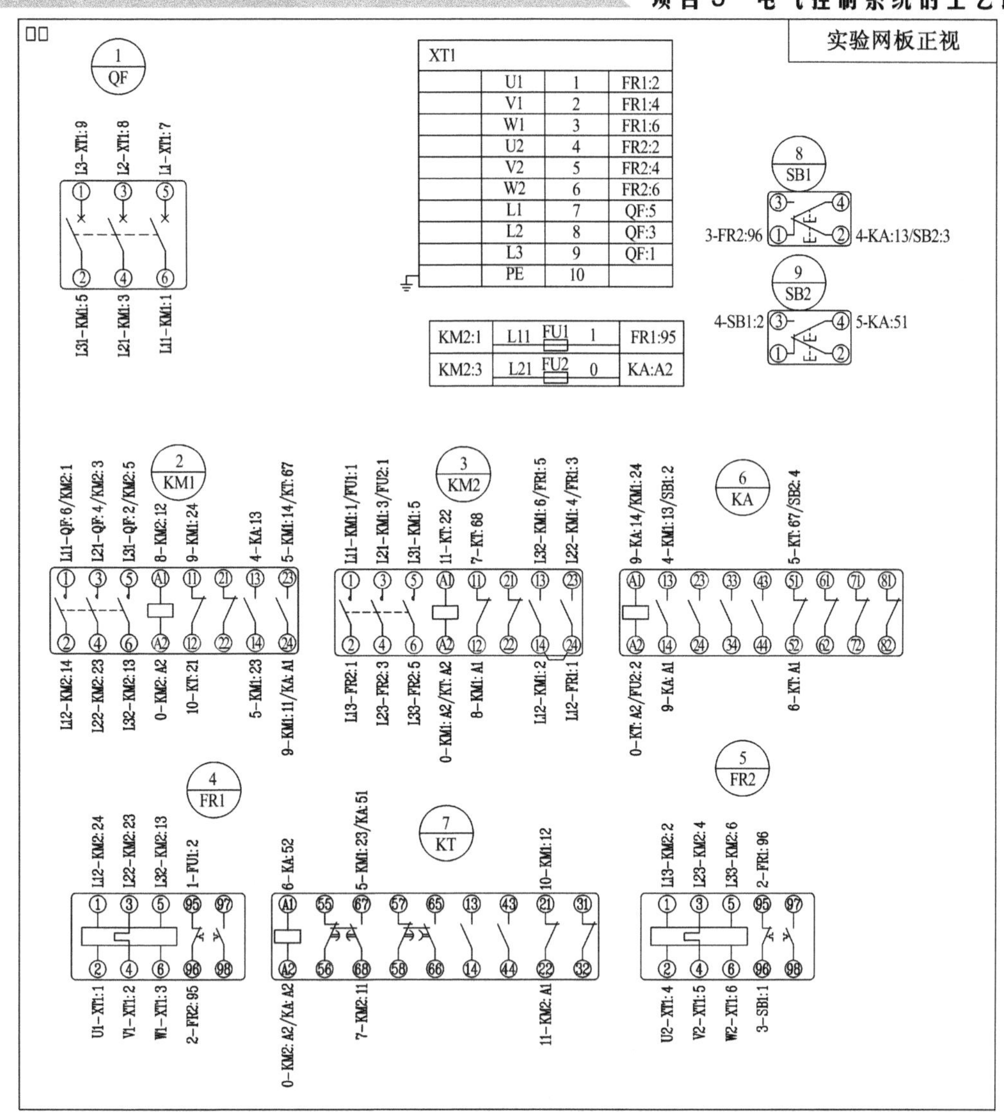

图5-19 双速异步电动机断电延时自动变速控制电路的端子接线图

3. 材料表（见表5-14）

表5-14 双速异步电动机断电延时自动变速控制电路的材料表

序号	代号	元器件名称	型号规格	数量
1	FR1,FR2	热继电器	JR20-10，0.1～0.15A	2
2	FU1,FU2	熔断器	NGT	2
3	KA	中间继电器	JZ7-44，AC 220V	1
4	KM1,KM2	交流接触器	CJ20-(10,16,25,40A)-AC 380V，辅助2开2闭	2
5	KT	空气时间继电器	JS23 2开2闭，0.1～30s，10～30s AC 220～380V，通电/断电延时	1
6	QF	微型断路器	C45AD/3P □A 1,3,6,10,16,20,25,32,40,50,63A	1
7	SB1,SB2	按钮	LAY3-11，红/绿/黑/白	2

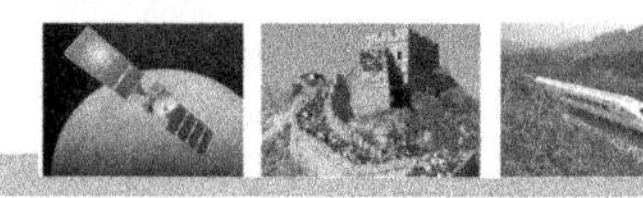

4．接线表（见表 5-15）

表 5-15　双速异步电动机断电延时自动变速控制电路的接线表

序号	回路线号	起始端号	末端号	序号	回路线号	起始端号	末端号
1	L1	QF-5	XT1-7	26	9	KM1-24	KA-A1
2	L2	QF-3	XT1-8	27	5	KM1-3	KT-67
3	L3	QF-1	XT1-9	28	10	KM1-12	KT-21
4	U1	FR1-2	XT1-1	29	L12	KM2-24	FR1-1
5	V1	FR1-4	XT1-2	30	L22	KM2-23	FR1-3
6	W1	FR1-6	XT1-3	31	L32	KM2-13	FR1-5
7	U2	FR2-2	XT1-4	32	L13	KM2-2	FR2-1
8	V2	FR2-4	XT1-5	33	L23	KM2-4	FR2-3
9	W2	FR2-6	XT1-6	34	L33	KM2-6	FR2-5
10	1	FR1-9 5	F U1-2	35	7	KM2-11	KT-68
11	L11	KM2-1	FU1-1	36	11	KM2-A1	KT-22
12	0	KA-A2	FU2-2	37	0	KM2-A2	KT-A2
13	L21	KM2-3	FU2-1	38	2	FR1-96	FR2-95
14	L11	QF-6	KM1-1	39	3	FR2-96	SB1-1
15	L21	QF-4	KM1-3	40	5	KA-51	KT-67
16	L31	QF-2	KM1-5	41	6	KA-52	KT-Al
17	8	KM1-A1	KM2-12	42	0	KA-A2	KT-A2
18	0	KM1-A2	KM2-A2	43	4	KA-13	SB1-2
19	L11	KM1-1	KM2-1	44	5	KA-51	SB2-4
20	L12	KM1-2	KM2-14	45	4	SB1-2	SB2-3
21	L21	KM1-3	KM2-3	46	5	KM1-14	KM1-23
22	L22	KM1-4	KM2-23	47	9	KM1-11	KM1-24
23	L31	KM1-5	KM2-5	48	L12	KM2-24	KM2-24
24	L32	KM1-6	KM2-13	49	9	KA-A1	KA-14
25	4	KM1-13	KA-13				

实例 7　能耗制动控制电路的工艺设计

图 5-20 是能耗制动控制电路的原理图。当停车时，按下停止按钮 SB1，KM1 断电，KT 通电开始延时，使制动接触器 KM2 通电动作，电源经制动接触器接到电动机的两相绕组，另一相整流管接到零线上。达到整定时间后，时间继电器 KT 断电，制动过程结束。这种制动电路简单，体积小，成本低，常用于 10kW 以下的电动机且对制动要求不高的场合中。完整的设计资料如下。

1．原理图（见图 5-20）

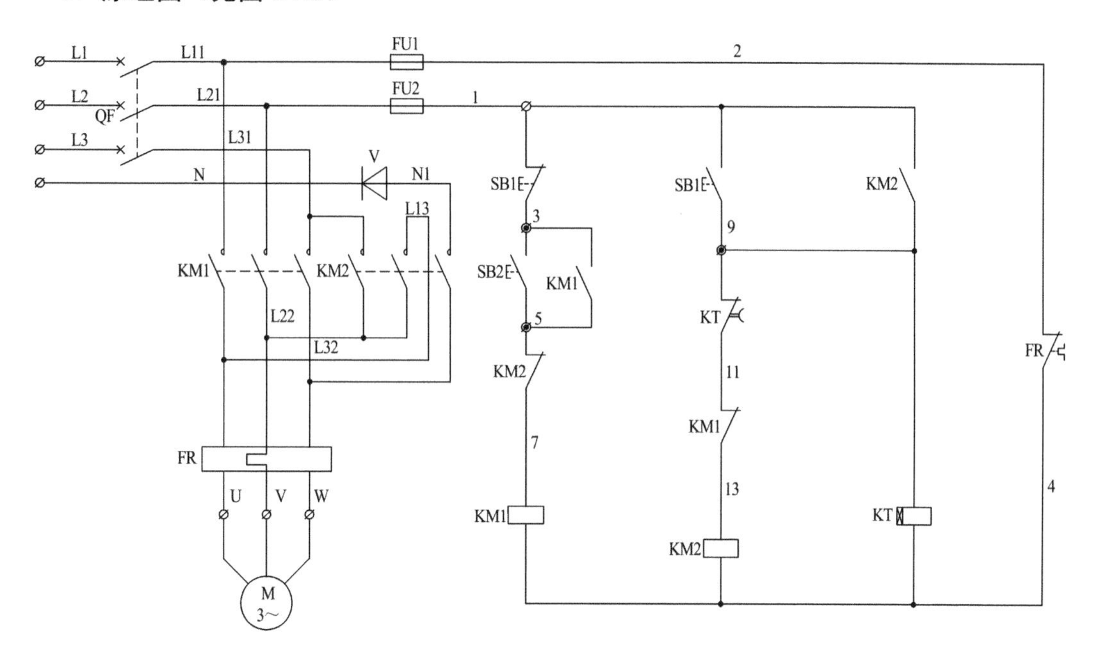

图 5-20　能耗制动控制电路的原理图

2．接线图

（1）实物接线图（见图 5-21）。

（2）端子接线图（见图 5-22）。

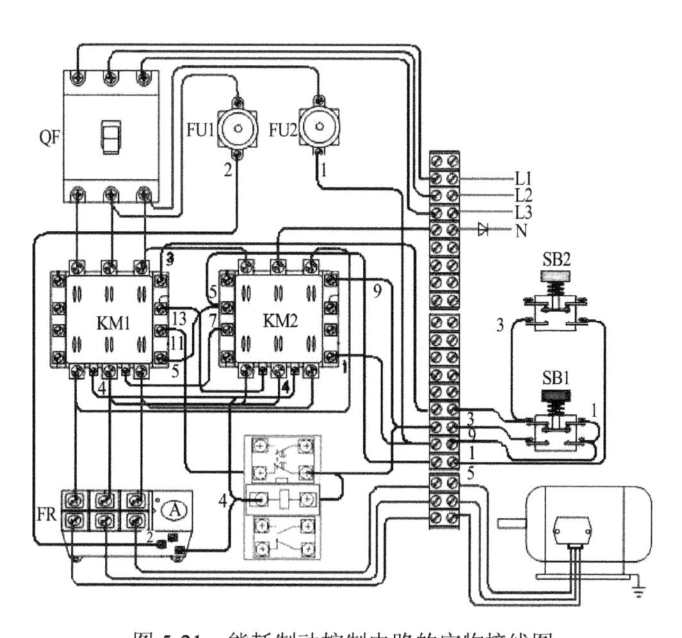

图 5-21　能耗制动控制电路的实物接线图

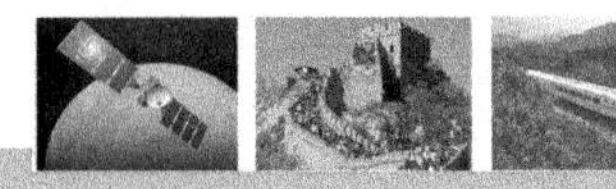

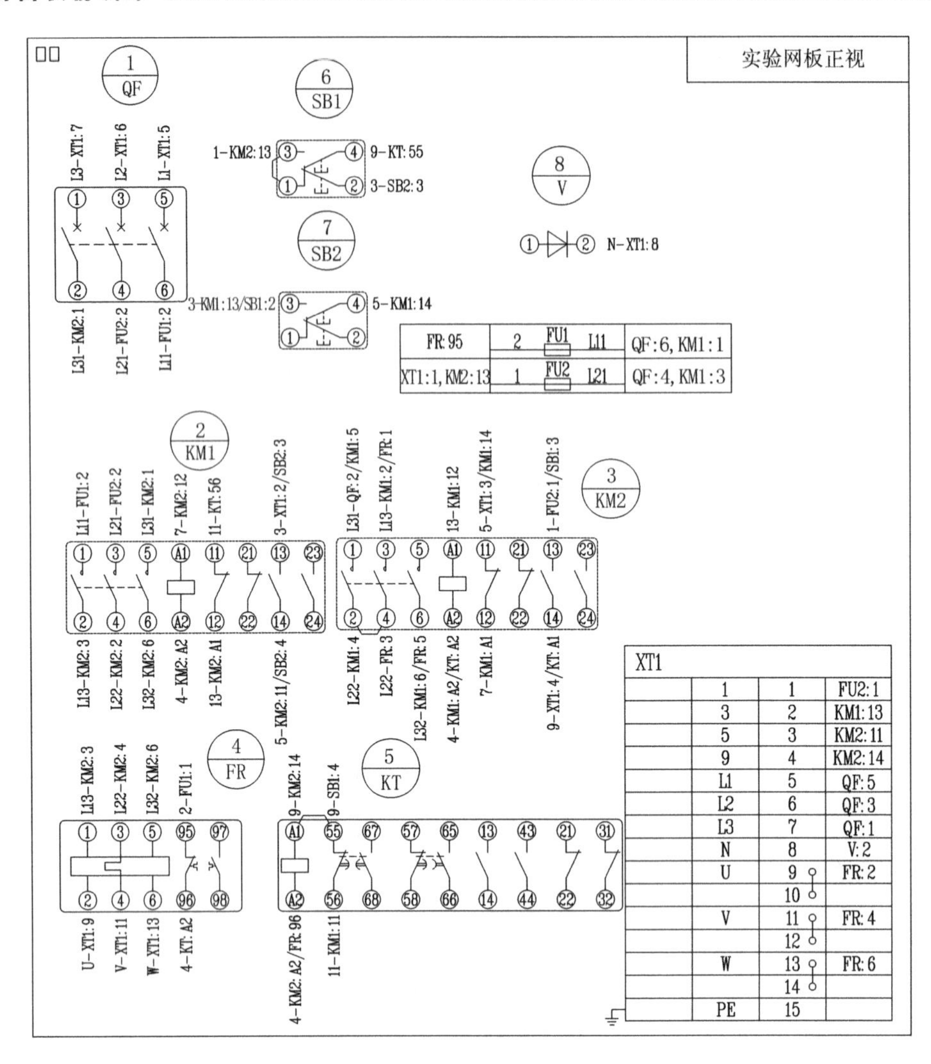

图 5-22　能耗制动控制电路的端子接线图

3. 材料表（见表 5-16）

表 5-16　能耗制动控制电路的材料表

序号	代号	元器件名称	型号规格	数量
1	FR	热继电器	JR20-10，0.1～0.15A	1
2	FU1,FU2	熔断器	NGT	2
3	KM1,KM2	交流接触器	CJ20-(10,16,25,40A)-AC 220V，辅助 2 开 2 闭；线圈电压为 AC 36, 127,220,380V,DC 48,110,220V	2
4	KT	空气时间继电器	JS23 2 开 2 闭，0.1～30s ,10～30s，AC 220～380V，通电/断电延时	1
5	QF	微型断路器	C45AD/3P □A 1,3,6,10,16,20,25,32,40,50,63A	1
6	SB1,SB2	按钮	LAY3-11，红/绿/黑/白	2
7	V	二极管	1L4007	1

4．接线表（见表5-17）

表5-17　能耗制动控制电路的接线表

序号	回路线号	起始端号	末端号	序号	回路线号	起始端号	末端号
1	L31	QF-2	KM2-1	13	L13	KM2-3	FR-1
2	4	KM1-A2	KM2-A2	14	L22	KM2-4	FR-3
3	5	KM1-14	KM2-11	15	L32	KM2-6	FR-5
4	7	KM1-A1	KM2-12	16	4	KM2-A2	KT-A2
5	13	KM1-12	KM2-A1	17	9	KM2-14	KT-A1
6	L13	KM1-2	KM2-3	18	1	KM2-13	SB1-3
7	L22	KM1-4	KM2-2	19	4	FR-96	KT-A2
8	L31	KM1-5	KM2-1	20	9	KT-55	SB1-4
9	L32	KM1-6	KM2-6	21	3	SB1-2	SB2-3
10	11	KM1-11	KT-56	22	L22	KM2-2	KM2-4
11	3	KMl-13	SB2-3	23	9	KT-A1	KT-55
12	5	KMl-14	SB2-4	24	1	SB1-3	SB1-1

实例8　缺相保护控制电路的工艺设计

图5-23为缺相保护控制电路的原理图，在电动机的三相电源Y接线柱上，各用导线引出，分别接在电容器C1、C2、C3上，并通过这3个电容器，使其产生一个“人为Y中性点”，当电动机正常运行时，“人为Y中性点”的电压为零，与三相四线制的中性点电位一致，故这两点的电压通过整流后无电压输出，继电器不动作。当电动机电源某一相断相时，则“人为Y中性点”的电压会明显上升，电压高达12V时，继电器KA便吸合，此时交流接触器控制回路切断，接触器释放，从而达到保护电动机的目的。由于此断相保护器是在A、B、C三相电源上投入3个电容器进行工作的，而电容器在低压交流电路中又能起到无功功率补偿的作用，故断相保护器在正常工作时，不浪费电，相反还会提高电动机的功率因数，减少无功功率的损耗，可称得上是一个小型节电器。该电路动作灵敏，在电动机缺相小于或等于1s时，继电器便会动作。无论电路负载多大，也无论是星形接法的电动机，还是三角形接法的电动机均可使用。本电路适用于0.1～22kW的电动机。换用容量更大的继电器，则可在30kW以上的电动机上使用。

为了防止电动机在启动时交流接触器触点不同步引起继电器KA误动作，该电路采用一常闭的双连按钮做启动按钮，使电动机启动的同时断开保护器与三相四线制中性点的连线。待电动机启动完毕，操作者松手使按钮复位，断相保护器才能正常工作。

元器件的选择：电容器C1、C2、C3耐压值均为500V以上，容量均为2.4μF；D1～D4可选用正向电流大于100mA，反向电压大于100V的整流二极管，如2CP25；为了适应控制功率较大的电动机的需要，继电器KA可以选择RJX4F/12V。

1. 原理图（见图 5-23）

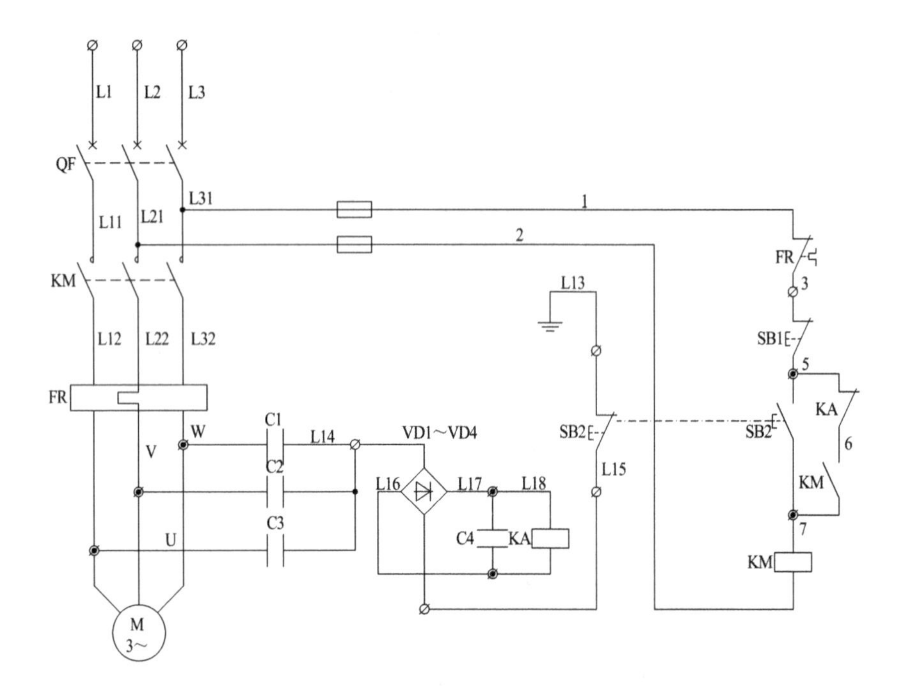

图 5-23　缺相保护控制电路的原理图

2. 接线图

（1）实物接线图（见图 5-24）。

（2）端子接线图（见图 5-25）。

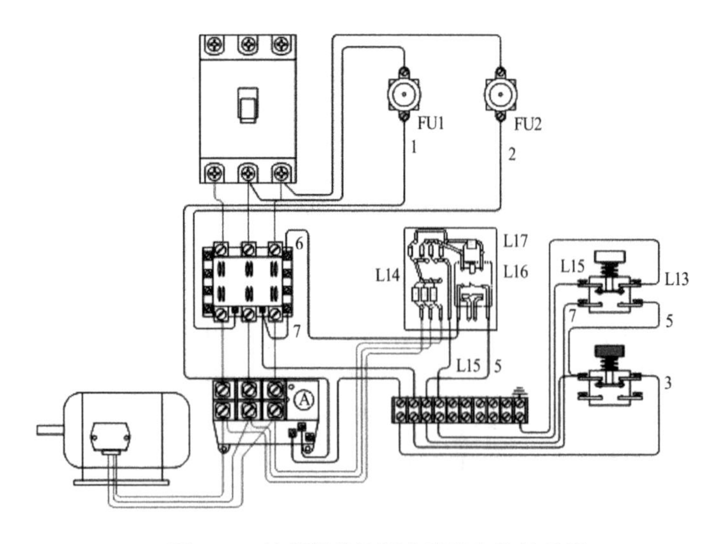

图 5-24　缺相保护控制电路的实物接线图

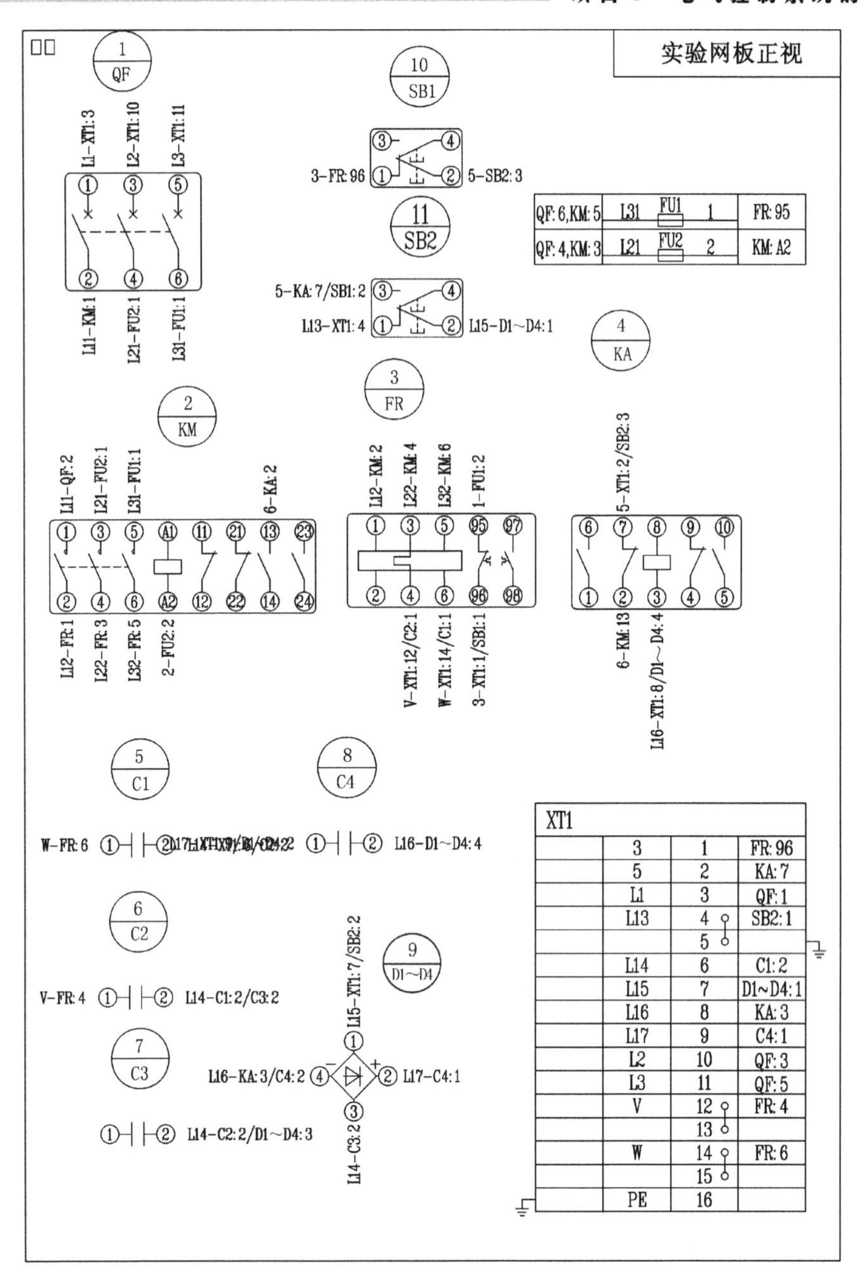

图 5-25 缺相保护控制电路的端子接线图

3. 材料表（见表 5-18）

表 5-18 三相异步电动机缺相保护控制电路的材料表

序号	代号	元器件名称	型号规格	数量
1	C1～C4	电容器	CBB22，1000μF，300V	4
2	D1～D4	整流器	2CZ11J-500V，5A KBPC	1
3	FR	热继电器	JR20-10，0.1～0.15A	1

续表

序号	代号	元器件名称	型号规格	数量
4	FU1,FU2	熔断器	NGT	2
5	KA	中间继电器	DZ-50(22)(DZ-52)	1
6	KM	交流接触器	CJ20-(10,16,25,40A)-AC 220V，辅助 2 开 2 闭；线圈电压为 AC 36,127, 220,380V,DC 48,110,220V	1
7	QF	微型断路器	C45AD/3P □A 1,3,6,10,16,20,25,32,40,50,63A	1
8	SB1,SB2	按钮	LAY3-11，红/绿/黑/白	2

4．接线表（见表 5-19）

表 5-19　三相异步电动机缺相保护控制电路的接线表

序号	回路线号	起始端号	末端号	序号	回路线号	起始端号	末端号
1	L1	QF-1	XT1-3	19	L11	QF-2	KM-1_
2	L2	QF-3	XT1-10	20	L12	KM-2	FR-1
3	L3	QF-5	XT1-11	21	L22	KM-4	FR-3
4	3	FR-96	XT1-1	22	L32	KM-6	FR-5
5	V	FR-4	XT1-12	23	6	KM-13	KA-2
6	W	FR-6	XT1-14	24	W	FR-6	C1-1
7	5	KA-7	XT1-2	25	V	FR-4	C2-1
8	L16	KA-3	XT1-8	26	3	FR-96	SB1-1
9	L14	C1-2	XT1-6	27	L16	KA-3	D1～D4-4
10	L17	C4-1	XT1-9	28	5	KA-7	SB2-3
11	L15	D1～D4-1	XT1-7	29	L14	C1-2	C2-2
12	L13	SB2-1	XT1-4	30	L14	C2-2	C3-2
13	1	FR-95	FU1-2	31	L14	C3-2	D1～D4-3
14	L31	QF-6	FU1-1	32	L16	C4-2	D1～D4-4
15	L31	KM-5	FU1-1	33	L17	C4-1	D1～D4-2
16	2	KM-A2	FU2-2	34	L15	D1～D4-1	SB2-2
17	L21	QF-4	FU2-1	35	5	SB1-2	SB2-3
18	L21	KM-3	FU2-1				

实例 9　双重连锁正、反转启动反接制动控制电路的工艺设计

图 5-26 为三相异步电动机双重连锁正、反转启动反接制动控制电路的原理图。该电路对电动机正、反转运行时均可实现反接控制。当开车时，按下按钮 SB2，正转接触器 KM1 通电动作，电动机正向转动，速度继电器 KS1 闭合，为制动做好准备。停车时，按下停止按钮 SB1，KM1 失电释放，SB1 常开触点闭合，使中间继电器 KA 通电动作，其常开触点闭合，反转接触器 KM2 通电，电动机反接制动，当转速接近于零时，速度继电器 KS2 触点断开，KM2 失电释放，制动过程结束。反向转动时的反接制动过程同正转时类似。电路中 KS 速度继电器与电动机同转，图中 KS1、KS2 是两组常开触点，速度继电器正转时 KS2 闭合，反转时 KS1 闭合。完整的设计资料如下：

1．原理图（图5-26）

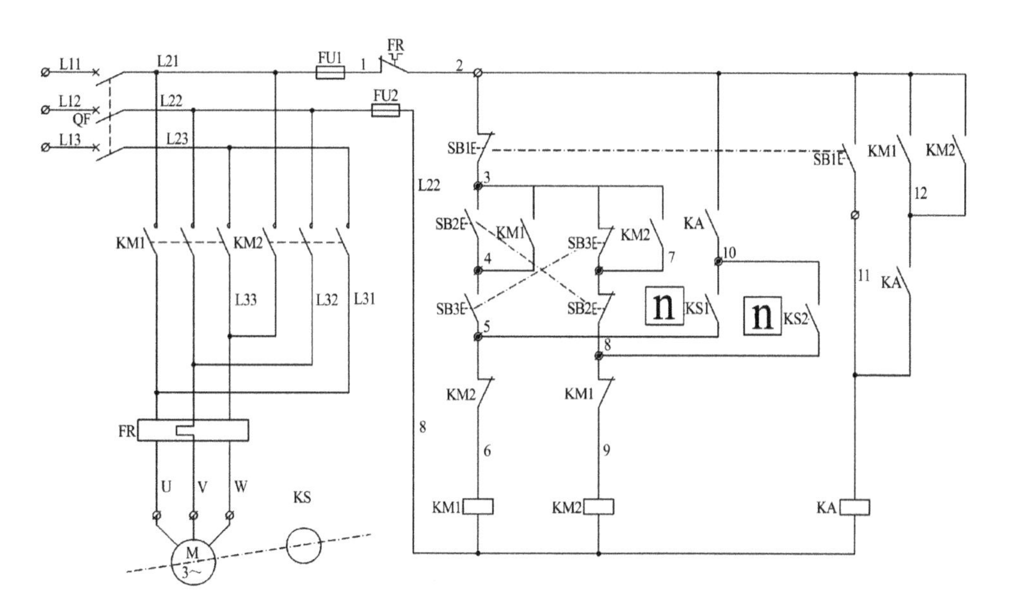

图5-26 三相异步电动和双重连锁正、反转启动反接制动控制电路的原理图

2．接线图

（1）实物接线图（图5-27）。

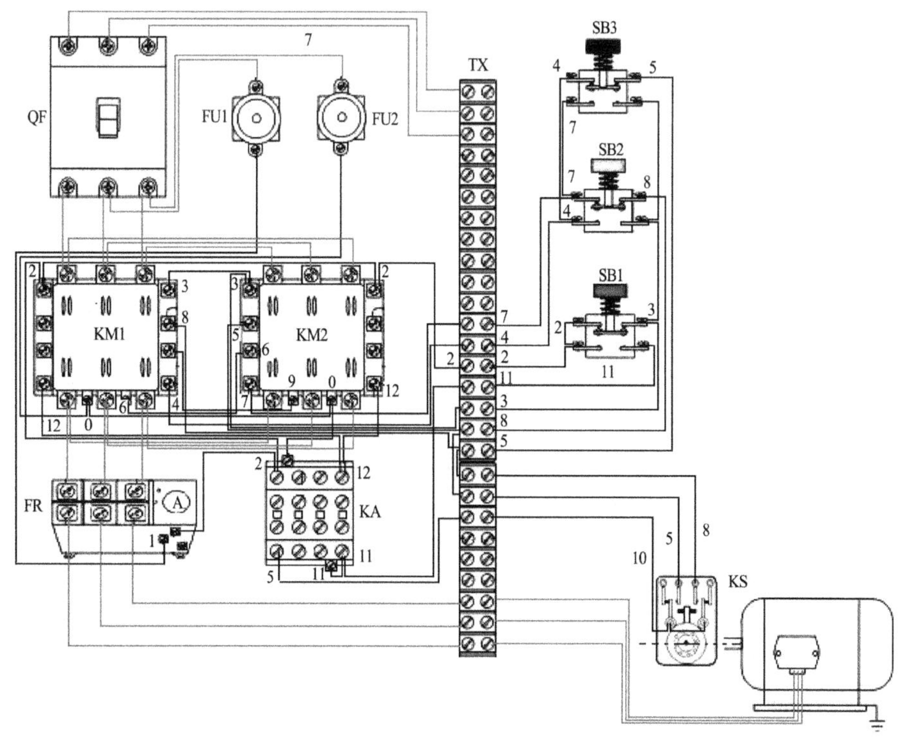

图5-27 三相异步电动机双重连锁正、反转启动反接制动控制电路的实物接线图

（2）端子接线图（见图 5-28）。

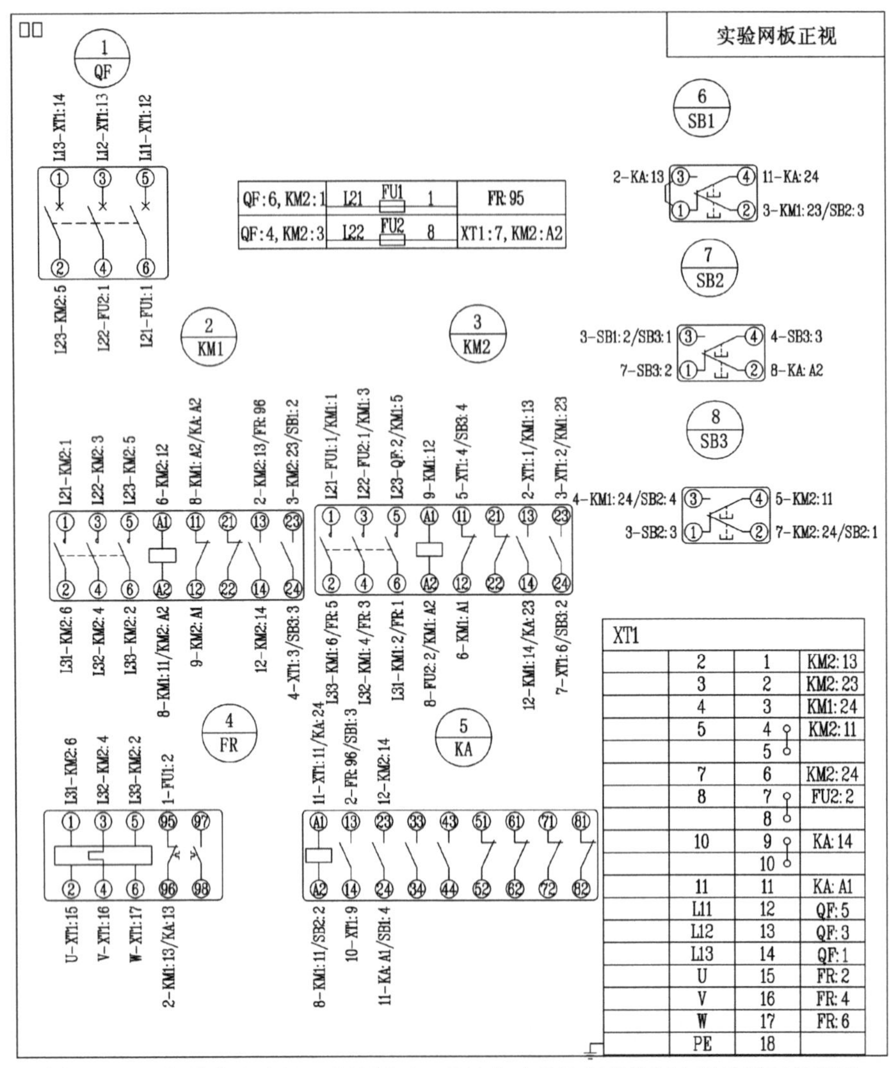

图 5-28　三相异步电动机双重连锁正、反转启动反接制动控制电路的端子接线图

3．材料表（见表 5-20）

表 5-20　三相异步电动机双重连锁正、反转启动反接制动控制电路的材料表

序号	代号	元器件名称	型号规格	数量	备注
1	FR	热继电器	JR20-10，0.1～0.15A	1	
2	FU1,FU2	熔断器	NGT	2	
3	KA	中间继电器	JZ7-44，AC 220V	1	
4	KM1,KM2	交流接触器	CJ20-(10,16,25,40A) -AC 220V，辅助 2 开 2 闭；线圈电压为 AC 36, 127,220,380V,DC 48,110,220V	2	
5	KS1,KS2	速度继电器	KS	2	
6	QF	微型断路器	C45AD/3P □A 1,3,6,10,16,20,25,32,40,50,63A	1	
7	SB1,SB2,SB3	按钮	LAY3-11，红/绿/黑/白	3	

4．接线表（见表5-21）

表5-21 三相异步电动机双重连锁正、反转启动反接制动控制电路的接线表

序号	回路线号	起始端号	末端号	序号	回路线号	起始端号	末端号
1	L11	QF-5	XT1-12	28	L22	KM1-3	KM2-3
2	L12	QF-3	XT1-13	29	L23	KM1-5	KM2-5
3	L13	QF-1	XT1-14	30	L31	KM1-2	KM2-6
4	4	KM1-24	XT1-3	31	L32	KM1-4	KM2-4
5	2	KM2-13	XT1-1	32	L33	KM1-6	KM2-2
6	3	KM2-23	XT1-2	33	2	KM1-13	FR-96
7	5	KM2-11	XT1-4	34	8	KM1-11	KA-A2
8	7	KM2-24	XT1-6	35	3	KM1-23	SB1-2
9	U	FR-2	XT1-15	36	4	KM1-24	SB3-3
10	V	FR-4	XT1-16	37	L31	KM2-6	FR-1
11	W	FR-6	XT1-17	38	L32	KM2-4	FR-3
12	10	KA-14	XT1-9	39	L33	KM2-2	FR-5
13	11	KA-A1	XT1-11	40	12	KM2-14	KA-23
14	1	FR-95	FU1-2	41	5	KM2-11	SB3-4
15	L21	QF-6	FU1-1	42	7	KM2-24	SB3-2
16	L21	KM2-1	FU1-1	43	2	FR-96	KA-13
17	8	KM2-A2	FU2-2	44	2	KA-13	SB1-3
18	L22	QF-4	FU2-1	45	11	KA-24	SB1-4
19	L22	KM2-3	FU2-1	46	8	KA-A2	SB2-2
20	L23	QF-2	KM2-5	47	3	SB1-2	SB2-3
21	2	KM1-13	KM2-13	48	3	SB2-3	SB3-1
22	3	KM1-23	KM2-23	49	4	SB2-4	SB3-3
23	6	KM1-A1	KM2-12	50	7	SB2-1	SB3-2
24	8	KM1-A2	KM2-A2	51	8	KM1-A2	KM1-11
25	9	KM1-12	KM2-A1	52	11	KA-A1	KA-24
26	12	KM1-14	KM2-14	53	2	SB1-3	SB1-1
27	L21	KM1-1	KM2-1	54	8	XT1-7	FU2-2

实例10 通电延时带直流能耗制动的Y-△启动控制电路的工艺设计

合上电源开关QS，按下SB2时，KM1接触器通电吸合，KM3接触器通电吸合，电动机星形启动。时间继电器KT的线圈通电开始延时，达到整定时间后，KM2接触器的线圈通电吸合，KM2的线圈失电主触头断开，电动机三角形运行。当按下制动按钮SB1时，KM1的线圈失电，KM3的线圈失电，两相电通过整流器整流后接到电动机上，在产生的直流磁场的作用下电动机制动停止。完整的设计资料如下。

1．原理图（见图 5-29）

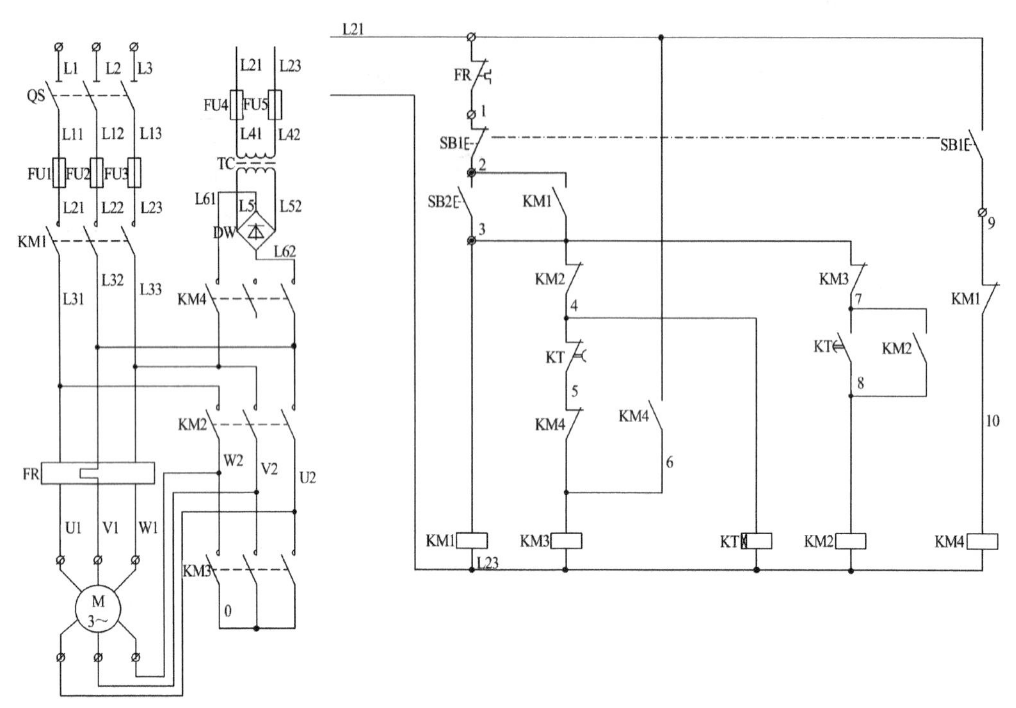

图 5-29　通电延时带直流能耗制动的 Y-△启动控制电路的原理图

2．接线图

（1）实物接线图（图 5-30）。

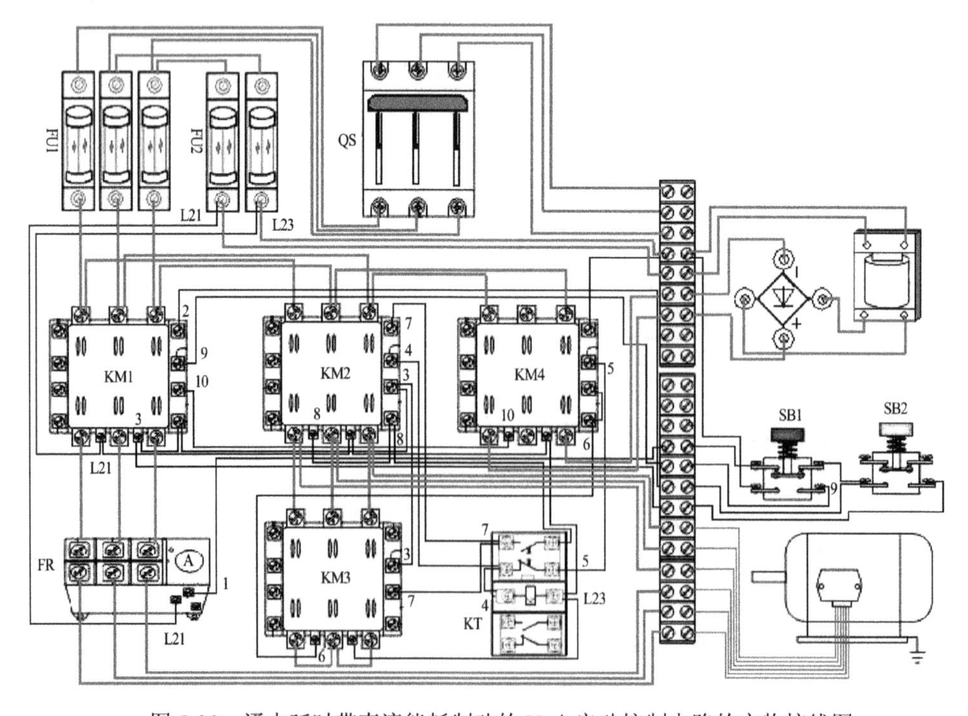

图 5-30　通电延时带直流能耗制动的 Y-△启动控制电路的实物接线图

（2）端子接线图（见图5-31）。

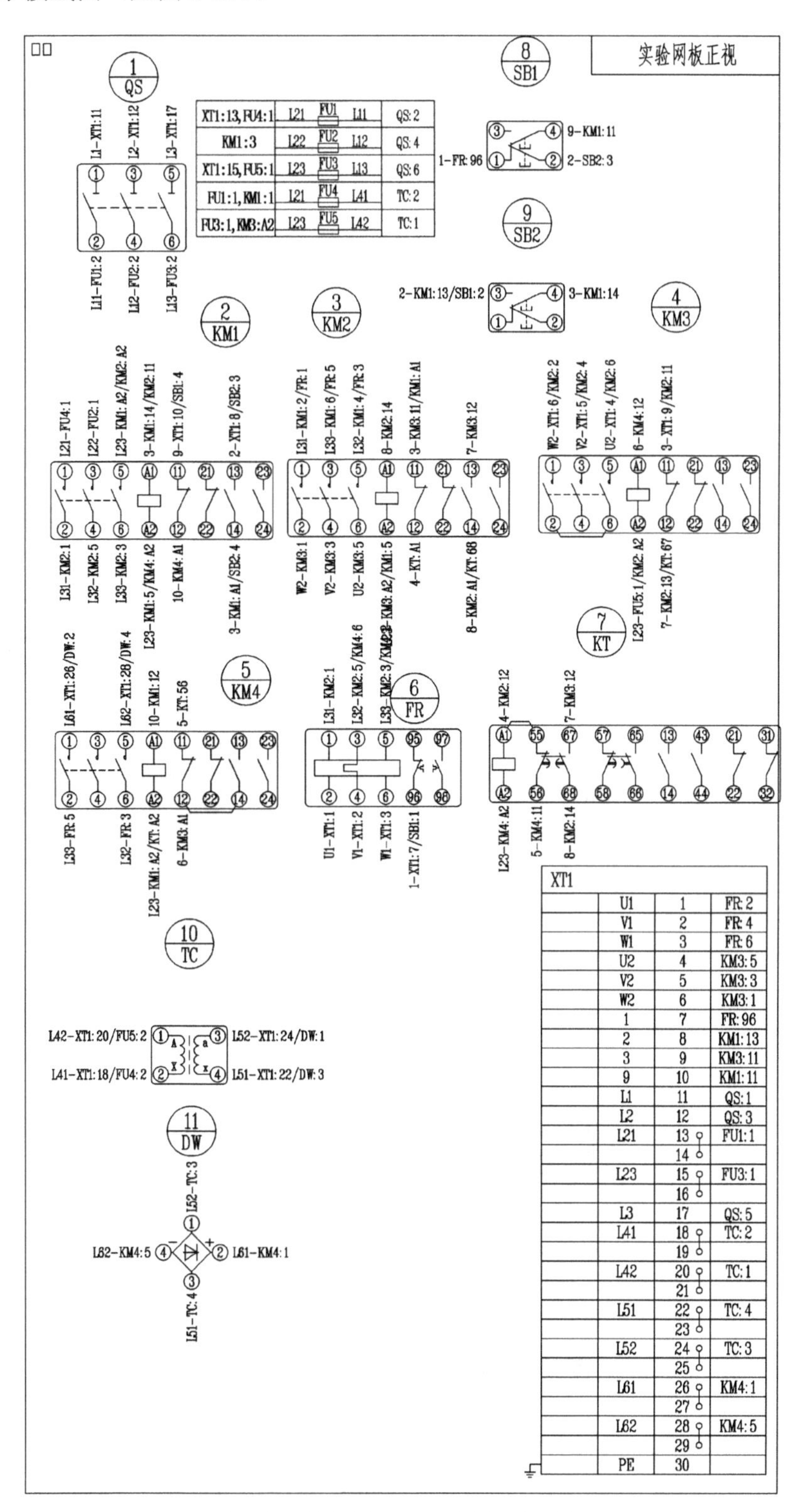

图5-31 通电延时带直流能耗制动的Y-△启动控制电路的端子接线图

3．材料表（见表 5-22）

表 5-22 通电延时带直流能耗制动的 Y-△启动控制电路的材料表

序号	代号	元器件名称	型号规格	数量	备注
1	DW	整流器	2CZ11J-500V，5A KBPC	1	
2	FR	热继电器	JR20-10，0.1～0.15A	1	
3	FU1～FU5	熔断器	NGT	5	
4	KM1～KM4	交流接触器	CJ20-(10,16,25,40A)- AC 220V，辅助 2 开 2 闭；线圈电压为 AC 36,127,220,380V,DC 48,110,220V	4	
5	KT	空气时间继电器	JS23 2 开 2 闭，0.1～30s ,10～30s，AC 220～380V，通电/断电延时	1	
6	QS	隔离开关	HUH18-100/1,2,3,4P-40,63,80,100A	1	
7	SB1,SB2	按钮	LAY3-11，红/绿/黑/白	2	
8	TC	控制变压器	BK-□-□/□V 2-2	1	

4．接线表（见表 5-23）

表 5-23 通电延时带直流能耗制动的 Y-△启动控制电路的接线表

序号	回路线号	起始端号	末端号	序号	回路线号	起始端号	末端号
1	3	KM1-A1	KM2-11	19	L33	KM2-3	FR-5
2	L23	KM1-5	KM2-A2	20	4	KM2-12	KT-A1
3	L31	KM1-2	KM2-1	21	8	KM2-14	KT-68
4	L32	KM1-4	KM2-5	22	6	KM3-A1	KM4-12
5	L33	KM1-6	KM2-3	23	7	KM3-12	KT-67
6	10	KM1-12	KM4-A1	24	L32	KM4-6	FR-3
7	L23	KM1-A2	KM4-A2	25	L33	KM4-2	FR-5
8	9	KM1-11	SB1-4	26	5	KM4-11	KT-56
9	2	KM1-13	SB2-3	27	L23	KM4-A2	KT-A2
10	3	KM1-14	SB2-4	28	1	FR-96	SB1-1
11	U2	KM2-6	KM3-5	29	2	SB1-2	SB2-3
12	V2	KM2-4	KM3-3	30	3	KM1-A1	KM1-14
13	W2	KM2-2	KM3-1	31	L23	KM1-5	KM1-A2
14	3	KM2-11	KM3-11	32	8	KM2-A1	KM2-14
15	7	KM2-13	KM3-12	33		KM3-2	KM3-6
16	L23	KM2-A2	KM3-A2	34	6	KM4-12	KM4-14
17	L31	KM2-1	FR-1	35	4	KT-A1	KT-55
18	L32	KM2-5	FR-3				

实例 11 起双重限流作用的反接制动控制电路的电气图

停车按下制动按钮 SB3，KA3 的线圈失电，KM1 的主触点分断，KM3 的主触点分断，KM2 的线圈通电，接入制动电阻，电动机的转速接近零时 KM2 的主触点分断，结束制动过程。

1. 材料表（见表5-24）

表5-24　起双重限流作用的反接制动控制电路的电气设备材料表

序号	代号	元器件名称	型号规格	数量
1	FR	热继电器	JR20-10，0.1～0.15A	1
2	FU1～FU5	熔断器	NGT	5
3	KA1,KA2,KA3	中间继电器	DZ-50(22)(DZ-52)	3
4	KM1,KM2,KM3	交流接触器	CJ20-(10,16,25,40A)-AC 220V，辅助2开2闭；线圈电压为AC 36,127,220,380V,DC 48,110,220V	3
5	QS	隔离开关	HUH18-100/1,2,3,4P-40,63,80,100A	1
6	R1,R2	变阻器	BC1-25	2
7	SB1,SB2,SB3	按钮	LAY3-11，红/绿/黑/白	3
8	SR	速度继电器	SR SR	1

2. 接线表（见表5-25）

表5-25　起双重限流作用的反接制动控制电路的电气接线表

序号	回路线号	起始端号	末端号	序号	回路线号	起始端号	末端号
1	U12	KM1-1	KM2-5	26	U14	KM3-2	FR-1
2	V12	KM1-3	KM2-3	27	W14	KM3-6	FR-5
3	W12	KM1-5	KM2-1	28	17	KM3-A2	FR-95
4	U13	KM1-2	KM2-2	29	W13	KM3-5	R1-2
5	V13	KM1-4	KM2-4	30	W14	KM3-6	R1-1
6	W13	KM1-6	KM2-6	31	U13	KM3-1	R2-2
7	7	KM1-13	KM2-13	32	U14	KM3-2	R2-1
8	9	KM1-14	KM2-11	33	8	KM3-11	SB1-4
9	11	KM1-11	KM2-14	34	10	KM3-21	SB2-4
10	13	KM1-A1	KM2-12	35	1	KA1-6	KA2-10
11	14	KM1-12	KM2-A1	36	4	KA1-1	KA2-1
12	17	KM1-A2	KM2-A2	37	16	KA1-3	KA2-3
13	6	KM1-23	KA2-8	38	1	KA1-10	SB3-3
14	12	KM1-24	KA3-9	39	4	KA1-1	SB3-4
15	U13	KM2-2	KM3-1	40	4	KA2-1	KA3-8
16	V13	KM2-4	KM3-3	41	16	KA2-3	KA3-6
17	W13	KM2-6	KM3-5	42	2	KA3-3	FR-96
18	9	KM2-11	KM3-12	43	7	KA3-2	SB1-3
19	11	KM2-14	KM3-22	44	3	KA3-7	SB3-2
20	17	KM2-A2	KM3-A2	45	7	SB1-3	SB2-3
21	7	KM2-13	KA3-2	46	V13	KM3-3	KM3-4
22	11	KM3-22	KA1-5	47	1	KA1-6	KA1-10
23	9	KM3-12	KA2-5	48	1	KA2-6	KA2-10
24	15	KM3-A1	KA3-4	49	2	KA3-1	KA3-3
25	V13	KM3-4	FR-3	50	1	SB3-3	SB3-1

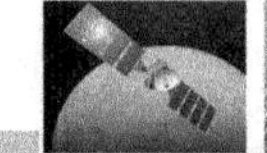

3. 原理图（见图 5-32）

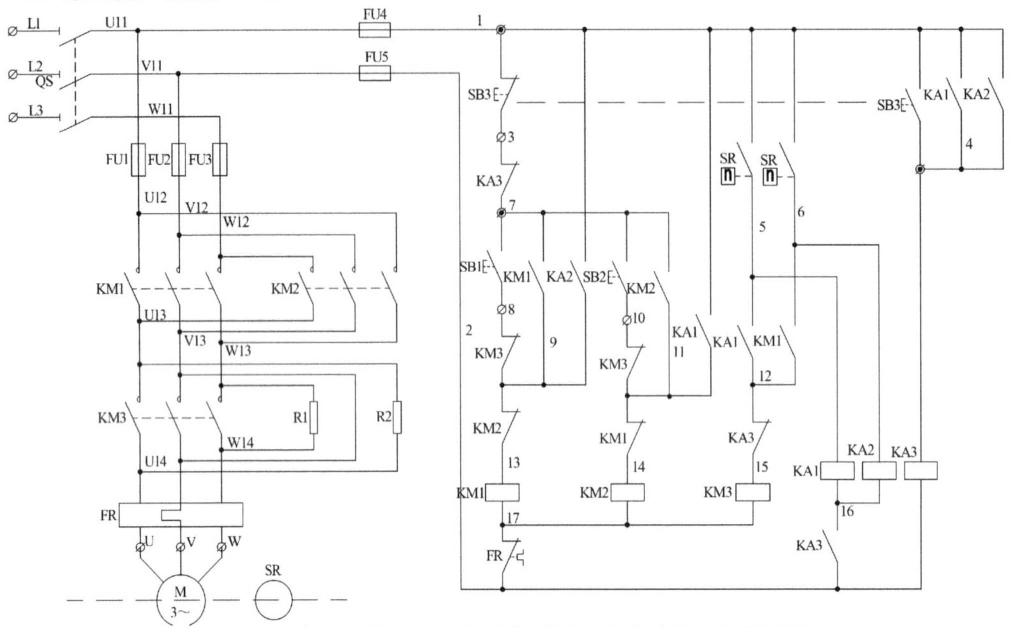

图 5-32　起双重限流作用的反接制动控制电路的电气原理图

4. 接线图（见图 5-33）

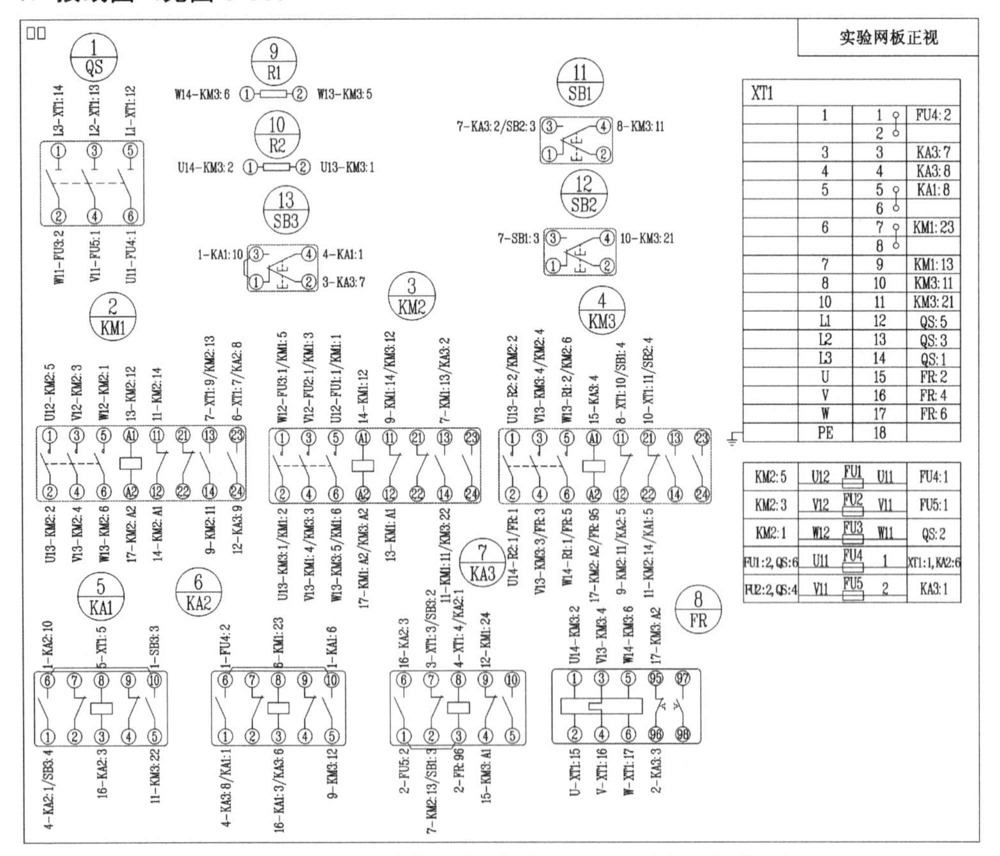

图 5-33　起双重限流作用的反接制动控制电路的电气接线图

实例12 速度继电器控制的可逆运行能耗制动控制电路

停车时，按下制动按钮SB1，正转接触器KM1（或反转接触器KM2）断电的同时制动接触器KM3吸合，整流后的直流电送入电动机，当速度接近于零时，制动接触器KM3断开结束制动过程。

1. 原理图（见图5-34）

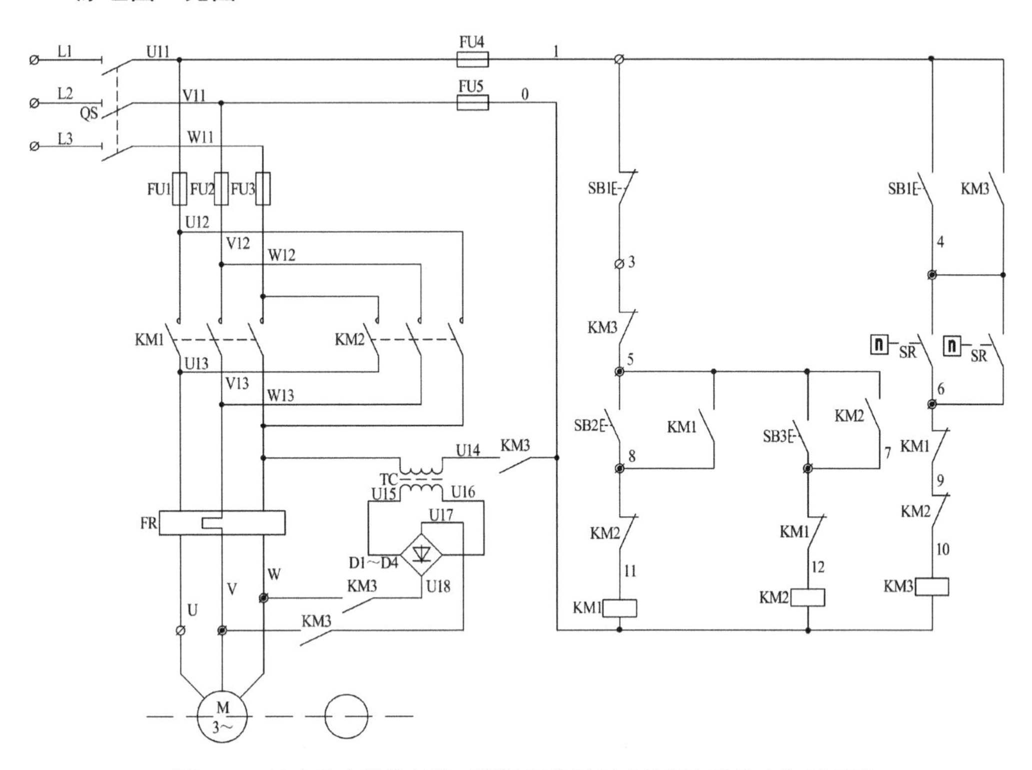

图5-34 速度继电器控制的可逆运行能耗制动控制电路的电气原理图

2. 材料表（见表5-26）

表5-26 速度继电器控制的可逆运行能耗制动控制电路的电气设备材料表

序号	代号	元器件名称	型号规格	数量
1	D1～D4	整流器	2CZ11J-500V, 5A KBPC	1
2	FR	热继电器	JR20-10, 0.1-0.15A	1
3	FU1～FU5	熔断器	NGT	5
4	KM1,KM2	交流接触器	CJ20-(10,16,25,40A)-AC 220V，辅助2开2闭；线圈电压为AC 36,127,220,380V,DC 48,110,220V	2
5	KM3	交流接触器	CJ20-(63 100 160 250 400 630A)，辅助42,33,24,22；线圈电压为AC 36,127,220,380V,DC 48,110,220V	1
6	QS	隔离开关	HUH18-100/1,2,3,4P-40,63,80,100A	1
7	SB1,SB2,SB3	按钮	LAY3-11，红/绿/黑/白	3
8	SR	速度继电器	SR SR	1
9	TC	控制变压器	BK-□-□/□V 2-2	1

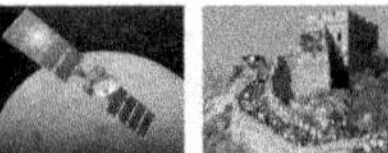

3．接线图（见图 5-35）

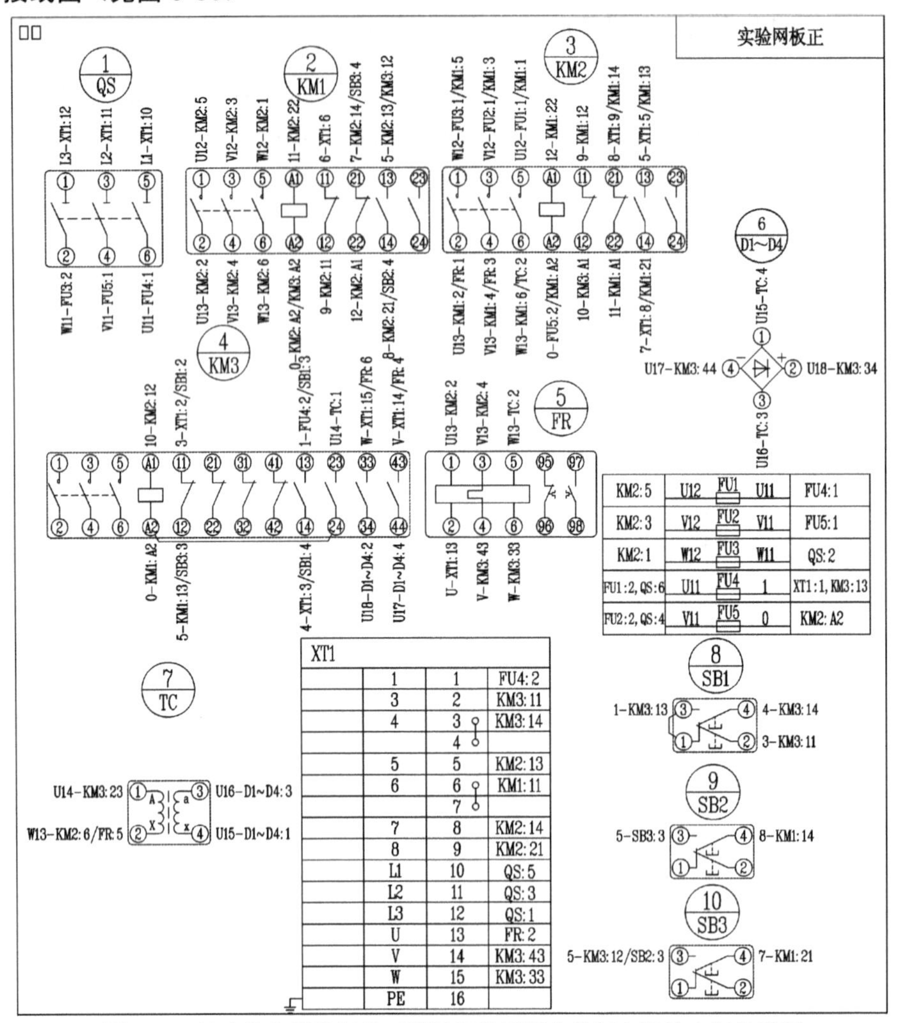

图 5-35　速度继电器控制的可逆运行能耗制动控制电路的电气接线图

4．接线表（见表 5-27）

表 5-27　速度继电器控制的可逆运行能耗制动控制电路的电气接线表

序号	回路线号	起始端号	末端号	序号	回路线号	起始端号	末端号
1	U12	KM2-5	FU1-1	12	U13	KM1-2	KM2-2
2	V12	KM2-3	FU2-1	13	V13	KM1-4	KM2-4
3	W11	QS-2	FU3-2	14	W13	KM1-6	KM2-6
4	W12	KM2-1	FU3-1	15	5	KM1-13	KM2-13
5	U11	QS-6	FU4-1	16	7	KM1-21	KM2-14
6	1	KM3-13	FU4-2	17	8	KM1-14	KM2-21
7	V11	QS-4	FU5-1	18	9	KM1-12	KM2-11
8	0	KM2-A2	FU5-2	19	11	KM1-A1	KM2-22
9	U12	KM1-1	KM2-5	20	12	KM1-22	KM2-A1
10	V12	KM1-3	KM2-3	21	0	KM1-A2	KM2-A2
11	W12	KM1-5	KM2-1	22	5	KM1-13	KM3-12

续表

序号	回路线号	起始端号	末端号	序号	回路线号	起始端号	末端号
23	0	KM1-A2	KM3-A2	35	1	KM3-13	SB1-3
24	8	KM1-14	SB2-4	36	3	KM3-11	SB1-2
25	7	KM1-21	SB3-4	37	4	KM3-14	SB1-4
26	10	KM2-12	KM3-A1	38	5	KM3-12	SB3-3
27	U13	KM2-2	FR-1	39	W13	FR-5	TC-2
28	V13	KM2-4	FR-3	40	U15	D1～D4-1	TC-4
29	W13	KM2-6	TC-2	41	U16	D1～D4-3	TC-3
30	V	KM3-43	FR-4	42	5	SB2-3	SB3-3
31	W	KM3-33	FR-6	43	0	KM3-A2	KM3-2 4
32	U17	KM3-44	D1～D4-4	44	1	SB1-3	SB1-1
33	U18	KM3-34	D1～D4-2	45	U11	FU1-2	FU4-1
34	U14	KM3-23	TC-1	46	V11	FU2-2	FU5-1

实例 13　双电源供电自动切换控制电路的电气接线图

图 5-36 为一种三相异步电动机双电源供电自动切换的控制电路的原理图，该电路利用时间继电器对 A、B 两个电源进行切换。

1. 原理图（见图 5-36）

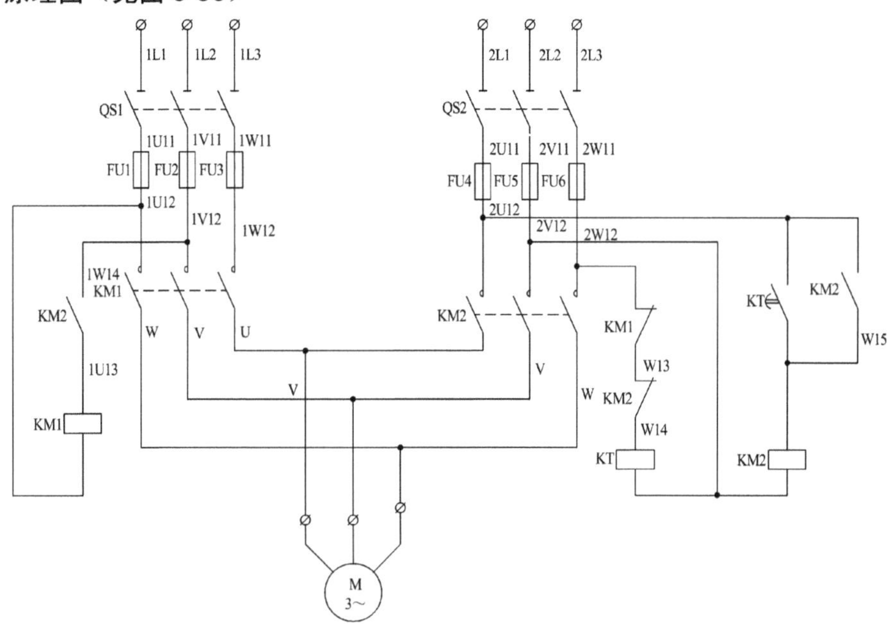

图 5-36　三相异步电动机双电源供电自动切换控制电路的电气原理图

2. 材料表（见表 5-28）

表 5-28　三相异步电动机双电源供电自动切换控制电路的电气设备材料表

序号	代号	元器件名称	型号规格	数量
1	FU1～FU6	熔断器	NGT	6
2	KM1,KM2	交流接触器	CJ20-(10,16,25,40A)- AC 220V，辅助 2 开 2 闭；线圈电压为 AC 36,127,220,380V,DC 48,110,220V	2
3	KT	空气时间继电器	JS23 2 开 2 闭，0.1～30s,10～30s，AC 220～380V，通电/断电延时	1
4	QS1,QS2	隔离开关	HUH18-100/1,2,3,4P-40,63,80,100A	2

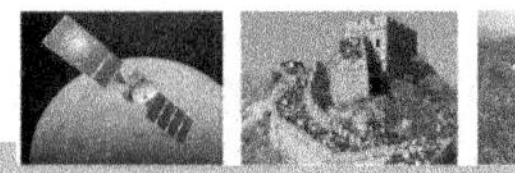

3. 接线图（见图 5-37）

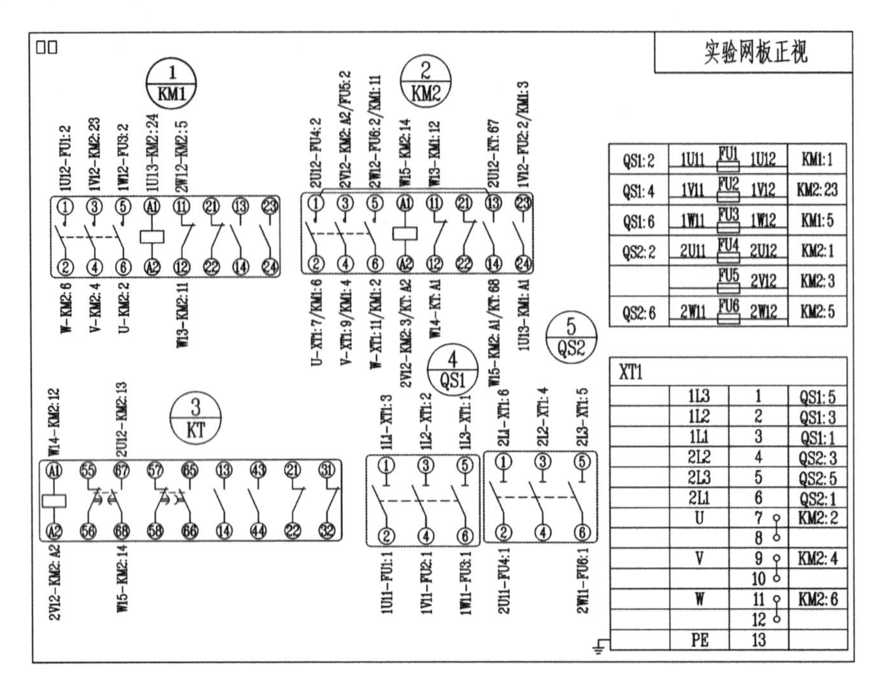

图 5-37　三相异步电动机双电源供电自动切换控制电路的电气接线图

4. 接线表（见表 5-29）

表 5-29　三相异步电动机双电源供电自动切换控制电路的电气接线表

序号	回路线号	起始端号	末端号	序号	回路线号	起始端号	末端号
1	U	KM2-2	XT1-7	18	2V12	KM2-3	FU5-2
2	V	KM2-4	XT1-9	19	2W11	QS2-6	FU6-1
3	W	KM2-6	XT1-11	20	2W12	KM2-5	FU6-2
4	1L1	QS1-1	XT1-3	21	W13	KM1-12	KM2-11
5	1L2	QS1-3	XT1-2	22	1U13	KM1-A1	KM2-24
6	1L3	QS1-5	XT1-1	23	1V12	KM1-3	KM2-23
7	2L3	QS2-5	XT1-5	24	2W12	KM1-11	KM2-5
8	2L2	QS2-3	XT1-4	25	U	KM1-6	KM2-2
9	2L1	QS2-1	XT1-6	26	V	KM1-4	KM2-4
10	1U12	KM1-1	FU1-2	27	W	KM1-2	KM2-6
11	1U11	QS1-2	FU1-1	28	W14	KM2-12	KT-A1
12	1V12	KM2-23	FU2-2	29	W15	KM2-14	KT-68
13	1V11	QS1-4	FU2-1	30	2U12	KM2-13	KT-67
14	1W11	QS1-6	FU3-1	31	2V12	KM2-A2	KT-A2
15	1W12	KM1-5	FU3-2	32	W15	KM2-A1	KM2-14
16	2U12	KM2-1	FU4-2	33	2U12	KM2-1	KM2-13
17	2U11	QS2-2	FU4-1	34	2V12	KM2-3	KM2-A2

实例 14　定子绕组串联电阻（或电抗）降压启动控制电路

按下启动按钮 SB1，接触器 KM1 通电，时间继电器 KT 通电动作，其常开辅助触点闭合自锁，电动机定子绕组串入电阻降压启动。时间继电器达到整定时间后，时间继电器 KT 常开延时触点闭合，KM2 通电动作，其主触点闭合将电阻短接，电动机定子绕组加上电源全电压，启动过程结束。

这种电路使用于要求启动平稳的中等容量的笼式异步电动机。它的不足之处是启动转矩因启动电流减小而降低，另外，启动电阻要消耗一定的功率，所以不宜频繁启动。

1. 原理图（见图 5-38）

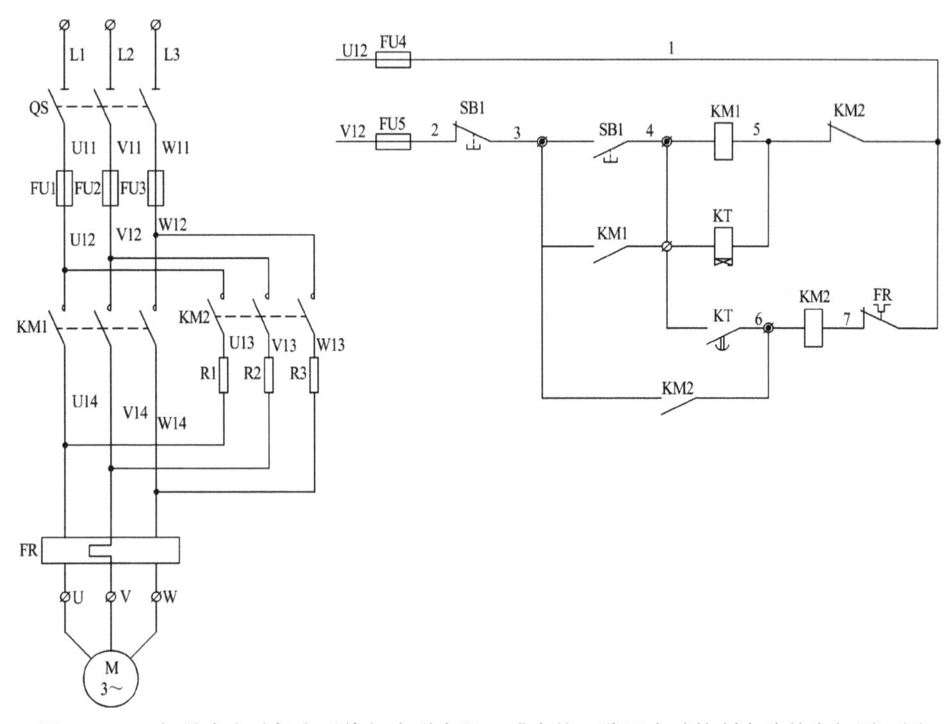

图 5-38　三相异步电动机定子绕组串联电阻（或电抗）降压启动控制电路的电气原理图

2. 材料表（见表 5-30）

表 5-30　三相异步电动机定子绕组串联电阻（或电抗）降压启动控制电路的电气设备材料表

序号	代号	元器件名称	型号规格	数量
1	FR	热继电器	JR20-10，0.1～0.15A	1
2	FU1～FU5	熔断器	NGT	5
3	KM1,KM2	交流接触器	CJ20-(10,16,25,40A)-AC 220V，辅助 2 开 2 闭；线圈电压为 AC 36,127,220,380V,DC 48,110,220V	2
4	KT	空气时间继电器	JS23 2 开 2 闭，0.1～30s，10～30s，AC 220～380V，通电/断电延时	1
5	QS	隔离开关	HUH18-100/1,2,3,4P-40,63,80,100A	1
6	R1,R2,R3	变阻器	BC1-25	3
7	SB1	按钮	LAY3-11，红/绿/黑/白	1

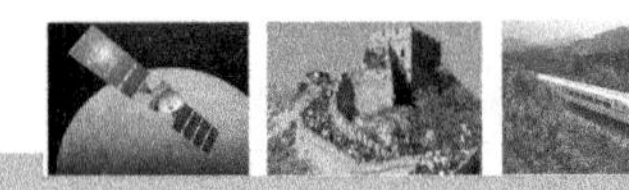

3．接线图（见图 5-39）

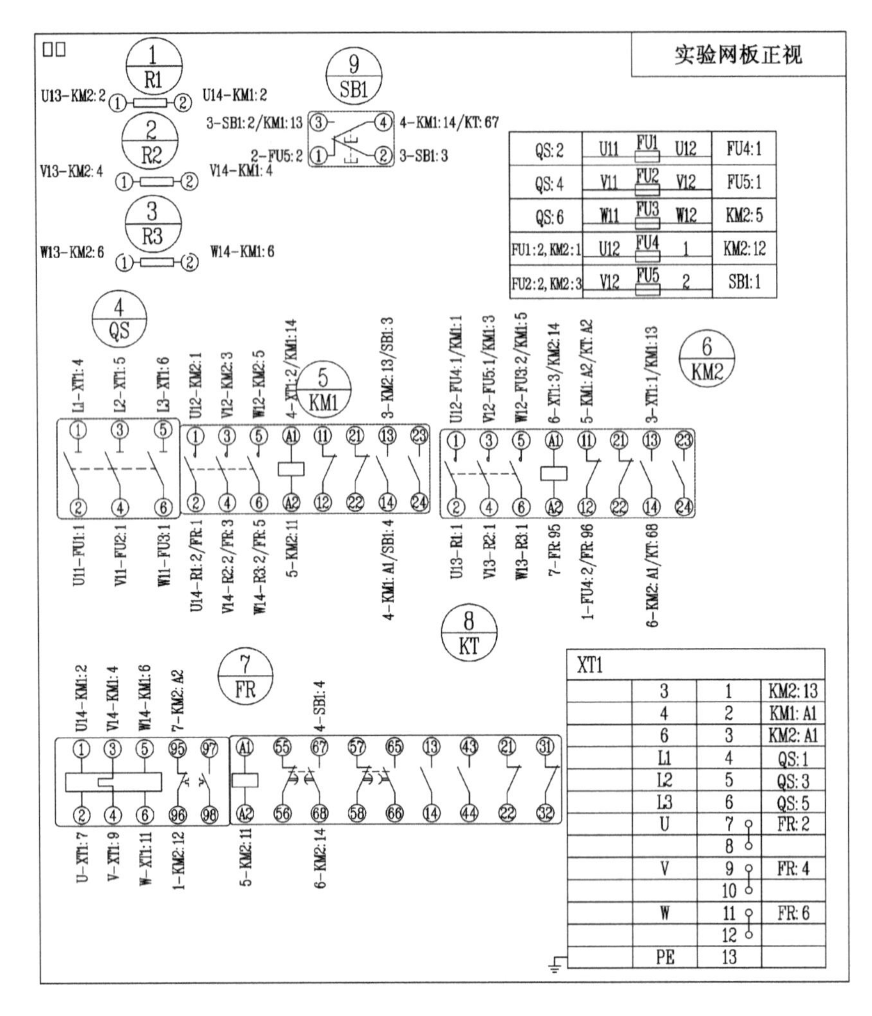

图 5-39　三相异步电动机定子绕组串联电阻（或电抗）降压启动控制电路的电气接线图

4．接线表（见表 5-31）

表 5-31　三相异步电动机定子绕组串联电阻（或电抗）降压启动控制电路的电气接线表

序号	回路线号	起始端号	末端号	序号	回路线号	起始端号	末端号
1	U11	QS-2	FU1-1	12	V13	R2-1	KM2-4
2	V11	QS-4	FU2-1	13	W14	R3-2	KM1-6
3	W11	QS-6	FU3-1	14	W13	R3-1	KM2-6
4	W12	KM2-5	FU3-2	15	U12	KM1-1	KM2-1
5	U12	KM2-1	FU4-1	16	V12	KM1-3	KM2-3
6	1	KM2-12	FU4-2	17	W12	KM1-5	KM2-5
7	V12	KM2-3	FU5-1	18	3	KM1-13	KM2-13
8	2	SB1-1	FU5-2	19	5	KM1-A2	KM2-11
9	U14	R1-2	KM1-2	20	U14	KM1-2	FR-1
10	U13	R1-1	KM2-2	21	V14	KM1-4	FR-3
11	V14	R2-2	KM1-4	22	W14	KM1-6	FR-5

续表

序号	回路线号	起始端号	末端号	序号	回路线号	起始端号	末端号
23	3	KM1-13	SB1-3	29	4	KT-67	SB1-4
24	4	KM1-14	SB1-4	30	4	KM1-A1	KM1-14
25	1	KM2-12	FR-96	31	6	KM2-A1	KM2-14
26	7	KM2-A2	FR-95	32	3	SB1-3	SB1-2
27	5	KM2-11	KT-A2	33	U12	FU1-2	FU4-1
28	6	KM2-14	KT-68	34	V12	FU2-2	FU5-1

实例 15　按钮控制定子绕组串联电抗器启动控制电路的电气图

当三相交流电动机铭牌上标有额定电压为 220/380V（D/Y）的接线方法时，不能用 Y-D 方法做降压启动，可用这种串联电抗器的方法启动。

工作原理为：当要启动电动机时，按下开关按钮 SB2，电动机串联电抗器启动。待电动机转速达到额定转速后再按下 SB3，电动机电源改为全压启动，使电动机正常运转。

1．原理图（见图 5-40）

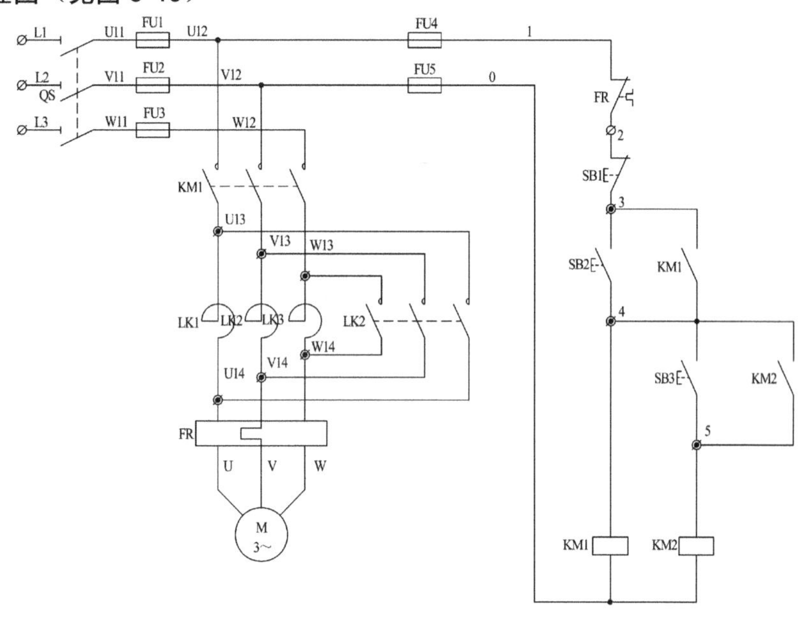

图 5-40　按钮控制定子绕组串联电抗器启动控制电路的电气原理图

2．材料表（见表 5-32）

表 5-32　按钮控制定子绕组串联电抗器启动控制电路的电气设备材料表

序　号	代　号	元器件名称	型 号 规 格	数　量
1	FR	热继电器	JR20-10，0.1～0.15A	1
2	FU1～FU5	低压熔断器	gF-25/20A	5
3	KM1,KM2	交流接触器	CJ20-(10,16,25,40A)- AC 220V，辅助 2 开 2 闭；线圈电压为 AC 36, 127,220,380V,DC 48,110,220V	2
4	LK1,LK2,LK3	变阻器	BC1-25	3
5	QS	隔离开关	HUH18-100/1,2,3,4P-40,63,80,100A	1
6	SB1,SB2,SB3	按钮	LAY3-11，红/绿/黑/白	3

3．接线图（见图 5-41）

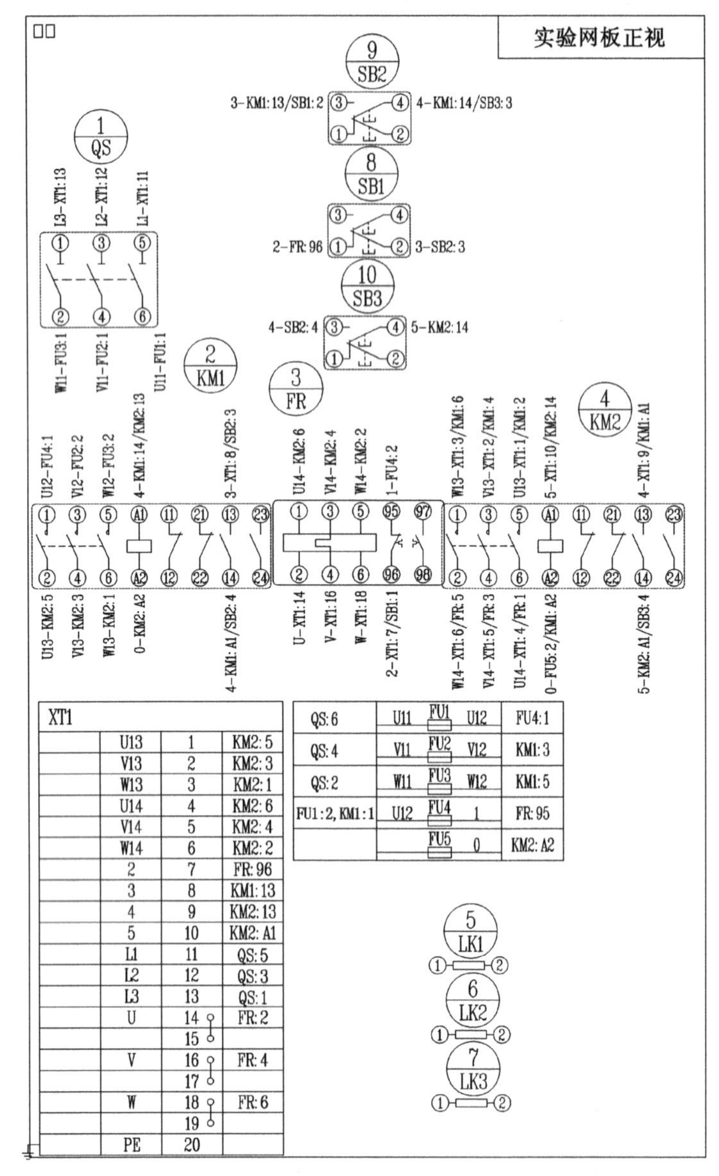

图 5-41　按钮控制定子绕组串联电抗器启动控制电路的电气接线图

4．接线表（见表 5-33）

表 5-33　按钮控制定子绕组串联电抗器启动控制电路的电气接线表

序号	回路线号	起始端号	末端号	序号	回路线号	起始端号	末端号
1	L1	QS-5	XT1-11	7	V	FR-4	XT1-16
2	L2	QS-3	XT1-12	8	W	FR-6	XT1-18
3	L3	QS-1	XT1-13	9	U13	KM2-5	XT1-1
4	3	KM1-13	XT1-8	10	V13	KM2-3	XT1-2
5	2	FR-96	XT1-7	11	W13	KM2-1	XT1-3
6	U	FR-2	XT1-14	12	U14	KM2-6	XT1-4

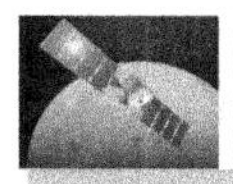

续表

序号	回路线号	起始端号	末端号	序号	回路线号	起始端号	末端号
13	V14	KM2-4	XT1-5	28	4	KM1-A1	KM2-13
14	W14	KM2-2	XT1-6	29	0	KM1-A2	KM2-A2
15	4	KM2-13	XT1-9	30	3	KM1-13	SB2-3
16	5	KM2-A1	XT1-10	31	4	KM1-14	SB2-4
17	U11	QS-6	FU1-1	32	U14	FR-1	KM2-6
18	V11	QS-4	FU2-1	33	V14	FR-3	KM2-4
19	V12	KM1-3	FU2-2	34	W14	FR-5	KM2-2
20	W11	QS-2	FU3-1	35	2	FR-96	SB1-1
21	W12	KM1-5	FU3-2	36	5	KM2-14	SB3-4
22	U12	KM1-1	FU4-1	37	3	SB1-2	SB2-3
23	1	FR-95	FU4-2	38	4	SB2-4	SB3-3
24	0	KM2-A2	FU5-2	39	4	KM1-A1	KM1-14
25	U13	KM1-2	KM2-5	40	5	KM2-A1	KM2-14
26	V13	KM1-4	KM2-3	41	U12	FU1-2	FU4-1
27	W13	KM1-6	KM2-1				

实例 16 按钮接触器转换 Y-△降压启动控制电路

图 5-42 为按钮接触器转换 Y-△降压启动控制电路的原理图，按下启动按钮 SB2 时，KM1 通电，其常开触点闭合，KM3 通电，其常闭触点断开，常开触点闭合，电动机绕组接成星形接法降压启动。当转速达到（或接近）额定转速时，按下 SB2 按钮，使 KM3 失电释放，KM2 通电吸合，电动机由星形接法转换成三角形接法。

这种控制电路适用于 55kW 以下 13kW 以上的三角形接法的电动机。

1．原理图（见图 5-42）

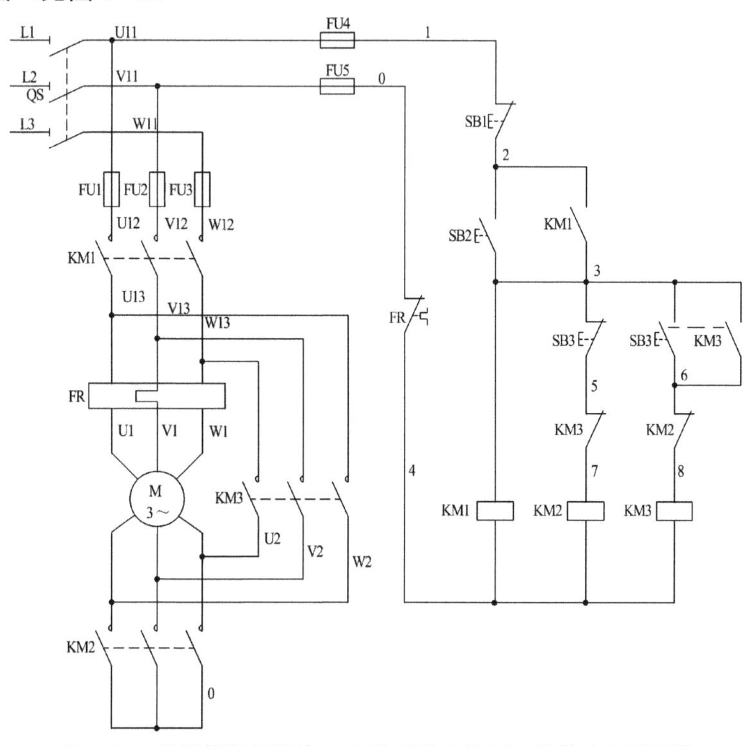

图 5-42 按钮接触器转换 Y-△降压启动控制电路的电气原理图

2．材料表（见表 5-34）

表 5-34　按钮接触器转换 Y-△降压启动控制电路的电气设备材料表

序号	代号	元器件名称	型号规格	数量
1	FR	热继电器	JR20-10，0.1～0.15A	1
2	FU1～FU5	低压熔断器	gF-25/20A	5
3	KM1,KM2,KM3	交流接触器	CJ20-(10,16,25,40A)- AC 220V，辅助 2 开 2 闭；线圈电压为 AC 36,127,220,380V,DC 48,110,220V	3
4	QS	隔离开关	HUH18-100/1,2,3,4P-40,63,80,100A	1
5	SB1,SB2,SB3	按钮	LAY3-11，红/绿/黑/白	3

3．接线图（见图 5-43）

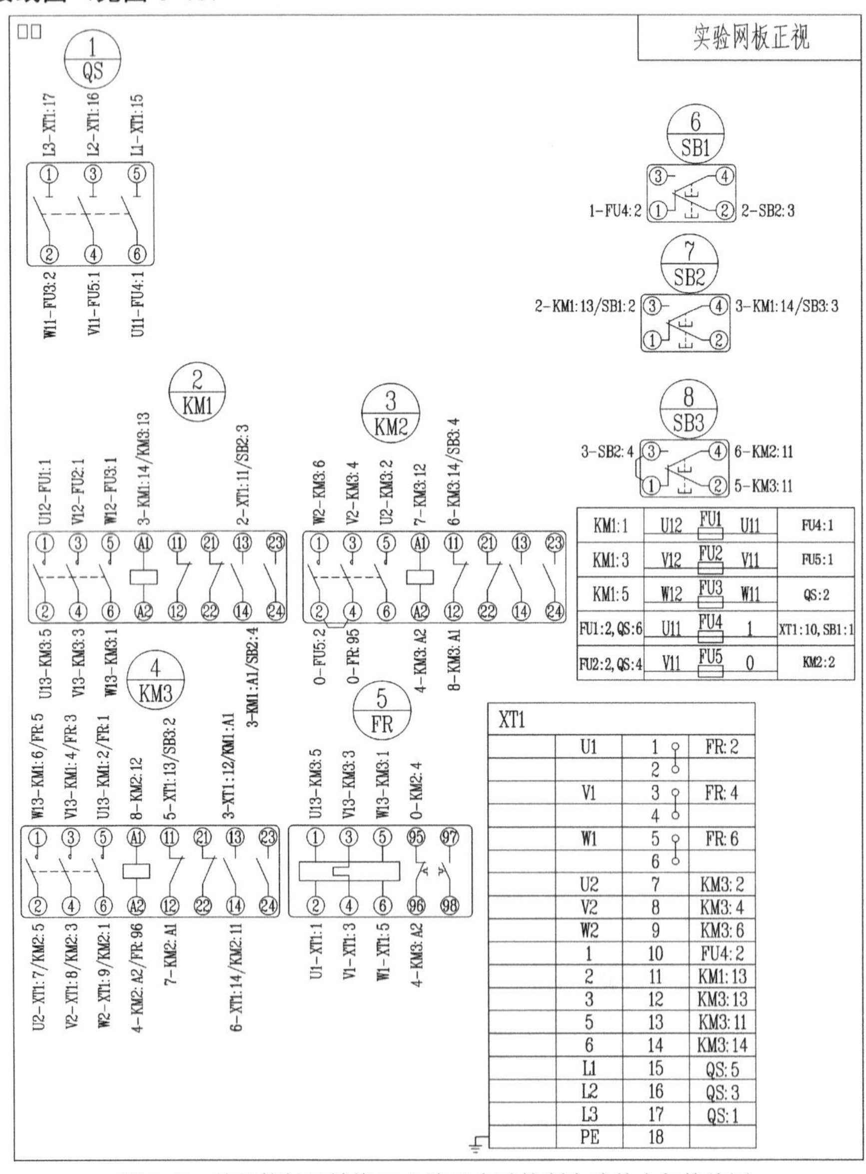

图 5-43　按钮接触器转换 Y-△降压启动控制电路的电气接线图

4．接线表（见表5-35）

表5-35　按钮接触器转换Y-△降压启动控制电路的电气接线表

序号	回路线号	起始端号	末端号	序号	回路线号	起始端号	末端号
1	L1	QS-5	XT1-15	26	2	KM1-13	SB2-3
2	L2	QS-3	XT1-16	27	3	KM1-4	SB2-4
3	L3	QS-1	XT1-17	28	U2	KM2-5	KM3-2
4	2	KM1-13	XT1-11	29	V2	KM2-3	KM3-4
5	U2	KM3-2	XT1-7	30	W2	KM2-1	KM3-6
6	V2	KM3-4	XT1-8	31	4	KM2-A2	KM3-A2
7	W2	KM3-6	XT1-9	32	6	KM2-11	KM3-14
8	3	KM3-13	XT1-12	33	7	KM2-A1	KM3-12
9	5	KM3-11	XT1-13	34	8	KM2-12	KM3-A1
10	6	KM3-14	XT1-14	35	0	KM2-4	FR-95
11	U1	FR-2	XT1-1	36	6	KM2-11	SB3-4
12	V1	FR-4	XT1-3	37	U13	KM3-5	FR-1
13	W1	FR-6	XT1-5	38	V13	KM3-3	FR-3
14	Ul2	KM1-1	FU1-1	39	W13	KM3-1	FR-5
15	V12	KM1-3	FU2-1	40	4	KM3-A2	FR-96
16	W11	QS-2	FU3-2	41	5	KM3-11	SB3-2
17	W12	KM1-5	FU3-1	42	2	SB1-2	SB2-3
18	U11	QS-6	FU4-1	43	3	SB2-4	SB3-3
19	1	SB1-1	FU4-2	44	3	KM1-A1	KM1-14
20	V1	QS-4	FU5-1	45	0	KM2-2	KM2-4
21	0	KM2-2	FU5-2	46	3	SB3-3	SB3-1
22	U13	KM1-2	KM3-5	47	U11	FU1-2	FU4-1
23	V13	KM1-4	KM3-3	48	V11	FU2-2	FU5-1
24	W13	KM1-6	KM3-1	49	1	XT1-10	FU4-2
25	3	KM1-A1	KM3-13				

知识梳理与总结

掌握电气制图的关键在于动手实践。要学会电气制图必须反复练习，多画图。在画图过程中互相比较、总结经验，只有不断完善自己的设计方案才能掌握好制图要领。所以本项目中安排了16个设计实例，根据计划学时的多少来全做或选做。安排设计任务是从简单到复杂难度逐步增加。各设计任务的设计步骤和所要完成的内容基本一样，实例1、实例2详细介绍了设计过程，完成其他实例时可参照实例1。下面给出总的设计步骤供参考。

（1）设计原理图的步骤。

① 设计图幅。选择图样模板，选择自动分区，选择方向，绘制图幅边框。

② 绘制导线和元器件。先绘制主电路的导线并插入主电路的元器件，再绘制控制电路的导线并插入控制电路的元器件。

③ 元器件代号标注。

④ 线号标注。

⑤ 手工分区。在原理图上、下绘制两个一行多列的表格。上方表内写出电路各部分的功能，下方表内写出各元器件所在的区域序号。

⑥ 写出触头索引。写出接触器、继电器等电气设备的触头索引。

⑦ 指引标注。标出导线的规格、数量等信息。

⑧ 填写标题栏。

⑨ 保存文件。保存的文件在设计其他图样时可继续使用，所以注意文件名和保存的路径。

(2) 生成材料表的步骤。

① 检查元器件代号。

② 选择元器件型号。选择型号时注意元器件的接线图符号、名称、规格等信息。

③ 生成材料表。选择生成方式。如果明细表绘制在原理图上则选择默认方式，如果明细表输出后再进行修改、编辑则选择 Excel 方式。

(3) 设计端子排的步骤。

① 插入端子。

② 生成端子排。

(4) 柜体布置。

① 分板操作。

② 分离元器件。控制板上布置按钮、信号灯、仪表等。电气板上布置接触器、继电器、开关、变压器等。

③ 观察布置情况。

④ 输入元器件序号。

⑤ 生成熔断器排。

(5) 生成接线图。

① 检查导线编号是否齐全。

② 检查元器件型号是否匹配。

③ 生成元器件端子号。

④ 布置元器件。布置元器件时选择元器件的布置方向、元器件之间的距离、元器件型号等。

⑤ 形成接线图。接线图上自动出现熔断器排、端子排、接线号。

(6) 生成接线表。

① 生成接线表。

② 选择生成方式。按原理图生成或按接线图生成。

③ 选择输出方式。选择默认方式或 Excel 方式。

项目 6 车床电气控制电路的工艺设计

教学导航

建议学时	20
推荐教学方法	在机房进行教学
教学重点	（1）车床控制系统工艺设计要求。 （2）车床控制柜布置与柜体设计。 （3）车床工艺文件设计实例
教学难点	柜体设计
推荐学习方法	项目 6 的学习方法与项目 5 的学习方法相同，只是难度大一些。 学生独立完成每项设计任务并将设计结果发给老师考核。本项目中安排了 15 个设计实例，最初学生设计得较慢，可能两个小时只完成一个设计实例，在后面的两个小时内，有些学生可以完成 2～3 个设计实例，允许提前完成。个别设计实例可以在课外完成
学习目标	（1）车床控制系统工艺设计要求：车床电气设备总体设计，布置图设计，接线图设计，控制板设计，导线的选择。 （2）车床控制柜布置与柜体设计：车床电气控制柜布置，柜体设计。 （3）车床电气图的绘制标准：国标 GB/T 7159—1987，GB/T 6988 1—1997～GB/T 6988 3—1997，GB/T 4728 7—2000

在电气工程中工艺文件包括各种电气系统图、框图、电路图、接线图、电气平面图、设备布置图、大样图、元器件表格等。要设计出一个准确无误、完全符合国家标准的规范化方案需要计算机、专用设计软件及大量的参考资料。如果有完整的参考资料将节省很多设计所需的时间，大大提高设计效率。本项目提供了大量、完整的常用控制电路的电气工艺文件。电气接线图中的元器件布局大部分是按照学生在电气工艺实训室所完成的接线操作情况设计的。

设计电气接线图时要考虑电气元器件之间连接关系的完整性及元器件全都布局在一张图纸上，接线时根据实际情况，将显示器件、操作器件、仪表等布置在控制板上。继电器、接触器、控制调节器等要安装在控制柜中。传感器、行程开关、接近开关等安装在机械设备的相应部位上。

书中所有的电气设备明细表都是按照原理图自动生成的，明细表上的低压电气设备有多种规格，可根据实际情况选择使用。

任务 6.1　常用低压电气设备的选择

正确、合理地选择电气控制设备是电气系统安全运行、可靠工作的保证。电气控制系统常用电气设备的选择，主要根据电气产品目录上的各项技术指标进行，下面对常用电气设备的选用做一简介。随着我国科学技术的不断进步和新国标的实施，符合 IEC 国际标准的新产品不断涌现。在实际设计中，可参照各机床电气设备厂的产品样本，择优选用。

6.1.1　选择电气元器件的基本原则

选择电气元器件的基本原则如下。

（1）根据对控制元器件功能的要求，确定电气元器件的类型。

这里以继电器-接触器控制系统为例进行说明，当元器件用于通、断功率较大的动力电路时，应选择交流接触器；若元器件用于切换功率较小的电路（控制电路或微型电动机的主电路），则应选择中间继电器；若还伴有延时要求，则应选用时间继电器；若伴有限位控制，则应选用行程开关等。

（2）根据电气控制的电压、电流及功率的大小确定元器件的规格。

（3）确定元器件预期的工作环境及供应情况，如防油、防尘、防爆及货源等。

（4）确定元器件在应用时所需的可靠性等。

确定用以改善元器件失效概率用的老炼或其他筛选试验失效率，采用与可靠性预计相适应的降额系数进行一些必要的计算或校核。

6.1.2　低压电气设备的选择

1. 按钮的选择

按钮是短时切换小电流控制电路的开关。选择时应根据控制功能选择其结构型式及颜

色，如紧急操作选择蘑菇形钮帽的紧急式按钮，特殊需要时选择指示灯式或旋钮式按钮等。停止按钮用红色，启动按钮用绿、黄等色。根据同时控制的路数、通或断，选择触头对数及种类，进而确定所需按钮的型号。

按钮的额定电压为：交流 500V，直流 440V。额定电流为 5A。

2．刀开关的选择

刀开关又称闸刀，主要作用是接通或断开长期工作设备的电源，也用于控制不经常启动、制动的容量小于 5.5 kW 的电动机，考虑到电动机具有较大的启动电流，刀闸的额定电流应等于 3～5 倍异步电动机的额定电流。刀开关主要根据电源种类、电压等级、电动机容量、所需极数及使用场合来选用。

一般刀开关的额定电压不超过 500V，额定电流有 10A 至上千安培的多种等级，有些刀开关还带有熔断器。

3．组合开关的选择

组合开关主要用于机床电源的引入与隔离，也可以用它控制 5.5kW 以下异步电动机的启停，但每小时的接通次数不宜超过 10～20 次，组合开关的额定电流一般可取电动机额定电流的 1.5～2.5 倍。

组合开关主要根据电源种类、电压等级、相数、电气设备的额定容量等进行选用。组合开关的额定电压应大于被控电气设备的额定电压等级，额定电压为 500V 的组合开关适用于交流 380V，额定电压为 250V 的组合开关适用于交、直流为 220V 的控制。

4．行程开关的选择

行程开关也称限位开关，用于控制电路的自动限位切换。选择时应根据控制功能及安装位置、控制路数，选择触头种类、数量、结构型号及安装尺寸。

行程开关的额定电压：交流为 500V，直流为 440V。额定电流为 5A。操作频率：1200～2400 次/小时。

5．电源开关连锁机构的选择

电源开关连锁机构与相应的断路器和组合开关配套使用，主要用于电柜接通电源、断开电源和柜门与开关连锁，以达到在切断电源后才能打开门，门关闭好后才能接通电源的目的。当门打开时，电源开关不能闭合，除非采取其他措施。操作者不用机床时，锁住开关和柜门，以起到安全保护的作用。

6．自动空气断路器的选择

自动空气断路器又称为自动开关或空气开关，可实现短路、过载和失压保护，是常用的多性能低压保护电气设备。

自动空气断路器主要根据额定电压、额定电流和允许切断的极限电流来选择，其脱扣器的额定电流应大于或等于负载允许的长期平均电流；极限分断能力要大于或等于电路的最大短路电流。

脱扣器的电压、整定电流应根据如下原则确定：欠电压脱扣器的额定电压应等于主电路的额定电压；过电流脱扣器瞬时动作的整定电流按下式计算

$$I_Z \geqslant KI_S \tag{6.1}$$

式中 I_Z——瞬时动作的整定电流值；

I_S——线路中的尖峰电流。若负载是电动机，则 I_S 为启动电流；

K——考虑整定误差和启动电流允许变化的安全系数，对于动作时间在 0.02s 以上的自动空气开关（如 DW 型），取 K=1.35，对于动作时间在 0.02s 以下的自动空气开关（如 DZ 型），取 K=1.7。

7. 熔断器的选择

熔断器用于短路保护，其选择的内容主要是熔断器的种类、额定电压、额定电流等级及熔断体的额定电流等，其中熔断体额定电流的选择是选择熔断器的核心。

（1）负载电流平稳的电气设备（如照明信号、电阻炉等），其熔断体的电流略大于电路的额定电流。

（2）具有冲击电流的电气设备（如感应电动机），启动电流为额定电流的 5～7 倍，选择时应按经验公式计算选用。在确定熔断器额定电流时还应考虑接触器触头的承受能力。

对单台长期工作（不频繁启动）的电动机，熔断体的额定电流 I_R 可按下列关系选择：

$$I_R = (1.5 \sim 2.5)I_{ed} \text{或} I_R \geqslant I_{st}/2.5 \tag{6.2}$$

对单台频繁启动的电动机，有

$$I_R = (2.5 \sim 4)I_{ed} \text{或} I_R \geqslant I_{st}/(1.6 \sim 2) \tag{6.3}$$

式中 I_R——熔断体的额定电流；

I_{ed}——异步电动机的额定电流；

I_{st}——异步电动机的启动电流[异步电动机的启动电流 $I_{st}=(5\sim7)I_{ed}$]。

多台电动机长期共用一组熔断器保护，则熔断体的额定电流可按下式选择：

$$I_R \geqslant I_{max}/2.5 \tag{6.4}$$

式中 I_{max}——可能出现的最大电流，若几台电动机不同时启动，则 I_{max} 为容量最大电动机的启动电流与其他电动机额定电流之和。

8. 接触器的选择

选择接触器时主要依据以下数据：电源种类（直流或交流）；主触点额定电压和额定电流；辅助触点的种类、数量和触点的额定电流；电磁线圈的电源种类、频率和额定电压，额定操作频率等。

交流接触器的选择主要考虑主触点的额定电流、额定电压、线圈电压等。主触头的额定电压 U_e 应大于或等于满足电路额定电压 U_{ea}，主触头的额定电流则可根据经验公式（6.5）进行选择：

$$I_e \geqslant \frac{P_{ed} \times 10^3}{KU_{ed}} \tag{6.5}$$

式中 I_e——接触器主触点的额定电流（A）；

K——比例系数，一般取 1～1.4；

P_{ed}——被控电动机额定功率（kW）；

U_{ed}——被控电动机额定线电压（V）。

为保证安全，一般接触器吸引线圈选择较低的电压。但如果在控制电路比较简单的情况下，为了省去变压器，可选用 380V 电压。值得注意的是，接触器产品的系列是按使用类别设计的，所以要根据接触器负担的工作任务来选用相应系列的产品，交流接触器使用类别有 AC-0～AC-4 五大类：

AC-0 类用于感性负载或阻性负载，接通和分断额定电压、额定电流；

AC-1 类用于启动和运转过程中断开绕线转子电动机，在额定电压下，接通和分断 2.5 倍额定电流；

AC-2 类用于启动、反接制动、反向与密接通断绕线形电动机，在额定电压下，通断 2.5 倍额定电流；

AC-3 类用于启动和运转过程中断开笼形异步电动机，在额定电压下接通 6 倍额定电流，在 0.17 倍额定电压下分断额定电流。

AC-4 类用于启动、反接制动、反向与密接通断笼形异步电动机，额定电压下通断 6 倍额定电流。

9. 一般继电器的选择

一般继电器具有相同的电磁系统，又称为电磁继电器。选用时，除满足继电器线圈电流的要求外，还应按照控制需要分别选用过电流继电器、欠电流继电器、过电压继电器、欠电压继电器、中间继电器等。另外，电压、电流继电器还有交流、直流之分，选择时也应注意。

10. 时间继电器的选择

时间继电器是实施时间原则控制的继电器，型式多样，各具特点，选择时应从以下方面考虑：考虑延时方式（是通电延时还是断电延时）；考虑延时准确度和延时长、短要求（延时要求不高的控制可采用空气阻尼式，延时要求较高的则宜采用电动式或电子式）；考虑使用场合、工作环境（电流电压波动大的场合可选用空气阻尼式或电动式，电源频率不稳定的场合不宜选用电动式，环境温度变化大的场合不宜选用空气阻尼式和电子式）。

11. 热继电器的选择

热继电器有双金属片式和电子式两种（电子式的保护性能好，适用于重要电动机的保护），选择时主要考虑电动机的工作环境、启动情况、负载性质等因素。

Y 连接的电动机可选用两相或三相结构，△连接的电动机应选用带断相保护装置的三相结构热继电器。

根据被保护电动机的实际启动时间选取 6 倍额定电流下的可返回时间。一般热继电器的可返回时间大约为 6 倍额定电流下动作时间的 50%～70%。

热元件额定电流一般可按式（6.6）选取；对工作环境恶劣、启动频繁的电动机，则按式（6.7）选取。式中 I_R 为热元器件额定电流，I_{ed} 为电动机额定电流。

$$I_R=(0.95\sim1.05)I_{ed} \tag{6.6}$$

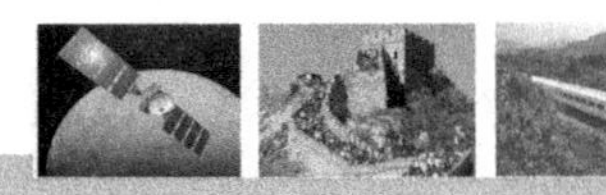

$$I_R=(1.05\sim1.50)I_{ed} \tag{6.7}$$

热元器件选好后，还须用电动机的额定电流来调整它的整定值。对过载能力差的电动机，其整定电流可调节为下限值或更小一些。

12. 变压器的选择

控制变压器是用来降低控制和信号电路电压，满足电气元器件电压要求，保证控制电路安全可靠的控制电气设备。控制变压器主要根据所需要变压器容量及一次侧、二次侧的电压等级来选择。控制变压器可根据以下两种情况来确定其容量（最终取大值）。

（1）根据控制电路在最大工作负载时所需要的功率确定容量。一般可按式（6.8）计算。

$$P_T \geqslant K_T \sum P_{xc} \tag{6.8}$$

式中 P_T——变压器所需的容量（VA）；

K_T——变压器容量储备系数，一般取 1.1～1.25；

$\sum P_{xc}$——控制电路最大负载时工作的电气设备所需要的功率（VA），对交流电气设备（交流接触器、交流中间继电器及交流电磁铁等），$\sum P_{xc}$应取吸持功率值，一般认为这些电气设备的功率因数近似相等。

（2）变压器的容量应保证在部分电气设备已吸合的情况下还能启动吸合剩余电气设备。一般可按式（6.9）或式（6.10）计算。

$$P_T \geqslant 0.65\sum P_{xc} + 0.25\sum P_{qs} + 0.125K_t\sum P_{qd} \tag{6.9}$$

$$P_T \geqslant 0.6\sum P_{xc} + 1.5\sum P_{sT} \tag{6.10}$$

式中 $\sum P_{qs}$——所有同时启动的交流接触器、交流中间继电器在启动时所需要的总功率（VA）；

$\sum P_{qd}$——所有同时启动的电磁铁在启动时所需要的总功率（VA）；

K_t——电磁铁的工作行程与额定行程之比的修正系数：当 L_g/L_e=0.5～0.8 时，K_t=0.7～0.8；当 L_g/L_e>0.9 时，K_t=1；

$\sum P_{xc}$——已吸合的电气设备所需要的功率；

$\sum P_{sT}$——同时启动电气设备的总吸持功率。

任务 6.2 车床电气控制电路的工艺设计实例

实例 1 C616 车床的工艺设计

C616 车床属于小型车床，床身最大工件的回转半径为 160mm，工件最大长度为 500mm。主电动机采用正、反转控制，润滑电动机采用单向控制，冷却泵电动机采用手动控制。

机床电气控制电路因机床的种类、功能及其加工工艺不同而不同，除了各种切削运动及其辅助运动需要电气控制外，还有照明、冷却等许多电气控制内容，电气控制电路较为复杂。

1. 电气制图规则

采用国家标准规定的电气图形文字符号绘制而成，用以表达电气控制系统原理、功能、

用途及电气元器件之间的布置、连接和安装关系的图形称为电气图，主要有电气原理图、电气接线图和电气安装图。

电气图绘制必须遵守国家标准局颁布的最新电气制图标准。目前主要有 GB/GT 4728—1996～2000《电气简图用图形符号》、GB/T 7159—1987《电气技术中的文字符号制订通则》、GB/T 4026—1992《电气设备接线端子和特定导线线端的识别及应用字母数字系统通则》、GB/T 6988.3—1997《电气制图、接线图和接线表》、GB/T 6988.1～4—2002《电气技术文件的编制》等。此外还须遵守机械制图与建筑制图的相关标准。

图 6-1 是 C616 车床的电气原理图。图中包括了该机床所有电气元器件导电部件和接线端点之间的连接关系。

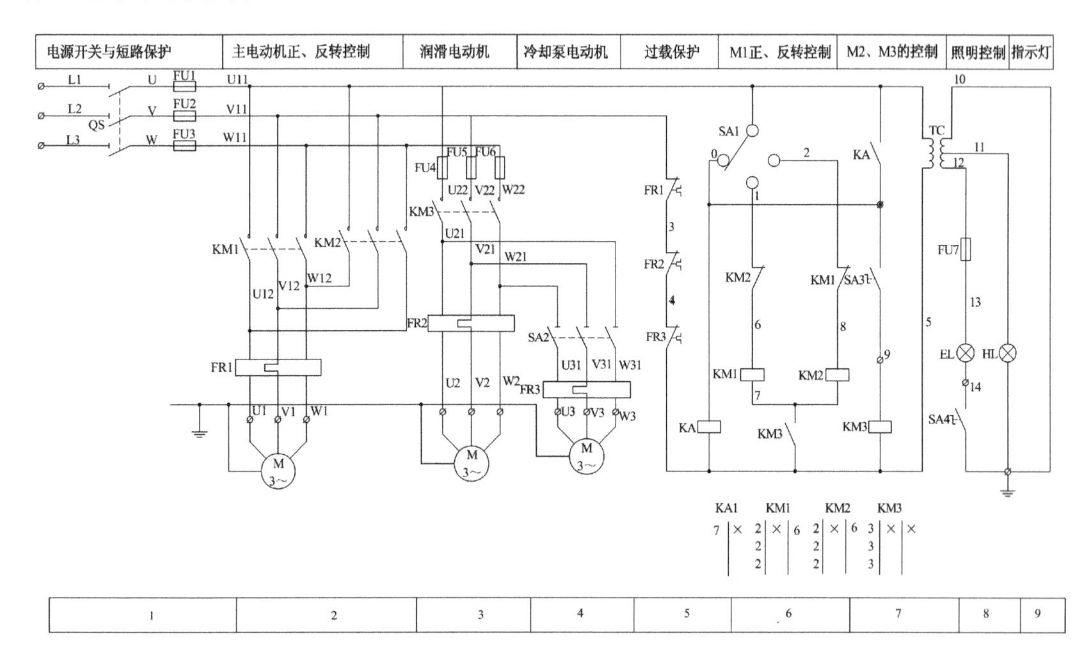

图 6-1　C616 车床电气原理图

电气元器件的绘制规则如下。

（1）触头图示状态。电气图中电气元器件触头的图示状态应按该电气设备的不通电状态和不受力状态绘制。

对于接触器、电磁继电器触头等按电磁线圈不通电时的状态绘制；对于按钮、行程开关等按不受外力作用时的状态绘制；对于低压断路器及组合开关等按断开状态绘制；热继电器按未脱扣状态绘制；速度继电器按电动机转速为零时的状态绘制；事故、备用与报警开关等按设备处于正常工作时的状态绘制；标有“OFF”等多个稳定操作位置的手动开关则按在“OFF”位置时的状态绘制。

（2）文字标注规则。电气图中文字标注遵循就近标注规则与相同规则。所谓就近规则是指电气元器件各导电部件的文字符号应标注在图形符号的附近位置；相同规则是指同一电气元器件的不同导电部件必须采用相同的文字标注符号（如图 6-1 中，交流接触器线圈、主触头及其辅助触头均采用同一文字标注符号 KM）。

文字本身应符合 GB 4457.3—1984《机械制图文件》的规定。汉字采用长仿宋体，字高有 20、14、10、7、5、3.5、2.5 等，字体宽度约等于字高的 2/3，而数字和字母笔画宽度约为字高的 1/10。

2. 连线绘制规则

（1）连线布置形式。

① 垂直布置形式。设备及电气元器件图形符号从左至右纵向排列，连接线垂直布置，类似项目横向对齐，一般机床电气原理图均采用此布置方法。

② 水平布置形式。设备及电气元器件图形符号从上至下横向排列，连线水平布置，类似项目纵向对齐。

电气原理图绘制时采用的连线布置形式应与电气控制柜内实际的连线布置形式相符。

（2）交叉节点的通断。十字交叉节点处绘制黑圆点表示两交叉连线在该节点处接通，无黑圆点则无接通关系；T 字节点则为接通节点，如图 6-2 所示。

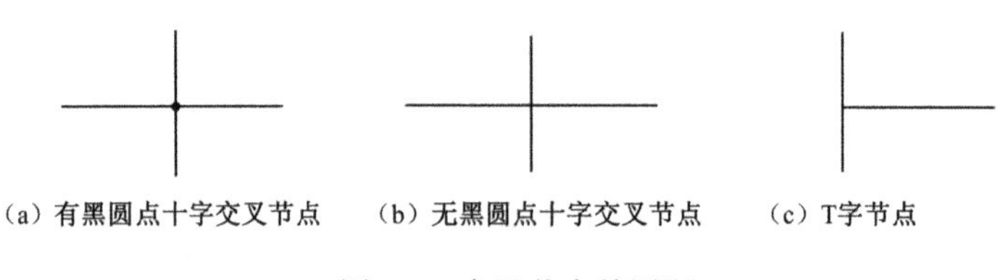

图 6-2　交叉节点的通断

（3）主电路线号与规格标注。线号用 L1、L2、L3、U、V、W 等标注，连线规格按就近原则采用引出线标注，例如图 6-1 中就采用了引出线标注，冷却电动机主电路分区中的引出线端点处标注的 $2.5mm^2$ 表示连线截面积为 $2.5mm^2$。连线规格标注过多，会导致图面混乱，可在电气元器件明细表中集中标注。

（4）控制电路的线号标注。为了注释方便，电气原理图中的控制电路上的导线还可标注数字符号，如图 6-1 中照明电路区的 4、5、6、7、8。数字符号一般按支路中电流的流向顺序编排。线号标注的数字符号除了起注释作用外，还起到将电气原理图与电气接线图相对应的作用。

3. 图幅分区规则

为了确定图上内容的位置及其用途，应对一些幅面较大、内容复杂的电气图进行分区。

（1）分区方法及其标注。在垂直布置的电气原理图中，上方一般按主电路及各功能控制环节自左至右进行文字说明分区，并在各分区方框内加注文字说明，以便于对机床电气原理图的阅读及理解；下方一般按“支路居中”原则从左至右进行数字标注分区，并在各分区方框内加注数字，以方便对继电器、接触器等触头位置的查阅。“支路居中”原则是指各支路垂线应对准数字分区方框的中线位置。对于水平布置的电气原理图，则实施左右分区，左方自上而下进行文字说明分区，右方自上而下进行数字标注分区。

（2）触头索引代号。电气原理图中的交流接触器与继电器，因线圈、主触头、辅助触头所起作用各不相同，为清晰地表明机床电气原理图的工作机理，这些部件通常绘制在各自发挥作用的支路中。在幅面较大的复杂电气原理图中，为检索方便，须在电磁线圈图形符号下方标注交流接触器与继电器的触头索引代号，如图6-3所示。

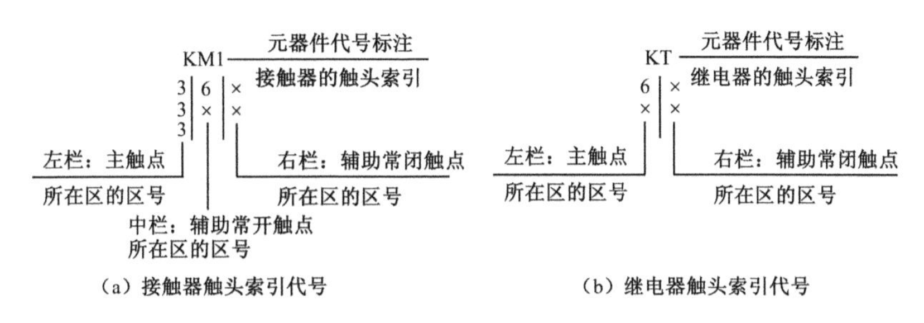

图6-3　交流接触器与继电器的触头索引代号

接触器触头索引代号分为左、中、右3栏，左栏数字表示主触头所在的数字分区号，中栏数字表示常开辅助触头所在的数字分区号，右栏则表示常闭辅助触头所在的数字分区号。

继电器触头索引代号分为左、右两栏，左栏表示常开触头所在的数字分区号，右栏表示常闭触头所在的数字分区号。

4. 电气接线图的绘制规则

表示电气控制系统中各项目（包括电气元器件、组件、设备等）之间连接关系、连线种类和敷设路线等详细信息的电气图称为电气接线图，电气接线图是检查电路和维修电路不可缺少的技术文件，根据表达对象和用途不同，可细分为单元接线图、互连接线图和端子接线图等。

5. C616卧式车床的接线图

电气控制柜内各电气元器件可直接连接，而外部元器件与电气柜之间的连接须经接线端子板进行，连接导线应注明导线根数、导线截面积等，一般不表示导线实际走线途径，施工时由操作者根据实际情况选择最佳走线方式。

（1）C616卧式车床的实物接线图。图6-4为C616卧式车床的实物接线图。

（2）C616卧式车床的端子接线图。

① 控制板的端子接线图。按钮、仪表、指示装置等布置在控制板上或门面上。图6-5为控制板的接线图。

② 电气板的端子接线图。电源开关、接触器、热继电器等布置在电气板上，各组件之间通过端子排连接。图6-6为C616卧式车床电气板的接线图。

6. C616卧式车床的接线表

接线表是电气控制电路中电气设备的端子与端子之间、组件和组件之间、组件与端子排之间的连接信息。接线表是布线工艺与维修所需的主要资料。表6-1为C616卧式车床的接线表。

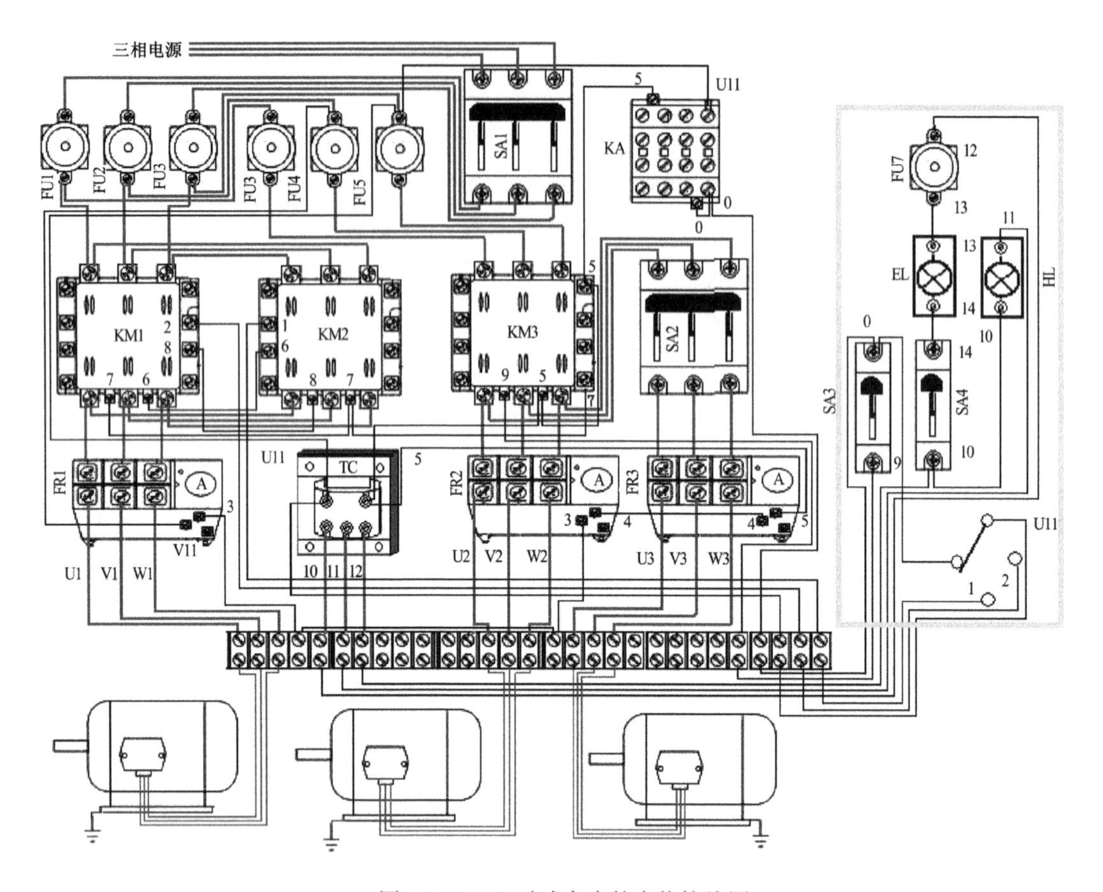

图 6-4　C616 卧式车床的实物接线图

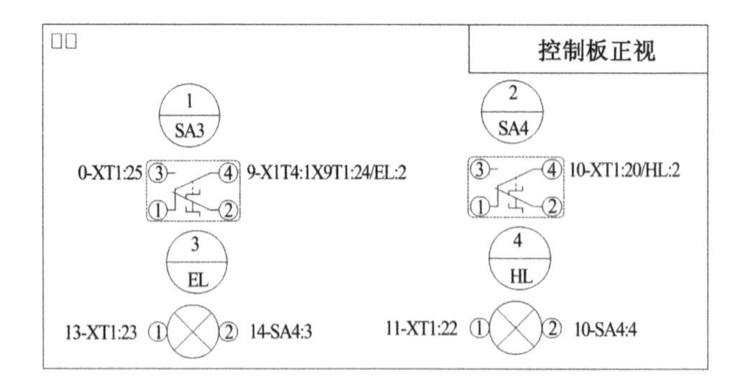

图 6-5　C616 卧式车床控制板的接线图

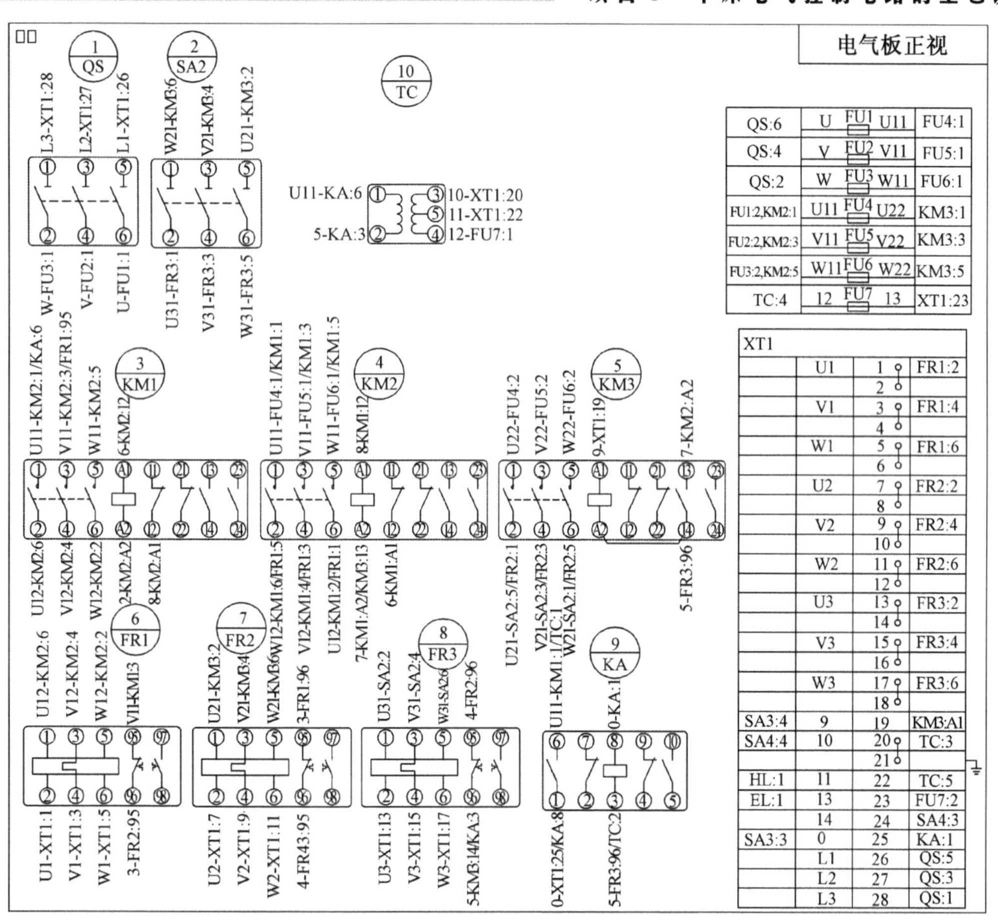

图 6-6 C616 卧式车床电气板的接线图

表 6-1 C616 卧式车床的接线表

序号	回路线号	起始端号	末端号	序号	回路线号	起始端号	末端号
1	L1	QS-5	XTl-26	16	11	TC-5	XTl-22
2	L2	QS-3	XTl-27	17	U21	SA2-5	KM3-2
3	L3	QS-1	XTl-28	18	V21	SA2-3	KM3-4
4	9	KM3-A1	XTl-19	19	W21	SA2-1	KM3-6
5	U1	FRl-2	XTl-1	20	U11	KMl-1	KM2-1
6	V1	FRl-4	XTl-3	21	V11	KMl-3	KM2-3
7	W1	FRl-6	XTl-5	22	W11	KMl-5	KM2-5
8	U2	FR2-2	XTl-7	23	U12	KMl-2	KM2-6
9	V2	FR2-4	XTl-9	24	V12	KMl-4	KM2-4
10	W2	FR2-6	XTl-11	25	W12	KMl-6	KM2-2
11	U3	FR3-2	XTl-13	26	6	KMl-A1	KM2-12
12	V3	FR3-4	XTl-15	27	7	KMl-A2	KM2-A2
13	W3	FR3-6	XTl-17	28	8	KMl-12	KM2-A1
14	0	KA-1	XTl-25	29	V11	KMl-3	FRl-95
15	10	TC-3	XTl-20	30	U11	KMl-1	KA-6

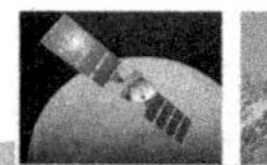

续表

序号	回路线号	起始端号	末端号	序号	回路线号	起始端号	末端号
31	7	KM2-A2	KM3-13	39	3	FR1-96	FR2-95
32	U12	KM2-6	FR1-1	40	4	FR2-96	FR3-95
33	V12	KM2-4	FR1-3	41	5	FR3-96	KA-3
34	W12	KM2-2	FR1-5	42	U11	KA-6	TC-1
35	U；21	KM3-2	FR2-1	43	5	KA-3	TC-2
36	V21	KM3-4	FR2-3	44	5	KM3-A2	KM3-14
37	W21	KM3-6	FR2-5	45	0	KA-1	KA-8
38	5	KM3-14	FR3-96				

7. C616 卧式车床的电气材料表

电气材料表是由电气控制电路中的各电气元器件型号、规格、数量、价格的信息组成的表格。表 6-2 为 C616 卧式车床的电气材料表。

表 6-2　C616 卧式车床的电气材料表

序号	代号	元器件名称	型号规格	数量
1	EL,HL	指示灯	AD11-22/20，红/绿/黑/白 AC 220V/380V	2
2	FR1～FR3	热继电器	JR20-10，0.1～0.15A	3
3	FU1～FU7	熔断器	NGT	7
4	KA	中间继电器	DZ-50（22）（DZ-52）	1
5	KM1～KM3	交流接触器	CJ20-（10,16,25,40A）-AC 220V，辅助 2 开 2 闭；线圈电压为 AC 36,127,220,380V,DC 48,110,220V	3
6	QS,SA2	隔离开关	HUH18-100/1,2,3,4P-40,63,80,100A	2
7	SA3,SA4	旋转开关或微断路器		2
8	TC	控制变压器	BK-□-□/□V 2-3	1

实例 2　C650 车床的工艺设计

图 6-7 是 C650 型卧式车床电气控制原理图。该车床共有 3 台电动机：D1 为主轴电动机，拖动主轴旋转并通过进给机构实现进给运动，主要有正转与反转控制、停车制动时快速停转、加工调整时点动操作等电气控制要求；D2 是冷却泵电动机，驱动冷却泵电动机对零件加工部位进行供液，电气控制要求是加工时启动供液，并能长期运转；D3 是快速移动电动机，拖动刀架快速移动，要求能够随时手动控制启动与停止。

1. C650 车床电气原理图（见图 6-7）

1）动力电路

（1）主电动机电路。

① 电源引入与故障保护。三相交流电源 L1、L2、L3 经熔断器 FU1～FU3 后，由 QS 隔离开关引入 C650 车床主电动机电路中，熔断器 FU1～FU3 为短路保护环节，热继电器 FR1 是加热器件，对电动机 D1 起过载保护作用。

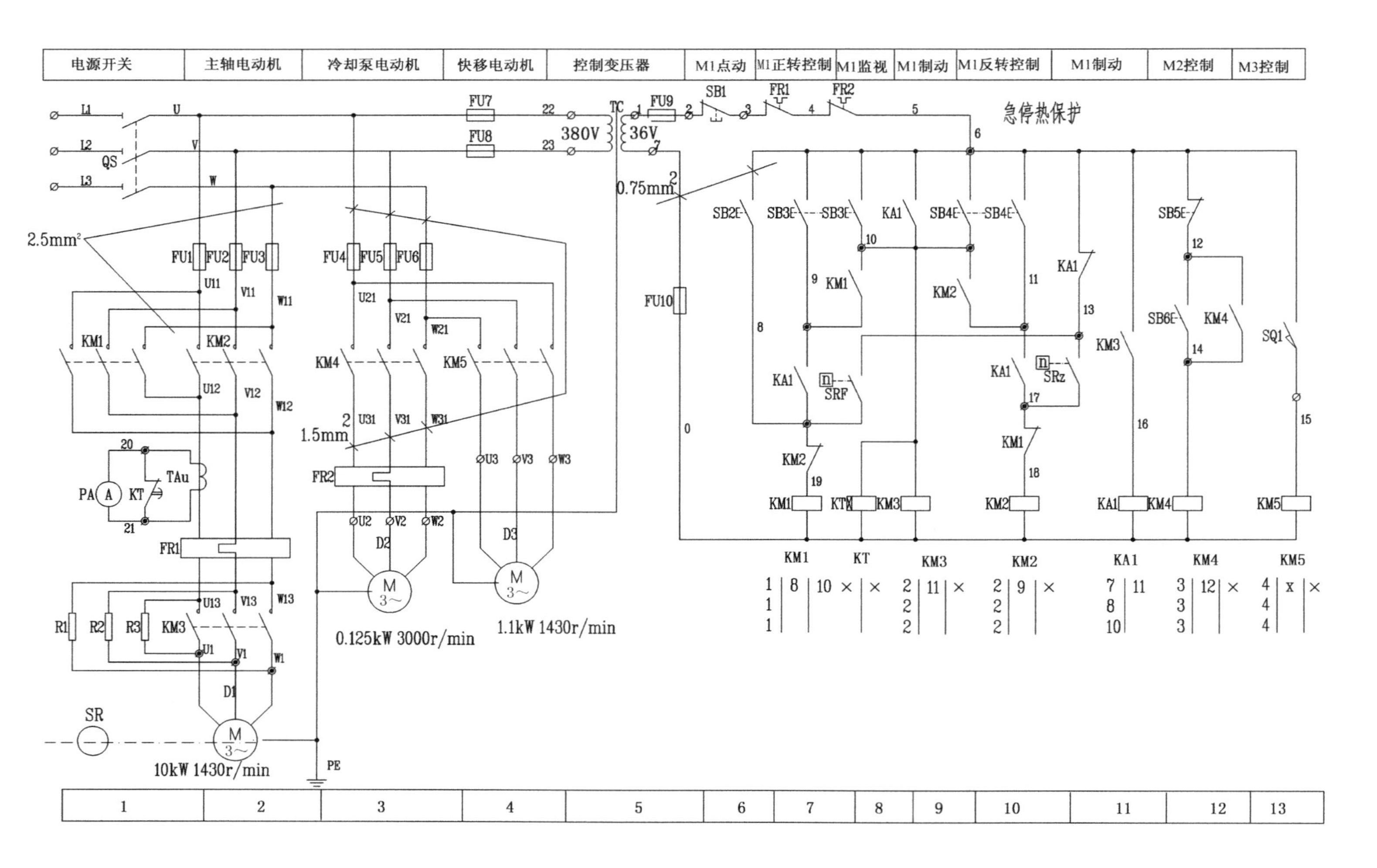

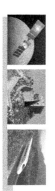

图 6-7　C650 型卧式车床电气控制原理图

② 主电动机正、反转。KM1 与 KM2 分别为交流接触器 KM1 与 KM2 的主触头。根据电气控制基本知识可知，KM1 主触头闭合、KM2 主触头断开时，三相交流电源将分别接入电动机的 U1、V1、W1 三相绕组中，D1 主电动机将正转。反之，当 KM1 主触头断开、KM2 主触头闭合时，三相交流电源将分别接入 D1 主电动机的 W1、V1、U1 三相绕组中，与正转时相比，U1 与 W1 进行了换接，导致主电动机反转。

③ 主电动机全压与减压状态。当 KM3 主触头断开时，三相交流电源电流将流经限流电阻 R 而进入电动机绕组，电动机绕组电压将减小。如果 KM3 主触头闭合，则电源电流不经限流电阻而直接进入电动机绕组中，主电动机处于全压运转状态。

④ 绕组电流监控。电流表 A 在电动机 D1 主电路中起绕组电流监视作用，通过 TA 线圈空套在绕组一相的接线上，当该接线有电流流过时，将产生感应电流，通过这一感应电流显示电动机绕组中当前电流值。其控制原理是当 KT 常闭延时断开触头闭合时，TA 产生的感应电流不经过 A 电流表，而一旦 KT 触头断开，A 电流表就可检测到电动机绕组中的电流。

⑤ 电动机转速监控。KS 是与 D1 主电动机主轴同转安装的速度继电器检测器件，根据主电动机主轴转速对速度继电器触头的闭合与断开进行控制。

（2）冷却泵电动机电路。冷却泵电动机电路中熔断器 FU4 起短路保护作用，热继电器 FR2 则起过载保护作用。当 KM4 主触头断开时，冷却泵电动机 D2 停转不供液；而 KM4 主触头一旦闭合，D2 将启动供液。

（3）快移电动机电路。快移电动机电路中熔断器 FU5 起短路保护作用。KM5 主触头闭合时，快移电动机 D3 启动，而 KM5 主触头断开，快移电动机 D3 停止。

主电动机电路通过 TC 变压器与控制电路和照明灯电路建立联系。TC 变压器一次侧接入电压为 380V，二次侧有 36V、110V 两种供电电源，其中 36V 给照明灯电路供电，而 110V 给车床控制电路供电。

2）控制电路

控制电路读图分析的一般方法是从各类触头的断、合相应电磁线圈的断电之间的关系入手，并通过线圈的断电状态，分析主电路中受该线圈控制的主触头的断、合状态，得出电动机受控运行状态的结论。

控制电路 5～13 区，各支路垂直布置，相互之间为并联关系。各线圈、触头均为原态（即不受力状态或不通电状态），而原态中各支路均为断路状态，所以 KM1、KM3、KT、KM2、KA、KM4、KM5 等各线圈均处于断电状态，这一现象可称为“原态支路常断”，是机床控制电路读图分析的重要技巧。

（1）主电动机点动控制。按下 SB2，KM1 线圈通电，根据原态支路常断现象，其余所有线圈均处于断电状态。因此主电路中为 KM1 主触头闭合，由 QS 隔离开关引入的三相交流电源将经 KM1 主触头、限流电阻接入主电动机 D1 的三相绕组中，主电动机 D1 串联电阻减压启动。一旦松开 SB2，KM1 线圈断电，电动机 D1 断电停转。SB2 是主电动机 D2 的点动控制按钮。

（2）主电动机正转控制。按下 SB3，KM3 线圈与 KT 线圈同时通电，并通过 11 区的常开辅助触头 KM3 闭合而使 KA 线圈通电，KA 线圈通电又导致 7 区中的 KA 常开辅助触头闭合，使 KM1 线圈通电。而 7～8 区的 KM1 常开辅助触头与 9 区的 KA 常开辅助触头对 SB3 形成自锁。主电路中 KM3 主触头与 KM1 主触头闭合，电动机不经限流电阻 R 则全压正转启动。

在绕组电流监视电路中，因KT线圈通电后延时开始，但由于延时时间还未到达，所以KT常闭延时断开触头保持闭合，感应电流经KT触头短路，造成A电流表中没有电流通过，避免了全压启动初期绕组电流过大而损坏A电流表。KT线圈延时时间到达时，电动机已接近额定转速，绕组电流监视电路中的KT将断开，感应电流流入A电流表将绕组中电流值显示在A表上。

（3）主电动机反转控制。按下SB4，通过6、10、0线路导致KM3线圈与KT线圈通电，与正转控制相类似，11区的KA线圈通电，再通过6、11、17、18、0线路使KM2线圈通电。主电路中KM2、KM3主触头闭合，电动机全压反转启动。KM1线圈所在支路与KM2线圈所在支路通过KM2与KM1常闭触头实现电气控制互锁。

（4）主电动机反接制动控制。

① 正转制动控制。KS2是速度继电器的正转控制触头，当电动机正转启动至接近额定转速时，KS2闭合并保持。制动时按下SB1，控制电路中所有电磁线圈都将断电，主电路中KM1、KM2、KM3主触头全部断开，电动机断电降速，但由于正转转动惯性，需要较长时间才能降为零速。

一旦松开SB1，则经6、13、SRz、17、18线路，使KM2线圈通电。主电路中KM2主触头闭合，三相电源电流经KM2使U1、W1两相换接，再经限流电阻R接入三相绕组中，在电动机转子上形成反转转矩，并与正转的惯性转矩相抵消，电动机迅速停车。

在电动机正转启动至额定转速，再从额定转速制动至停车的过程中，KS1反转控制触头始终不产生闭合动作，保持常开状态。

② 反转制动控制。KS1在电动机反转启动至接近额定转速时闭合并保持。与正转制动相类似，按下SB1，电动机断电降速。一旦松开SB1，则经6、13、SRF、19、0线路，使线圈KM1通电，电动机转子上形成正转转矩，并与反转的惯性转矩相抵消使电动机迅速停车。

（5）冷却泵电动机起停控制。按下SB6，线圈KM4通电，并通过KM4常开辅助触头对SB6自锁，主电路中KM4主触头闭合，冷却泵电动机D2转动并保持。按下SB5，KM4线圈断电，冷却泵电动机D2停转。

（6）快移电动机点动控制。行程开关由车床上的刀架手柄控制。转动刀架手柄，行程开关SQ将被压下而闭合，KM5线圈通电。主电路中KM5主触头闭合，驱动刀架快移的电动机M3启动。反向转动刀架手柄复位，SQ行程开关断开，则电动机D3断电停转。

（7）照明电路。灯开关SA置于闭合位置时，EL灯亮；SA置于断开位置时，EL灯灭。

2．C650卧式车床的电气设备材料表（见表6-3）

表6-3　C650卧式车床的电气设备材料表

序号	代号	元器件名称	型号规格	数量
1	FR1,FR2	热继电器	JR20-10，0.1～0.15A	2
2	FU1～FU10	熔断器	NGT	10
3	KA1	中间继电器	DZ-50（22）（DZ-52）	1
4	KM1～KM5	交流接触器	CJ20-（10,16,25,40A）-AC 220V，辅助2开2闭； 线圈电压为AC 36,127,220,380V,DC 48,110,220V	5
5	KT	空气时间继电器	JS23 2开2闭，0.1～30s,10～30s，AC 220～380V， 通电/断电延时	1

续表

序号	代号	元器件名称	型号规格	数量
6	PA	电流表	42L6-A □/5A	1
7	QS	隔离开关	HUH18-100/1,2,3,4P-40,63,80,100A	1
8	R1～R3	变阻器	BC1-25	3
9	SB1～SB6	按钮	LAY3-11，红/绿/黑/白	4
10	SB3,SB4	按钮	LAY3-22，红/绿/黄/白	2
11	SQ1	行程开关	LX19A	1
12	TAu	电流互感器	LZZBJ9-10A 2 绕组[5-3150]/5A[0.2/0.5]10P10	1
13	TC	控制变压器	BK-□-□/□V 2-2	1
14	D1	主电动机		1
15	D2	冷却泵电动机		1
16	D3	快速移动电动机		1
17	SRF、SRz	速度继电器		1

3. C650 卧式车床的接线图

（1）C650 卧式车床的实物接线图。图 6-8 为 C650 卧式车床的实物接线图。

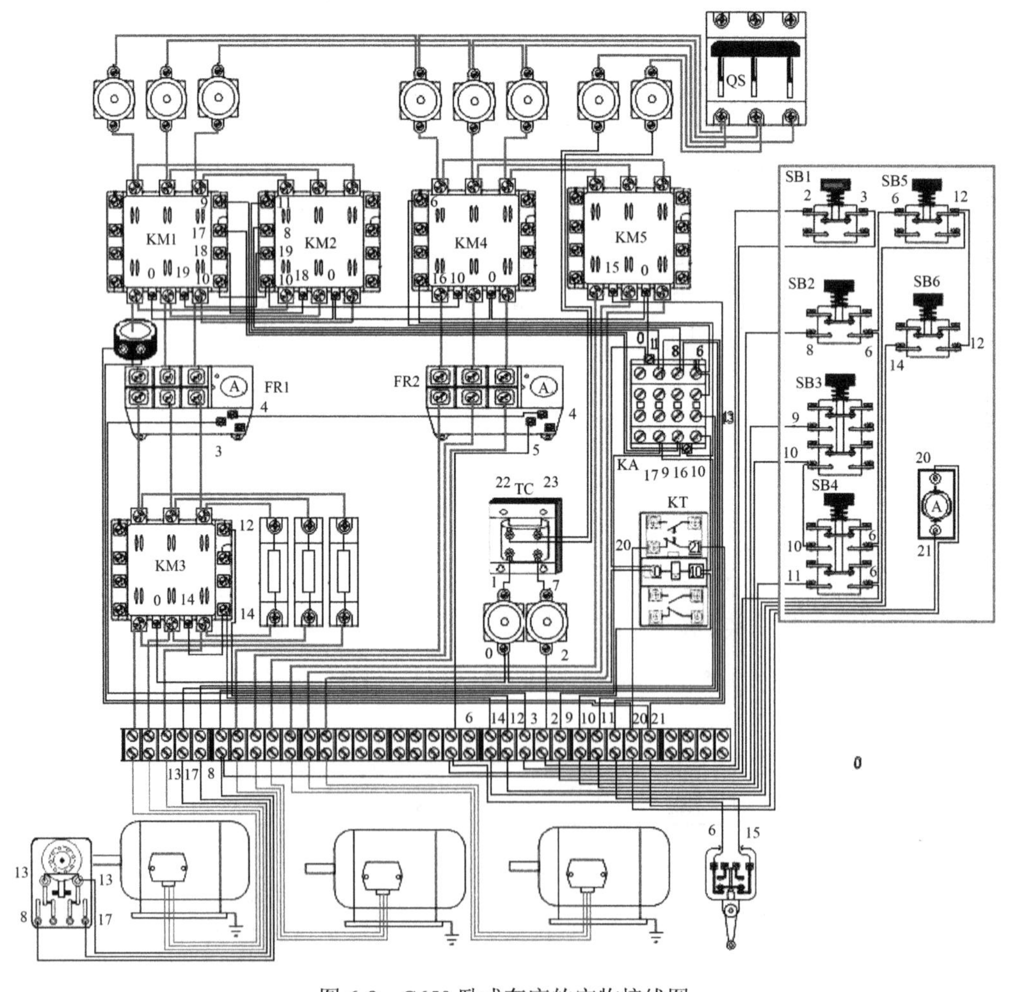

图 6-8 C650 卧式车床的实物接线图

 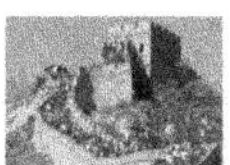 

（2）C650 卧式车床的端子接线图。

① 控制板的端子接线图（见图 6-9）。

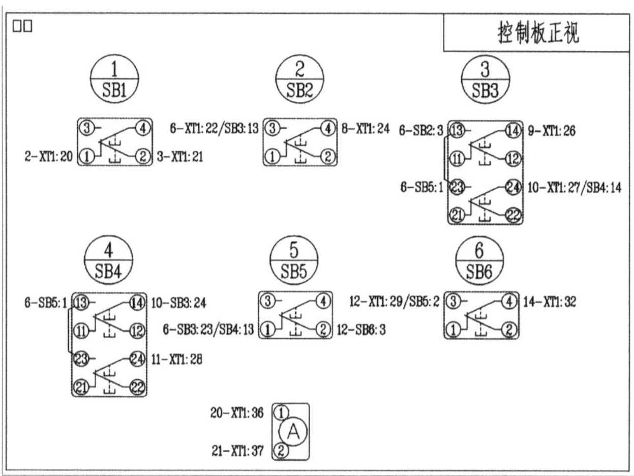

图 6-9　C650 卧式车床控制板的端子接线图

② 电气板的接线图（见图 6-10）。

4．C650 卧式车床的接线表（见表 6-4）

表 6-4　C650 卧式车床的接线表

序号	回路线号	起始端号	末端号	序号	回路线号	起始端号	末端号
1	U11	KM1-1	KM2-1	25	W1	KM3-6	R1-2
2	V11	KM1-3	KM2-3	26	V1	KM3-4	R2-2
3	W11	KM1-5	KM2-5	27	U1	KM3-2	R3-2
4	U12	KM1-6	KM2-2	28	U21	KM4-1	KM5-5
5	V12	KM1-4	KM2-4	29	V21	KM4-3	KM5-3
6	W12	KM1-2	KM2-6	30	W21	KM4-5	KM5-1
7	10	KM1-13	KM2-13	31	0	KM4-A1	KM5-A1
8	18	KM1-12	KM2-A2	32	U31	KM4-2	FR2-1
9	19	KM1-A2	KM2-12	33	V31	KM4-4	FR2-3
10	0	KM1-A1	KM2-A1	34	W31	KM4-6	FR2-5
11	0	KM1-A1	KM4-A1	35	0	KM5-A1	KA1-8
12	10	KM1-13	KA1-1	36	15	KM5-A2	SQ1-1
13	17	KM1-11	KA1-5	37	10	KA1-1	KT-A1
14	10	KM2-13	KM3-A2	38	0	KA1-8	KT-A2
15	0	KM2-A1	KM3-A1	39	6	KA1-7	SQ1-2
16	11	KM2-14	KA1-10	40	20	KT-55	Tau-1S1
17	U12	KM2-2	FR1-1	41	21	KT-56	Tau-1S2
18	V12	KM2-4	FR1-3	42	4	FR1-96	FR2-95
19	W12	KM2-6	FR1-5	43	W13	FR1-6	R1-1
20	6	KM3-13	KA1-6	44	V13	FR1-4	R2-1
21	16	KM3-14	KA1-3	45	U13	FR1-2	R3-1
22	U13	KM3-1	FR1-2	46	14	KM4-A2	KM4-14
23	V13	KM3-3	FR1-4	47	6	KA1-6	KA1-7
24	W13	KM3-5	FR1-6				

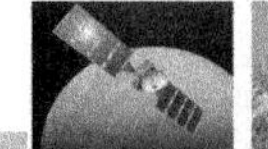

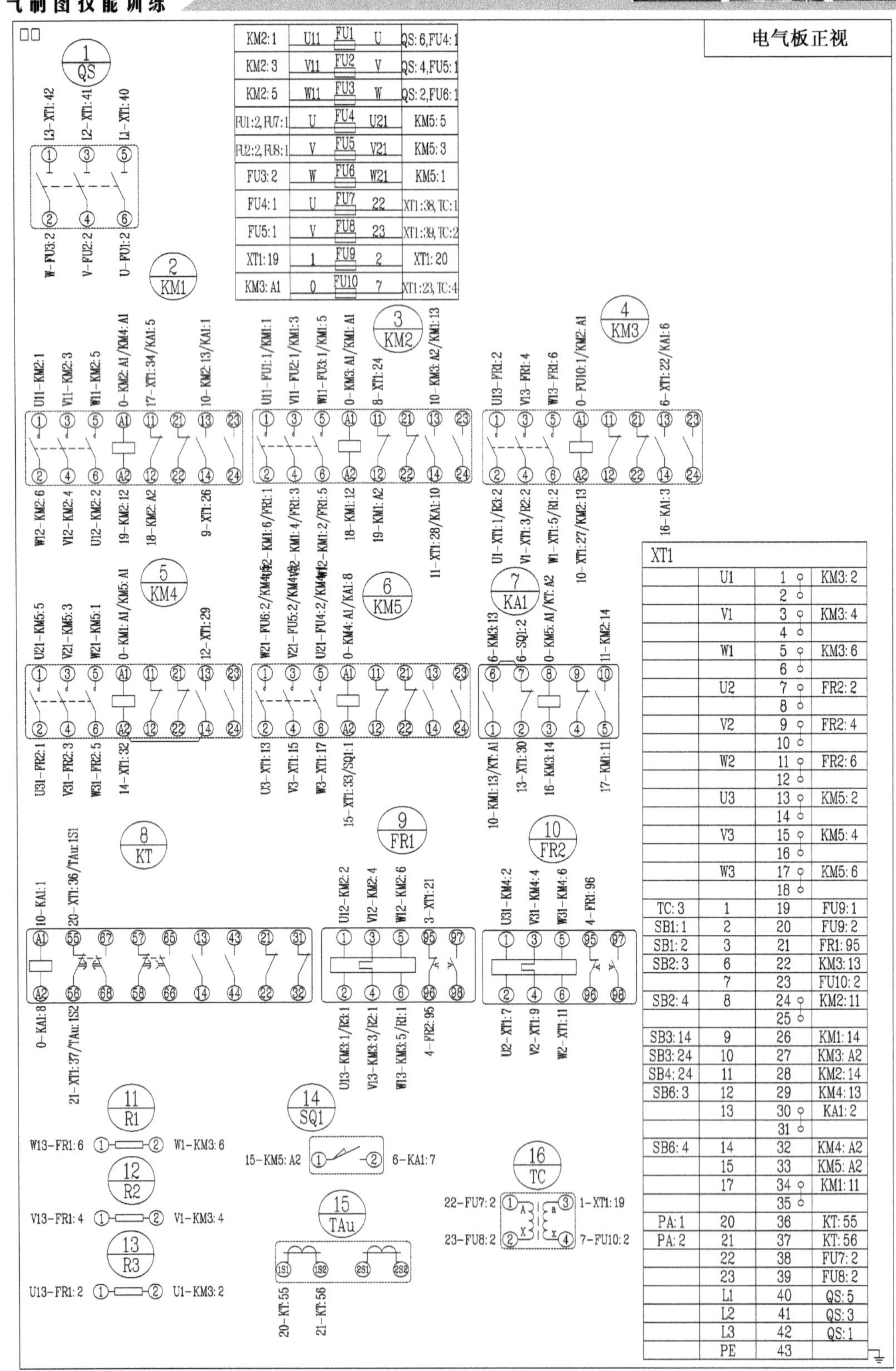

图 6-10 C650卧式车床的电气板的端子接线图

5．电气元器件符号及名称

C650 卧式车床电气原理图中电气元器件符号及名称如表 6-5 所示。

表 6-5　C650 车床电气元器件符号及名称

符号	名称	符号	名称
M1	主电动机	SB1	总停按钮
M2	冷却泵电动机	SB2	主电动机正向点动按钮
M3	快速移动电动机	SB3	主电动机正转按钮
KM1	主电动机正转接触器	SB4	主电动机反转按钮
KM2	主电动机反转接触器	SB5	冷却泵电动机停转按钮
KM3	短接限流电阻接触器	SB6	冷却泵电动机启动按钮
KM4	冷却泵电动机启动接触器	TC	控制变压器
KM5	快移电动机启动接触器	FU（1～10）	熔断器
KA	中间继电器	FR1	主电动机过载保护热继电器
KT	通电延时时间继电器	FR2	冷却泵电动机保护热继电器
SQ	快移电动机点动行程开关	R	限流电阻
SA	开关	EL	照明灯
KS	速度继电器	TA	电流互感器
PA	电流表	QS	隔离开关

实例 3　Z32A、Z32K、Z3025J 型摇臂钻床的工艺设计

主电动机 M1 由接触器 KM1、KM2 控制，为可逆运转控制电路，主电动机由熔断器和热继电器做短路和过载保护。控制回路中具有按钮和辅助触点的连锁保护。QS1 为总电源开关，KM1 为主电动机正转接触器，KM2 为主电动机反转开关，FR 为主电动机过载保护热继电器，TC 为控制回路变压器，FU1～FU3 为主电路短路保护熔断器，FU4～FU5 为控制电路短路保护熔断器，QS2 为照明开关，HL1 为照明灯，SB1 为总停止按钮，SB2 和 SB3 为正、反转连锁按钮，SB4 为正转启动按钮，SB5 为反转启动按钮。

1．Z32A、Z32K、Z3025J 型摇臂钻床电气原理图（见图 6-11）

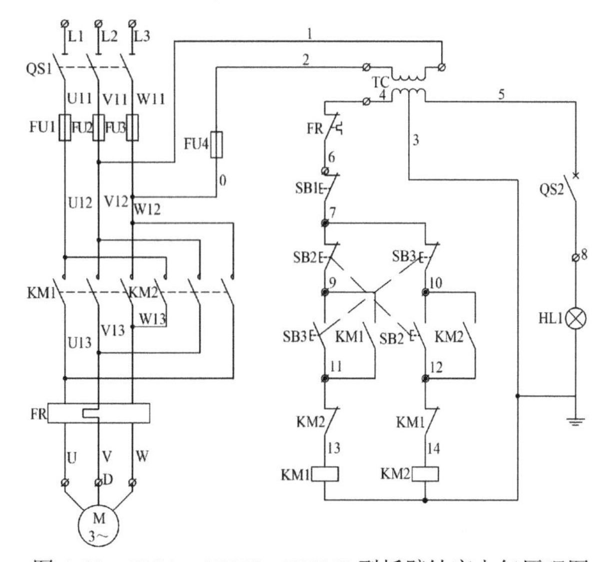

图 6-11　Z32A、Z32K、Z3025J 型摇臂钻床电气原理图

2．Z32A、Z32K、Z3025J 型摇臂钻床电气设备材料表（见表 6-6）

表 6-6　Z32A,Z32K,Z3025J 型摇臂钻床电气设备材料表

序号	代号	元器件名称	型号规格	数量
1	FR	热继电器	JR20-10，0.1～0.15A	1
2	FU1～FU4	熔断器	NGT	4
3	HL1	指示灯	AD11-22/20，红/绿/黑/白 AC 220V/380V	1
4	KM1,KM2	交流接触器	CJ20-（10,16,25,40A）-AC 220V，辅助 2 开 2 闭；线圈电压为 AC 36,127,220,380V,DC 48,110,220V	2
5	QS1	隔离开关	HUH18-100/1,2,3,4P-40,63,80,100A	1
6	QS2	微型断路器	C45AD/1P □A 1,3,6,10,16,20,25,32,40,50,63A	1
7	SB1,SB2,SB3	按钮	LAY3-11，红/绿/黑/白	3
8	TC	变压器		

3．Z32A、Z32K、Z3025J 型摇臂钻床电气接线图

（1）Z32A、Z32K、Z3025J 型摇臂钻床的实物接线图。图 6-12 为 Z32A、Z32K、Z3025J 型摇臂钻床的实物接线图。

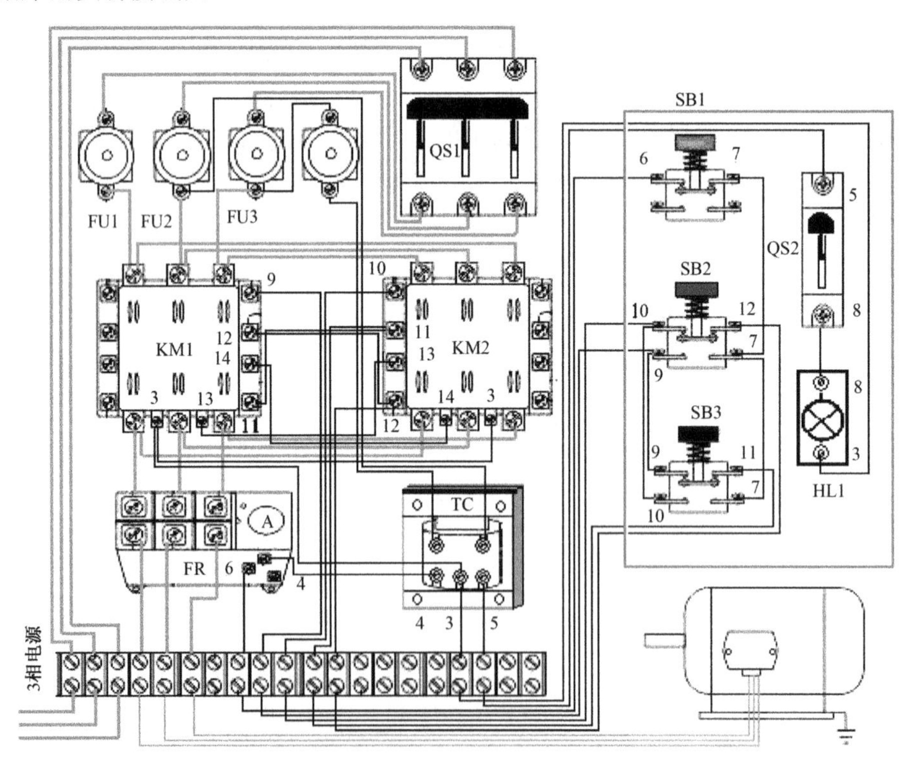

图 6-12　Z32A、Z32K、Z3025J 型摇臂钻床的实物接线图

（2）Z32A、Z32K、Z3025J 型摇臂钻床的端子接线图。图 6-13 为 Z32A、Z32K、Z3025J 型摇臂钻床的端子接线图。

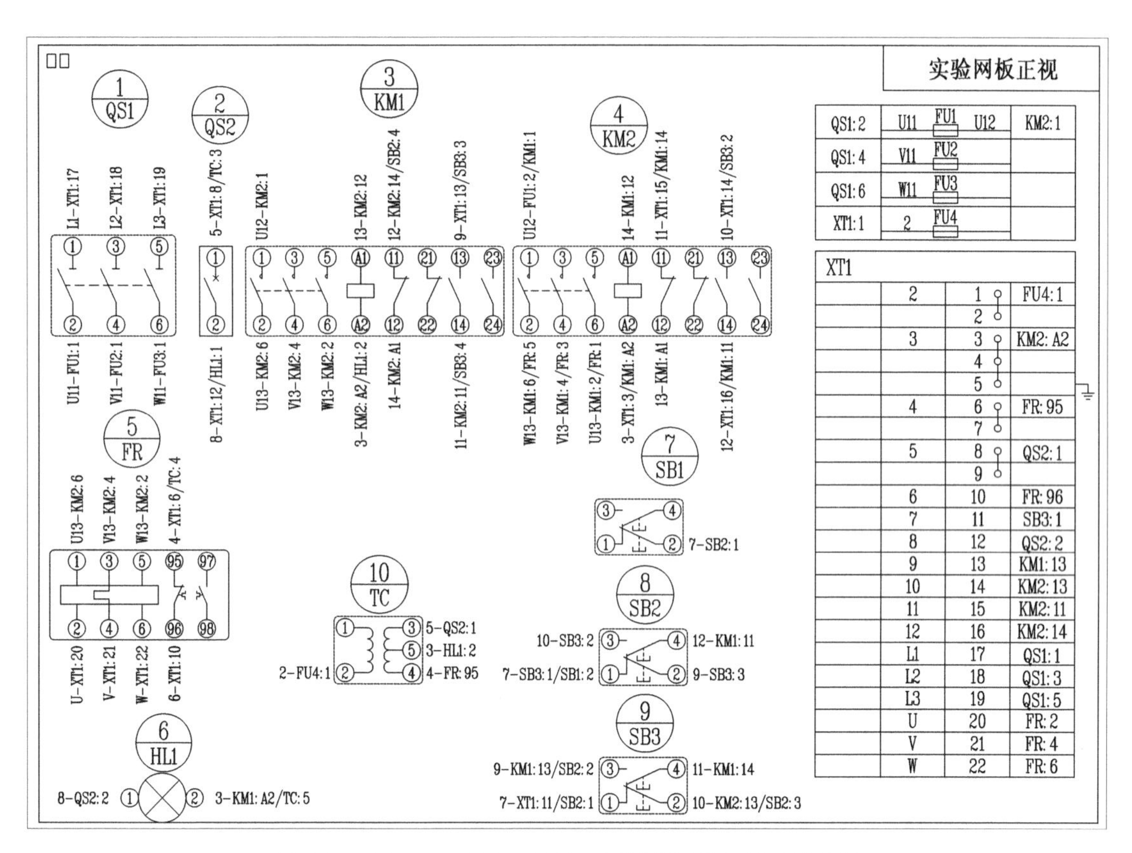

图 6-13　Z32A、Z32K、Z3025J 型摇臂钻床的端子接线图

4．Z32A、Z32K、Z3025J 型摇臂钻床电气接线表（见表 6-7）

表 6-7　Z32A,Z32K,Z3025J 型摇臂钻床电气接线表

序号	回路线号	起始端号	末端号	序号	回路线号	起始端号	末端号
1	8	QS2-2	HL1-1	14	9	KM1-13	SB3-3
2	5	QS2-1	TC-3	15	11	KM1-14	SB3-4
3	U12	KM1-1	KM2-1	16	U13	KM2-6	FR-1
4	U13	KM1-2	KM2-6	17	V13	KM2-4	FR-3
5	V13	KM1-4	KM2-4	18	W13	KM2-2	FR-5
6	W13	KM1-6	KM2-2	19	10	KM2-13	SB3-2
7	3	KM1-A2	KM2-A2	20	4	FR-95	TC-4
8	11	KM1-14	KM2-11	21	3	HL1-2	TC-5
9	12	KM1-11	KM2-14	22	7	SB1-2	SB2-1
10	13	KM1-A1	KM2-12	23	7	SB1-1	SB3-1
11	14	KM1-12	KM2-A1	24	9	SB1-2	SB3-3
12	3	KM1-A2	HL1-2	25	10	SB1-3	SB3-2
13	12	KM1-11	SB2-4				

实例 4　CA6140 普通车床的工艺设计

控制要求：主轴单向转动，采用机械有级变速。主轴和进给运动共用一个电动机拖动。主电动机采用常压启动。冷却泵和刀架的快速移动采用独立的小功率电动机单独驱动。

1．CA6140 普通车床的原理图（见图 6-14）

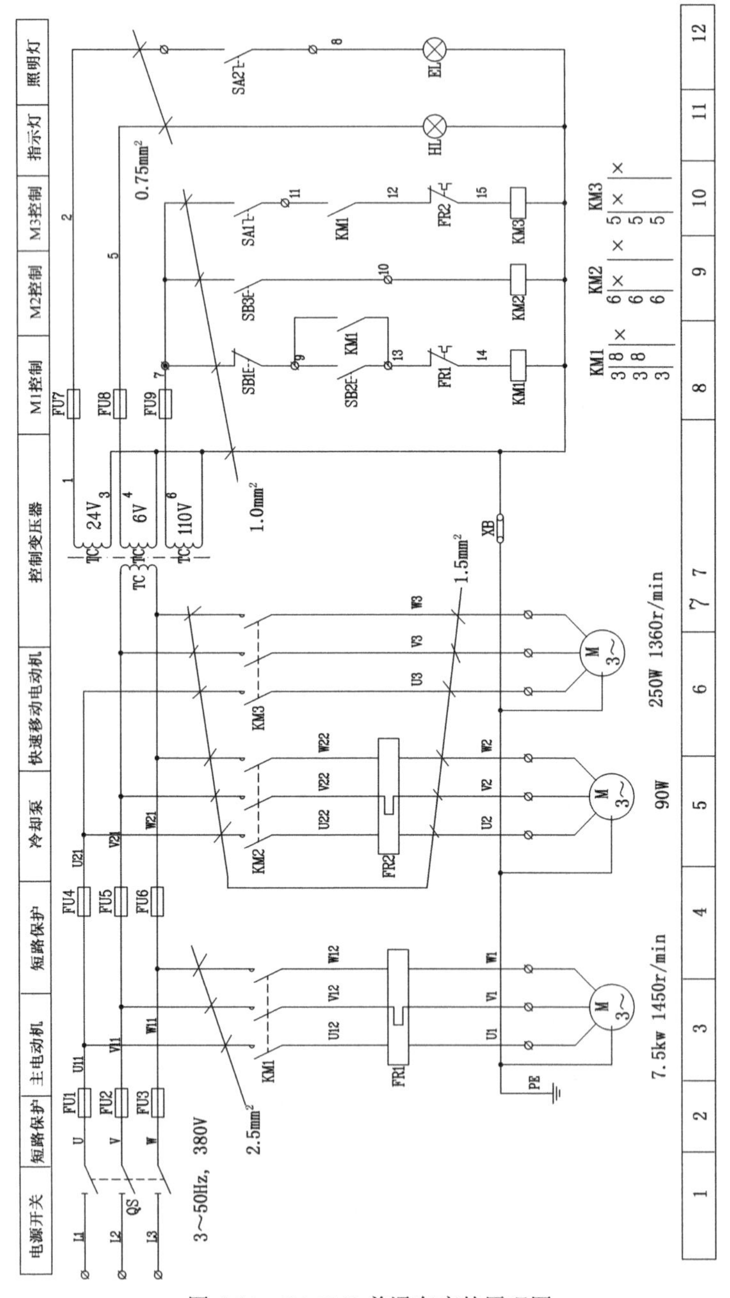

图 6-14　CA6140 普通车床的原理图

2．CA6140 普通车床的电气材料表（见表 6-8）

表 6-8　CA6140 普通车床的电气材料表

序号	代号	元器件名称	型号规格	数量
1	EL,HL	指示灯	AD11-22/20，红/绿/黑/白 AC 220V/380V	2
2	FR1,FR2	热继电器	JR20-10，0.1～0.15A	2
3	FU1～FU9	熔断器	NGT	9
4	KM1～KM3	交流接触器	CJ20-（10,16,25,40A）-AC 220V，辅助 2 开 2 闭；线圈电压为 AC 36,127,220,380V,DC 48,110,220V	3
5	QS	隔离开关	HUH18-100/1,2,3,4P-40,63,80,100A	1
6	SA1,SA2	旋钮	LAY3-11X，红/绿/黄/白	2
7	SB1～SB3	按钮	LAY3-11，红/绿/黑/白	3
8	TC	电压互感器	JDZX8-[6/10/35]KV 6A2，3 个绕组，10000 √3/100V √3/100/3[0.2/0.5/1.0 5P10]	1
9	XB	连接片	JY1-2	1

3．CA6140 普通车床的接线图

（1）CA6140 普通车床的实物接线图（见图 6-15）。

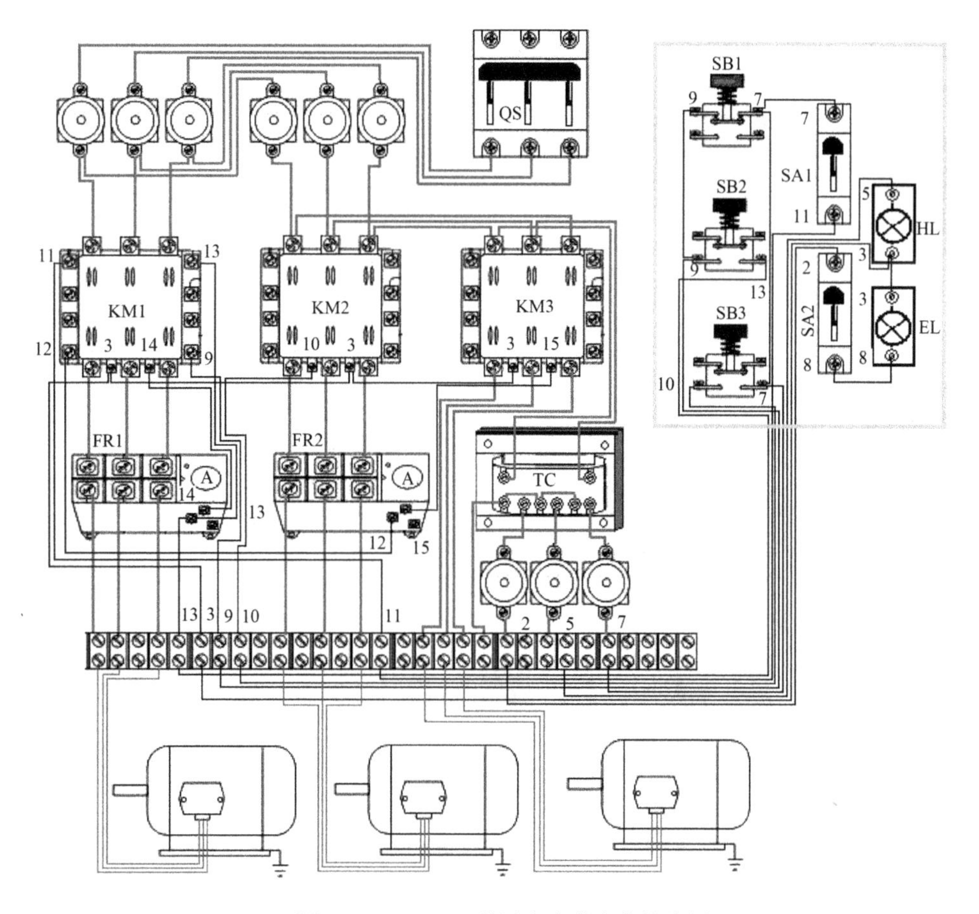

图 6-15　CA6140 普通车床的实物接线图

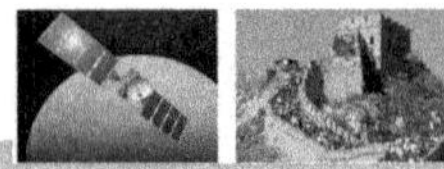

（2）CA6140普通车床的端子接线图。

① 控制板的接线图（见图6-16）。

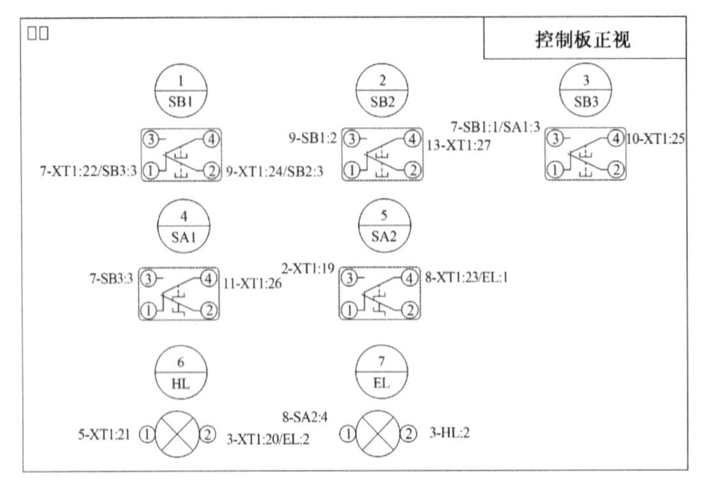

图6-16　CA6140普通车床控制板的端子接线图

② 电气板的接线图（见图6-17）。

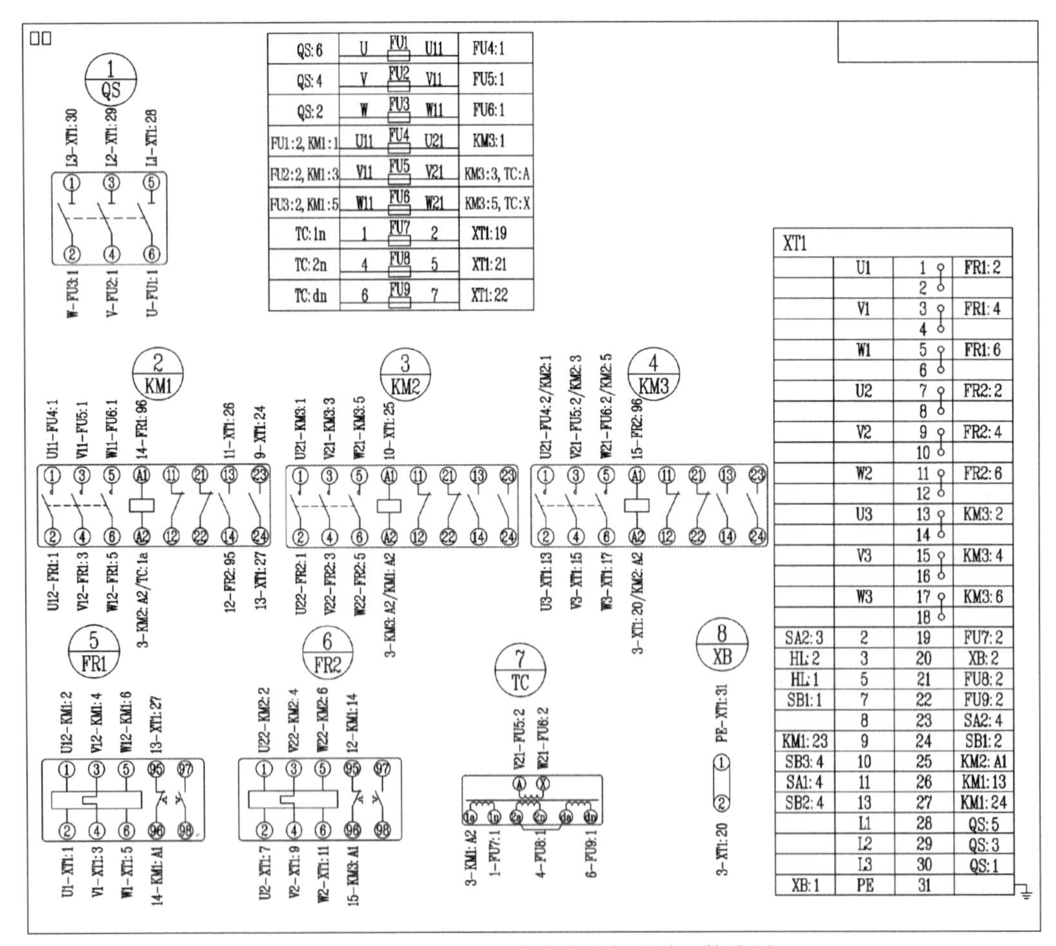

图6-17　CA6140普通车床电气板的端子接线图

4. CA6140普通车床的接线表（见表6-9）

表6-9　CA6140普通车床的接线表

序号	回路线号	起始端号	末端号	序号	回路线号	起始端号	末端号
1	9	KMl-23	XTl-24	20	U12	KMl-2	FRl-1
2	13	KMl-24	XTl-27	21	V12	KMl-4	FRl-3
3	3	XB-2	XTl-20	22	W12	KMl-6	FRl-5
4	PE	XB-1	XTl-31	23	14	KMl-A1	FRl-96
5	U	QS-6	FUl-1	24	12	KMl-14	FR2-95
6	V	QS-4	FU2-1	25	3	KMl-A2	TC-1a
7	W	QS-2	FU3-1	26	U21	KM2-1	KM3-1
8	U11	KMl-1	FU4-1	27	V21	KM2-3	KM3-3
9	U21	KM3-1	FU4-2	28	W21	KM2-5	KM3-5
10	V11	KMl-3	FU5-1	29	3	KM2-A2	KM3-A2
11	V21	KM3-3	FU5-2	30	U22	KM2-2	FR2-1
12	V21	TC-A	FU5-2	31	V22	KM2-4	FR2-3
13	W11	KMl-5	FU6-1	32	W22	KM2-6	FR2-5
14	W21	KM3-5	FU6-2	33	15	KM3-A1	FR2-96
15	W21	TC-X	FU6-2	34		TC-da	TC-2a
16	1	TC-1n	FU7-1	35	U11	FUl-2	FU4-1
17	4	TC-2n	FUB-1	36	V11	FU2-2	FU5-1
18	6	TC-dn	FU9-1	37	W11	FU3-2	FU6-1
19	3	KMl-A2	KM2-A2				

实例5　C620型车床的工艺文件设计

C620型车床是普通车床的一种，它有主电路、控制电路和照明电路3部分。

主电路共有两台电动机，其中D1是主轴电动机，拖动主轴旋转和刀架做进给运动。由于主轴是通过摩擦离合器实现正、反转的，所以主轴电动机不要求有正、反转。主轴电动机D1是用按钮和接触器控制的。D2是冷却泵电动机，直接用开关QS2控制。

当合上转换开关QS1，按下启动按钮SB2时，接触器KM1线圈通电动作，其主触头和自锁触点闭合，电动机D1启动运转。需要停止时，按下停止按钮SB1，接触器KM1线圈断电释放，电动机停转。

冷却泵电动机是在D1接通电源旋转后，合上转换开关QS2，冷却电动机D2即启动运转。照明电路是由一台380V/36V变压器供给36V安全电压的，使用时合上开关QS3即可。完整的设计资料如下。

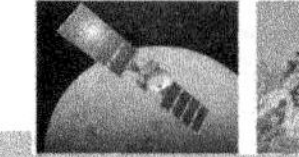

1．C620 型车床的电气原理图（见图 6-18）

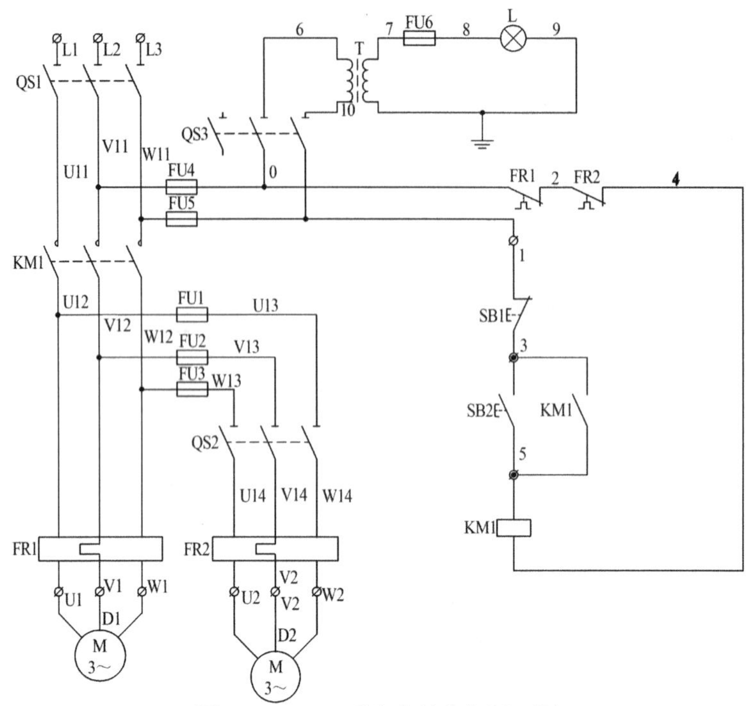

图 6-18　C620 型车床的电气原理图

2．C620 型车床的电气接线图

（1）C620 型车床的实物接线图（见图 6-19）。

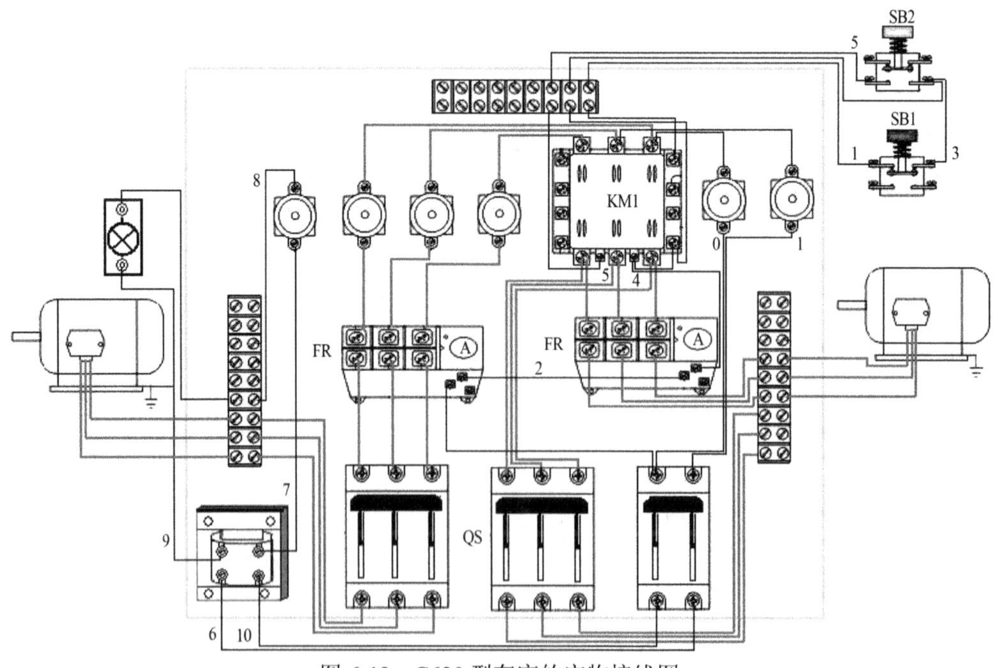

图 6-19　C620 型车床的实物接线图

（2）C620 型车床的端子接线图（见图 6-20）。

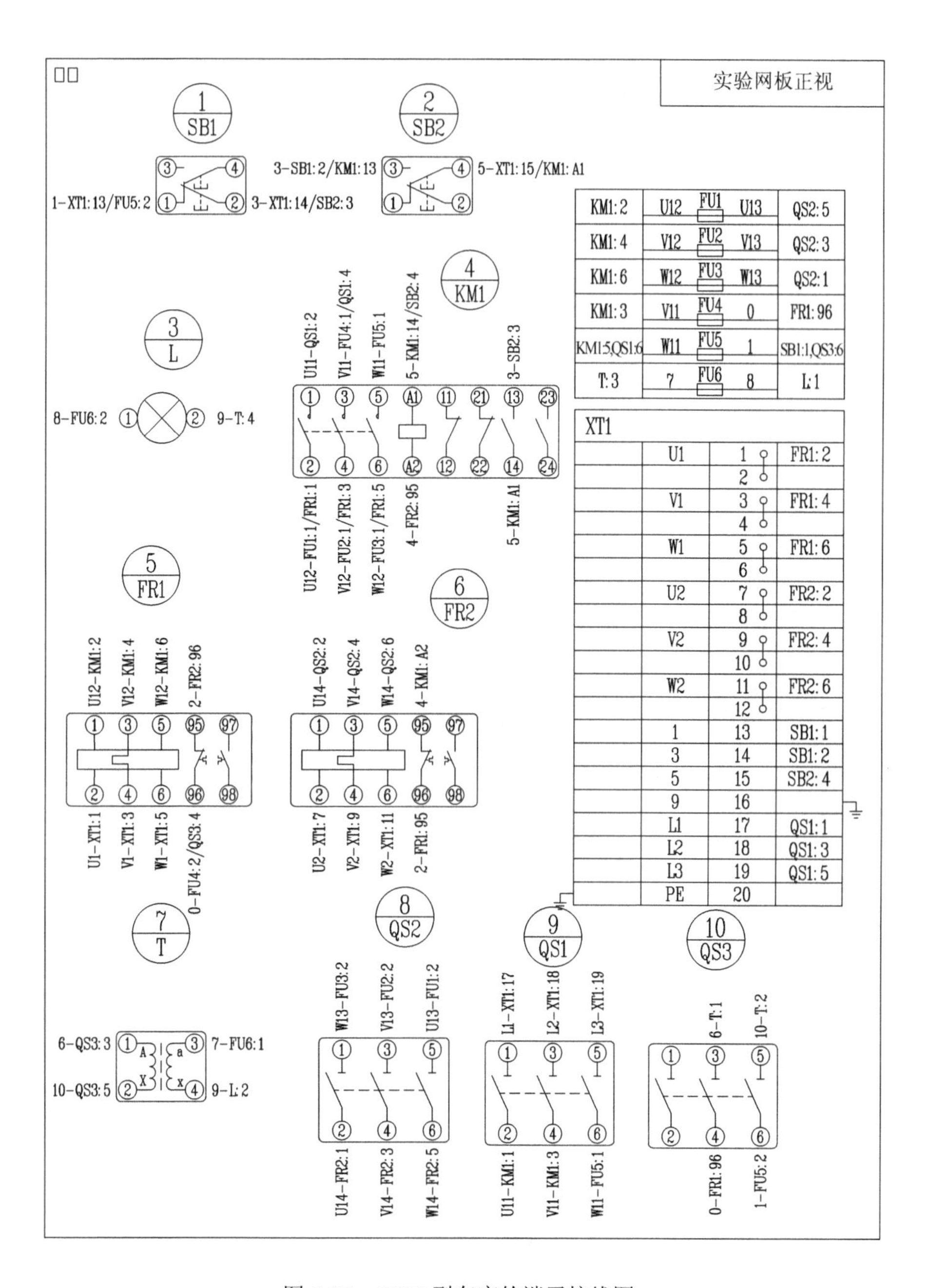

图 6-20　C620 型车床的端子接线图

3．C620 型车床的电气设备材料表（见表 6-10）

表 6-10　C620 型车床的电气设备材料表

序号	代号	元器件名称	型号规格	数量	备注
1	FR1,FR2	热继电器	JR20-10，0.15～0.23A	2	
2	FU1～FU6	熔断器	NGT	6	
3	KM1	交流接触器	CJ20-（10,16,25,40A）-AC 220V，辅助 2 开 2 闭；线圈电压为 AC 36,127,220,380V,DC 48,110,220V	1	
4	L	指示灯	AD11-22/20，红/绿/黑/白，AC 220V/380V	1	
5	QS1,QS2,QS3	隔离开关	HUH18-100/1,2,3,4P-40,63,80,100A	3	
6	SB1,SB2	按钮	LAY3-11，红/绿/黑/白	2	
7	T	控制变压器	BK-□-□/□V 2-2	1	
8	D1	电动机		1	
9	D2	电动机		1	

4．C620 型车床的电气接线表（见表 6-11）

表 6-11　C620 型车床的接线表

序号	回路线号	起始端号	末端号	序号	回路线号	起始端号	末端号
1	U1	FRl-2	XTl-1	20	1	QS3-6	FU5-2
2	V1	FRl-4	XTl-3	21	7	T-3	FU6-1
3	W1	FRl-6	XTl-5	22	8	L-1	FU6-2
4	U2	FR2-2	XTl-7	23	9	L-2	T-4
5	V2	FR2-4	XTl-9	24	U12	KMl-2	FRl-1
6	W2	FR2-6	XTl-11	25	V12	KMl-4	FRl-3
7	L1	QSl-1	XTl-17	26	W12	KMl-6	FRl-5
8	L2	QSl-3	XTl-18	27	4	KMl-A2	FR2-95
9	L3	QSl-5	XTl-19	28	U11	KMl-1	QSl-2
10	U12	KMl-2	FUl-1	29	V11	KMl-8	QSl-4
11	U13	QS2-5	FUl-2	30	2	FRl-95	FR2-96
12	V12	KMl-4	FU2-1	31	0	FRl-96	QS3-4
13	V13	QS2-3	FU2-2	32	U14	FR2-1	QS2-2
14	W12	KMl-6	FU3-1	33	V14	FR2-3	QS2-4
15	W13	QS2-1	FU3-2	34	W14	FR2-5	QS2-6
16	V11	KMl-3	FU4-1	35	6	T-1	QS3-3
17	0	FRl-96	FU4-2	36	10	T-2	QS8-5
18	W11	KMl-5	FU5-1	37	5	KMl-A1	KMl-14
19	W11	QSl-6	FU5-1				

实例 6　80T 冲床的电气工艺文件设计

图 6-21 为 80T 冲床的电气原理图。冲床是冲压设备中的一大类，是用来冲制工件用的，如电动机的冲片就是用冲床来落料和冲槽的。还经常利用几台冲床组成流水线，如三台冲片组成三连冲。冲床的主电动机为带过载保护的单向运行控制电路，经变压器降压给照明灯供电，主电路和控制电路均采用熔断器做短路保护。完整的设计资料如下。

1．80T 冲床电气原理图（见图 6-21）

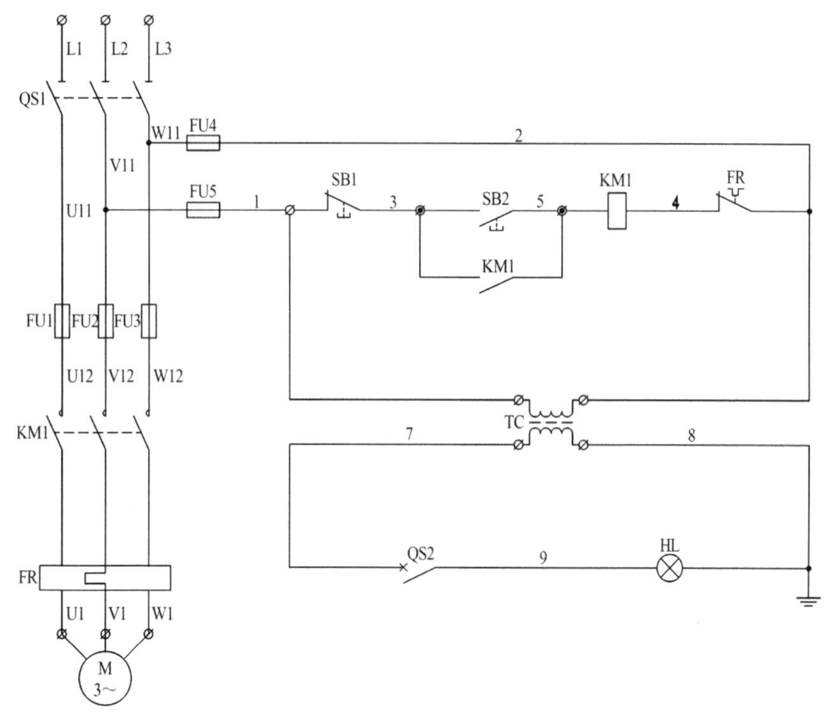

图 6-21　80T 冲床电气原理图

2．80T 冲床电气接线图

（1）80T 冲床实物接线图（见图 6-22）。

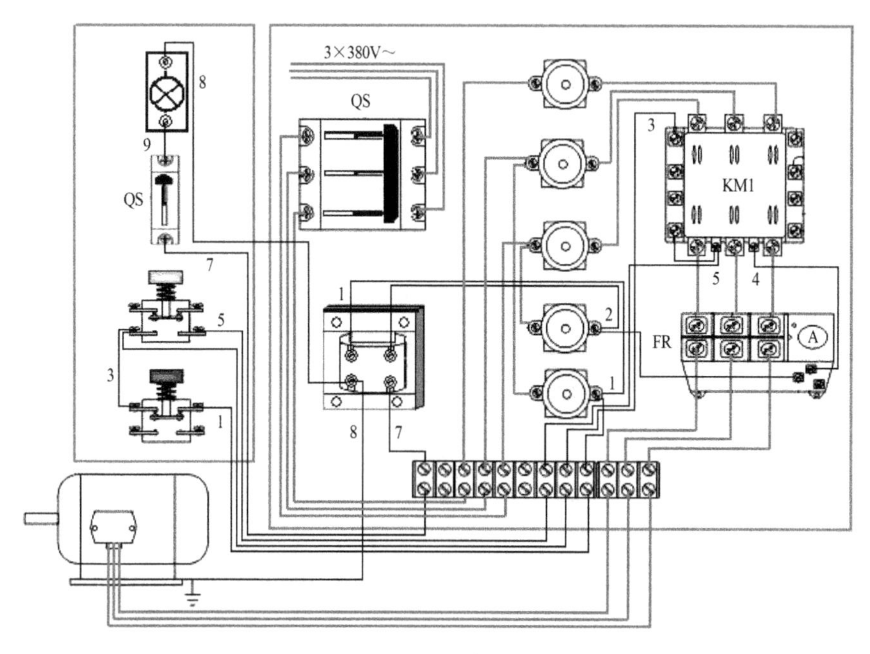

图 6-22　80T 冲床实物接线图

（2）80T 冲床端子接线图（见图 6-23）。

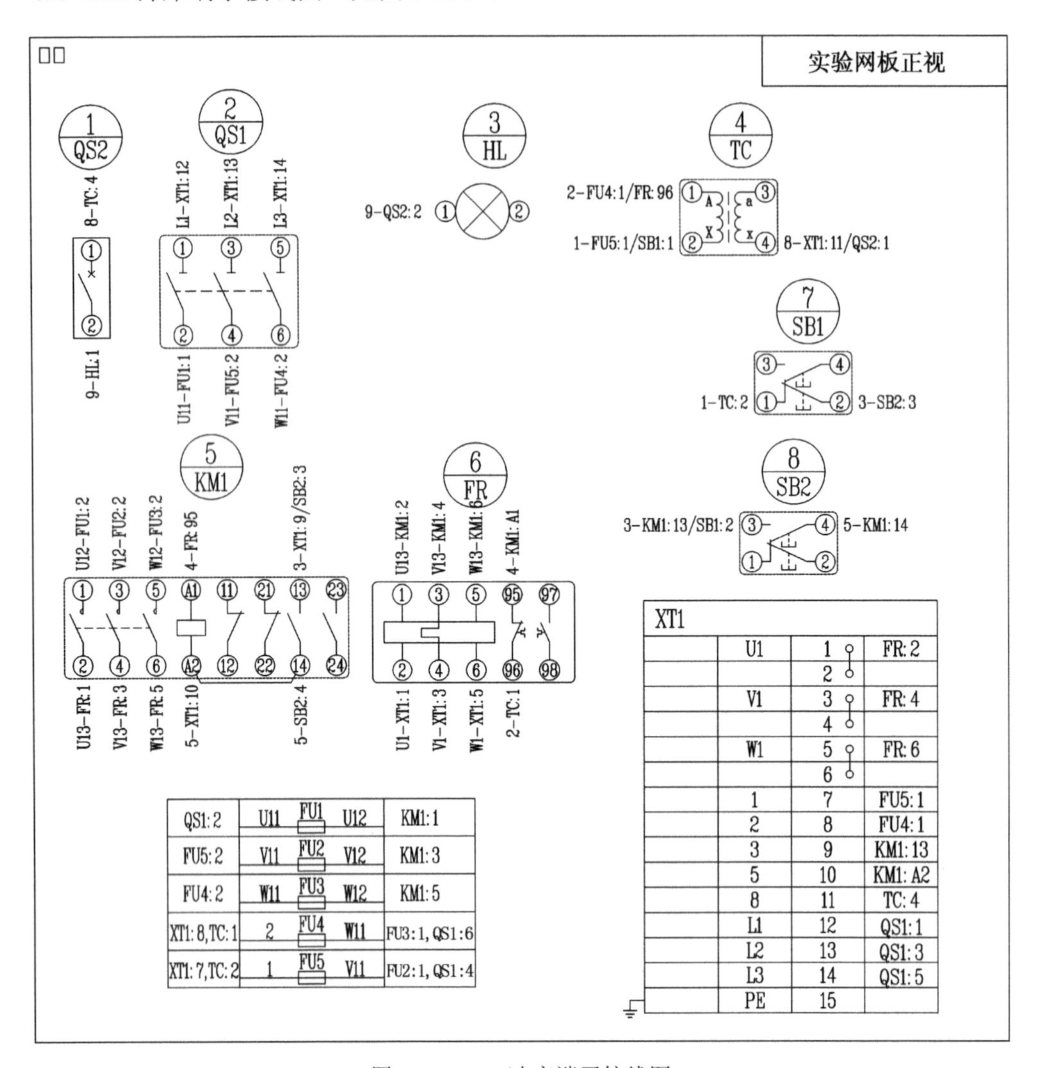

图 6-23　80T 冲床端子接线图

3．80T 冲床电气设备材料表（见表 6-12）

表 6-12　80T 冲床电气设备材料表

序号	代号	元器件名称	型号规格	数量	备注
1	FR	热继电器	JR20-10，0.1～0.15A	1	
2	FU1～FU5	熔断器	NGT	5	
3	HL	带灯按钮	LAY3-11D，红/绿/黄/白	1	
4	KM1	交流接触器	CJ20-（10,16,25,40A）-AC 220V，辅助 2 开 2 闭；线圈电压为 AC 36,127,220,380V,DC 48,110,220V	1	
5	QS1	隔离开关	HUH18-100/1,2,3,4P-40,63,80,100A	1	
6	QS2	微型断路器	C45AD/1P □A 1,3,6,10,16,20,25,32,40,50,63A	1	
7	SB1,SB2	按钮	LAY3-11，红/绿/黑/白	2	
8	TC	控制变压器	BK-□-□/□V 2-2	1	

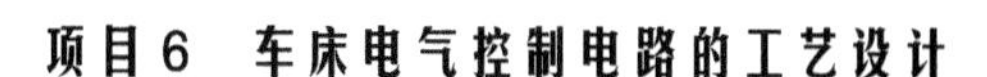

4．80T 冲床电气接线表（见表 6-13）

表 6-13　80T 冲床电气接线表

序号	回路线号	起始端号	末端号	序号	回路线号	起始端号	末端号
1	L1	QSl-1	XTl-12	18	9	QS2-2	HL-1
2	L2	QSl-3	XTl-13	19	8	QS2-1	TC-4
3	L3	QSl-5	XTl-14	20	2	TC-1	FR-96
4	8	TC-4	XTl-11	21	1	TC-2	SBl-1
5	8	KMl-18	XTl-9	22	U13	KMl-2	FR-1
6	5	KMl-A2	XTl-10	23	V13	KMl-4	FR-3
7	U1	FR-2	XTl-1	24	W13	KMl-6	FR-5
8	V1	FR-4	XTl-3	25	4	KMl-A1	FR-g5
9	W1	FR-6	XTl-5	26	3	KMl-13	SB2-3
10	U11	qSl-2	FUl-1	27	5	KMl-14	SB2-4
11	U12	KMl-1	FUl-2	28	3	SBl-2	SB2-3
12	V12	KMl-3	FU2-2	29	5	KMl-A2	KMl-14
13	W12	KMl-5	FU3-2	30	V11	FU2-1	FU5-2
14	W11	QSl-6	FU4-2	31	W11	FU8-1	FU4-2
15	2	TC-1	FU4-1	32	1	XTl-7	FU5-1
16	V11	QSl-4	FU5-2	33	2	XTl-B	FU4-1
17	1	TC-2	FU5-1				

实例 7　CW6140 型车床的电气工艺文件设计

CW6140 型车床是典型的单向启动连续运转控制电路。合上电源开关 QS1，按下启动按钮 SB2 时接触器 KM1 的线圈通电吸合，主电动机启动。冷却泵电动机是用 QS2 来控制的。没有启动主电动机之前冷却泵电动机是无法启动的。完整的设计资料如下。

1．CW6140 型车床的电气原理图（见图 6-24）

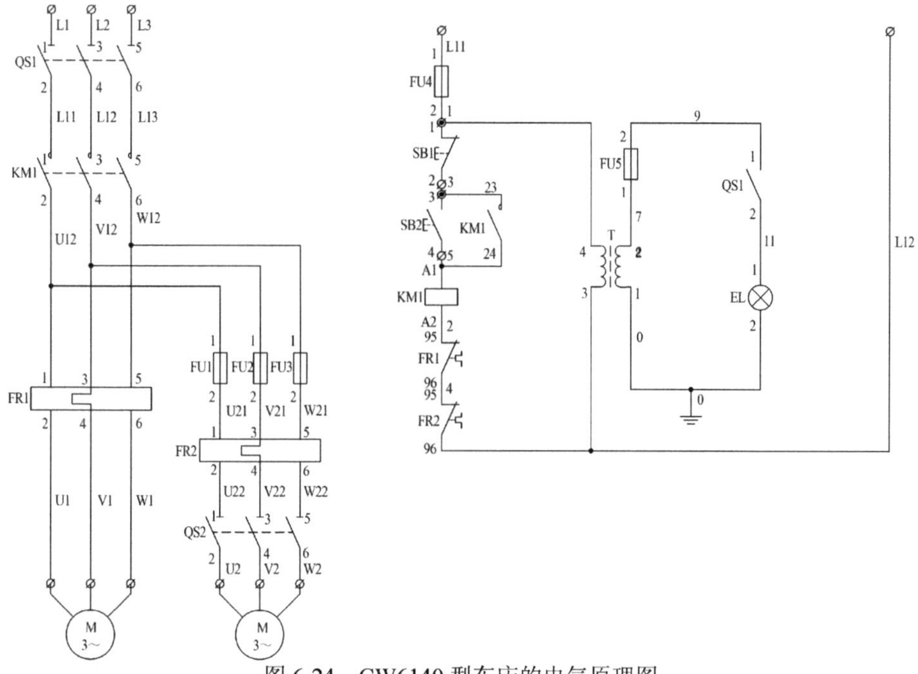

图 6-24　CW6140 型车床的电气原理图

2．CW6140 型车床的电气接线图

（1）CW6140 型车床的实物接线图（见图 6-25）。

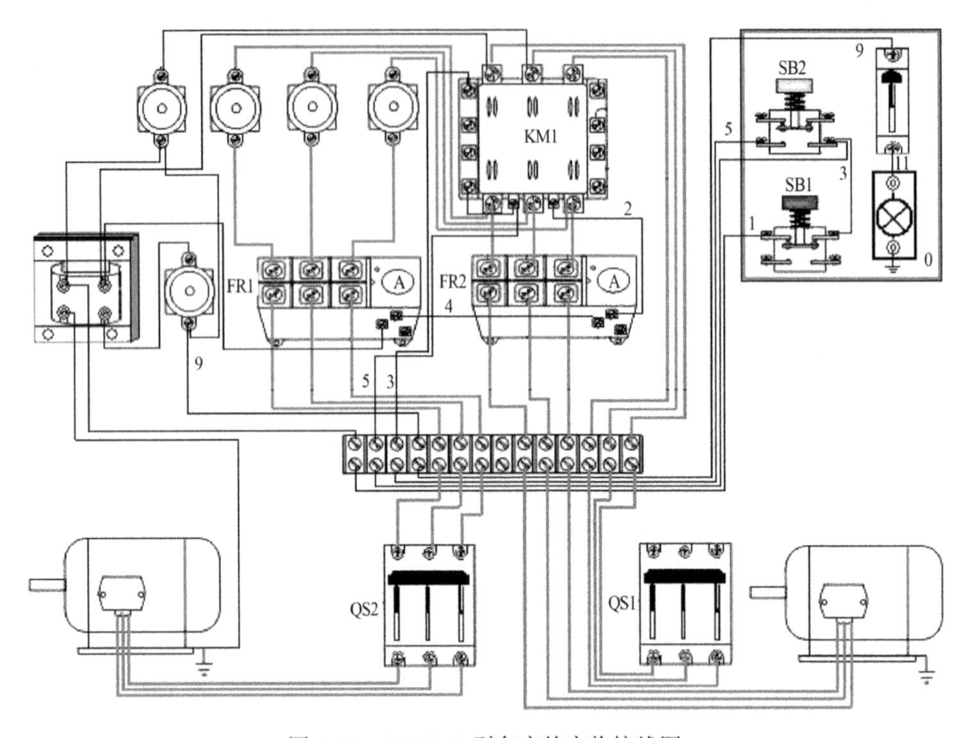

图 6-25 CW6140 型车床的实物接线图

（2）CW6140 型车床的端子接线图（见图 6-26）。

3．CW6140 型车床的电气设备材料表（见表 6-14）

表 6-14 CW6140 型车床的电气设备材料表

序号	代号	元器件名称	型号规格	数量	备注
1	EL	指示灯	AD11-22/20，红/绿/黑/白 AC 220V/380V	1	
2	FR1,FR2	热继电器	JR20-10，0.1～0.15A	2	
3	FU1～FU5	熔断器	NGT	5	
4	KM1	交流接触器	CJ20-（10,16,25,40A）-AC 220V，辅助 2 开 2 闭；线圈电压为 AC 36,127,220,380V,DC 48,110,220V	1	
5	QS1,QS2	隔离开关	HUH18-100/1,2,3,4P-40,63,80,100A	2	
6	SB1,SB2	按钮	LAY3-11，红/绿/黑/白	2	
7	T	控制变压器	BK-□-□/□V 2-2	1	

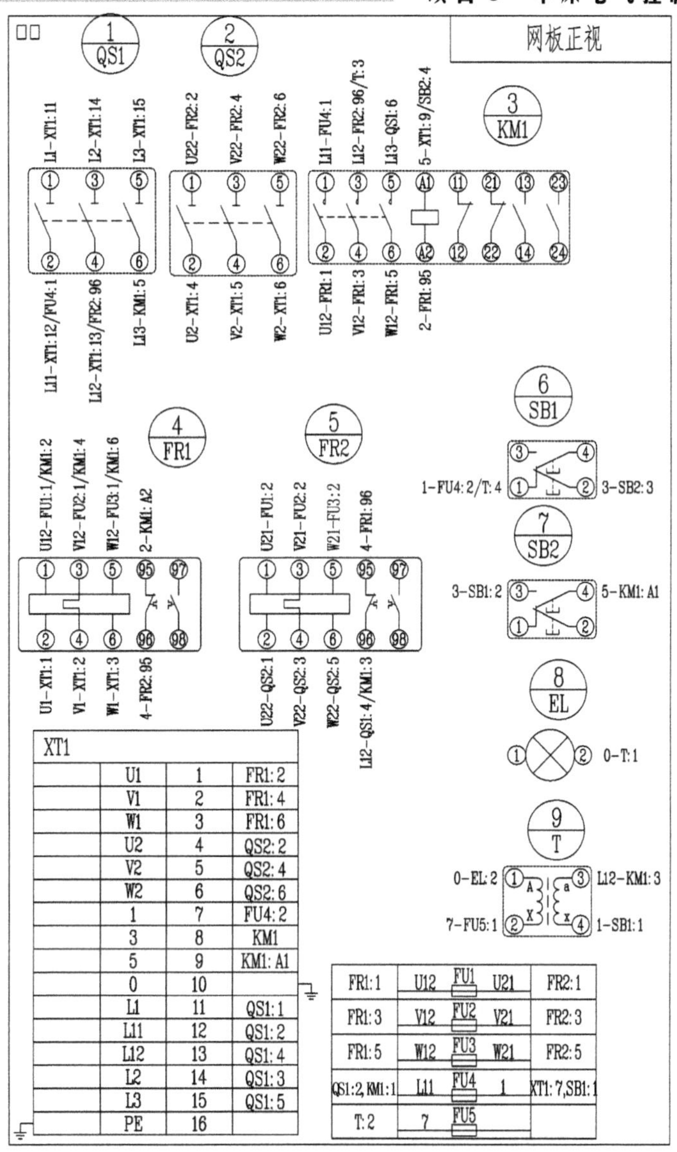

图6-26　CW6140型车床的端子接线图

4．CW6140型车床的电气接线表（见表6-15）

表6-15　CW6140型车床的电气接线表

序号	回路线号	起始端号	末端号	序号	回路线号	起始端号	末端号
1	L13	QSl-6	KMl-5	9	2	KMl-A2	FRl-95
2	L12	QSl-4	FR2-96	10	L12	KMl-3	FR2-96
3	U22	QS2-1	FR2-2	11	5	KMl-A1	SB2-4
4	V22	QS2-3	FR2-4	12	L12	KMl-3	T-3
5	w22	QS2-5	FR2-6	13	4	FRl-96	FR2-95
6	U12	KMl-2	FRl-1	14	3	SBl-2	SB2-3
7	V12	KMl-4	FRl-3	15	1	SBl-1	T-4
8	W12	KMl-6	FRl-5	16	0	EL-2	T-1

实例 8　C618K-1 型普通车床的电气工艺文件设计

C618K-1 型车床的特点是电动机 D1 和电动机 D2 均为单向启动连续运转电路，有热继电器做过载保护，但从主电路中可以看出，只有当电动机 D1 启动后，电动机 D2 才能启动。完整的设计资料如下。

1．C618K-1 型普通车床的电气原理图（见图 6-27）

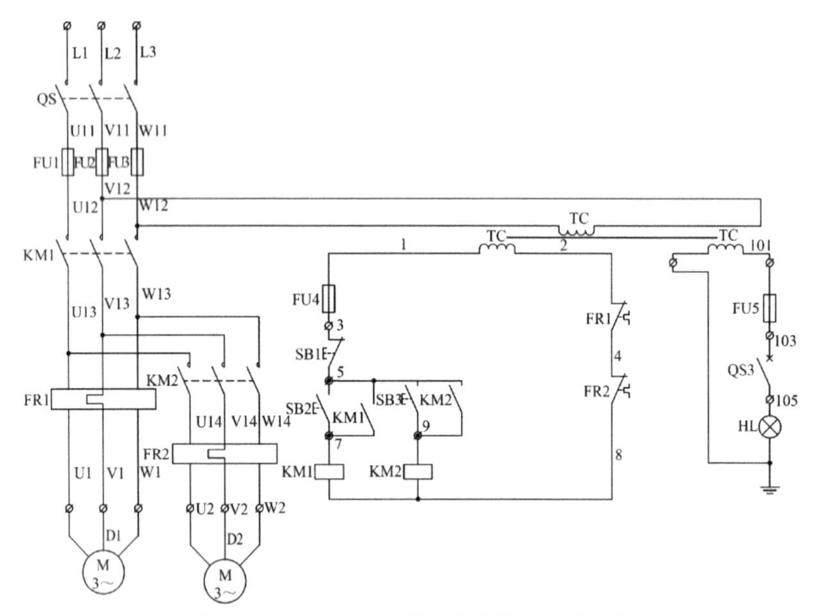

图 6-27　C618K-1 型普通车床的电气原理图

2．C618K-1 型普通车床的电气接线图

（1）C618K-1 型普通车床的实物接线图（见图 6-28）。

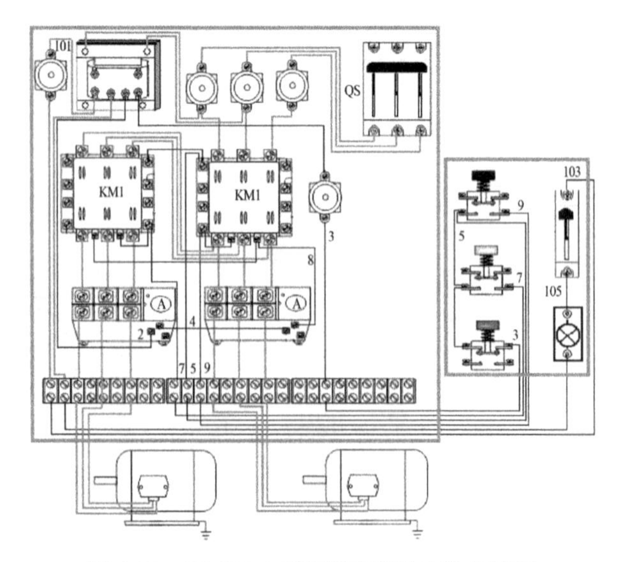

图 6-28　C618K-1 型普通车床的实物接线图

（2）C618K-1 型普通车床的端子接线图（见图 6-29）。

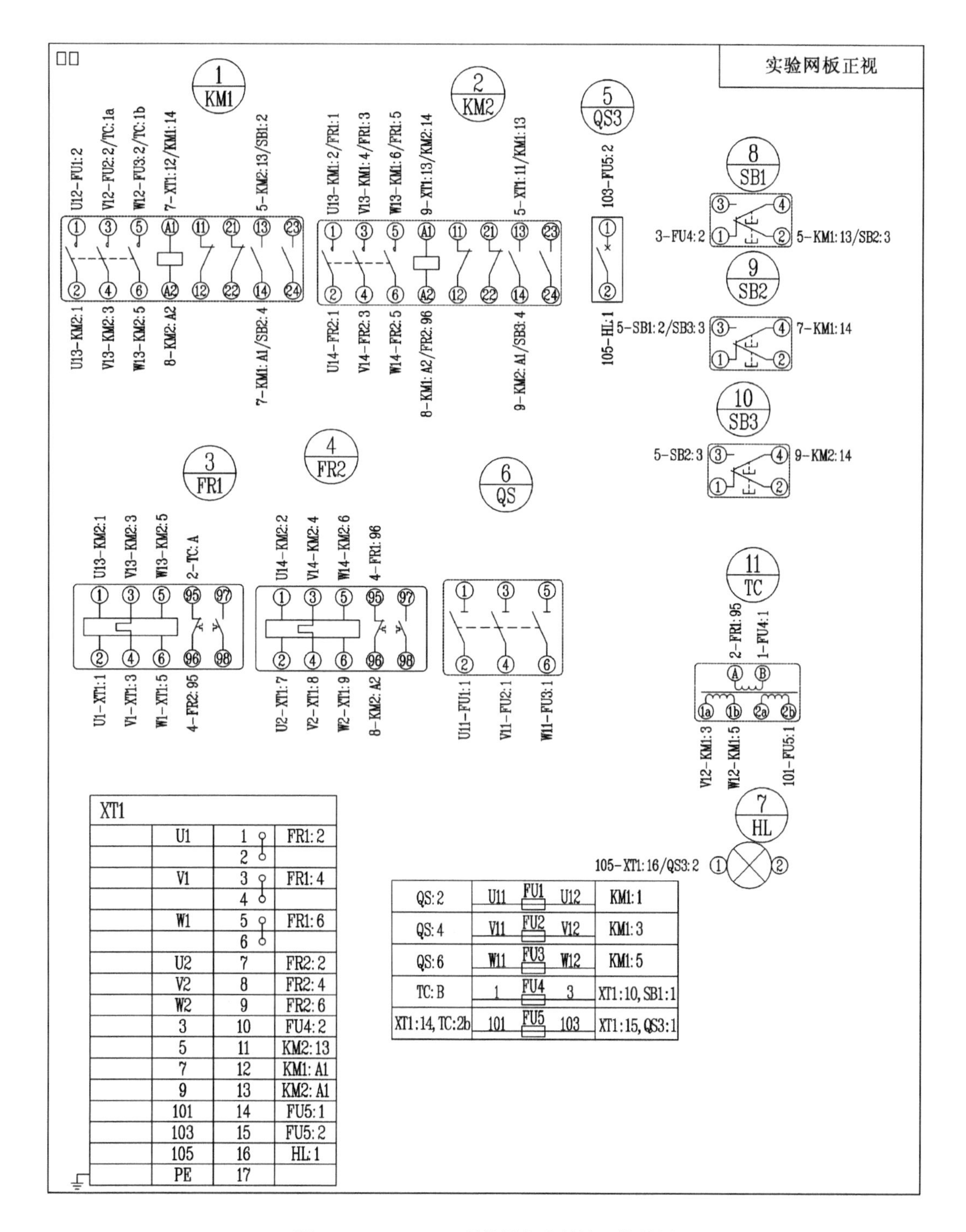

	U1	1	FR1:2
		2	
	V1	3	FR1:4
		4	
	W1	5	FR1:6
		6	
	U2	7	FR2:2
	V2	8	FR2:4
	W2	9	FR2:6
	3	10	FU4:2
	5	11	KM2:13
	7	12	KM1:A1
	9	13	KM2:A1
	101	14	FU5:1
	103	15	FU5:2
	105	16	HL:1
	PE	17	

QS:2	U11	FU1	U12	KM1:1
QS:4	V11	FU2	V12	KM1:3
QS:6	W11	FU3	W12	KM1:5
TC:B	1	FU4	3	XT1:10, SB1:1
XT1:14, TC:2b	101	FU5	103	XT1:15, QS3:1

图 6-29　C618K-1 型普通车床的端子接线图

3．C618K-1 型普通车床的电气设备材料表（见表 6-16）

表 6-16　C618K-1 型普通车床的电气设备材料表

序号	代号	元器件名称	型号规格	数量	备注
1	FR1,FR2	热继电器	JR20-10，0.1～0.15A	2	
2	FU1～FU5	熔断器	NGT	5	
3	HL	指示灯	AD11-22/20，红/绿/黑/白 AC 220V/380V	1	
4	KM1,KM2	交流接触器	CJ20-（10,16,25,40A）-AC 220V，辅助 2 开 2 闭；线圈电压为 AC 36,127,220,380V, DC 48,110,220V	2	
5	QS	隔离开关	HUH18-100/1,2,3,4P-40,63,80,100A	1	
6	QS3	微型断路器	C45AD/1P　□A　1,3,6,10,16,20,25,32,40, 50,63A	1	
7	SB1,SB2,SB3	按钮	LAY3-11，红/绿/黑/白	3	
8	TC	电压互感器	JDZ8-10，10/0.1kV，两个绕组	1	

4．C618K-1 型普通车床的电气接线表（见表 6-17）

表 6-17　C618K-1 型普通车床的电气接线表

序号	回路线号	起始端号	末端号
1	L13	QSl-6	KMl-5
2	L12	QSl-4	FR2-96
3	U22	QS2-1	FR2-2
4	V22	QS2-3	FR2-4
5	W22	QS2-5	FR2-6
6	U12	KMl-2	FRl-1
7	V12	KMl-4	FRl-3
8	W12	KMl-6	FRl-5
9	2	KMl-A2	FRl-95
10	L12	KMl-3	FR2-96
11	5	KMl-A1	SB2-4
12	L12	KMl-3	T-3
13	4	FRl-96	FR2-95
14	3	SBl-2	SB2-3
15	1	SBl-1	T-4
16	0	EL-2	T-1

实例 9　B516、B502B、B5032 型插床的电气图

主电动机 D1 有短路和过载保护，属于典型的单向启动连续运转控制电路。机床电源由开关 QS1 控制。

1．B516、B502B、B5032 型插床的电气原理图（见图 6-30）

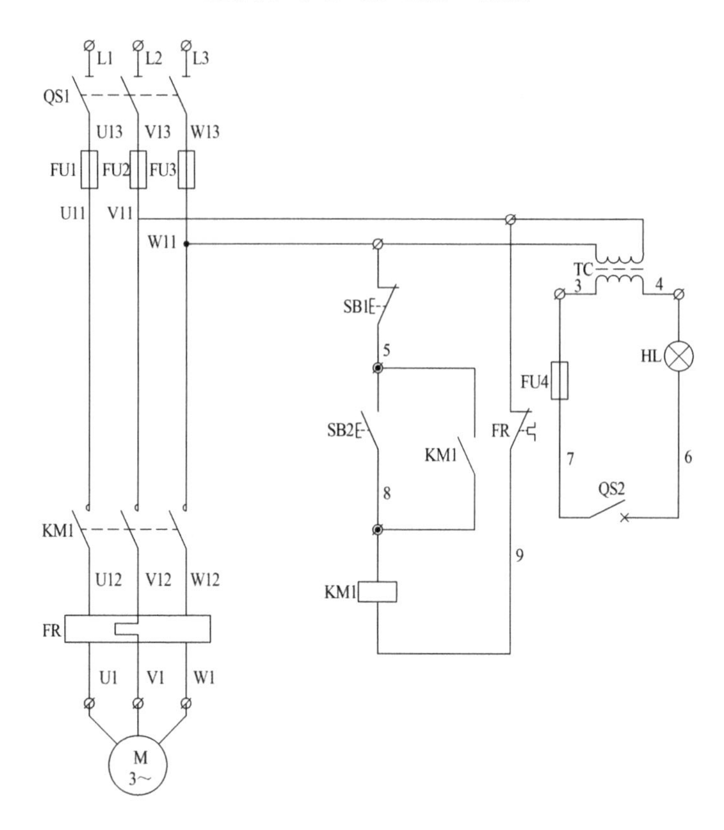

图 6-30　B516、B502B、B5032 型插床的电气原理图

2．B516、B502B、B5032 型插床的电气设备材料表（见表 6-18）

表 6-18　B516、B502B、B5032 型插床的电气设备材料表

序号	代号	元器件名称	型号规格	数量
1	FR	热继电器	JR20-10，0.1～0.15A	1
2	FU1～FU4	熔断器	NGT	4
3	HL	指示灯	AD11-22/20，红/绿/黑/白 AC 220V/380V	1
4	KM1	交流接触器	CJ20-（10,16,25,40A）-AC 220V，辅助 2 开 2 闭；线圈电压为 AC 36,127,220,380V,DC 48,110,220V	1
5	QS1	隔离开关	HUH18-100/1,2,3,4P-40,63,80,100A	1
6	QS2	微型断路器	C45AD/1P □A 1,3,6,10,16,20,25,32,40,50,63A	1
7	SB1,SB2	按钮	LAY3-11，红/绿/黑/白	2
8	TC	控制变压器	BK-□-□/□V 2-2	1

3．B516、B502B、B5032 型插床的电气接线图

（1）实物接线图（见图 6-31）。

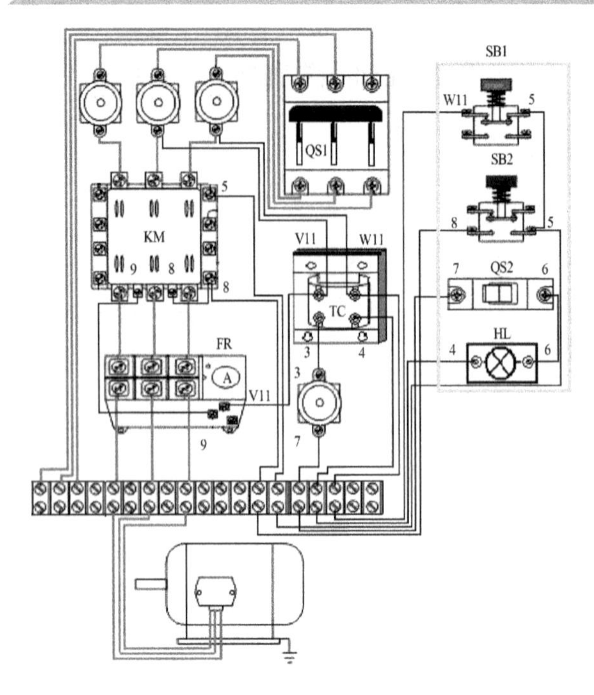

图 6-31　B516、B502B、B5032 型插床的实物接线图

（2）B516、B502B、B5032 型插床的端子接线图（见图 6-32）。

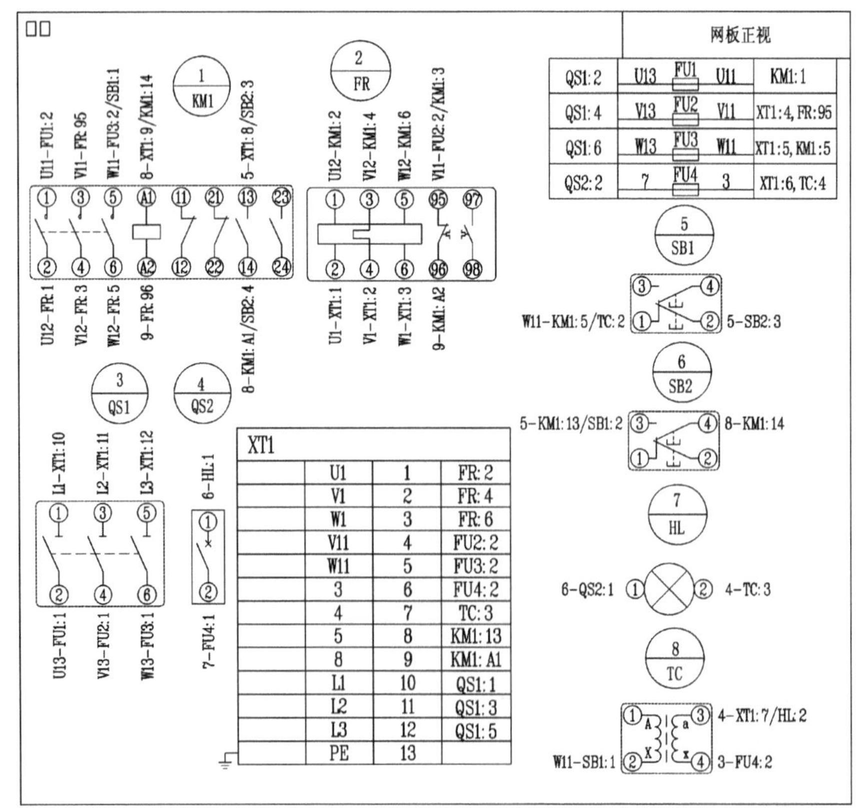

图 6-32　B516、B502B、B5032 型插床的端子接线图

4．B516、B502B、B5032 型插床的电气接线表（见表 6-19）。

表 6-19　B516、B502B、B5032 型插床的电气接线表

序号	回路线号	起始端号	末端号	序号	回路线号	起始端号	末端号
1	U11	KMl-1	FUl-2	12	W12	KMl-6	FR-5
2	U13	QSl-2	FUl-1	13	9	KMl-A2	FR-96
3	V11	FR-95	FU2-2	14	W11	KMl-5	SBl-1
4	V13	QSl-4	FU2-1	15	5	KMl-13	SB2-3
5	W11	KMl-5	FU3-2	16	8	KMl-14	SB2-4
6	W13	QSl-6	FU3-1	17	6	QS2-1	HL-1
7	3	TC-4	FU4-2	18	5	SBl-2	SB2-3
8	7	QS2-2	FU4-1	19	W11	SBl-1	TC-2
9	V11	KMl-3	FR-95	20	4	HL-2	TC-3
10	U12	KMl-2	FR-1	21	8	KMl-A1	KMl-14
11	V12	KM1-4	FR-3				

实例 10　B540 型插车床电气工艺设计

该机床有两台电动机，D1 为液压泵电动机，D2 为快速电动机，均由接触器控制。D1 具有短路保护和过载保护，D2 只有电动控制，没有过载保护。

1．B540 型插车床电气原理图（见图 6-33）

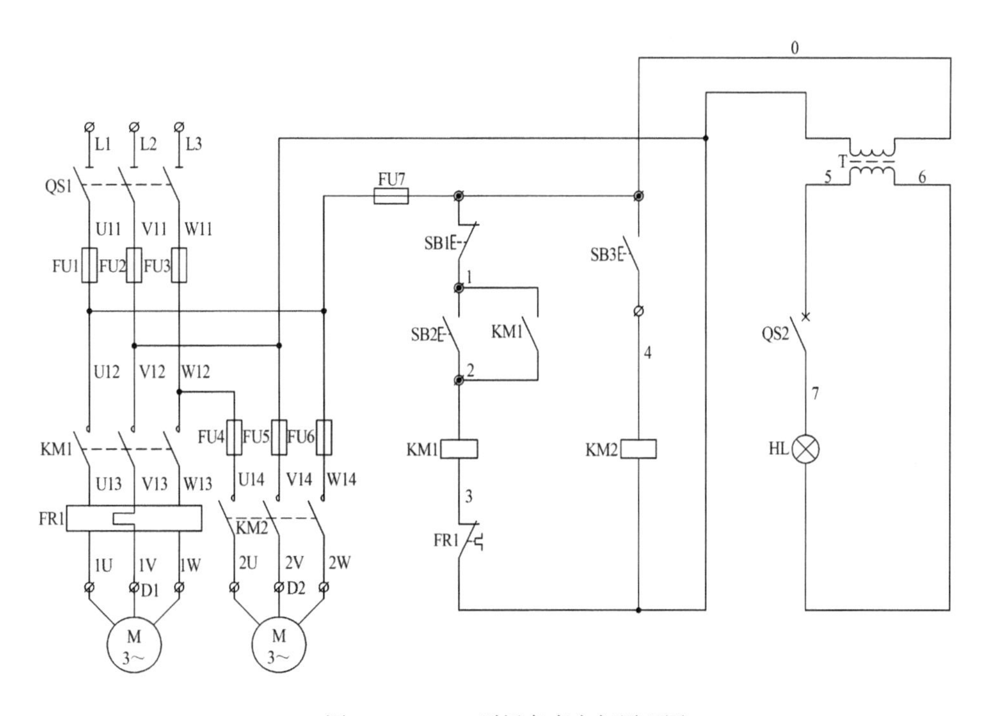

图 6-33　B540 型插车床电气原理图

2．B540 型插车床电气设备材料表（见表 6-20）

表 6-20　B540 型插车床电气设备材料表

序号	代号	元器件名称	型号规格	数量
1	FR1	热继电器	JR20-10，0.1～0.15A	1
2	FU1～FU7	熔断器	NGT	7
3	HL	指示灯	AD11-22/20，红/绿/黑/白，AC 220V/380V	1
4	KM1,KM2	交流接触器	CJ20-（10,16,25,40A）- AC 220V，辅助 2 开 2 闭；线圈电压为 AC 36,127,220,380V,DC 48,110,220V	2
5	QS1	隔离开关	HUH18-100/1,2,3,4P-40,63,80,100A	1
6	QS2	微型断路器	C45AD/1P □A 1,3,6,10,16,20,25,32,40,50,63A	1
7	SB1,SB2,SB3	按钮	LAY3-11，红/绿/黑/白	3
8	T	控制变压器	BK-□-□/□V 2-2	1

3．B540 型插车床电气接线图

（1）B540 型插车床实物接线图（见图 6-34）。

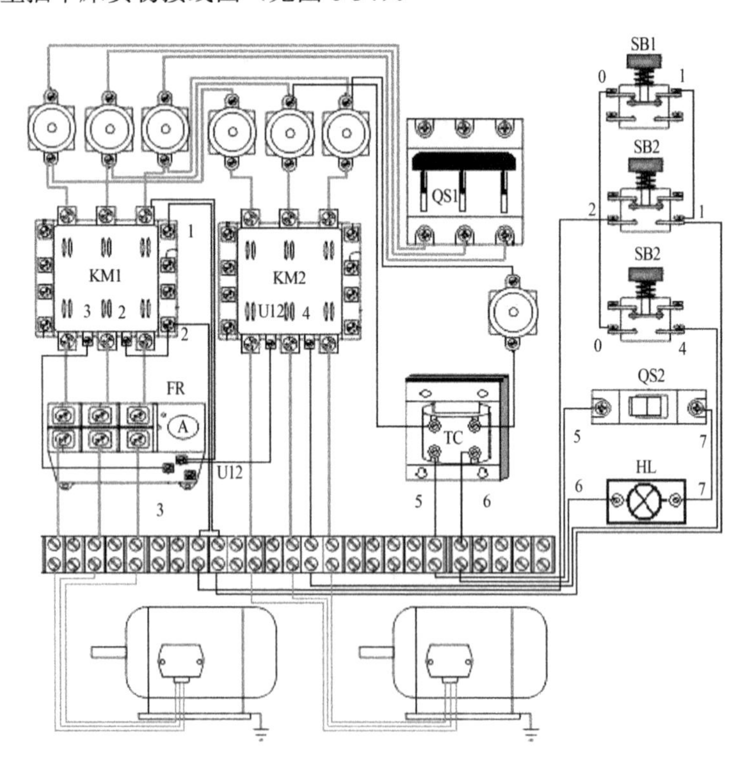

图 6-34　B540 型插车床实物接线图

（2）B540 型插车床电气接线图（见图 6-35）。

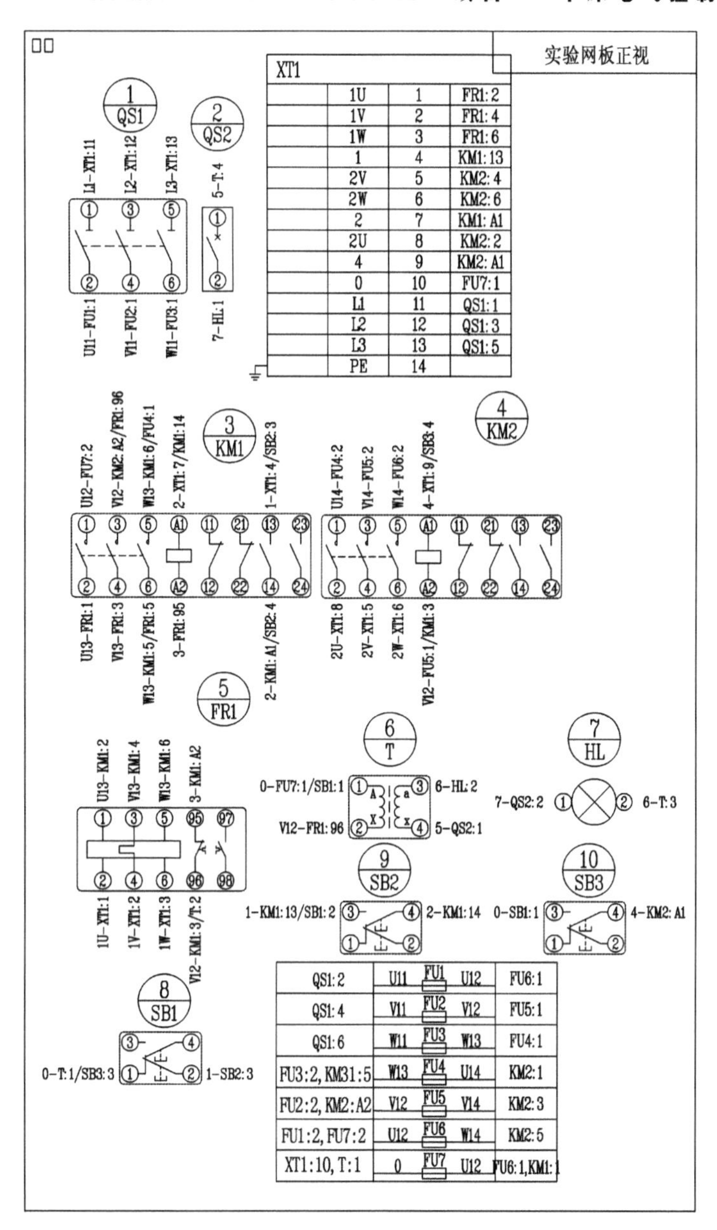

图 6-35　B540 型插车床电气接线图

4. B540 型插车床电气接线表（见表 6-21）

表 6-21　B540 型插车床电气接线表

序号	回路线号	起始端号	末端号	序号	回路线号	起始端号	末端号
1	L1	QS1-1	XT1-11	6	2V	KM2-4	XT1-5
2	L2	QS1-3	XT1-12	7	2U	KM2-2	XT1-8
3	L3	QS1-5	XT1-13	8	2W	KM2-6	XT1-6
4	1	KM1-13	XT1-4	9	4	KM2-A1	XT1-9
5	2	KM1-A1	XT1-7	10	1V	FR1-4	XT1-2

续表

序号	回路线号	起始端号	末端号	序号	回路线号	起始端号	末端号
11	1U	FR1-2	XT1-1	29	W13	KM1-6	FR1-5
12	1W	FR1-6	XT1-3	30	3	KM1-A2	FR1-95
13	U11	QS1-2	FU1-1	31	1	KM1-13	SB2-3
14	V11	QS1-4	FU2-1	32	2	KM1-14	SB2-4
15	W11	QS1-6	FU3-1	33	4	KM2-A1	SB3-4
16	W13	KM1-5	FU4-1	34	V12	FR1-96	T-2
17	U14	KM2-1	FU4-2	35	6	T-3	HL-2
18	V12	KM2-A2	FU5-1	36	0	T-1	SB1-1
19	V14	KM2-3	FU5-2	37	1	SB1-2	SB2-3
20	W14	KM2-5	FU6-2	38	0	SB1-1	SB3-3
21	U12	KM1-1	FU7-2	39	W13	KM1-5	KM1-6
22	0	T-1	FU7-1	40	2	KM1-A1	KM1-14
23	5	QS2-1	T-4	41	U12	FU1-2	FU6-1
24	7	QS2-2	HL-1	42	U12	FU6-1	FU7-2
25	V12	KM1-3	KM2-A2	43	V12	FU2-2	FU5-1
26	V12	KM1-3	FR1-96	44	W13	FU3-2	FU4-1
27	U13	KM1-2	FR1-1	45	0	XT1-10	FU7-1
28	V13	KM1-4	FR1-3				

实例 11　C630 型车床的工艺设计

D1 为主轴进给电动机，D2 为冷却泵电动机，QS1 为电源开关，TC 为照明变压器。FR1 为主轴过载保护热继电器，FR2 为冷却泵过载保护热继电器。D1 由接触器 KM1 控制，D2 由 QS2 手动控制。

1. C630 型车床的电气原理图（见图 6-36）

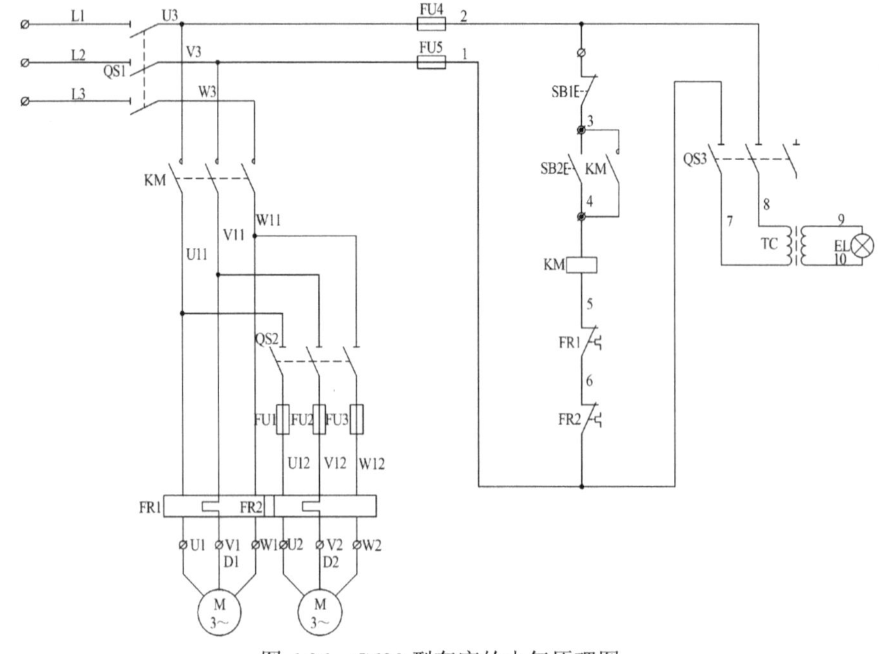

图 6-36　C630 型车床的电气原理图

2. C630型车床的电气设备材料表（见表6-22）

表6-22 C630型车床的电气设备材料表

序号	代号	元器件名称	型号规格	数量
1	EL	指示灯	AD11-22/20，红/绿/黑/白 AC 220V/380V	1
2	FR1,FR2	热继电器	JR20-10，0.1～0.15A	2
3	FU1～FU5	熔断器	NGT	5
4	KM	交流接触器	CJ20-（10,16,25,40A）-AC 220V，辅助2开2闭； 线圈电压为AC 36,127,220,380V,DC 48,110,220V	1
5	QS1,QS2,QS3	隔离开关	HUH18-100/1,2,3,4P-40,63,80,100A	3
6	SB1,SB2	按钮	LAY3-11，红/绿/黑/白	2
7	TC	控制变压器	BK-□-□/□V 2-2	1
8	D1	电动机	10kW，1400r/min	1
9	D2	电动机	0.125kW，2790r/min	1

3. C630型车床的电气接线图（见图6-37）

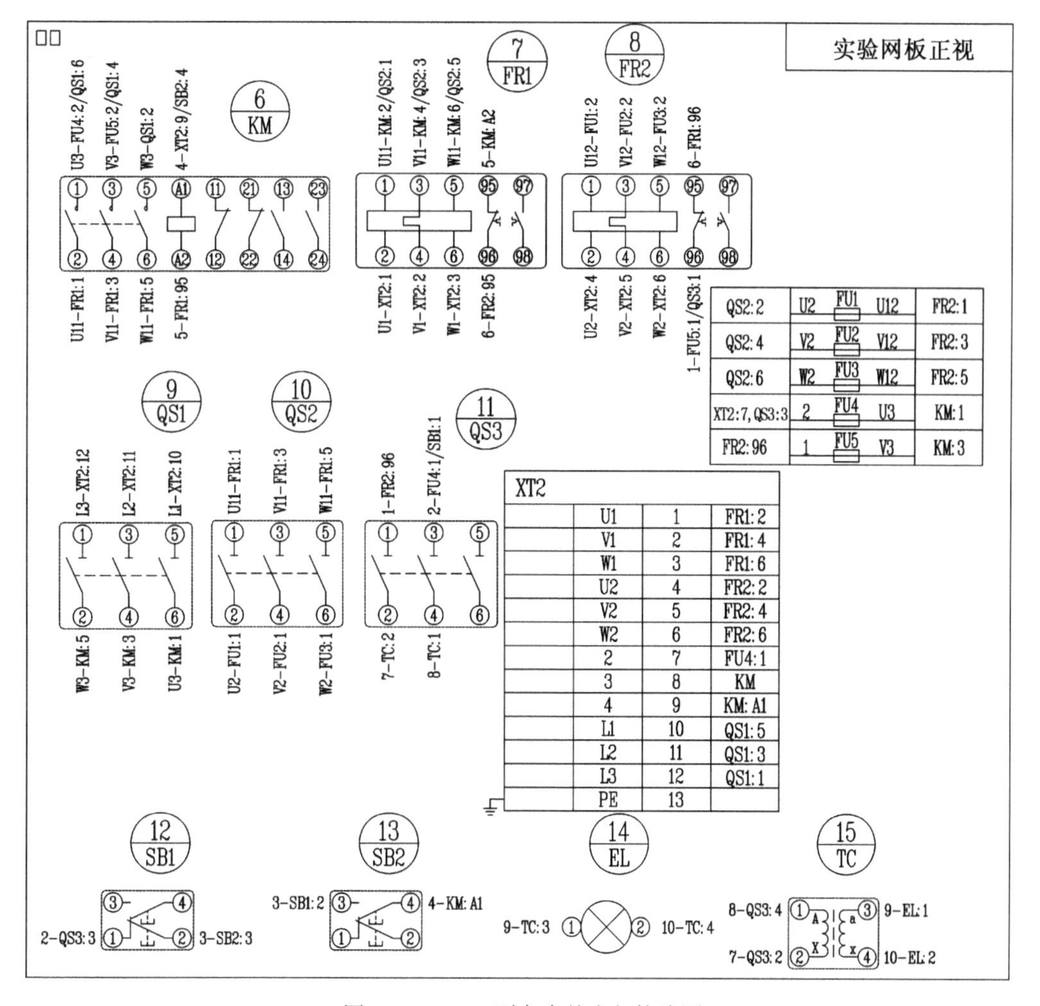

图6-37 C630型车床的电气接线图

4．C630 型车床的电气接线表（见表 6-23）

表 6-23　C630 型车床的电气接线表

序号	回路线号	起始端号	末端号	序号	回路线号	起始端号	末端号
1	4	KM-A1	XT2-9	17	5	KM-A2	FRl-95
2	U1	FRl-2	XT2-1	18	U3	KM-1	QSl-6
3	V1	FRl-4	XT2-2	19	V3	KM-3	QSl-4
4	W1	FRl-6	XT2-3	20	W3	KM-5	QSl-2
5	U2	FR2-2	XT2-4	21	4	KM-A1	SB2-4
6	V2	FR2-4	XT2-5	22	6	FRl-96	FR2-95
7	W2	FR2-6	XT2-6	23	U11	FRl-1	QS2-1
8	L1	QSl-5	XT2-10	24	V11	FRl-3	QS2-3
9	L2	QSl-3	XT2-11	25	W11	FRl-5	QS2-5
10	L3	QSl-1	XT2-12	26	1	FR2-96	QS3-1
11	U2	QS2-2	FUl-1	27	2	QS3-3	SBl-1
12	V2	QS2-4	FU2-1	28	7	QS3-2	TC-2
13	W2	QS2-6	FU3-1	29	8	QS3-4	TC-1
14	U11	KM-2	FRl-1	30	3	SBl-2	SB2-3
15	V11	KM-4	FRl-3	31	9	EL-1	TC-3
16	W11	KM-6	FRl-5	32	10	EL-2	TC-4

实例 12　CW6163 型普通插床的电气图

主电动机为两地控制操作（常闭按钮串联，常开按钮并联），对电动机 D3 电动控制。FR1 是对电动机 D1 的过载保护，FR2 是对电动机 D2 的过载保护。

1．CW6163 型普通插床的电气原理图（见图 6-38）

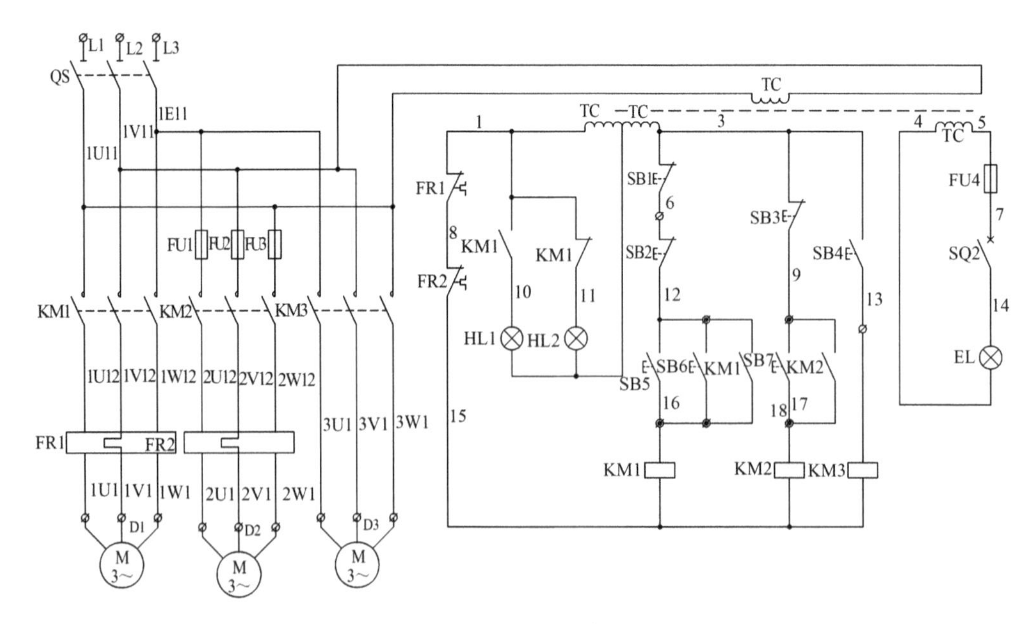

图 6-38　CW6163 型普通插床的电气原理图

2. CW6163 型普通插床的电气设备材料表（见表 6-24）

表 6-24　CW6163 型普通插床的电气设备材料表

序号	代号	元器件名称	型号规格	数量
1	EL,HL1,HL2	指示灯	AD11-22/20，红/绿/黑/白 AC 220V/380V	3
2	FR1,FR2	热继电器	JR20-10，0.1～0.15A	2
3	FU1～FU4	熔断器	NGT	4
4	KM1,KM2,KM3	交流接触器	CJ20-（10,16,25,40A）-AC 220V，辅助 2 开 2 闭；线圈电压为 AC 36,127,220,380V,DC 48,110,220V	3
5	QS	隔离开关	HUH18-100/1,2,3,4P-40,63,80,100A	1
6	SB1～SB7	按钮	LAY3-11，红/绿/黑/白	7
7	SQ2	微型断路器	C45AD/1P □A 1,3,6,10,16,20,25,32,40,50,63A	1
8	TC	电压互感器	JDZX8-[6/10/35]kV 6A2，3 个绕组，10000 √3/100V √3/100/3[0.2/0.5/1.0 5P10]	1

3. CW6163 型普通插床的电气接线图（见图 6-39）

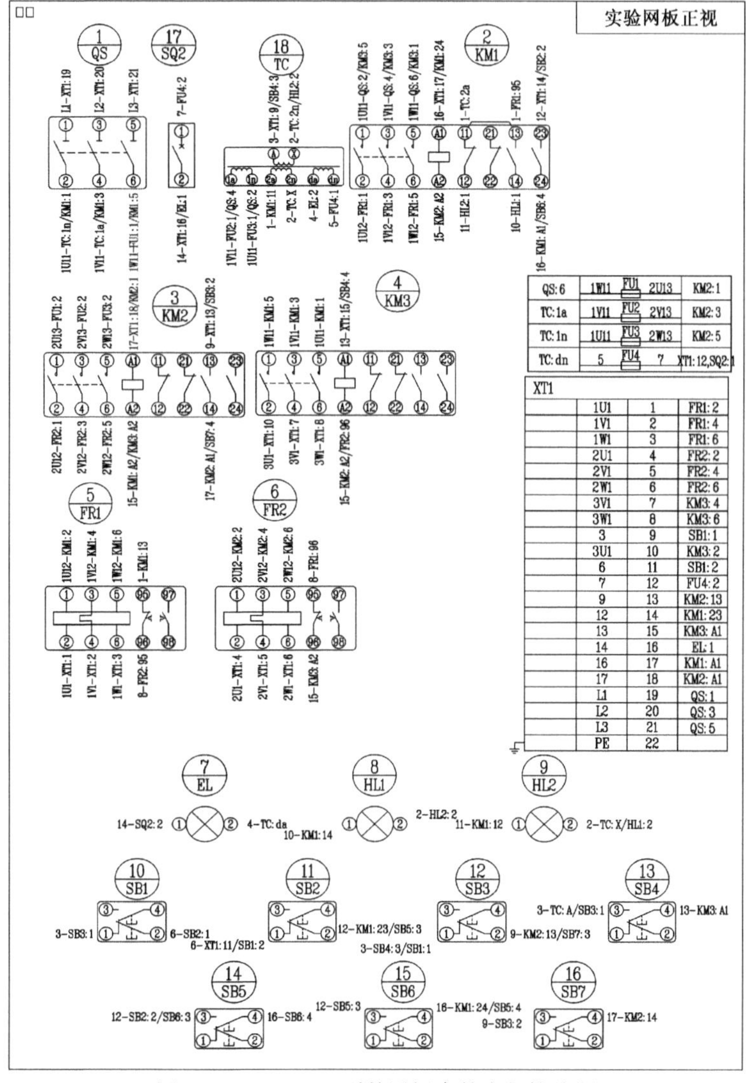

图 6-39　CW6163 型普通插床的电气接线图

4．CW6163 型普通插床的电气接线表（见表 6-25）

表 6-25　CW6163 型普通插床的电气接线表

序号	回路线号	起始端号	末端号	序号	回路线号	起始端号	末端号
1	1V11	QS-4	KM1-3	23	9	KM2-13	SB3-2
2	1W11	SQ-6	KM1-5	24	17	KM2-14	SB7-4
3	1U11	SQ-2	KM1-1	25	15	KM2-A2	FR2-96
4	1V11	SQ-4	TC-1a	26	13	KM2-A1	SB4-4
5	1U11	SQ-2	TC-1n	27	8	FR1-96	FR2-95
6	15	KM1-A2	KM2-A2	28	14	EL-1	SQ2-2
7	1V11	KM1-3	KM3-3	29	4	EL-2	TC-da
8	1W11	KM1-5	KM3-1	30	2	HL1-2	HL2-2
9	1U11	KM1-1	KM3-5	31	2	HL2-2	TC-X
10	1	KM1-13	FR1-95	32	6	SB1-2	SB2-1
11	1W12	KM1-6	FR1-5	33	3	SB1-1	SB3-1
12	1V12	KM1-4	FR1-3	34	12	SB2-2	SB5-3
13	1U12	KM1-2	FR1-1	35	3	SB3-1	SB4-3
14	10	KM1-14	HL1-1	36	9	SB3-2	SB7-3
15	11	KM1-12	HL2-1	37	3	SB4-3	TC-A
16	12	KM1-23	SB2-2	38	12	SB5-3	SB6-3
17	16	KM1-24	SB6-4	39	16	SB5-4	SB6-4
18	1	KM1-11	TC-2a	40	1	KM1-11	KM1-13
19	15	KM2-A2	KM3-A2	41	16	KM1-A1	KM1-24
20	2V12	KM2-4	FR2-3	42	17	KM2-A1	KM2-14
21	2W12	KM2-6	FR2-5	43	2	TC-2n	TC-X
22	2U12	KM2-2	FR2-1				

实例 13　Y3150 型滚齿机电气原理图

主电动机 D1 为带过载保护的可逆启动控制电路，冷却泵电动机 D2 由接触器 KM2 控制。

1．Y3150 型滚齿机电气原理图（见图 6-40）

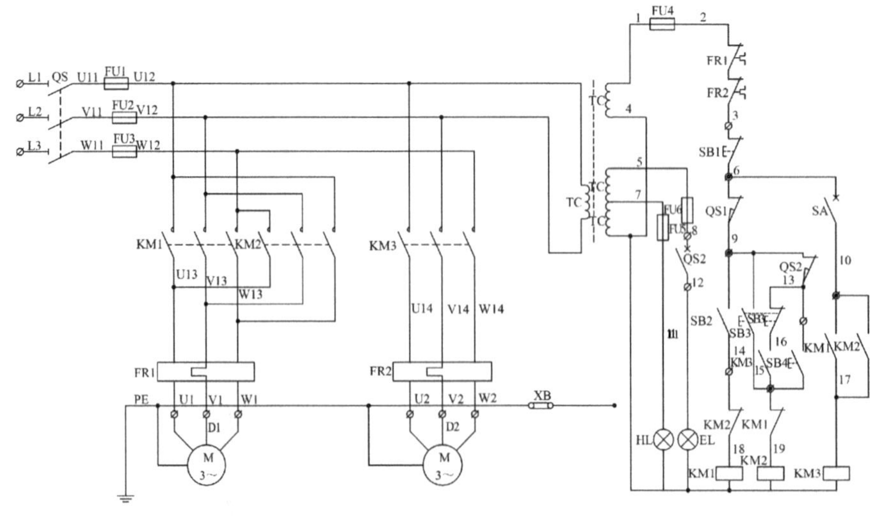

图 6-40　Y3150 型滚齿机电气原理图

2．Y3150 型滚齿机电气设备材料表（见表 6-26）

表 6-26　Y3150 型滚齿机电气设备材料表

序号	代号	元器件名称	型号规格	数量
1	EL,HL	指示灯	AD11-22/20，红/绿/黑/白 AC 220V/380V	2
2	FR1,FR2	热继电器	JR20-10，0.15～0.23A	2
3	FU1～FU6	熔断器	NGT	6
4	KM1,KM2,KM3	交流接触器	CJ20-（10,16,25,40A）-AC 220V，辅助 2 开 2 闭；线圈电压为 AC 36,127,220,380V,DC 48,110,220V	3
5	QS	隔离开关	HUH18-100/1,2,3,4P-40,63,80,100A	1
6	QS1,QS2	箱变行程开关	59170 X1	2
7	SA	微型断路器	C45AD/1P □A 1,3,6,10,16,20,25,32,40,50,63A	1
8	SB1～SB4	按钮	LAY3-11，红/绿/黑/白	4
9	TC	电压互感器	JDZX8-［6/10/35］kV 6A2，3 个绕组，10000 √3/100V √3/100/3　［0.2/0.5/1.0　5P10］	1
10	XB	连接片	JY1-2	1

3．Y3150 型滚齿机电气接线图（见图 6-41）

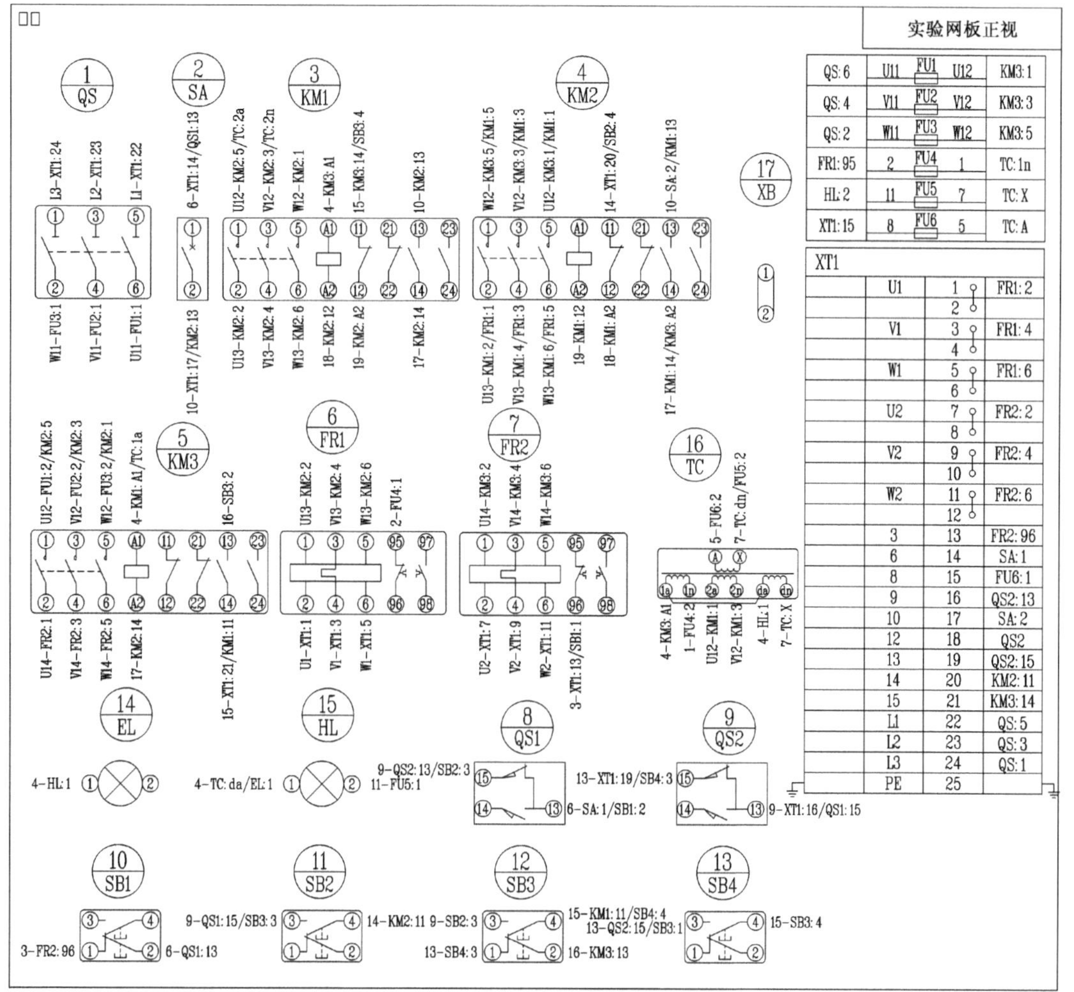

图 6-41　Y3150 型滚齿机电气接线图

4．Y3150 型滚齿机电气接线表（见表 6-27）

表 6-27　Y3150 型滚齿机电气接线表

序号	回路线号	起 始 端号	末端号	序号	回路线号	起 始 端号	末端号
1	10	SA-2	KM2-13	15	V12	KMl-3	TC-2n
2	U12	KMl-1	KM2-5	16	U12	KM2-5	KM3-1
3	V12	KMl-3	KM2-3	17	V12	KM2-3	KM3-3
4	W12	KMl-5	KM2-1	18	W12	KM2-1	KM3-5
5	U13	KMl-2	KM2-2	19	17	KM2-14	KM3-A2
6	V13	KMl-4	KM2-4	20	U13	KM2-2	FRl-1
7	W13	KMl-6	KM2-6	21	V13	KM2-4	FRl-3
8	10	KMl-13	KM2-13	22	W13	KM2-6	FRl-5
9	17	KMl-14	KM2-14	9q	U14	KM3-2	FR2-1
10	18	KMl-A2	KM2-12	24	V14	KM3-4	FR2-3
11	19	KMl-12	KM2-A2	25	W14	KM3-6	FR2-5
12	4	KMl-A1	KM3-A1	26	4	KM3-A1	TC-1a
13	15	KMl-11	KM3-14	27	4	TC-1a	TC-da
14	U12	KMl-1	TC-2a	28	7	TC-X	TC-dn

实例 14　立磨（C512 立车改装）电气图

主电路有 4 台电动机，D1 和 D4 由接触器 KM1 控制，D2 由 KM2 控制，D3 由 KM3 和 KM4 控制。D1、D2、D4 均为单向启动控制，而 D3 为可逆运行控制，并有按钮和辅助触点连锁。D1 为主电动机，D2 为磨头电动机，D3 为传动电动机，D4 为水泵电动机。

1．立磨（C512 立车改装）电气原理图（见图 6-42）

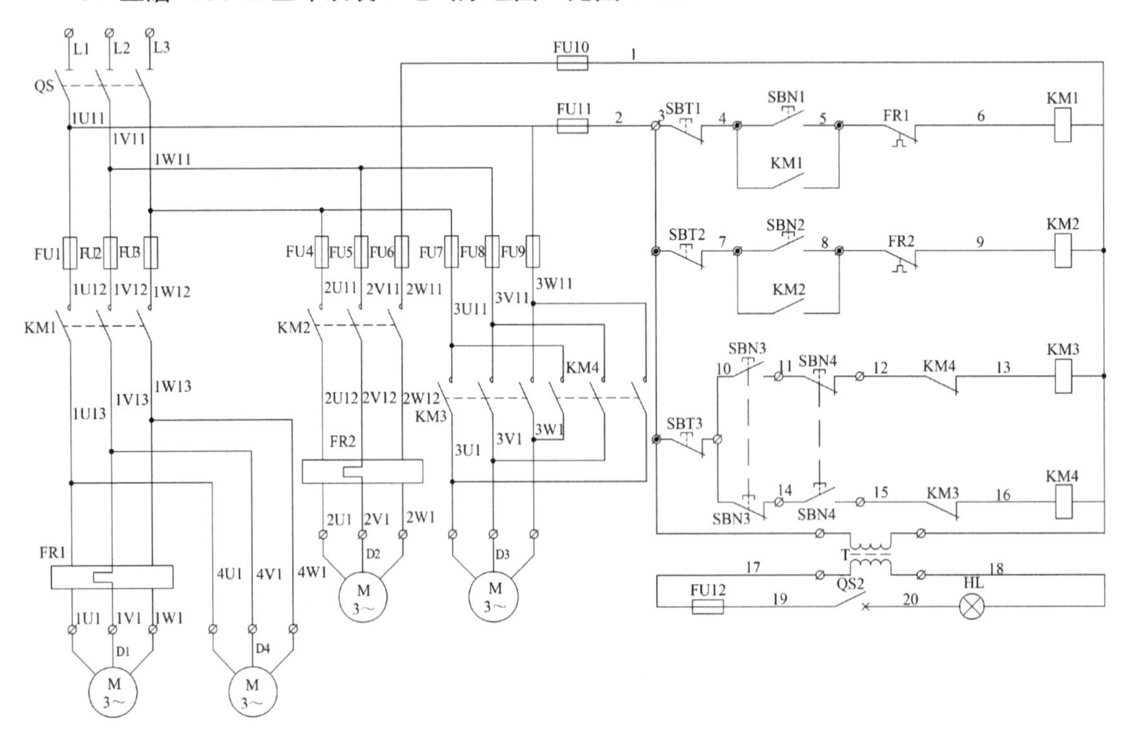

图 6-42　立磨（C512 立车改装）电气原理图

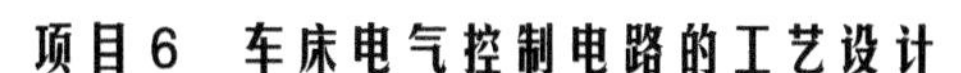

2. 立磨（C512 立车改装）电气设备材料表（见表 6-28）

表 6-28　立磨（C512 立车改装）电气设备材料表

序号	代号	元器件名称	型号规格	数量
1	FR1,FR2	热继电器	JR20-10，0.1～0.15A	2
2	FU1～FU12	熔断器	NGT	12
3	HL	指示灯	AD11-22/20，红/绿/黑/白，AC 220V/380V	1
4	KM1,KM2, KM3,KM4	交流接触器	CJ20-（10,16,25,40A）- AC 220V，辅助 2 开 2 闭； 线圈电压为 AC 36,127,220,380V,DC 48,110,220V	4
5	QS	隔离开关	HUH18-100/1,2,3,4P-40,63,80,100A	1
6	QS2	微型断路器	C45AD/1P □A 1,3,6,10,16,20,25,32,40,50,63A	1
7	SBN1～SBT3	按钮	LAY3-11，红/绿/黑/白	7
8	T	控制变压器	BK-□-□/□V 2-2	1

3. 立磨（C512 立车改装）电气接线图（见图 6-43）

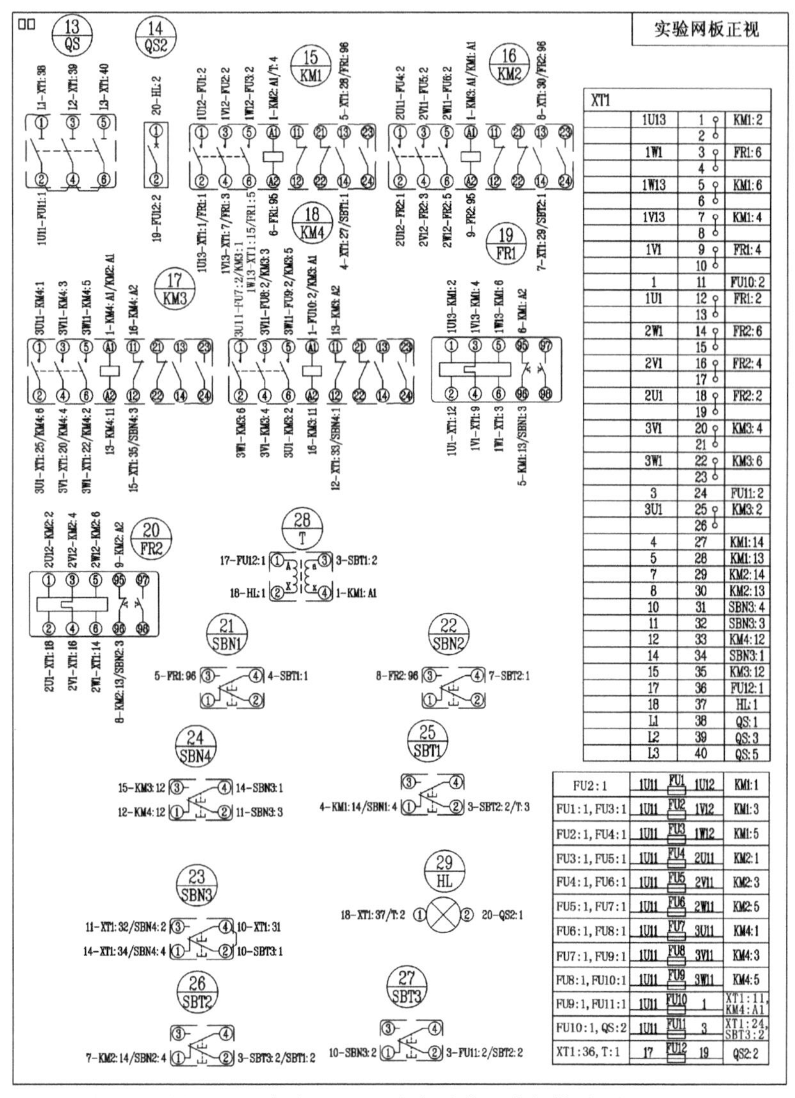

图 6-43　立磨（C512 立车改装）电气接线图

4．立磨（C512 立车改装）电气接线表（见表 6-29）

表 6-29　立磨（C512 立车改装）电气接线表

序号	回路线号	起始端号	末端号	序号	回路线号	起始端号	末端号
1	20	QS2-1	HL-2	22	3U1	KM3-2	KM4-6
2	1	KM1-A1	KM2-A1	23	3W1	KM3-6	KM4-2
3	1U13	KM1-2	FR1-1	24	13	KM3-A2	KM4-11
4	1V13	KM1-4	FR1-3	25	16	KM3-11	KM4-A2
5	1W13	KM1-6	FR1-5	26	15	KM3-12	SBN4-3
6	5	KM1-13	FR1-96	27	12	KM4-12	SBN4-1
7	6	KM1-A2	FR1-95	28	5	FR1-96	SBN1-3
8	4	KM1-14	SBT1-1	29	8	FR2-96	SBN2-3
9	1	KM1-A1	T-4	30	4	SBN1-4	SBT1-1
10	1	KM2-A1	KM3-A1	31	7	SBN2-4	SBT2-1
11	2W12	KM2-6	FR2-5	32	11	SBN3-3	SBN4-2
12	2V12	KM2-4	FR2-3	33	14	SBN3-1	SBN4-4
13	2U12	KM2-2	FR2-1	34	10	SBN3-2	SBT3-1
14	8	KM2-13	FR2-96	35	3	SBT1-2	SBT2-2
15	9	KM2-A2	FR2-95	36	3	SBT1-2	T-3
16	7	KM2-14	SBT2-1	37	3	SBT2-2	SBT3-2
17	1	KM3-A1	KM4-A1	38	18	T-2	HL-1
18	3U11	KM3-1	KM4-1	39	1U11	QS-2	QS-4
19	3V11	KM3-3	KM4-3	40	1U11	QS-4	QS-6
20	3W11	KM3-5	KM4-5	41	10	SBN3-4	SBN3-2
21	3V1	KM3-4	KM4-4				

实例 15　1K62 型普通车床的电气图

1K62 型普通车床电路主要是带有空载运行的功能，由机械手柄控制行程开关 QS2，通过时间继电器的延时而使主接触器释放，使主电动机停运而达到节能的目的。D1 是主传动电动机，D2 是冷却泵电动机，D3 液压电动机，D4 快速行程电动机。

1．1K62 型普通车床的电气设备材料表（见表 6-30）

表 6-30　1K62 型普通车床的电气设备材料表

序号	代号	元器件名称	型号规格	数量
1	FR1,FR2,FR3	热继电器	JR20-10，0.1～0.15A	3
2	FU1～FU7	熔断器	NGT	7
3	HL	指示灯	AD11-22/20，红/绿/黑/白 AC 220V/380V	1
4	KM1,KM2	交流接触器	CJ20-（10,16,25,40A）- AC220V，辅助 2 开 2 闭； 线圈电压为 AC 36,127,220,380V,DC 48,110,220V	2

续表

序号	代号	元器件名称	型号规格	数量
5	KT	空气时间继电器	JS23，2 开 2 闭，0.1～30s，10～30s AC 220～380V，通电/断电延时	1
6	Q	旋钮	LAY3-11X，红/绿/黄/白	1
7	QS	隔离开关	HUH18-100/1,2,3,4P-40,63,80,100A	1
8	QS1,QS2	箱变行程开关	59170 X1	2
9	SB1,SB2	按钮	LAY3-11，红/绿/黑/白	2
10	TC	变压器	BK	1

2．1K62 型普通车床的电气原理图（见图 6-44）

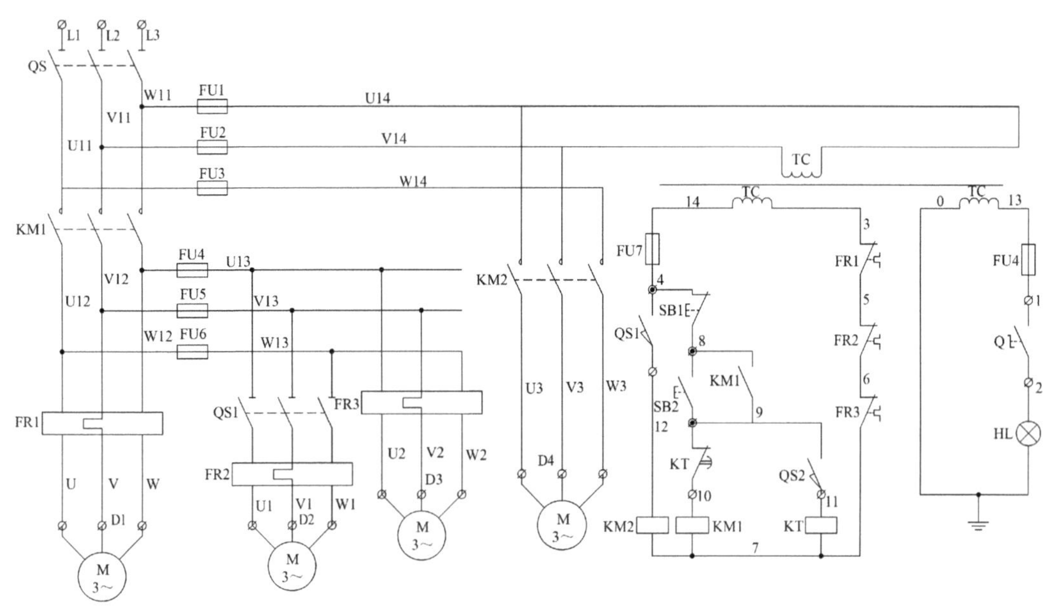

图 6-44　1K62 型普通车床的电气原理图

3．1K62 型普通车床的电气接线表（见表 6-31）

表 6-31　1K62 型普通车床的电气接线表

序号	回路线号	起始端号	末端号	序号	回路线号	起始端号	末端号
1	2	Q-4	XTl-17	13	U1	FR2-2	XTl-1
2	L1	QS-1	XTl-24	14	V1	FR2-4	XTl-3
3	L2	QS-3	XT1-25	15	W1	FR2-6	XT1-5
4	L3	QS-5	XT1-26	16	U2	FR3-2	XTl-7
5	12	0S1-14	XT1-22	17	V2	FR3-4	XT1-9
6	10	KMl-A1	XT1-20	18	W2	FR3-6	XTl-11
7	U3	KM2-2	XTl-13	19	8	SBl-2	XTl-19
8	V3	KM2-4	XT1-14	20	11	KT-A1	XTl-21
9	W3	KM2-6	XTl-15	21	W11	KMl-5	FUl-1
10	U	FRl-2	XT1-27	22	U14	KM2-1	FUl-2
11	V	FRl-4	XT1-28	23	V11	KMl-3	FU2-1
12	W	FRl-6	XT1-29	24	V14	KM2-3	FU2-2

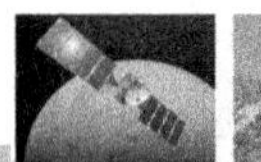

续表

序号	回路线号	起始端号	末端号	序号	回路线号	起始端号	末端号
25	W14	KM2-5	FU3-2	42	9	0S2-13	KMl-14
26	W12	KMl-6	FU4-1	43	7	KMl-A2	KM2-A2
27	U13	FR3-1	FU4-2	44	U12	KMl-2	FRl-1
28	V12	KMl-4	FU5-1	45	V12	KMl-4	FRl-3
29	W13	FR3-3	FU5-2	46	W12	KMl-6	FRl-5
30	U12	KMl-2	FU6-1	47	10	KMl-A1	KT-56
31	W13	FR3-5	FU6-2	48	7	KM2-A2	FR3-96
32	d	SBl-1	FU7-2	49	U14	KM2-1	TC-a
33	14	TC-X	FU7-1	50	V14	KM2-3	TC-n
34	1	0-3	FU8-2	51	W14	FRl-96	FR2-95
35	13	TC-dn	FU8-1	52	6	FR2-96	FR3-95
36	2	Q-4	HL-1	53	7	FR3-96	KT-A2
37	U11	QS-2	KMl-1	54	8	SBl-2	SB2-3
38	V11	QS-4	KMl-3	55	0	HL-2	TC-da
39	W11	0S-6	KMl-5	56	1	XTl-16	FU8-2
40	12	0S1-14	KM2-A1	57	4	XTl-1B	FU7-2
41	d	QSl-13	SBl-1				

4. 1K62 型普通车床的电气接线图（见图 6-45）

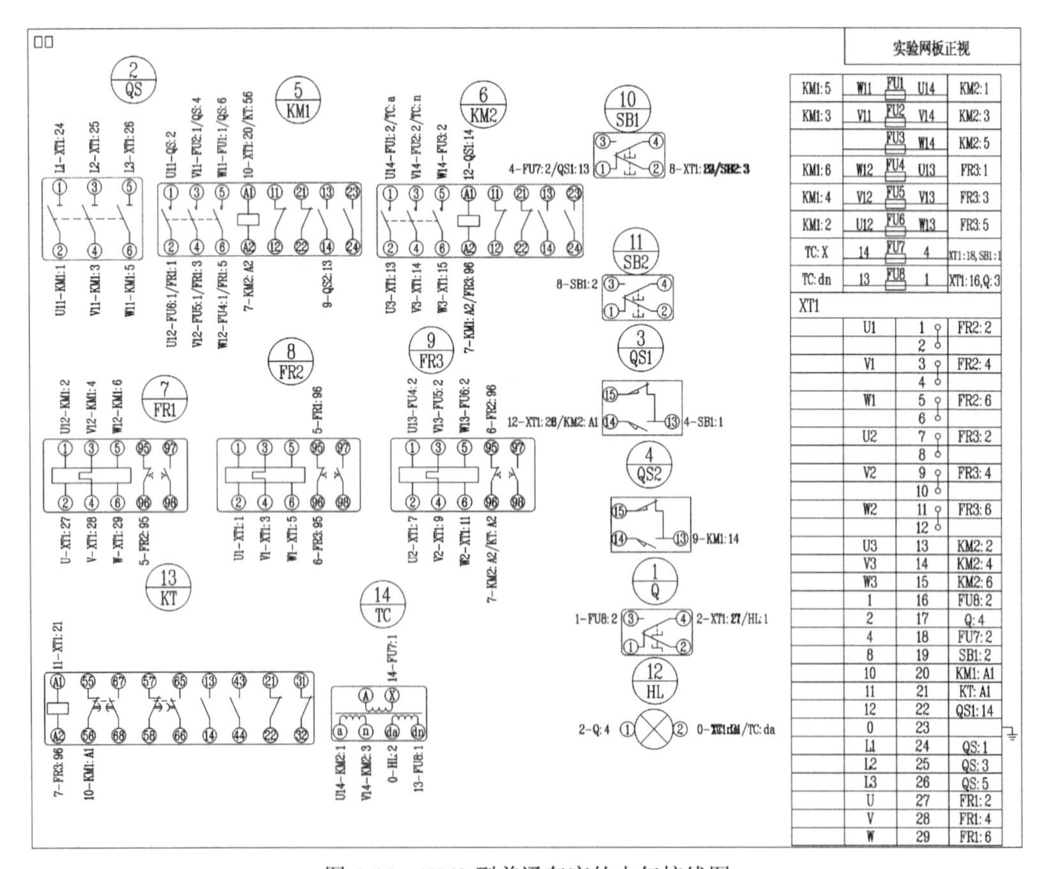

图 6-45　1K62 型普通车床的电气接线图

知识梳理与总结

车床电气工艺设计是根据现有车床电气控制电路的结构并通过查阅有关资料、测量实物等方法来画出该控制电路的原理图、接线图、安装布局图、装配图和零件图。

在生产实践中，设计新产品、引进新技术、仿制某种产品、对原有设备进行技术改造或修配时，都会遇到绘图工作。因此掌握绘图技能具有很重要的意义。电气工艺设计需要多方面的知识，如机械结构、安装工艺、技术测量、电气设备选择等。电气工艺设计所进行的绘图，重点在于图形如何表达、元器件代号和线号如何编码及电气信号如何选择。至于更详细的问题可参照项目5的“知识梳理与总结”。

参考文献

[1] 董锦凤．毕业设计指导．西安：西安电子科技大学出版社，2005.

[2] 朱平．电气控制实训[M]．北京：机械工艺出版社，2002.

[3] 李显全．维修电工[M]．北京：中国社会劳动保障出版社，1998.

[4] 王兰君．电工使用线路 300 例[M]．北京：人民邮电出版社，1991.

[5] 芮静康．使用机床线路图集[M]．北京：中国水利水电出版社，1999.

[6] 艾克木．电子与电气 CAD 实训教程[M]．北京：中国电力出版社，2008.

[7] 舒飞．AutoCAD 2009 电气设计[M]．北京：机械工艺出版社，2009.